Concepts of a Culturally Guided Philosophy of Science

Culture and Knowledge
Edited by Friedrich G. Wallner

Vol. 23

Fengli Lan
Friedrich G. Wallner
Andreas Schulz
(eds.)

Concepts of a Culturally Guided Philosophy of Science

Contributions from Philosophy, Medicine
and Science of Psychotherapy

Bibliographic Information published by the Deutsche Nationalbibliothek
The Deutsche Nationalbibliothek lists this publication in the Deutsche Nationalbibliografie; detailed bibliographic data is available in the internet at http://dnb.d-nb.de.

Cover illustration:
"Nike von Samothraki"
Courtesy of Kovac-Verlag.

Library of Congress Cataloging-in-Publication Data

Concepts of a culturally guided philosophy of science :
  contributions from philosophy, medicine, and science of
  psychotherapy / Fengli Lan, Friedrich G. Wallner, Andreas
  Schulz (eds.).
    pages cm
  ISBN 978-3-631-58581-8
  1. Medicine—Philosophy. 2. Science—Philosophy. 3.
Cultural psychiatry. 4. Constructive realism. I. Lan, Fengli. II.
Wallner, Friedrich, 1945- III. Schulz, Andreas, 1982-
R723.C658 2013
610.1—dc23

2013019421

ISSN 1613-902X
ISBN 978-3-631-58581-8 (Print)
E-ISBN 978-3-653-03353-3 (E-Book)
DOI 10.3726/978-3-653-03353-3

© Peter Lang GmbH
Internationaler Verlag der Wissenschaften
Frankfurt am Main 2013
All rights reserved.

Peter Lang Edition is an Imprint of Peter Lang GmbH.
Peter Lang – Frankfurt am Main · Bern · Bruxelles · New York ·
Oxford · Warszawa · Wien

All parts of this publication are protected by copyright. Any utilisation outside the strict limits of the copyright law, without the permission of the publisher, is forbidden and liable to prosecution. This applies in particular to reproductions, translations, microfilming, and storage and processing in electronic retrieval systems.

www.peterlang.de

In

Memory

of

Michael Benedikt

Preface

In this book we have collected 14 contributions which discuss the relation of Constructive Realism to culture respectively the concept of science under the aspect of cultural dependency.

Constructive Realism has been culturally orientated from the beginning by the introduction of the concept of lifeworld. Since the book "How to Deal with Science if You Care for Other Cultures" (1997) the cultural orientation of Constructive Realism has become explicit.

Since the new century the manifold research on Chinese Medicine offered concrete examples for cultural dependency of science. This research shows the rare or even unique situation that philosophy became concrete. Therefore you must not read the papers on this topic as the writing of specialists but as exemplifications of Constructive Realism.

Fengli Lan & Friedrich G. Wallner clarify the concepts of health and disease in Chinese culture based on the investigation of the etymologies of related sinograms; reveal that Bian Zheng or Pattern Identification in Chinese Medicine originated directly from "dialectics" in 1955; discuss the nomenclature, cultural connotations and translation of disease names in Chinese medicine; and finally propose that disease diagnosis, symptoms consideration and pattern identification are functioning together as the foundations for individualized treatment in Chinese medicine.

Pan Gui-juan discusses the "cultural consciousness" and the basic theory of TCM research.

Kurt Greiner gives an introduction into new interpretative techniques of Therapy Schools Research called "Psycho-Text-Puzzle" and "Psycho-Bild-Prozess" (Psycho-Picture-Process). In his second contribution to the Psychotherapy Science Greiner discusses a contemporary epistemological interpretation of psychoanalytic research according to the principles of Constructive Realism.

Nicole Holzenthal compares Friedrich Wallner's conception of culture with Gustavo Bueno's. Both approaches, the Constructive Realism and the Philosophical Materialism, regard culture as a construction, although the "morphodynamic system" resembles more a reconstruction than a constructed entity, and it might be an idea worth to be considered more in the future.

López-Cerezo and Luján essay in their contribution a philosophical look at the notion of risk based on former work by B. Barnes, H. Putnam and I. Hacking.

Michael Franck compares Bertolt Brecht's concept of Verfremdung with Verfremdung (strangification) in Constructive Realism.

Andreas Schulz compares Friedrich Wallner's Constructive Realism with Ernst von Glasersfeld's Radical Constructivism.

Vienna, April 2013   The editors

Table of Contents

Fengli Lan & Friedrich Wallner
The Concept of Health in Chinese Culture: The Playing of
A Piece of Mild, Smooth Symphony in the Nature 11

Fengli Lan & Friedrich Wallner
Etymology-based Understanding of the Concept of Disease in
Chinese Culture: "Lack of Ease" and Pictorial Thinking 23

Fengli Lan & Friedrich Wallner
The Origin of Bian Zheng or Pattern Identification in
Chinese Medicine: Dialectics since 1955 37

Fengli Lan & Friedrich Wallner
The Nomenclature, Cultural Connotations and Translation
of Disease Names in Chinese Medicine 49

Fengli Lan & Friedrich Wallner
Disease, Symptoms and Pattern: The Foundations for
Individualized Treatment in Chinese Medicine 59

Pan Gui-juan
"Cultural consciousness" and
the basic theory of TCM research 75

Kurt Greiner
Psycho-Text-Puzzle: Theoriendiskursives Spielverfahren
für die Psychotherapiewissenschaft 85

Kurt Greiner
Psycho-Bild-Prozess (PBP): Imaginationsförderndes Reflexions-
instrumentarium für die Psychotherapiewissenschaft 109

Kurt Greiner
Was ist Psychoanalytische Forschung? Eine zeitgemäße
Antwort wissenschaftstheoretischer Art 127

Nicole Holzenthal de Cimadevilla
Die Kultur - ein Konstrukt 137

José A. López Cerezo & José Luis Luján
A Philosophical Approach to the Nature of Risk.. 161

Michael Franck
Verfremdung der Verfremdung - Die Verfremdung Brechts
und des Konstruktiven Realismus im Vergleich.. 181

Andreas Schulz
Radikaler Konstruktivismus und Konstruktiver Realismus -
Eine Gegenüberstellung der epistemologischen Positionen
von Glasersfeld und Wallner... 263

On the Authors / Über die Autoren 335

Fengli Lan & Friedrich G. Wallner

The Concept of Health in Chinese Culture: The Playing of A Piece of Mild, Smooth Symphony in the Nature

Abstract

Based on investigation of the etymologies of some sinograms - *Jian* 健, *Kang*康, *Ping* 平, *Yue* 樂, *Yao* 藥 and *He* 和 and related discussions from *Huang Di Nei Jing*, we conclude that the state of being healthy in Chinese culture is dynamic harmonious functioning of all the component parts of a being (composed of body and mind) with the nature, just like the playing of a piece of mild, smooth symphony in the nature.

He who has health, has hope; and he who has hope has everything.

(Arabian Saying)

Diverse cultures have diverse worldviews, which accounts for the differences in how people of different cultural and ethnic backgrounds shape their views of health and well-being in both the physical and spiritual realm. Dualistic (or dichotomy) or holistic worldviews and mechanistic or non-mechanistic worldviews also account for cultural perceptions of everything from the concepts of health, well-being and illness (or disease), the causes (or origins) of illnesses, to prevention and treatment of the illnesses. There are two major cultures in this world, i.e. European (or Western) and Chinese (or Eastern) cultures, which are distinguished by a variety of identifiers: dualistic (or dichotomy) versus holistic worldviews, reductionism versus holism, reason versus intuition, objectivity versus subjectivity, or being scientific versus being philosophical, and so and so forth. Chinese medicine is deeply rooted in its culture, and we will show readers in this paper how Chinese people conceive the concept of health and well-being with pictures and images.

Introduction: Definition of Health by WHO

It is well known that the compound *Jian Kang* 健康 has been always taken as the Chinese equivalent for the words "health" and "healthy", both of which are of Germanic origins with their etymology as "hale" (free from disease or infirmity), "whole", or "related to whole".[1,2] Obviously, that "Health is a state of complete physical, mental, and social well-being and not merely the absence of disease or infirmity", the most famous and enduring definition of "Health" given by the World Health Organization (WHO)[3] in 1946, accords with the etymology of the word "health" and its original meaning very well. But this definition is severely criticized for it has been subject to controversy, in particular as being lacking operational value and because of the problem created by use of the word "complete"[4,5] although the word "complete" is synonymous with the word "whole", the etymology of "health".

Then, how should we define "health"? Hereafter are several other famous definitions in English about health:

Health "is a fundamental human right". (The Declaration of Alma-Ata, 1978)

Health is also "a resource for everyday life, not the objective of living. Health is a positive concept emphasizing social and personal resources, as well as physical capacities". (The WHO's *Ottawa Charter for Health Promotion*, 1986)

Health is the level of functional or metabolic efficiency of a living being. In humans, it is the general condition of a person's mind, body and spirit, usually meaning to be free from illness, injury, or pain (as in "*good health*" or "*healthy*").(Merriam-Webster, 2011; wikipedia, 2012.)[6,7]

---

1 Oxford Dictionary of English, 2nd Edition, Oxford University Press, 1998, 1999, 2001, 2003, 2005.
2 Webster's Encyclopedic Dictionary of the English Language, New Revised Edition, 1994.
3 www.who.int/bulletin/archives/80(12)981.pdf *WHO definition of Health*, Preamble to the Constitution of the World Health Organization as adopted by the International Health Conference, New York, 19–22 June 1946; signed on 22 July 1946 by the representatives of 61 States (Official Records of the World Health Organization, no. 2, p. 100) and entered into force on 7 April 1948.
4 Callahan D. "The WHO definition of 'health'." *The Hastings Center Studies*, 1(3), 1973 - http://www.jstor.org/pss/3527467
5 Jadad AR, O'Grady L. "How should health be defined?" *BMJ* 2008; 337: a2900 - http://www.bmj.com/cgi/content/full/337/dec10_1/a2900
6 Merriam-Webster. *Dictionary - "Health"*, accessed 21 April 2011.
7 http://en.wikipedia.org/wiki/Health, accessed 8 July 2012.

How does Chinese culture understand health? Are these definitions also identical with Chinese understanding of health? Spector's answer reads that "Chinese medicine teaches that health is a state of spiritual and physical harmony with the nature"[8]. Our answer will be based on the analysis of some sinograms - *Jian* 健, *Kang*康, *Ping* 平, *Yue* 樂, *Yao* 藥 and *He* 和, and related discussions from *Huang Di Nei Jing*.

1 健 *Jian: (of human) "Energetic, vigorous, powerful, and strong"*

The sinogram "健Jian", a signific-phonetic and an associative compound, is composed of two parts: 亻 and 建. The right part "建 Jian" means "to build, to found, to create, to establish, to construct", implying that the underlying capacity and energy being strong and powerful. In fact, most of the sinograms carrying "建 Jian" relate to "strong, powerful, energetic", for example:

腱: being composed of the signific flesh moon 月 (indicating "of or related to a body part"), and Jian 建, referring to strong and tough sinews or tendons;

犍: being composed of the signific cattle 牛 and Jian 建, referring to powerful bullock;

键: being composed of the signific metal 钅 and Jian 建, referring to firm metal keys which are used to fix doors or axles.

健: being composed of the signific human 亻 and Jian 建, referring to (of human) "energetic, vigorous, powerful, and strong".

Shuo Wen Jie Zi or *The Origin of Chinese Characters*[9] interprets "健Jian" as "Kang 伉", which means "to pair", "to counter-balance", "tall and big", "powerful", "to undertake", and "to resist". It is worth to note that the Chinese com-

---

8   Spector, R.E. Cultural Diversity in Health and Illness [M]. 6th ed. Upper Saddle River NJ.: Pearson/Prentice Hall, 2004: 212.
9   *Shuo Wen Jie Zi*, or *The Origin of Chinese Characters: Shuo Wen Jie Zi* literally means "explaining pictographs and analyzing composite sinograms". I prefer to translate the title into *The Origin of Chinese Characters*. It is the first comprehensive systematic dictionary of sinograms arranged by sections with shared components, called radicals (*bùshǒu*, lit. "section headers") and finished in 100 A.D. by Xu Shen 许慎 (A.D.58? – 147?) of the Eastern Han Dynasty. It is also the first dictionary which interprets the original meaning of a sinogram by analyzing its structure and gives the rationale behind it, sometimes the etymology of the sinogram as well. Actually, it is far beyond a dictionary, and moreover it can be interpreted from cultural and philosophical perspectives. It is indeed the case that no monograph on philosophy of Chinese language has ever been available up till today except this book.

pound "*Jian Kang* 健康" shows up very late until the 20th century, but the pronunciations of the two sinograms are very similar to "健伉 Jian Kang", which are used to mutually interpret each other in *Shuo Wen Jie Zi* or *The Origin of Chinese Characters*.

Zeng Yun 增韻 interprets "健 Jian" as "strong and powerful".

The Book of Changes[10] interprets the image of the first hexagram "*Qian* or *The Creative*" as "The movement of heaven is *Jian* or Full of Power, and thus the man with honor makes himself strong and untiring".

It is worth to note that the sinogram "健Jian" does not show up in *Huang Di Nei Jing* (*Huang Di's Inner Classic*)[11], nor *Nan Jing* (*The Classic of Difficult Issues*)[12], nor *Shang Han Lun* (*On Cold-Induced Diseases*)[13]. In *Jin Gui Yao Lue* or *The Synopsis of the Golden Chamber*[14], the sinogram "健Jian" shows up only once:

---

10 *Yi Jing* 易经, or *The I Ching*, or *The Classic of Changes:* also commonly known as *The Book of Changes* and *Zhou Yi*. It is one of the oldest classical Chinese texts, which "was completed by three sages, namely Fu Xi 伏羲, Wen Wang 文王 and Confucius, through three eras". Fu Xi made the Eight Trigrams by observing the Heaven and the Earth; King Wen of Zhou Dynasty (Zhou Wen Wang) doubled the Eight Trigrams into Sixty-Four Hexagrams and gave text comments on them; Confucius composed *Shi Yi* or *Ten Wings* 十翼 to interpret the sixty-four hexagrams, and thus transforming *The I Ching* from a divination book to a philosophical masterpiece, and finally to a Confucian classic. Actually, being composed of symbols (trigrams & hexagrams) and interpreting words, it is also a remarkable piece of writing on metaphors, and occupies an immeasurable place in the metaphor studies of China.

11 *Huang Di Nei Jing,* or *Huang Di's Inner Classic*: also known as *The Nei Jing*, comprising *Su Wen* 素问 or *Basic Questions*, and *Ling Shu* 灵枢, or *Miraculous Pivot*, the earliest systematic, complete and greatest medical classic extant in China.

12 *Nan Jing,* or *The Classic of Questioning*, or *The* Classic *of Difficult Issues***:** originally compiled during the first century A.D. by an unknown author though its authorship is often ascribed to Qin Yueren 秦越人 (407-310 B.C.). It deals with fundamental theories in the form of questions and answers. Acupoints, needling methods, physiological and pathological conditions to *Jing Luo* or the vessels, and pulse-taking methods are all discussed.

13 *Shang Han Lun,* or *On Cold-induced Diseases:* one of the most influential works in the history of Chinese medicine, the part on "cold-induced diseases" of *Shang Han Za Bing Lun* or *On Cold-induced and Miscellaneous Diseases,* rearranged by Wang Shuhe in 10 volumes.

14 *Jin Gui Yao Lue,* or *Synopsis of the Golden Chamber:* one of the most influential works in the history of Chinese medicine, the part on "miscellaneous diseases" of *Shang Han Za Bing Lun* or *On Cold-induced and Miscellaneous Diseases,* dealing with miscellaneous diseases of internal medicine, and some external and women's diseases, rearranged by Wang Shuhe in 3 volumes and 25 chapters, including 262 prescriptions.

時病差未健，食生菜，手足必腫。
This clause can be translated into:
"Eating raw vegetables during the recovering period from an epidemic will cause the extremities to swell".

In *Shen Nong Ben Cao Jing* or *The Shennong's Classic of Materia Medica*,[15] the sinogram "健Jian" shows up altogether 11 times, among which it appears nine times with "Fei 肥" as "Fei Jian 肥健", which means "to make sb. gain weight and become strong"; it is followed by "Xing 行" twice as "Jian Xing 健行", which means "to walk with vigorous strides".

2 康 Kang: The playing of a musical bell

The sinogram , an ideograph, is the bronze script of the modern writing "康 Kang"; the four spots in the sinogram signify music emitted by shaking a bell, indicating the playing of a musical bell[16], but were mistaken as "Mi 米 or Rice" in the lesser seal script . It is well known that *Shuo Wen Jie Zi* or *The Origin of Chinese Characters* explains sinograms based on the analysis of their writing forms of the lesser seal script. That is why *Shuo Wen Jie Zi* mistakes it as the original sinogram of "糠", which means "chaff", "bran". Now

---

15 *Shen Nong Ben Cao Jing,* or *Shennong's Classic of Materia Medica:* the earliest monograph on materia medica in China and one of "The Four Great Classics" on Chinese medicine, believed to be a work of the first century B.C. with its authorship attributed to Shennong, a god in charge of agriculture and medicine. The original ancient work has been lost. Its contents have been preserved in quotations in the books on materia medica of the past ages. It records properties, flavors, actions and indications of 365 medicinals in three grades: top, medium and lower in details. Scholars restored it by collecting quotations from the books on materia medica of its later ages.

16 Gu Yankui. Dictionary of Etymologies of Chinese Characters [Z]. Beijing: Yu Wen Press, 2008; 2010: 1297.

let us take a look at how *Er Ya* or *Approaching to the Standard*[17] explains this sinogram.

2.1 康 Kang: "樂" or Music, Happiness, and Harmony

Shi Gu or *Explaining the Old [Words]*, the first chapter of *Er Ya* or *Approaching to the Standard*, explains it as "樂", which is written as 樂 in *Xiao Zhuan* or the lesser seal script, a pictograph indicating a kind of drum. *Shuo Wen Jie Zi* or *The Origin of Chinese Characters* explains it as "the general term for five tones and eight sounds". Actually its original meaning is known as *Yue* or **music**, harmony of different tones and sounds, which usually brings *Le* or **happiness** to the listeners and was used as *Yao* or **medical treatment** to relieve people's sufferings.

In fact, in ancient times, *Yue* or **music**, *Le* or **happiness** and *Yao* or **medical treatment** are three pronunciations and three correspondent meanings born with the sinogram "樂". And then the concept "*He*和" must be mentioned here[18].

"*He*和" is usually translated into "harmony" in the Western world, which shows a simplified and reduced understanding of this concept by the Westerners. This concept, as shown by its original form 龢, bears two aspects of meaning: the first is different, the second is harmonious. That is to say, being both different and harmonious can be termed "*He*和".

It is really indeed the case that the simplified Chinese characters (the popular style of writing now in China) have also reduced the cultural connotations implied in their original forms. "He 和" is the simplified form of the sinogram 龢. As stated in *Shuo Wen Jie Zi* or *The Origin of Chinese Characters*, its original form is composed of two parts: the left part is a pictographic part symbolizing a musical instrument made of bamboo with three holes used to harmonize different tones, and the right part 禾 is the phonetic part, indicating its pronunciation "He"; Its original meaning refers to harmony of different music tones.

---

17 *Er Ya* 尔雅, one of "the Thirteen Classics" on Confucianism and the earliest dictionary to explain meanings of *Ci* or significant single or compound sinograms arranged according to meanings. It was finished in between the Warring States Period and the early Han Dynasty, and was first recorded in the *Treatise on Literature* of *The History of the Former Han Dynasty*. It is regarded as the first book on explaining words in ancient books in China, and has exerted important influences on exegetic studies, phonology, etymology, dialects and philology.

18 Lan Fengli. Culture, Philosophy, and Chinese Medicine: Viennese Lectures [M]. Frankfurt am Main: Peter Lang, 2012: 112-113.

The development of Chinese characters shows that harmony of different foods is known as 盉 [19], that harmony of different tones is known as 樂 (music), and that harmony of different medicinal herbs is known as 藥 (medicine), which was originally written as 樂 (music) – obviously, music therapy is one of the earliest therapies in the remote antiquity, which was gradually replaced by "Yao 藥" (herbal medicine) afterwards. One of the variant forms of the sinogram 療 (treat) also has the 樂 part, which shows that restoring harmony is the goal of all the Chinese medical treatments.

It is well known that Chinese medicine uses mixtures of different medicinal substances formulated according to a certain strategy in a holistic approach to diseases, i.e. *Yao* or Medicine 藥, which is different from *Ben Cao* or Materia Medica 本草. *Ben Cao*, the materia medica, refers to all of the individual medicinal substances with healing[20] properties, i.e. the medicinal substances or the medicinals, including herbs, minerals and animal parts. While *Yao,* 藥, with its original sinogram as 樂 (music) - harmony of different tones, is explained to be "harmony of different medicinal substances", and is used to "treat illnesses" (the sinogram is 疒 with 樂 inside it, a variant form of 療, the simplified sinogram is 疗), i.e. restoring the harmonious state to the individual. Thus, it is clear that *Yao* 藥 refers to the medicine ready to be taken for treating illnesses, which is composed of two or more medicinal substances formulated according to the strategies of *Jun Chen Zuo Shi* or Chief, Associate, Assistant and Guide medicinals, i.e. formula.

Obviously, explaining "康 Kang" as "樂" associates so many sinograms and so much information together, and indicates that "health and harmony", the ultimate aim human beings have been untiringly pursuing, are of the same origin and form a direct line of succession in Chinese culture. Actually, "Kang Le 康乐" has become a common compound, which means "health and happiness" or "healthy and happy".

---

19 The upper part means to harmonize; the lower part 甘, means sweet, which is applied to harmonize the other tastes i.e. sour, bitter, pungent and salty. See *The Origin of Chinese Characters*·甘 *part,* 说文解字·甘部.

20 The word "heal" shares the same etymology with the words "health" and "hale" (Oxford Dictionary of English; Webster's Encyclopedic Dictionary of the English Language).

2.2 康 Kang: "安 An" or "Free from any danger", "Calm", "Safe", and "Peaceful"

Besides, *Shi Gu* or *Explaining the Old [Words]*, the first chapter of *Er Ya* or *Approaching to the Standard,* also explains it as "安 An", an associative compound being composed of "Mian 冂 , a deep room" and "Nǚ 犮 , a virgin ", reflecting the image of "a maiden staying in a deep room", indicating that the original meaning of the sinogram is "free from any danger", "calm", "safe", and "peaceful", etc. Actually, "An Kang 安康" has also become a common compound, which is translated into "good health"; and a popular English translation for "Zhu Nin An Kang 祝您安康" is "Wishing you **the best of health**"[21].

2.3 康 Kang: An unobstructed road leading to five directions

Shi Gong or Explaining Dwellings, the fifth chapter of Er Ya or Approaching to the Standard states that

"What unobstructedly leads to one direction is called Dao Lu 道路 or Road;

"What unobstructedly leads to two directions is called Qi Pang 歧旁 or Fork;

"What unobstructedly leads to three directions is called Ju Pang 剧旁 (In a road is the point at which it divides into three branches to three directions);

"What unobstructedly leads to four directions is called Qu 衢 or Crossroads;

"What unobstructedly leads to five directions is called **Kang 康** or **an unobstructed road leading to five directions;**

"What unobstructedly leads to six directions is called Zhuang 庄 or an unobstructed road leading to six directions;

"What unobstructedly leads to seven directions is called Ju Can 剧骖 or an unobstructed road leading to seven directions;

"What unobstructedly leads to eight directions is called Chong Qi 崇期or an unobstructed road leading to eight directions;

"What unobstructedly leads to nine directions is called Kui 逵（馗） or an unobstructed road leading to nine directions".

"Kang Zhuang Da Dao 康庄大道", a common Chinese compound, actually refers to "wide free road which leads to anywhere".

Explaining "康 Kang" as "an unobstructed road leading to five directions" is of vital importance to understand the concept of health in Chinese culture. Ac-

---

21 Wu Guanghua. The Chinese-English Dictionary. Third Edition. Shanghai: Shanghai Translation Publishing House, 2010.

cording to the meridian theory in Chinese medicine, that *Qi* flows smoothly and vigorously in the meridians is a prerequisite to a healthy person; and a person will surely suffer a kind of illness if one or more of his meridians are obstructed to some extent.

The sinogram "康 Kang" only shows up several times in the "Seven Comprehensive Discourses on Theory of Five Periods and Six Qi" of the *Su Wen* or *Basic Questions*, which are generally considered to be supplemented by later generations, but does not appear in either *Ling Shu* (*Miraculous Pivot*) or *Nan Jing* (*The Classic of Difficult Issues*) or *Shen Nong Ben Cao Jing* (*Shennong's Classic of Materia Medica*) or *Shang Han Lun* (*On Cold-induced Diseases*) or *Jin Gui Yao Lue* (*Synopsis of the Golden Chamber*).

Then how does *Huang Di Nei Jing* or *Huangdi's Inner Classic* understand health? Let us now take a look at "Ping 平".

3 Ping 平: Melody being mild and balanced, breathing being gentle and leisurely

The sinogram "Ping 平", written as 乎 in the bronze script and 平 in the lesser seal script, is an associative compound. In its bronze script, it follows 亏 (于), which means "melody being mild and leisurely", and 八, which means "to divide equally". Its original meaning is "melody being mild and balanced, breathing being gentle and leisurely". "The tone being mild and slow" - what is explained for this sinogram in *Shuo Wen Jie Zi* or *The Origin of Chinese Characters* is actually its extended meaning.[22]

Huang Di Nei Jing or *Huangdi's Inner Classic* calls "a person free from any illness" as "Ping Ren 平人" or "a healthy person". Based on the current materials, this compound shows up first in *Nei Jing*. There are two discourses on "Ping Ren 平人" in *Huang Di Nei Jing* or *Huangdi's Inner Classic:* one is "*Ping Ren Qi Xiang Lun* or *Discourse on Pulse Conditions in a Healthy Person*", the 18th chapter of *Su Wen* or *Basic Questions*; and the other is "*Ping Ren Ju Gu* or *Fasting in a Healthy Person*", the 32nd chapter of *Ling Shu* or *Miraculous Pivot*, which talks about that the digestive system of a healthy person must function normally to maintain the normal functioning of life. Hereafter are some discussions on "Ping Ren 平人" or "a healthy person" from *Huang Di Nei Jing*.

---

22 Gu Yankui. Dictionary of Etymologies of Chinese Characters [Z]. Beijing: Yu Wen Press, 2008; 2010: 148.

3.1 *Su Wen* or *Basic Questions*: The Pulse Image of a Healthy Person

The pulsation of a healthy person, according to the 18th chapter of *Su Wen* or *Basic Questions, Ping Ren Qi Xiang Lun* or *Discourse on Pulse Conditions in a Healthy Person,* should **arrive five times during one breathing period** and the normal pulse should **have stomach *qi*.** It states that[23]

Huang Di asked, "What is the pulse image of a healthy person like?"

Qi Bo answered, "The pulse of a healthy person beats rhythmically five times in one breathing period - twice in one exhalation, another twice in one inhalation, and once more during the interchange between the inhalation and the exhalation. One exhalation and one inhalation make up one breathing period, i.e. one respiration. A healthy person refers to a person free from any illness".

...

"The source of the normal pulse of a healthy person is the stomach, and so the stomach *qi* is the normal *qi* of the pulse of a healthy person"[24].

Besides, **the nine locations of a healthy person's pulses should be concert, and his yin and yang should be balanced.** The 62nd chapter of *Su Wen* or *Basic Questions, Tiao Jing Lun* or *Discourse on Regulating the Meridians,* states that

"The yin and yang meridians possess *shu* or stream points, where transportation and convergence of *qi* and blood occur. Blood and *qi* of a yang meridian will transport to the yin meridians. The yin meridians then fill and nourish the body. **When yin and yang are balanced, the body becomes robust. The nine locations of the body's pulses will also be concert. This occurs in a healthy person**".

---

23 The translation here is from the authors, which accords with Guo Aichun's interpretation. See Guo Aichun. Huang Di Nei Jing Su Wen with Collations, Annotations and Modern Chinese Interpretation [M]. Tianjin: Tianjin Science and Technology Press, 105-106.

24 The normal pulse of a healthy person is said to have stomach, spirit and root, also known as three features of a normal pulse. Having stomach [qi] refers to the pulse being neither floating nor sunken, neither rapid nor slow, but clam and mild with regular beats; The image of a pulse with spirit is identical with that with stomach qi; The pulse with root refers to the *Chi* portion of the pulse being powerful when heavily pressed for *Chi* portion indicates the condition of the kidneys, which are generally regarded as the root of the being in Chinese medicine.

3.2 *Ling Shu* or *Miraculous Pivot:* **Six features of a healthy person**

The 9th chapter of *Ling Shu* or *Miraculous Pivot*, *Zhong Shi* or *Beginning and Ending*, identifies the following six features that "a healthy person" should have:

1) Free from any illness;
2) The *Cunkou* pulse at wrist and *Renying* pulse at neck suit the changes of the four seasons;
3) The pulses at *Cunkou* (wrist) and *Renying* (neck) should be concert (e.g. in frequency and amplitude);
4) The pulses of the other parts of the body should be neither blocked nor agitated;
5) The temperature of the trunk and the extremities should be more or less the same, which indicates that the extremities are warm and the body temperature is normal – a manifestation of free smooth flow of *qi* and blood in the vessels and yin and yang in a balanced state;
6) The physical form (flesh) outside the body and blood and *qi* inside the body should be mutually appropriate.

Here it is worth to stress the 2nd feature – "The *Cunkou* pulse at wrist and *Renying* pulse at neck suit the changes of the four seasons", which indicates that the harmony in between the man and the nature is essential for a healthy person. As the *Huang Di's Inner Classic • Basic Questions* states in the chapter 25 "*Discourse on Protecting Life and Preserving Physical Appearance*" that "Man is born on the earth, hanging his life to the heaven. The union of Heaven *qi* and Earth *qi* make up a man. Man can adapt himself to the seasons for the Heaven and Earth are his parents".

If a person has the above mentioned six features, he or she must be healthy. Here we can see whether a person is healthy or not is mainly determined by his or her pulses, which accords very well with the explaining of "康 Kang" as "an unobstructed road leading to five directions" – "free smooth of *qi* and blood in the vessels".

Conclusion: The Concept of Health in Chinese Culture

Based on the above analysis, we can conclude that "being healthy" in Chinese culture signifies "(of human) being energetic, harmonious, mild, balanced, happy, peaceful in the nature", indicating a state of free smooth flow of *qi* and blood in the vessels, which might be achieved in the remote antiquity by musical and medicinal treatments. Hence, we would like to say that the state of being healthy in Chinese culture is dynamic harmonious functioning of all the component parts of a being (composed of body and mind) with the nature, just like the playing of a piece of mild, smooth symphony in the nature, which accords with the etymologies of some sinograms mentioned in the paper very well.

Chief References

[1] Gu Yankui. Dictionary of Etymologies of Chinese Characters [Z]. Beijing: Yu Wen Press, 2008; 2010.
[2] Guo Aichun. Huang Di Nei Jing Su Wen with Collations, Annotations and Modern Chinese Interpretation [M]. Tianjin: Tianjin Science and Technology Press, 1st ed. 1981; 2nd ed. 1999.
[3] Lan Fengli. Culture, Philosophy, and Chinese Medicine: Viennese Lectures [M]. Frankfurt am Main: Peter Lang, 2012.
[4] Oxford Dictionary of English, 2nd Edition, Oxford University Press, 1998, 1999, 2001, 2003, 2005.
[5] Webster's Encyclopedic Dictionary of the English Language, New Revised Edition, 1994.
[6] Wu Guanghua. The Chinese-English Dictionary. 3rd Edition. Shanghai: Shanghai Translation Publishing House, 2010.

Fengli Lan & Friedrich G. Wallner

Etymology-based Understanding of the Concept of Disease in Chinese Culture: "Lack of Ease" and Pictorial Thinking

Abstract

Based on investigation of etymologies of some sinograms - "*Chuang* 疒", "*Ji* 疾", and "*Bing* 病", and of the words "disease" and "disorder", we conclude that Western and Chinese cultures conceive the concept of disease in a similar way at the first beginning, and that Chinese understanding of disease is derived from "lack of ease" to all diseases, which reflects a pictorial thinking compared to Western conceptual thinking developed later along with the rise of application of Western science and technology in the Western medicine. In Chinese culture, diseases are usually caused by the agents which are usually not considered as causes of disease in the Western culture.

If you are not in tune with the universe, there is sickness in the heart and mind. (Navajo Saying)

As we have mentioned in the paper entitled "*The Concept of Health in Chinese Culture: The Playing of A Piece of Mild, Smooth Symphony in the Nature*", dualistic (or dichotomy) or holistic worldviews and mechanistic or non-mechanistic worldviews account for cultural perceptions of everything from the concepts of health, well-being and illness (or disease), the causes (origins) of illnesses, to prevention and treatment of the illnesses.[1] Despite this diversity in worldviews, a paradigm in which all health belief systems can be divided into three major categories: scientific/biomedical, magico-religious, and holistic, each with its own corresponding system of health beliefs.[2]

---

1   Lan Fengli, Wallner Friedrich G. The Concept of Health in Chinese Culture: The Playing of A Piece of Mild, Smooth Symphony in the Nature.
2   Andrews, M.M. The Influence of Cultural and Health Belief Systems on Health Care Practices. In Andrews M.M., Boyle J.S. eds. Transcultural Concepts in Nursing Care[C]. 4th ed. Philadelphia: Lippincott Williams and Wilkins, 2003: 75.

Introduction: Three Health Belief Systems

Among the three health belief systems, the magico-religious system is quite primitive, and exists in almost all the cultures in their infancy periods. This system derives from a worldview in which the world is seen as an arena in which supernatural forces predominate.[3] The ill person is a victim of punishment rendered by the supernatural agent. Treatment involves achieving positive association with spirits, deities, and so forth.[4] While the other two systems represent two mature medical knowledge systems originated from Western and Eastern cultural perspective respectively.

The Western scientific or biomedical system is derived from the dualistic (or dichotomy) and mechanistic worldview in a reductionistic, allopathic approach, and is the dominant health belief system in the West, including Europe, America, and some other parts of the world. Actually, this system is also the dominant medical system in China if the flow of funds is considered although the government of China has proposed to equate Chinese medicine with Western medicine since 1949.

Under this paradigm, life is controlled by a series of physical and biochemical processes that can be studied and manipulated by humans. Human health is understood in terms of physical and chemical processes;[5] and disease is understood as ascertained abnormalities in the sense of human biology, which can be determined by physical, chemical and/or other specific examinations. This system focuses on identifying causative agents of disease by applying modern scientific and technological methods, making diagnosis according to the objective data gained through tests, examinations, and machines, and thus offering a so-called scientific explanation of disease, and finally conquering disease by battling the onslaught of microorganisms and diseased cells, destroying or removing the causative agents (e.g. with antibiotics), repairing, removing, or even replacing the affected body part with a new one if it cannot be repaired (e.g. the development of surgery and organ transplantation), or controlling the affected body system (e.g. with inhibitors, modulators). And besides, "Prevention of disease involves avoiding pathogens, agents, or activities known to cause abnor-

---

3   Ibid.
4   Angelucci, P. Notes from the Field: Cultural Diversity: Health Belief Systems. Nursing Management, 1995, 26 (8): 8.
5   Andrews, M.M. The Influence of Cultural and Health Belief Systems on Health Care Practices. In Andrews M.M., Boyle J.S. eds. Transcultural Concepts in Nursing Care[C]. 4th ed. Philadelphia: Lippincott Williams and Wilkins, 2003: 76.

malities"[6]. To sum up, the Western scientific or biomedical system is an applied medical system based on modern Western science.

The Eastern holistic system is derived from a worldview in which Man and Universe Unite and Resemble Each Other (known as *Tian Ren He Yi* 天人合一) for they are supposed to be composed of the same ingredient - *qi* in the same way, which bridges and closes the incompatibilities in between Man and Universe. Therefore, health is a dynamic harmonious functioning of all the component parts of a being (composed of body and mind) with the universe. Holistic approach to the human being is non-mechanistic and explains illness or disease as a result of imbalance or disharmony between yin and yang in the being or between Man and Universe, e.g. Chinese medicine explains illnesses as a result of impersonal conditions such as wind, cold, summer-heat, dampness, dryness, and fire. Then how does Chinese culture conceive the concept of disease, and interpret the origins of disease?

1 The Concept of Disease in Chinese Culture: From "Lack of Ease" to All the Diseases

Chinese understanding of disease originates from a kind of direct feeling in the remote antiquity. Most of the disease names recorded in the oracle inscriptions were named according to abnormal physiological function of a certain body part, e.g. *Chuang Shou* 疒首 or disordered head, *Chuang Er* 疒耳 or disordered ear, *Chuang Kou* 疒口 or disordered mouth, *Chuang Chi* 疒齿 or disordered tooth/teeth, *Chuang Bi* 疒自（鼻） or disordered nose, etc.

Disease-related sinograms recorded in the *Shuo Wen Jie Zi* or *The Origin of Chinese Characters* involve internal, external, gynecological, pediatric, ENT, and epidemic diseases, etc., and vivid explanations of these sinograms embody a unique Chinese understanding of diseases. *The Disease Part* of *The Origin of Chinese Characters* 《说文解字·疒部》 explains 102 disease-related sinograms[7], among which three denote "disease", i.e., "Chuang 疒", "Ji 疾", and "Bing 病".

---

6 Angelucci, P. Notes from the Field: Cultural Diversity: Health Belief Systems. Nursing Management, 1995, 26 (8): 8.
7 Originally by [Han] Xu Shen, Annotated by [Qing] Duan Yucai. *Shuo Wen Jie Zi* with Annotations [Z]. Shanghai: Shanghai Guji Press, 1988: 348-353.

1.1 "Chuang 疒": A Patient or a Pregnant Woman Lying on the Bed for Recuperating or Resting

Now let us start with the signific sinogram for disease –"Chuang 疒". "疒", was written as 𰀀 in early oracle inscriptions, resembling a man 𰀀 with sweating 𰀀 (a sweating man indicates a patient) lying on the bed 𰀀 (a bed with its legs towards right); later, it was written as 𰀀, resembling a pregnant woman 𰀀 lying on the bed 𰀀; and then written as 𰀀 in late oracle inscriptions, which was simplified into a man 𰀀 lying on the bed 𰀀 (the bed since then with its legs towards left). Thus it is clear that the original meaning of "Chuang 疒" is a patient or a pregnant woman lying on the bed for recuperating or resting. 𰀀, its writing form in seal scripts, was further simplified by adding an indicating symbol — on the bed 𰀀, indicating "lying on the bed". Afterwards, "疒" has been only used as a signific to symbolize suffering or being ill, and almost all disease-related sinograms have this part as their signific.

Another oracle script writing form of this sinogram was composed of three similar parts, but the bed 𰀀 was at the left part with its legs towards left. See the Illus. 1 from Zuo Min'an's book *Detailed Interpretation of Chinese Characters: Origin and Evolution of 1,000 Sinograms*. And *Dictionary of Etymologies of Chinese Characters* by Gu Yankui shows the same.

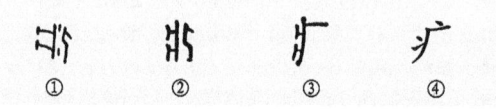

Illus. 1: "Chuang 疒" from Oracle, Bronze, Lesser Seal, to Regular Script[8]

The Disease Part of The Origin of Chinese Characters 《说文解字·疒部》 reads that "疒, 倚也。人有疾病，象倚箸之形", which can be translated into "疒, leaning on or against. When a man has an illness or a disease, his image is just like the image of leaning on or against something"; that "Ji 疾, illness"; and that "Bing 病, serious illness".

In English language, as we all know, the word "disease" (dis- + ease), usually explained with the word "disorder" (dis- + order), is used to express various

---

8 Zuo Min'an. Detailed Interpretation of Chinese Characters: Origin and Evolution of 1,000 Sinograms [M]. Beijing: Jiuzhou Press, 2005: 368.

kinds of illnesses or "Ji Bing 疾病". "Disease" came to be a word of Middle English in the sense of "lack of ease; inconvenience" from Old French "desaise" - "lack of ease" from "des-" (expressing reversal) + "aise" (ease); "Disorder", a word of the late 15th century, is also of French origin – "desordener", ultimately based on Latin "ordinare" – ordain.[9] This is quite interesting for the etymologies of English words "disease", "disorder", and of the sinogram "Chuang 疒" show that Western and Chinese cultures conceive the concept of disease in a similar way at the very beginning. Thereby, the original meaning of "Chuang 疒" can be summed up as the same as the original meaning of the word "disease" – "Lack of Ease".

As regards to "Ji Bing 疾病" or diseases, modern scholars classify them into three concepts: (1) Disease, a medical term, refers to ascertained abnormalities in the sense of human biology, which can be determined by physical, chemical and/or other specific examinations; (2) Illness, refers to a person's self feeling and self judgment. For example, a person believes he or she is ill[10] when he or she feels uncomfortable. Under some conditions, an illness can be diagnosed as a kind of "disease" after medical checkup; but in much more cases, an illness is not a disease in the medical sense but just a kind of psychological or social imbalance; (3) Sickness[11], is a kind of description for a person's social status - that is, others (or the society) know or admit this person being in an unhealthy state. Most of the so-called "Ji Bing 疾病" or diseases are actually "illnesses".[12]

While "Ji Bing 疾病" in Chinese medicine also bears three different meanings: (1) Disease, refers to a pathological process with certain manifestations. The occurrence, development, changes, and manifestations of a disease go along a certain specific law, such as epilepsy, leprosy, and cholera; (2) Symptom, refers to either a subjective feeling of the patient or an abnormal change discerned

---

9 Oxford Dictionary of English [Z], 2nd Edition, Oxford University Press, 1998, 1999, 2001, 2003, 2005.
10 As regards to the etymology of the word "ill", Webster's Encyclopedic Dictionary of the English Language (Revised ed., 1994) reads: "Middle English ill(e) < Scand; cf. Icel illr ill, bad"; The Online Etymology Dictionary reads: "c.1200, "morally evil" (other 13c. senses were "malevolent, hurtful, unfortunate, difficult"), from O.N. *illr* "ill, bad," of unknown origin. Not related to *evil*. Main modern sense of "sick, unhealthy, unwell" is first recorded mid-15c., probably related to O.N. idiom "it is bad to me." Slang inverted sense of "very good, cool" is 1980s. As a noun, "something evil," from mid-13c. http://www.etymonline.com/index.php?term=ill
11 The etymology of the word "sick" is described as "Old English *sēoc* 'affected by illness', of Germanic origin; related to Dutch *ziek* and German *siech*".
12 Translated into English from Chinese. See H. P. Chalfant. Medical Sociology [M]. Shanghai: Shanghai People's Publishing House, 1987: 14.

by physician's examinations. In this case, the disease is usually named after the patient's chief complaint/suffering such as headache, palpitation, insomnia, vomiting, diarrhea, etc, or a visible image of the disease such as ox hide lichen – an episodic skin disease characterized by thickening and hardening of the skin that gives it the appearance of the skin of an ox's neck, crane's-knee wind – a disease marked by a painful suppurative swelling of the knee associated with emaciation of the lower legs, etc; (3) The major pathogenesis of the disease, such as wind disease, blockage disease.

Based on the proposition that Chinese medicine is another complete medical system dependent on Chinese culture, "Ji Bing 疾病" in Chinese medicine, in most of cases, should be **illness** or **disease in its original meaning – lack of ease,** not disease in the sense of modern Western medicine which can be determined by physical, chemical and/or other specific examinations.

1.2 "Ji 疾" and "Bing 病": From "Being Hurt by an Arrow" to All Diseases

The sinogram "Ji 疾" is an associative compound and a pictophonetic as well. Its oracle writing form follows man and arrow, resembling the image of a man's right armpit being hit by an arrow. Its writing form in the bronze inscription, 疾 still keeps this image. It is thus clear that the original meaning of "Ji 疾" is "being hit/hurt by an arrow". Being hurt by an arrow is, of course, a kind of disease, and so it evolved into 疾 in the lesser seal script, in which the part man 大 [13] transformed into the signific for disease - 疒; later it evolved into 疾 in the regular script, and has been kept in use until now. Here below shows the evolution of the writing form of this sinogram.

---

13   You may understand this as the bronze script writing form of 大 (means "Great"). In fact, the sinogram 大 (Great) really resembles the image of man for "Heaven is Great, Earth is Great, Man is also Great; Man abides by Earth, Earth abides by Heaven, Heaven abides by Tao, and Tao abides by the nature". Therefore, undoubtedly, this writing form stands for the image of a man.

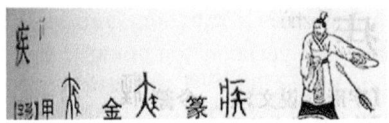

Illus. 2: "Ji 疾" from Oracle, Bronze, Seal Script to Its Original Pictograph[14]

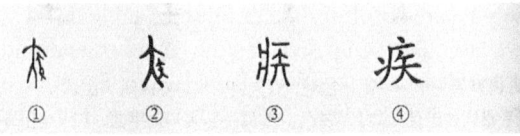

Illus. 3: "Ji 疾" from Oracle, Bronze, Lesser Seal, to Regular Script[15]

"Being hurt by an arrow" indicates a mild disease due to external injury. Duan Yucai 段玉裁 (1735-1815) annotated that "An arrow can hurt man; [When an arrow hits and hurts a man,] the arrow should be removed extremely quickly; therefore, it follows the arrow - ". So, it also indicates an acute disease.

Here we can see a good example of pictorial thinking in understanding diseases in the Chinese way. The pictorial thinking has the advantage over the Western conceptual thinking that it is to make diseases more imaginable. This is also one condition for the individualized treatment because it makes the speaking between the patient and the physician more intimate.

Generally speaking, a mild disease, an acute disease, or a disease in its early stage or in the exterior is called "Ji 疾"; while a serious "Ji 疾" is called "Bing 病" . For example, 病入膏肓, Bing Ru Gaohuang[16], a Chinese idiom, literally means "Bing 病 or The disease has progressed into the cardio-diaphragmatic interspace", which actually indicates that "The disease is beyond cure".

The Biography of Bian Que[17] *and Cang Gong*[18] from *The Historical Records*[19] also tells the difference between "Ji 疾" and "Bing 病" – "Ji 疾" could be relieved but "Bing 病" was incurable. It reads that:

---

14 Gu Yankui. Dictionary of Etymologies of Chinese Characters [Z]. Beijing: Yu Wen Press, 2008; 2010: 1109.
15 Zuo Min'an. Detailed Interpretation of Chinese Characters: Origin and Evolution of 1.000 Sinograms [M]. Beijing: Jiuzhou Press, 2005: 368.
16 Gaohuang 膏肓, refers to the region below the heart and above the diaphragm, situated deeply in the body in Chinese medicine. Therefore it is translated into "cardio-diaphragmatic interspace".
17 Bian Que, surnamed Qin and named Yueren, was a famous physician of the Warring States Period (475-221B.C.). The people of his time honored him with the name of a

Bian Que passed through the Qi Kingdom, and Marquis Huan of the Qi (Qi Huan Hou) treated him as his guest. When going to the court to visit the Marquis, Bian Que said upon seeing him: "Your Excellency, you have *Ji* or an illness in the skin structures. If it is not be cured now it will go deeper." Marquis Huan replied: "I don't have any *Ji* or illness." After Bian Que had left, Marquis Huan said to those around him: "Physicians are fond of gains, and so they prefer to treat those who are not ill for the purpose of achieving a success!"

Five days later, Bian Que revisited the Marquis, and said to him: "Your *Ji* or illness has gone deeper to the blood vessels. If it is not be cured now it may go deeper." Marquis Huan replied: "I don't have any *Ji* or illness." After Bian Que had left, Marquis Huan became unhappy.

Another five days later, Bian Que revisited the Marquis again, and told him: "Your Excellency, Your *Ji* or illness has gone deeper to the region of your intestines and stomach. If it is not be cured now it will go deeper." Marquis Huan did not respond. After Bian Que had left, Marquis Huan became unhappy.

Another five days later, Bian Que revisited the Marquis for the fourth time, but he immediately ran away as long as he looked at him from a distance. Marquis Huan sent someone to ask him for the reason, and Bian Que told him: "When *Ji* or an illness is located in the skin structures, it can be reached and thus be cured by hot bathing and hot compressing; when being in the blood vessels, it can be reached and thus be cured by needles and stones; when being in the intestines and stomach, it can be reached and thus be cured by medicinal wine; but when being in the morrow of the bones, even *Si Ming* or Life God can not do anything any longer! Now, the Marquis's disease is in the marrow of the bones. Therefore, I preferred not to ask for an audience with the Marquis."

---

lucky bird "Bian Que" to praise his excellence in medical skills and medical morality. He was said to be the founder of the pulse study of Chinese medicine and the first physician to apply the four examinations – inspection, listening and smelling, inquiry, and palpation, to diagnose disease. He was especially good at diagnosing and treating internal, external, gynecological, and ENT diseases. His both works - *Inner Classic* and *Outer Classic*, had been lost long before.

18   Cang Gong (205 B.C.? -?), surnamed Chun and named Yuyi, was also a famous physician of his time. *Shi Ji* records 25 medical case reports from him, known as "Zhen Ji 诊籍" or diagnosing records, the extant earliest medical records in China.

19   *Shi Ji,* or *The Historical Records,* or *The Records of Grand Historian:* China's first dynastic history, completed ca. 86 B.C. by Sima Qian 司马迁 (145 or 135 ? - ca. 86 B.C.), who is regarded as the father of Chinese historiography because of his highly praised work. It is a general history of China covering more than two thousand years from a legendary ruler Huang Di 黄帝 (2698?-2589? B.C.), known as the Yellow Emperor in the West, to Emperor Han Wu Di Liu Che 刘彻 (156-87 B.C.), and thus laying a solid foundation for later Chinese historiography.

Another five days later, Marquis Huan's body became **Bing** or diseased, and sent someone out to summon Bian Que. But Bian Que had already fled. Subsequently, Marquis Huan died.

We can see from this story that Marquis Huan's **Ji** of different levels could be cured by different means according to their locations, but died of **Bing**, which penetrated through the skin, the blood vessels, the intestines and stomach, and finally progressed to the marrow of the bones.

To sum up, "Ji 疾" refers to illness or mild disease, while "Bing 病" refers to serious disease. But nowadays, the meanings of both sinograms tend to be the same, and the two sinograms always show up together as a compound to mean "disease".

2 Origins of Disease in Chinese Culture:

As we have mentioned at the introduction part of the paper, the Western scientific or biomedical system regards disease as being caused by abnormalities in the structure and function of the body systems in biological concerns, which are "more 'real' and significant in contrast to psychological and sociological explanations of illness"[20]; magico-religious approach believes that disease is caused by supernatural factors, such as God's approval or disapproval of one's behavior.

While in Eastern (or Chinese) holistic culture, man and universe unit and resemble each other, which indicates that man is just like a microcosm that follows macrocosmic laws and is continually informed and influenced by macrocosmic influences. In the chapter "Comprehensive Discourse on Regulating Spirit in Accordance with the Four Seasons" of *Huang Di's Inner Classic. Basic Questions*, it reads that

> "Yin-yang and the four seasons, they
>
> constitute the end and the beginning of the myriad beings [in the universe], and
>
> are the foundation of death and life.
>
> Opposing them will result in catastrophes and harm life.
>
> Following them will prevent severe diseases from emerging.
>
> This is called 'Achieving Tao'".

---

20   Luckman J. Transcultural Communication in Nursing [M]. Albany, NY: Delmar Publishers, 1999: 47.

The Eastern holistic approach to the origins of disease proposes that there are natural laws that govern myriad things and beings in the universe, i.e. the fundamental principles of the yin-yang theory, namely

- All the things and beings in the universe have two facets: a Yin aspect and a Yang aspect;
- Any Yin or Yang aspect can be always further divided into Yin and Yang;
- Yin and Yang are rooted in each other, and mutually create each other;
- Yin and Yang counterbalance each other; and
- Yin and Yang transform into each other under certain conditions.

Actually you can get all these principles of the yin-yang theory from reading the Yin-Yang Diaphragm or *Tai Ji Tu* 太极图. As *Huang Di's Inner Classic. Basic Questions• Comprehensive Discourse on Images Corresponding to Yin-Yang* states that

"Yin and yang, they are

the Way of Heaven and Earth,

the fundamental principles governing the myriad beings,

mother and father to all the changes and transformations,

the origin and beginning of generating and killing, and

the palace of man's spirit".

2.1 Imbalance or Disharmony between Yin and Yang: the General Origin for All the Diseases

For a person to be healthy, he or she must remain in harmony with nature's laws and willingly adjust and adapt to changes in their environment.[21] As the *Huang Di's Inner Classic. Basic Questions* states in the chapter 25 "*Discourse on Protecting Life and Preserving Physical Appearance*" that

"Man is born on the earth, hanging his life to the heaven.

The union of Heaven *qi* and Earth *qi* make up a man.

Man can adapt himself to the seasons for Heaven and Earth are his parents".

In Chinese culture, man and the nature are not separated from each other, man does not control or conquer or remake the nature, but man lives in harmony with himself and with the nature. Therefore, imbalance or disharmony between yin

---

21　Luckmann J. Transcultural Communication in Nursing [M]. Albany, NY: Delmar Publishers, 1999: 49.

and yang of the man or between man and the nature accounts for the general origin of all the diseases.

2.2 Different Classification of Concrete Origins of Disease

Common Chinese people often talk reasons of their illnesses as results of "being attacked by wind/cold/dampness", or of "the fire flaming upward". Actually, origins of disease in Chinese culture are various and generally not considered as causes in the mainstream Western scientific biomedical system. In order to explain the nature and characteristics of the origins of disease, ancient Chinese medical experts tried to group them into three major categories, i.e. internal, external, and non-internal non-external.

2.2.1 External Origins: Six Excesses and Pestilential *Qi*

1. Abnormal weather conditions, known as six excesses, also known as six exogenous pathogenic factors, six climatic pathogenic factors, or six external pernicious influences, refer to the six climatic conditions in excess as pathogenic factors – pathogenic wind, cold, summer-heat, dampness, dryness, and fire. Under normal conditions, they are actually six normal climatic variations of nature, and are therefore also called "six natural factors". And when do the six natural factors become six external pernicious influences?

Generally speaking, when the climatic variations are too unusual, or when the occurrence of the six natural factors is too excessive or insufficient or unreasonable, or when the climatic variations are too rapid and violent, and more important when the healthy *qi* of the being is too weak to adapt to the climatic variations of the nature, these impersonal factors will cause diseases, which are known as the so-called externally contracted diseases such as cold-induced diseases, sun stroke, etc.. The common symptoms of diseases caused by the six external pernicious influences include aversion to the particular influence (e.g. cold, wind), fever, chills, body aches, general malaise (discomfort), which are actually the result of the healthy *qi* esp. the defensive *qi* attempting to expel the influence.

2. Epidemic or pestilential factors, causes a virulent contagious or fulminating infectious (in the air) diseases such as plague, cholera, diphtheria, mumps, SARS, etc.

2.2.2 Internal Origins: Seven Affects

Emotional distresses, known as seven emotions or seven affects, refer to joy, anger, melancholy, anxiety, grief, fear, and fright. The differences between melancholy and grief, fear and fright appear to be of degree. The seven emotions appear in healthy individuals, and are normal reactions of the being to external environment. And when do the seven emotions become seven affects, or the seven pathogenic factors? When an emotion is either excessive or insufficient over a long period of time, or when it arises very suddenly with great force, it can generate imbalance and illness, which is termed as "internal damage due to seven affects". That is to say, internal disharmony can generate unbalanced states, and leading to the so-called psychosomatic diseases such as depression, insomnia, etc.

2.2.3 Non-Internal & Non-External Origins: The Way of Life

1. Improper diets or dietary irregularities, will affect the physiological functions of the spleen and stomach, eventually resulting in various diseases. Soil is sowing and reaping. The spleen and stomach function together to take in, decompose, move, and transform food into essence, and thus providing the material basis for the being and working as the foundation for the postnatal existence. And therefore, the spleen and stomach are metaphorized to soil in the five phases. Li Dongyuan 李东垣 (1180-1251) stressed the role of the spleen and stomach for the being, and proposed that "Internal damage of the spleen and stomach will result in the occurrence of various diseases", and thus established the Soil-Supplementing School, one of "the Four Great Medical Schools in the Jin-Yuan Dynasties (1115-1368)".

    2. Physical overstrain or lack of physical exercise, particularly over a long period of time, may cause diseases. As *Huang Di's Inner Classic. Basic Questions* states that "Physical overstrain consumes *qi*"; and that "Seeing for a long time impairs the blood; lying in bed for a long time impairs qi; sitting for a long time impairs the muscles; standing for a long time impairs the bones; and walking for a long time impairs the sinews".

    3. Overindulgence in sex, may consume kidney essence, resulting in sexual disorders such as hyposexuality, impotence, premature ejaculation, general weakness, listlessness, dizziness, and tinnitus. Kidneys are regarded as being responsible for growth, development, maturation and reproduction for they store the essence, i.e. Kidney Essence, which functions as the root and foundation for reproduction and sexuality.

Besides, traumatic injuries, physical cuts, insects or animal bites, parasites, etc. have also been regarded as origins of non-internal & non-external category, which result in different diseases.

To sum up, in Chinese culture, diseases are usually caused by the agents which are usually not considered as causes of disease in the Western culture. As Kaptchuk points out that "The idea of causality in Chinese medicine is ultimately a means for identifying and qualifying the important relationship between environment, emotional character, personal lifestyle, and health and illness"[22]. And the treatments in Chinese medicine all aim to restore the balance between yin and yang to each individual in their specific natural, social and individual conditions.

Chief References

[1] Andrews M.M., Boyle J.S. eds. Transcultural Concepts in Nursing Care[C]. 4th ed. Philadelphia: Lippincott Williams and Wilkins, 2003.
[2] Chalfant, H. P.. Medical Sociology [M]. Shanghai: Shanghai People's Publishing House, 1987
[3] Gu Yankui. Dictionary of Etymologies of Chinese Characters [Z]. Beijing: Yu Wen Press, 2008; 2010.
[4] Kaptchuk, T. J. Chinese Medicine: The Web That Has No Weaver [M]. Revised ed. London: Rider, 2000.
[5] Luckman J. Transcultural Communication in Nursing [M]. Albany, NY: Delmar Publishers, 1999.
[6] Oxford Dictionary of English [Z], 2nd Edition, Oxford University Press, 1998, 1999, 2001, 2003, 2005
[7] Webster's Encyclopedic Dictionary of the English Language (Revised ed., 1994)
[8] Originally by [Han] Xu Shen, Annotated by [Qing] Duan Yucai. *Shuo Wen Jie Zi* with Annotations [Z]. Shanghai: Shanghai Guji Press, 1988.
[9] Zuo Min'an. Detailed Interpretation of Chinese Characters: Origin and Evolution of 1,000 Sinograms [M]. Beijing: Jiuzhou Press, 2005.

---

22 Kaptchuk, T. J. Chinese Medicine: The Web That Has No Weaver [M]. Revised ed. London: Rider, 2000: 165-166.

Fengli Lan & Friedrich G. Wallner

The Origin of *Bian Zheng* or Pattern Identification in Chinese Medicine: Dialectics since 1955

Abstract

The paper first makes the linguistic and conceptual analysis of "Zheng 证（證/証）" and *"Bian Zheng* 辨证" respectively by investigating the etymologies of such sinograms as "Zheng 证（證/証）, "Zheng 證/症", "Zheng 証/证", as well as "Zheng 正" and "Shi 是". In this context a critical review of Zhang Zhongjing's works is helpful: he developed treatment determined based on disease diagnosis and tailored according to accompanied symptoms as the guideline for clinical practice. Ren Yingqiu invented the concept "Zheng 证" and the principle *"Bian Zheng Lun Zhi* 辨证论治" by distorting Zhang Zhongjing's academic ideas, which came out from the political influences – Mao Zedong Thought and directly from dialects in dialectical materialism. This conceptual enlargement of *"Bian Zheng* 辨证" came out for the purpose of emphasizing the differences between Chinese medicine and Western medicine: Chinese medicine relieves diseases from their origins while Western medicine relieves just symptoms.

It is well-known that individualized treatment in Chinese medicine is based on *Bian Zheng* or Pattern Identification, which is known as *Bian Zheng Lun Zhi* in academic words. Besides of *Zheng Ti Guan Nian* 整体观念 or holist conception, *Bian Zheng Lun Zhi* 辨证论治 or Pattern Identification and Treatment has been regarded as the other basic characteristics of Chinese medicine for quite some time. Today, the scholars, practitioners and students in the circle of Chinese medicine have been informed by the textbooks that Zhang Zhongjing 张仲景 (150-219) developed or established the principle of *Bian Zheng Lun Zhi* or Pattern Identification and Treatment in his monumental work *Shang Han Za Bing Lun* or *On Cold-induced and Miscellaneous Diseases*, which was later systema-

---

1   *Bian Zheng Lun Zhi* 辨证论治 can be literally translated into "identifying pattern and determining treatment".

tized into two books by Wang Shuhe 王叔和 (201-280): *Shang Han Lun* or *On Cold-induced Diseases* and *Jin Kui Yao Lue* or *Synopsis of the Golden Chamber*. Is that true?

As regards to "Pattern Identification and Treatment", based on our study on ancient Chinese medical classics and related modern literature as well as our understanding of Chinese medicine, we believe that the common popular information on the origin and development of "Pattern Identification and Treatment" is a mistake resulting from political influences and the intention of stressing advantages of Chinese medicine over Western medicine in the 1950s, which happens to create the new concept "*Zheng* 证or pattern" in Chinese medicine, and thus promoting the development of Chinese medicine in both theoretical and practical senses.

First, let us investigate the etymology of "Zheng 证".

1 "Zheng 证": From "To Remonstrate with One's Superior to Make Him Behave 'Zheng 正 or Upright'" to "the Central Essence of a Disease"

The sinogram "Zheng证" is the simplified writing form of both "Zheng 證" and "Zheng 証", and so it is a big pity that the Chinese texts in simplified Chinese characters write off the distinctions between "Zheng 證" and "Zheng 証". Then what are the differences between these two homonymous sinograms: "證" and "証"?

1.1 "Zheng 證": From "Inform Against", "Demonstrate" to "the Evidence (Manifestations/Symptoms) of a Disease"

According to the *Shuo Wen Jie Zi* or *The Origin of Chinese Characters*, "Zheng 證" originally means "to inform against", and as we all know that, a patient has to "inform" the physician "against" (complain) his chief suffering and other symptoms in all ages when he/she sees a physician; moreover, the sinogram "Zheng 證" is then extended to mean "to prove", "to demonstrate", then to mean "proof or demonstration or evidence of a disease"; and therefore, this sinogram "Zheng 症" was created, specialized and used in medical contexts to mean "symptom". Investigation of ancient Chinese medical texts shows that the sinogram "Zheng 症" does not show up in the medical texts until the Song Dynasty

(960-1279).² As regards to the relationship between "Zheng 證" and "Zheng 症", the former is one of the earliest sinograms and the one in common use, while the later was created in the Song Dynasty to be used specially in the field of medicine. Briefly speaking, the original sinogram of "Zheng 症" (symptom) was written as "Zheng 證" in former times.

1.2 Zheng 証: From "To Remonstrate with One's Superior to Make Him Behave 'Zheng 正 or Upright'" to "the Central Essence of a Disease"

As we have discussed in the last paragraph, "proof or demonstration or manifestation or evidence of a disease", one of the extended meanings of the former one - "Zheng 證", results in the creating of the sinogram "Zheng 症" for "symptom".

As regards to "Zheng证" in the sense of Pattern in Chinese medicine, its original writing form is "Zheng 証", which follows "Yan 言" (word) and "Zheng 正". While, "Zheng 正", an indicative, is a key concept in Chinese culture. Its oracle writing form follows "囗 (city) and " ᵠ (foot)", indicating "heading straightly for the city (the target)"; later on, the "囗 (city)" transformed into a solid spot in its bronze writing form, and then into a horizontal since the lesser seal script. The *Shuo Wen Jie Zi* or *The Origin of Chinese Characters* explains "Zheng 正" with "Shi 是". "Shi 是", an associative compound, written as 昰 in the bronze script and 昰 in the seal script, follows "Ri 日(sun)" and "Zheng 正", indicating the sun being in the middle. Thus the original meaning of "Zheng 正" is straight, even, central, upright.

Illus. 1:   *"Zheng 正" From Oracle, Bronze, Lesser Seal to Regular Script*

---

2   Xiao Mincai. Connotations of and Sinograms Related to *"Bian Zheng* or Pattern Identification" [J]. Journal of Beijing College of Chinese Medicine, 1984 (4): 2.

The sinogram "Zheng证" with the original writing form "Zheng 証", originally means "to remonstrate with one's superior to make him behave 'Zheng 正 or upright'" according to the *Shuo Wen Jie Zi* or *The Origin of Chinese Characters*.

In Chinese medicine, "Zheng证/証" is a unique concept to reveal the central essence of a disease, which reflects a further and deeper understanding of a disease but is distinct from the concept of disease (as a specific kind of morbid condition), e.g. a disease may take the form of different "Zheng证/証" or patterns.

Briefly speaking, "Zheng证" is a pathological generalization of a disease in its certain developing stage. "Zheng证" indicates the location, the origin, the nature, and the relation between healthy *qi* and pathogenic *qi* of a disease, and reflects the essence of the pathological changes of a disease in its certain stage, and therefore, it reveals the essence of the disease much more comprehensively, deep-going, and correctly than any symptoms.[3]

Then how to translate "Zheng证/証"? In China, it is usually translated into "syndrome" – "a medical condition that is characterized by a particular group of signs and symptoms"[4], a word which seems to be more acceptable to the Western ears; while, in the West, the most common translation for this unique Chinese concept is "pattern". Besides, some other translators prefer "configuration", "conformation" for "Zheng证", etc. After knowing so many different translations for "Zheng证" you may be confused – which should be the proper one?

Since "Syndrome" for "Zheng证" and "syndrome differentiation" for "*Bian Zheng* 辨证" have been proposed by Prof. Lu Weibai 吕维柏 (1928-)[5] of China Academy of Chinese Medical Sciences, such translations have been widely accepted by the academic circle in China but are rarely seen in English works on Chinese medicine published outside China. Just suppose – how can we differentiate "Climacteric Syndrome" again into "Syndrome of Liver Kidney Yin Deficiency" and "Syndrome of Yin Deficiency and Fire Exuberance"?

Ted J. Kaptchuk commented that "From a modern Western perspective, it is tempting to translate the Chinese words as 'differentiating syndromes', but that rendering would distort the uniqueness and potential validity of the Chinese

---

3   Yin Huihe. National Textbook for TCM Higher Education • TCM Basic Theories. Shanghai: Shanghai Scientific and Technical Publishers. 1st ed., 1984; fifth printing, 1988: 8.
4   Different syndromes are often called by the name of the person who first discovered or described them, e.g. Down's syndrome. See Cobuild English-Chinese Dictionary.
5   Lu Weibai 吕维柏 (1928-), an expert in integrative medicine. He majored first in Western medicine, graduated from Tongji Medical University in Wuhan in 1955; and then graduated from the First Session for Physicians of Western Medicine to Learn Chinese Medicine (1955.12-1958.8) with honor.

idea. 'Syndrome' is a purely descriptive term, suggesting an arbitrary grouping of signs and symptoms that is meaningless without an underlying cause. 'Syndrome' implies that something is missing".[6]

Although we know the original meaning of "Zheng 証/证" and its interpretation in the contexts of Chinese medicine – "the central essence of a disease", the word "pattern", the most popular translation for this concept, which implies a picture or an image of a disease in a certain specific stage, is internationally accepted and can still be regarded as a proper English interpretation for "Zheng 証/证".

2 The Origin of "Zheng 证" and "Bian Zheng 辨证" in Chinese Medicine: "Dialectics" since 1955

It is interesting that the sinogram "Zheng证/証" does not even show up in any of the early classics on Chinese medicine including *Huang Di Nei Jing (Huang Di's Inner Classic), Nan Jing (The Classic of Difficult Issues), Shang Han Lun (On Cold-induced Diseases), Jin Kui Yao Lue (Synopsis of the Golden Chamber)*, and *Shen Nong Ben Cao Jing (Shen Nong's Classic of Materia Medica)*.

2.1 What Appears in the Early Chinese Medical Classics Is "Zheng 證" - "The Evidence (Manifestations/Symptoms) of a Disease"

The sinogram "Zheng 證", which means "the proof, demonstration, manifestation, or evidence of a disease", shows up only once in the *Huang Di Nei Jing* or *Huang Di's Inner Classic:*

《素问·至真要大论》：" 气有高下，病有遠近，**證**有中外，治有輕重，適其至所爲故也" 。

Basic Questions • Comprehensive Discourse on Essentials of Disease and Treatment : "*Qi* may be high or low, disease may be distant or near, **the evidence or manifestations of a disease** may be inside or outside, treatment may be light or heavy, and adaptation to the affected site that the efficacy of the medicinals is supposed to reach is the starting point and principle of any treatment".

---

6 Kaptchuk, Ted J. Chinese Medicine: The Web That Has No Weaver [M]. Revised ed. London: Rider, 2000: 216.

In this quotation, "Zheng 證" means "the evidence or manifestations of a disease".[7]

The sixteenth difficult issue of *Nan Jing* or *The Classic of Difficult Issues* discusses the pulses when each of the five *Zang* organs is diseased and their external and internal **"Zheng 證" or** manifestations/evidence/symptoms, and aims to illustrate the diagnosing principle of *She Mai Cong Zheng* 舍脉从證 or precedence of manifestations over the pulse. It reads that

十六難曰：脈有（三部九候），有陰陽，有輕重，有（六十首），一脈變為四時。離聖（久遠），各自是其法，何以別之？

然，是其病有內外證。

其病為之奈何？

然，假令得（肝脈），其（外證）：善潔，面青，善怒；其（內證）：齊左有（動氣），按之牢若痛；其病：（四肢）滿，（閉癃），（溲便）難，（轉筋）。有是者肝也，無是者非也。

…

Hereafter is my English translation of this part chiefly based on modern Chinese interpretation by Chen Biliu, which was published by People's Medical Publishing House (Beijing) in 1963.

The sixteenth difficult issue: The pulse can be examined at three positions and nine indicators, can be attributed to yin or yang in nature, can be felt in light or heavy pressure, and has 60 images. A pulse varies in accordance with the four seasons. The distance from the sages is long and far, and today every physician has his own method and believes his own method to be the correct one. How can one distinguish the correct from the incorrect among these methods?

The answer is: This should be distinguished according to the presence of certain internal and external **"Zheng 證" or** evidence (symptoms) of a disease.

What kind of internal and external **"Zheng 證" or** evidence (symptoms) of the disease create?

The answer is: Suppose one feels a pulse associated with a liver disease. External **"Zheng 證" or** evidence (symptoms) of the disease includes a tendency towards a tidy appearance, a greenish facial complexion, and irritability. Internal **"Zheng 證" or** evidence (symptoms) of the disease is the presence of stirring *qi* to the left of the navel which, if pressed, respond with firmness and pain. The patient complains swollen, stiff and heavy limbs, difficulty in urination and defecation, and twitch in muscles. If these are present, the liver is afflicted; if these are not present, the liver is not afflicted.

---

7   Guo Aichun. Huang Di Nei Jing Su Wen with Collations, Annotations and Modern Chinese Interpretation [M]. Tianjin: Tianjin Science and Technology Press, 1st ed. 1981; 2nd ed. 1999. 1999: 471.

What Zhang Zhongjing discussed in each chapter of *Shang Han Lun (On Cold-induced Diseases)* and *Jin Kui Yao Lue (Synopsis of the Golden Chamber)* is "病脉證并治" – "disease, pulse, **manifestations (symptoms)** and its treatment".

It is gratifying that some translators have given proper English translations for "Zheng 證" in the early Chinese medical classics, e.g. "evidence" by Paul U. Unschuld (1943-), "evidence" or "symptoms" by Bob Flaws (1946-), and "symptom complex" by Luo Xiwen 罗希文 (1945-).

Our survey shows that what appears in the early Chinese medical classics including Huang Di Nei Jing (Huang Di's Inner Classic), Nan Jing (The Classic of Difficult Issues), Shang Han Lun (On Cold-induced Diseases), and Jin Kui Yao Lue (Synopsis of the Golden Chamber) is "Zheng 證" not "Zheng 証", which all means "the evidence (manifestations/symptoms) of a disease". It is worth to note that neither "Zheng 證" nor "Zheng 証" shows up in Shen Nong Ben Cao Jing (Shen Nong's Classic of Materia Medica).

It is thus clear that Zhang Zhongjing did not develop nor establish the principle of *Bian Zheng Lun Zhi* 辨证论治 or "Pattern Identification and Treatment" but *Bing Mai Zheng Bing Zhi* 病脉證并治 or "Identifying Disease First and Determining Treatment in Accordance with Specific Pulse and Symptoms of an Individual". That is to say, what he developed was treatment determined based on disease diagnosis and tailored according to accompanied symptoms as the guideline for clinical practice.

2.2 The Origin of "Bian Zheng 辨证 or Pattern Identification": "Dialectics" Since 1955

Actually, *Bian Zheng Lun Zhi* with today's significance and interpretation: "Pattern Identification and Treatment", "Identifying Pattern and Determining Treatment", "Treatment Determined according to Identified Pattern", is a quite new invention by Ren Yingqiu 任应秋 (1914-1984) since he published two papers successively on *Zhong Yi Za Zhi* 中医杂志 or *Journal of Traditional Chinese Medicine* in 1955. As Gan Zuwang 甘祖望 said that "We, this group of veteran physicians of Chinese medicine, did not know what was '*Bian Zheng Lun Zhi* 辨

---

8 Ren Yingqiu 任应秋 (1914-1984), an expert and educator in Chinese medicine.
9 See Ren Yingqiu. Great Homeland Medical Achievements [J]. Journal of Traditional Chinese Medicine, 1955 (2): 1; and Ren Yingqiu. The System of Pattern Identification and Treatment in Chinese Medicine, 1955(4): 19.

证论治' or '*Bian Zheng Shi Zhi* 辨证施治' at all before the liberation [in 1949]".

'*Bian Zheng Lun Zhi* 辨证论治', with today's significance and interpretation and as a specialized term of Chinese medicine, showed up first in 1955. In February 1955, a paper entitled "*Great Homeland Medical Achievements*" by Ren Yingqiu 任应秋 (1914-1984) got published on *Zhong Yi Za Zhi* 中医杂志 or *Journal of Traditional Chinese Medicine*. In this paper it is stated that

"Homeland medicine (i.e. Chinese medicine) has solved problems in the clinical practice for thousands of years mainly because of the establishment of the treating system of '*Bian Zheng Lun Zhi* 辨证论治'. The function of the treating system of '*Bian Zheng Lun Zhi* 辨证论治' in the clinical practice is to understand a disease as a kind of damage to the normal inter-relations between the organism and its environments - The disease is not only decided by dysfunctions of the organism, but also influenced by the restoration of the damaged inter-relations and the recovery-promoting phenomena.

"Therefore, regard a disease as a unity of opposites, use yin and yang, exterior and interior, cold and heat, deficiency and excess etc. to stand for the two poles of contradictions, distinguish and identify the contradiction relations between the pathological and physiological mechanisms with both opposite and supplementary perspectives, and then determine the treatment …

"The method '*Bian Zheng Lun Zhi* 辨证论治' of yin and yang, exterior and interior, cold and heat, deficiency and excess is the most important key to treatments in homeland medicine, which relates to each other, restricts each other, develops at any time, and always moves and changes in an extremely complicated manner. Therefore, under no circumstances, it can be handled in an isolated, obstinate and mechanically anatomy-orientated way. If you do not follow this method, you are not able to distinguish and identify the mechanisms of a disease, and will not get the desired therapeutic effects".

What can we see from the above quoted passage?

"*Bian Zheng Lun Zhi* 辨证论治" is an direct outcome of political influences from Mao Zedong Thought. In an paper entitled "*On Contradictions*" by Mao Zedong published in 1937 it is stated that

"The world view of materialist dialectics advocates studying the development of everything from its inside, from its relations to the others, i.e. regarding the development of a thing as a kind of inexorable movement inside itself, and movement of everything inter-relating to and inter-influencing the other things around it".

---

10 Gan Zuwang. On the Word Item "Bian Zheng Lun (Shi) Zhi". Liaoning Journal of Traditional Chinese Medicine. 2003, (8): 672.

Mao Zedong Thought was written into the *Party's Constitution* where it was stipulated as the guideline for all the work of the communist party of China, which was proposed by Liu Shaoqi 刘少奇 (1898-1969) in 1945. Since then it has been regarded as the guideline to direct the revolution and construction of the socialist China. And it is well known that "*Shi Shi Qiu Shi* 实事求是", i.e. Seeking Truth from Facts, is its quintessence. Here please refer to "1.2 Zheng 証 : From 'To Remonstrate with One's Superior to Make Him Behave 'Zheng 正 or Upright'" to "the Central Essence of a Disease" of this paper to see that "*Shi* 是" and "*Zheng* 正" are a pair of synonymous sinograms, which are mutually interpreted with each other.

Mao Zedong Thought is greatly influenced by dialectical materialism, or in other words, the Chinanized dialectical materialism, the central idea of which is from Hegal (1770-1831) and advocates that all the historical emergences, changes, and developments result from the struggle between the two opposites inside them.

The word "dialectics" is of Greek origin, and originally means "arguing for truth". The *Oxford Advanced Learner's English-Chinese Dictionary* (the 7th edition, Oxford University Press, 2009) explains it as bearing two meanings: "(philosophy) a method of discovering the truth of ideas by discussion and logical argument and by considering ideas that are opposed to each other"; and "(formal) the way in which two aspects of a situation affect each other".

Here, we have to acknowledge that translating "dialectics" into "*Bian Zheng* 辩证" is really a great creation. "*Bian Zheng* 辩证", the translation for "dialectics", literally means "arguing for truth", and this compound bears the exact same pronunciation as the "*Bian Zheng* 辨证" in Chinese medicine, which literally means "distinguishing and identifying truth" and is usually translated into

---

11 The Sixth Plenary Conference of Chinese Communist Party's Eleventh Session (June, 1981) considered and approved "*Resolutions for Certain Historical Issues of the Party Since the Establishment of the P.R.C*", which points out that "Mao Zedong Thought, as a crystallization of the collective wisdom from the CPC leaders, has still been the fundamental guideline to direct the revolution and construction of the socialist China".

12 There are many publications on this topic, and here we just name three academic papers to expound this point of view: 1) Zhao Xiuying. Seeking Truth from Facts is the Quintessence of Mao Zedong Thought [J]. Journal of Central University of Finance & Economics, 1993, 1; 2) Shan Hongjuan. On the Quintessence of Mao Zedong Thought: Seeking Truth from Facts [J]. Journal of Heilongjiang College of Education, 2001, 5; 3) Lin Ying. Seeking Truth from Facts: The Quintessence of Mao Zedong Thought [J]. Journal of Hubei University of Education, 2010, 7.

13 Karl Marx (1818-1883), the most important founder of communism, dialectical materialism, and Marxism.

"Identifying Pattern" or "Pattern Identification". The evolution of *"Bian Zheng* 辨证" in Chinese medicine reflects another important academic method in Chinese culture: seeking meanings from its pronunciation.

Therefore, we can draw this conclusion that *"Bian Zheng* 辨证or Pattern Identification" in Chinese medicine is an outcome of political influences from Mao Zedong Thought, and originates directly from "dialectics" in the philosophy of dialectical materialism.

Actually materialist dialectics has exerted enormous and profound influences on traditional Chinese medicine (TCM), the Chinese medicine evolved in China from classical Chinese medicine (CCM) since 1949. TCM is an outcome of systematizing the knowledge contained in classical Chinese medical texts from perspectives of materialist dialectics. For example, in the *TCM Basic Theories*, the 5th edition textbook on basic theories for TCM higher education in China, it quotes that

"Engels (1820-1895) pointed out in the *Dialectics of Nature* that 'no matter what kinds of attitude natural scientists would take, they have always been under the control of philosophy'. Medicine, just like the other branches of natural science, has always been under the control and influence of a certain world outlook. Chinese medicine formed and developed on the basis of long term medical practice, and has been deeply influenced by ideas of the ancient materialism and dialectics in the course of its formation, and therefore, viewpoints of materialism and dialectics have run through its theoretical system". And in this textbook, the yin-yang and five phases are regarded as "materialism and dialectics in ancient China".[14]

Conclusion

The paper first makes the linguistic and conceptual analysis of "Zheng 证（證/証）" and *"Bian Zheng* 辨证" respectively by investigating the etymologies of such sinograms as "Zheng 证（證/証）, "Zheng 證/症", "Zheng 証/证", as well as "Zheng 正" and "Shi 是". In this context a critical review of Zhang Zhongjing's works is helpful: he developed treatment determined based on disease diagnosis and tailored according to accompanied symptoms as the guideline for clinical practice. Ren Yingqiu invented the concept "Zheng 证" and the principle *"Bian Zheng Lun Zhi* 辨证论治" by distorting Zhang Zhongjing's academ-

---

14　Yin Huihe. National Textbook for TCM Higher Education·TCM Basic Theories. Shanghai: Shanghai Scientific and Technical Publishers. 1st ed., 1984; fifth printing, 1988: 2, 11.

ic ideas, which came out from the political influences – Mao Zedong Thought and dialects in Dialectical Materialism. This conceptual enlargement of *"Bian Zheng* 辨证*"* came out for the purpose of emphasizing the differences between Chinese medicine and Western medicine: Chinese medicine relieves diseases from their origins while Western medicine relieves just symptoms.

By misinterpreting Zhang Zhongjing's academic ideas because of political influences, Ren Yingqiu invented an important fundamental principle, which directly comes from "dialectics" in philosophy and promotes the development of Chinese medicine in both theoretical framework and practical explorations.

Here it is worth to note that history of Western science shows that the development of Western science is also influenced by political and social situations of a specific historical period. For example,

The Structure of Scientific Revolutions by Thomas S. Kuhn (1922-1996)[15] refutes by referring to the history of physics that scientific development goes in a direct line but goes by jumps, and these jumps are guided by paradigms. For paradigms political and social situations have been influential but not the only reasons. Therefore it is wrong to contend Nicolaus Copernicus (1473-1543) had refuted Claudius Ptolemaeus (100?-170?): The system of Copernicus is based on another paradigm than the system of Ptolemaeus.

Chief References

[1] Chen Biliu. Nan Jing with Modern Chinese Interpretation [M]. Beijing: People's Medical Publishing House, 1963.
[2] Collin, P.H. Dictionary of Medicine [Z]. Beijing: Foreign Language Teaching and Research Press, 2001.
[3] Gu Yankui. Dictionary of Etymologies of Chinese Characters [Z]. Beijing: Yu Wen Press, 2008; 2010.
[4] Guo Aichun. *Huang Di Nei Jing Su Wen* with Collations, Annotations and Modern Chinese Interpretation [M]. Tianjin: Tianjin Science and Technology Press, 1st ed. 1981; 2nd ed. 1999.
[5] Kaptchuk, Ted J. Chinese Medicine: The Web That Has No Weaver [M]. Revised ed. London: Rider, 2000.
[6] Kuhn, Thomas S.. The Structure of Scientific Revolutions [M]. 2nd Revised edition. Chicago: University of Chicago Press, 1970.
[7] Wang Hongtu. Great Compendium of Studies on *Huang Di Nei Jing* [M]. Beijing: Beijing Press, 1997.

---

15 Kuhn, Thomas S.. The Structure of Scientific Revolutions [M]. 2nd Revised edition. Chicago: University of Chicago Press, 1970.

[8] Originally by [Han] Xu Shen, Annotated by [Qing] Duan Yucai. *Shuo Wen Jie Zi* with Annotations [Z]. Shanghai: Shanghai Guji Press, 1988.

[9] Yin Huihe. National Textbook for TCM Higher Education·TCM Basic Theories. Shanghai: Shanghai Scientific and Technical Publishers. 1st ed., 1984; fifth printing, 1988.

[10] Zuo Min'an. Detailed Interpretation of Chinese Characters: Origin and Evolution of 1,000 Sinograms [M]. Beijing: Jiuzhou Press, 2005; 3rd printing, 2008.

Fengli Lan & Friedrich G. Wallner

The Nomenclature, Cultural Connotations and Translation of Disease Names in Chinese Medicine

Abstract:

The name of a disease in Chinese medicine is generally named after its origin, chief symptom, pathogenesis, affected area, or the combination of the above four aspects. The underlying cultural connotations of disease names in Chinese medicine can be summarized into 2 points: one is self-feeling, and the other is relationship centering metaphorizing. As regards to how to translate the disease names in Chinese medicine, we hold that adopting natural equivalents can be used to translate most of the disease names named after symptoms; that literal translation should be the major approach for translating most of the specific disease names so as to preserve systematicness, independence, and integrity of the theoretical system of Chinese medicine; that paraphrase can be used to translate some disease names when their meanings can be identified according to the *Shuo Wen Jie Zi* or *The Origin of Chinese Characters*, *Yu Pian*, and/or *Zhu Bing Yuan Hou Lun* or *Treatise on Origins and Symptoms of Diseases*; and that a combination of Pinyin transliteration + paraphrase can be used to express some disease names in certain contexts after referring to related dictionaries.

1 The Nomenclature of Disease Names in Chinese Medicine

Disease names in Chinese medicine involve diseases of almost all clinical branches, including internal, external, gynecological, pediatric, ENT departments, etc., the sources of which are also many and varied, including various "symptoms", "patterns", and "diseases". The nomenclature of disease names in Chinese medicine can be classified into the following five categories:

1) Named after the chief symptom, e.g., coughing, vomiting, diarrhea, constipation, *Jue* 厥 or syncope,[1] *Wei* 痿 or atrophy-flaccidity[2], etc;
2) Named after the chief origin, e.g., *Shang Han* 伤寒 or cold-induced disease, *Shang Shu* 伤暑 or summerheat-induced disease, *Zhong Feng* 中风 or wind stroke, etc;
3) Named after the chief pathogenesis, e.g. *Bi* 痹 or blockage[3] etc.;
4) Named after the chief affecting body part, e.g., headache, abdominal pain, lower back pain, etc;
5) Named after a combination of the chief origin, symptom, pathogenesis, and diseased body part, e.g., *Han Jue* 寒厥 or cold syncope, *Re Jue* 热厥 or heat syncope, *Qi Jue* 气厥 or qi syncope, Jue Xin Tong 厥心痛 or *heartache with cold limbs*, *Xin Feng* 心风 or Heart Wind, *Gan Feng* 肝风 or Liver Wind, *Pi Feng* 脾风 or Spleen Wind, *Shen Feng* 肾风 or Kidney Wind, *Da Chang Ke* 大肠咳 or Large Intestinal Coughing, etc.

2 Self-Feeling and Metaphorizing: The Underlying Cultural Connotations of Disease Names in Chinese Medicine

Ancient Chinese understanding of disease reflects the medical level of that time in a certain sense. Chinese understanding of disease originates from a kind of direct feeling in the remote antiquity. Most of the disease names recorded in the oracle inscriptions were named according to abnormal physiological function of a certain body part, e.g. *Chuang Shou* 疒首 or disordered head, *Chuang Er* 疒耳 or disordered ear, *Chuang Kou* 疒口 or disordered mouth, *Chuang Chi* 疒齿 or disordered tooth/teeth, *Chuang Bi* 疒自（鼻） or disordered nose, etc. As we have discussed before, Chinese conceives the concept of disease in a pictorial way - "lack of ease" as *The Disease Part* of *The Origin of Chinese Characters* 说文解字•疒部 reads that "疒，倚也。人有疾病，象倚箸之形", which can be translated into "疒, leaning on or against. When a man has an illness or a disease, his image is just like the image of leaning on or against something".

---

1 *Jue* 厥 or syncope refers to a morbid state characterized by temporary loss of consciousness with cold limbs resulting from disordered flow of *qi* and blood.
2 *Wei* 痿 or atrophy-flaccidity refers to a morbid state characterized by flaccidity paralysis with muscular atrophy of a limb.
3 *Bi* 痹 or blockage refers to a diseased state characterized by invasion of the pathogenic factors that cause stagnation of *qi* and blood and blockage of the meridian vessels.

Diseases involved in Chinese medicine actually include the concepts of disease, disorder, illness (ailment), and sickness in English. Besides, a "symptom", the English equivalent for "Zheng 症", "change in the way the body works or change in the body's appearance, which shows a disease or disorder is present and is noticed by the patient himself"[4], such as vomiting, coughing, and headache, is also a concept of disease in Chinese medicine if it happens to be the chief complaint or the major suffering of the patient.

Generally speaking, disease in Chinese medicine bears three different meanings:

1) Disease, refers to a pathological process with certain manifestations. The occurrence, development, changes, and manifestations of a disease go along a certain specific law, such as epilepsy, leprosy, and cholera, etc.
2) Symptom, refers to either a subjective feeling of the patient or an abnormal change discerned by physician's examinations. In this case, the disease is usually named after the patient's chief complaint/suffering such as headache, palpitation, insomnia, vomiting, diarrhea, etc, or a visible image of the disease such as ox hide lichen – an episodic skin disease characterized by thickening and hardening of the skin that gives it the appearance of the skin of an ox's neck, crane's-knee wind – a disease marked by a painful suppurative swelling of the knee associated with emaciation of the lower leg, etc.
3) The major pathogenesis of the disease, such as wind disease, blockage disease. Take wind disease as an example. Wind is air in motion. It usually comes and goes abruptly, makes things move, sway the branches of trees, and blows harder at the tops of mountains than at the bottoms. Thereby, symptoms or diseases metaphorizing the features of wind are believed to be caused by wind, and are known as wind symptom or disease:
    a) Symptoms or diseases with sudden onset and quick disappearance, e.g., mild cases of upper respiratory infection or allergic rhinitis with only sneezing and running nose, urticaria ("wind-rash") and angioneurotic edema.
    b) Diseases with lesions that move from one place to another, e.g., rheumatic arthritis with migratory joint pains ("wind-arthritis"), and cutaneous pruritus with no fixed location.
    c) Diseases marked by tremors, twitching, convulsions, or vertigo, apoplexy with sudden onset of hemiplegia ("wind-stroke"), and facial paralysis.

---

4   See Collin, P.H. Dictionary of Medicine [Z]. Beijing: Foreign Language Teaching and Research Press, 2001: 574. If a symptom is noticed only by the doctor, it is a **sign** ("Zheng 征" in Chinese).

Among the above conditions, some are known as exogenous wind caused by exogenous pathogenic wind from outside the human body in any season, which may invade the upper respiratory tract as in allergic rhinitis, the skin as in urticaria and cutaneous pruritus, and the meridians as in migratory arthritis and Bell's palsy; while the others are known as endogenous wind due to dysfunction of the liver. The liver governs the sinews, and so dysfunction of the liver may lead to disturbances in motion of some parts of the body, such as hemiplegia and involuntary movements of the limbs. As the *Huang Di's Inner Classic · Basic Questions* states that "All Wind [diseases characterized by] tremor and vertigo are [mostly] due to [dysfunction of] the liver".

Based on the above discussion, the underlying cultural connotations of disease names in Chinese medicine can be summarized into 2 points: one is self-feeling, and the other is relationship centering metaphorizing. That is to say, disease names in Chinese medicine suggest that disease has to be understood as a kind of self-feeling – lack of ease, and a kind of relationship centering metaphorizing. Based on this understanding, it is also possible for a cancer patient with irremovable tumors to be in a state of ease and comfort if he lives in harmony with and does not suffer from tumors.

3 How to Translate Disease Names in Chinese Medicine

We sum up the methods for translating disease names in Chinese medicine into the following four:

3.1 Adopting Natural Equivalents

It is advisable to adopt natural equivalents to translate those diseases named after the chief symptoms. For example, vomiting, cough, insomnia, somnolence, headache, lumbago, constipation, diarrhea, jaundice, sterility, abscess, hemorrhoid are used to express the diseases named as "呕（吐）", "咳（嗽）", "不眠", "嗜卧", "头痛", "腰痛", "便闭"（或"不更衣"）, "泄泻", "黄疸", "不孕", "痈", and "痔" respectively.

Notes:
a) The words "cholera", "malaria", "leprosy", "epilepsy", "dysentery" are regarded as the natural equivalents for "霍乱", "疟疾", "疠癞", "癫痫", "痢疾" respectively in Chinese medicine for these disease names in the Western

culture emerged long and far before the evolution of modern Western medicine.

An interesting issue to be addressed here is that some disease names in the *Basic Questions (Su Wen)* may be of foreign origin. Here are some examples: *li lai* 癘癩: 癘, whose ancient pronunciation is *ljadh* or *rjats*, and 癩, whose ancient pronunciation is *ladh* or *rats*, the initial consonants come closer to those of the three most popular ancient European terms for *leprosy*, one might speculate about an association of *li* and *lai* with *leuke, lepra, and e-lephantiasis* ; *huo luan* 霍亂, the compound *huo luan* does not correspond to the graphic structure of the vast majority of ancient Chinese disease terms, while its ancient pronunciation **hwak**luan* was formed to reflect in ancient Chinese the sound of the term <u>cholera</u> used along the travel routes from regions where the Greek term was in use to the Far East to designate a particularly violent type of diarrhea; *fei xiao* 肺消, whose ancient pronunciation is **phjats*sjaw*, literally "lung wasting", could be a rendering into Chinese of the ancient Greek term *phtisis* or lung *phtisis,* which has exactly the same meaning; xiao ke 消渴, wasting/melting and thirst, a label used to this day for diabetes, is a compound ideally suited to signify two obvious symptoms of the disease. An identical meaning was expressed in European antiquity by Aretaios of Cappadochia.[5] Is it purely coincidental? Or there existed medical cultural exchange between the East and the West around the Zhou Dynasty (C.1100-256B.C.)? Anyway, these terms all came out far before the modern Western medicine and should be regarded as the terms of the natural equivalents. The above understanding further provides etymological evidence when translating 癘癩, 霍亂, 肺消, 消渴 into leprosy, cholera, lung wasting, wasting and thirst respectively.

b) *Longman Dictionary of Contemporary English* explains "abscess" as "a swelling on or in the body where PUS has gathered", "hemorrhoid" as "a swollen BLOOD VESSEL at the ANUS"[6], which accords well with the explanations of the two sinograms "痈" and "痔" in the *Shuo Wen Jie Zi* or *The Origin of Chinese Characters*: "痈, 肿也", "痔, 后病也". Therefore, translating "痈" and "痔" into "abscess" and "hemorrhoid" respectively is also the use of the method of adopting natural equivalents.

---

5 Unschuld, Paul U. Huang Di Nei Jing Su Wen: Nature, Knowledge, Imagery in An Ancient Chinese Medical Text. Berkeley: University of California Press, 2003: 203-204.

6 Addison Wesley Longman Limited. Longman Dictionary of Contemporary English [Z]. Beijing: The Commercial Press, 1998: 5, 715.

3.2 Literal Translation

We advocate that disease names specific in Chinese medicine should be rendered into English in literal translation approach so as to keep the imaging thinking implied in these names and to preserve the systematicness, independence, and integrity of Chinese medicine as well. As regards to literal translation, Peter Newmark comments that "However, in communicative as in semantic translation, provided that equivalent effect is secured, the literal word-for-word translation is not only the best, it is the only valid method of translation. There is no excuse for unnecessary 'synonyms', let alone paraphrases, in any type of translation"[7]. For example, we advise to translate "伤寒", "中风", "热病", "温病", "风病", "寒病", "燥病", "心风", and "肾风" into cold-induced disease, wind stroke, febrile disease, warm disease, wind disease, cold disease, dry disease, heart wind, kidney wind respectively; and to translate "梅核气" into "plum-pit qi" not "globus hystericus", "奔豚" into "running piglet" not "gastroenteroneurosis", "历节风" into "joint-running wind" not "arthritis", "风火眼" into "wind-fire eye" not "acute conjunctivitis", although these diseases can be diagnosed as the latter ones in Western medicine in most of the cases.

Actually, English disease names in Chinese medicine formed through literal translation approach bears the following merits:

a) Accuracy in content, form, and logic, i.e. the translation gives the ideas, words, and logic of the original;
b) Conciseness and pithiness in style, i.e. the translation reproduces the conciseness and pithiness of the original compared to the lengthy paraphrase for the original is usually concise in form but profound in meaning;
c) Systematicness, i.e. the literal translation approach makes the English Chinese medical terminology being systematic, and thus faithfully reflecting the integrity and inter-relationship in its concept system for Chinese medical terminology forms in the way of *Qu Xiang Bi Lei* or Taking Image and Analogizing on the basis of daily life experiences of the ancients. For example, although 風火眼 in Chinese medicine and "acute conjunctivitis" in Western medicine actually refer to the same disease, it is ill-advised to translate 風火眼 into "acute conjunctivitis" for such a translation must confuse cultural differences between the two medical systems, and fail to produce such association of the cause (pathogenic wind-fire) and therapeutic method (coursing wind and clearing fire) with the translation "acute conjunctivitis", which, on

---

7   Newmark, Peter. Approaches to Translation [M]. Shanghai: Shanghai Foreign Language Education Press, 2001: 39.

the contrary, gives the readers the association that an "-itis" is caused by a certain kind of bacteria or virus and should be relieved by "antibiotics".
d) Back-translation, i.e. literal translation improves or realizes translation of English Chinese medical terminology back into Chinese, thus keeping distinguishing features of Chinese medical culture and being beneficial for the double direction information interchange. In real fact, "伤寒" is usually translated into "exogenous febrile disease", which, if translated back into Chinese, should be "外感热病" not "伤寒" any more; "温病" is frequently translated into "seasonal epidemic disease" or "seasonal febrile disease", which, if translated back into Chinese, should be "季节性流行病" or "季节性热病" but not "温病".It is thus clear that English disease names formed through literal translation approach can be easily translated back their original Chinese, and thus improving or realizing the double direction information interchange.

3.3 Paraphrase

It is advisable to paraphrase some original Chinese disease names by referring to interpretations from the *Shuo Wen Jie Zi* or *The Origin of Chinese Characters*, *Yu Pian* or *Jade Writings*[8], and *Zhu Bing Yuan Hou Lun* or *Treatise on Origins and Symptoms of Diseases* [9], etc. For example, the *Shuo Wen Jie Zi* or *The Origin of Chinese Characters* includes and explains 102 sinograms with "Chuang 疒" - denoting disease as the signific[10].

For example, *Huang Di's Inner Classic. Basic Questions. Discourse on Strange Diseases* reads that "人有重身，九月而瘖". *The Disease Part* of *The Origin of Chinese Characters* 说文解字•疒部 explains that "瘖，不能言也", which can be translated into "*Yin*-disease 瘖, loss of voice". Accordingly, this

---

8   *Yu Pian*, or *Jade Writings*: a dictionary arranged according to forms and structures of sinograms compiled by Gu Yewang顾野王 (519-581) in 543.

9   *Zhu Bing Yuan Hou Lun,* or *Treatise on Causes and Symptoms of Diseases:* the earliest monograph on causes and symptoms of diseases in China compiled by Chao Yuanfang 巢元方 (?-?), et al. in 610 with 30 volumes of detailed discussions on causes and symptoms of various diseases, including diseases of internal medicine, external medicine, gynecology, pediatrics, ENT, mouth and teeth, orthopedics and traumatology, and some infectious diseases, parasitic diseases, and surgery. It summarizes medical achievements before 610, and consists of 67 categories with 1,720 entries and many brilliant expositions frequently cited by authors of later generations.

10   Originally by [Han] Xu Shen, Annotated by [Qing] Duan Yucai. *Shuo Wen Jie Zi* with Annotations [Z]. Shanghai: Shanghai Guji Press, 1988: 348-353.

statement can be translated into "A pregnant woman, in her ninth month of gestation, **loses her voice**".

3.4 A Combination of Pinyin Transliteration and Paraphrase

In certain contexts, a combination of Pinyin transliteration and paraphrase can be used to translate some disease names by referring to some reference books. For example,

Original: 《黄帝内经灵枢•热病》："痱之为病也，身无痛者，四肢不收，知乱不甚，其言微知，可治。"

Translation: *Huang Di's Inner Classic. Miraculous Pivot. Discourse on Febrile Diseases*: When **fei-disease, a kind of wind disease**, is the disease, there is no pain in the body, the four limbs cannot contract, the patient's thoughts are not seriously disordered, his/her speech still bears a little sense, the disease can be treated.

Note: *Shuo Wen Jie Zi* or *The Origin of Chinese Characters* explains that "痱，风病也", i.e., "**Fei-disease**痱**,** wind disease". Therefore, this disease is also called "*Feng Fei*风痱", see Volume 1 of *Zhu Bing Yuan Hou Lun* or *Treatise on Causes and Symptoms of Diseases* that "Manifestations of *Feng Fei*风痱…." In this context, "*Fei* 痱"can be rendered into English by combining Pinyin transliteration and paraphrase: *fei*, a kind of wind disease.

It is worth to note that the same disease name in different contexts may have different meanings. Or in other words, the meanings of some disease names are decided by their contexts. In such cases, the above mentioned methods should be used flexibly to translate these disease names according to their concrete conditions by consulting related reference books. Here we present 2 examples.

One example is *Dan* 瘅:

a) *Huang Di's Inner Classic. Basic Questions. Discourse on the Essentials of Pulse:* "瘅成为消中". Wang Bing 王冰 (710-804) annotated that "'*Dan*-disease 瘅', is dampness-heat. The heat accumulates internally, and hence it changes to 'wasting center'. The signs of 'wasting center' are desire to eat and emaciation." Based on this annotation, *Dan* 瘅 can be translated into "pathogenic damp-heat". "*Xiao Zhong* 消中" can be translated by the method of combining "Pinyin transliteration and paraphrase" into "*xiao zhong* disease", manifesting in polyphagia and polyuria. Therefore, this quotation can be translated into "Pathogenic damp-heat may cause *xiao zhong* disease, manifesting in polyphagia and polyuria".

b) *Huang Di's Inner Classic. Basic Questions. Discourse on the True Qi of the Viscera:* "肝传之脾，名曰脾风，发瘅，腹中热，烦心，出黄". "'Dan 瘅' is interchangeable with 'Dan 疸', and refers to 'jaundice'."[11] Zhang Zhicong 张志聪 (1616-1674) annotated that "Downward flowing of [pathogenic] fire-heat causes yellow urine". Based on the above annotations, "Dan 瘅" here can be translated into "jaundice", and "脾风" can be literally translated into "spleen-wind"; This quotation can be translated into "When the pathogen transfers from the liver to the spleen, spleen-wind will occur, manifesting in jaundice, a hot sensation in the abdomen, vexation, and yellow urine".

The other example is "*Fu Liang* 伏梁", which can be translated by the method of combining "Pinyin transliteration and paraphrase" into "*fu liang* or hidden-beam". While in concrete contexts, the disease "*Fu Liang* 伏梁" can be identified by clinical manifestations expounded in the concrete contexts.

a) *Huang Di's Inner Classic. Basic Questions. Discourse on Strange Diseases* reads that 《黄帝内经素问•奇病论》："帝曰：人有身体髀股　皆肿，环齐而痛，是为何病？岐伯曰：病名曰伏梁。"这句可译为Huang Di asked, "There is a condition manifesting in swelling in the hip and legs and pain around umbilicus. What is the disease?" Qi Bo answered, "The disease is called *fu liang* or hidden-beam."
b) 《难经•五十六难》："心之积，名曰伏梁，起齐上，大如臂，上至心下，久不愈，……"这句可译为The accumulation in the heart is called *fu liang* or hidden-beam, originating above the umbilicus, as large as an arm, extending upward to the area below the heart, lingering there for a long time, …

George Steiner (1929-), a world-famous influential translator, educator and philosopher, discussed "Understanding as Translation" in the first chapter of his masterpiece *After Babel---Aspects of Language and Translation* in 1975[12]. That is to say, how to translate into the target is decided by how to understand the original. This is also true with translation of the disease names in Chinese medicine - Translation should be based on a proper relationship between the part and the whole, that is to say, translation should be based on the correct understanding of not only a specific disease name, but also the Chinese medical system as a whole. Chinese medicine and Western medicine both study the life processes

---

11　Guo Aichun. *Huang Di Nei Jing Su Wen* with Collations, Annotations and Modern Chinese Interpretation [M]. Tianjin: Tianjin Science and Technology Press, 1st ed. 1981; 2nd ed. 1999: 121.
12　Steiner, George. *After Babel---Aspects of Language and Translation* [M]. Shanghai: Shanghai Foreign Language Education Press, 2001.

and aim to prevent and treat diseases, but their philosophical foundations, cultural backgrounds, methodologies and perspectives, etc. are entirely different from each other. For example, the disease "wind-fire eye" caused by pathogenic wind-fire should be relieved by the therapeutic method of coursing wind and clearing fire. But rendering 風火眼 in Chinese medicine into "acute conjunctivitis" wipes out the association of the disease with its cause and therapeutic method. That is to say, translating disease names in Chinese medicine should have an overall point of view, which, then, makes English Chinese medical terminology embody the same relationships between the original Chinese terms and makes them be in a harmonious state.

Upon ending this paper, we have to point out that translation texts here are translations redone based on the authors' understanding in order to illustrate our points of view, and so they are not necessarily to be the best for they are not in their original contexts.

Chief References

[1] Addison Wesley Longman Limited. Longman Dictionary of Contemporary English[Z]. Beijing: The Commercial Press, 1998.
[2] Collin, P.H. Dictionary of Medicine [Z]. Beijing: Foreign Language Teaching and Research Press, 2001.
[3] Guo Aichun. *Huang Di Nei Jing Su Wen* with Collations, Annotations and Modern Chinese Interpretation [M]. Tianjin: Tianjin Science and Technology Press, 1st ed. 1981; 2nd ed. 1999.
[4] Newmark, Peter. Approaches to Translation [M]. Shanghai: Shanghai Foreign Language Education Press, 2001.
[5] Steiner, George. *After Babel---Aspects of Language and Translation* [M]. Shanghai: Shanghai Foreign Language Education Press, 2001.
[6] Unschuld, Paul U. HUANG DI NEI JING SU WEN: Nature, Knowledge, Imagery in An Ancient Chinese Medical Text [M]. Berkeley, Los Angeles and London: University of California Press, 2003.
[7] Originally by [Han] Xu Shen, Annotated by [Qing] Duan Yucai. *Shuo Wen Jie Zi* with Annotations [Z]. Shanghai: Shanghai Guji Press, 1988.

Fengli Lan & Friedrich G. Wallner

Disease, Symptoms and Pattern: The Foundations for Individualized Treatment in Chinese Medicine

Abstract

The principle of *Bian Zheng Lun Zhi* 辨证(証)论治 or "Pattern Identification and Treatment" advanced by Ren Yingqiu results not only from political influences of Mao Zedong Thought and "dialectics" in philosophy, but also an overall development of the former methodologies of treatment in Chinese medicine. Individualized treatment, one of the greatest advantages of Chinese medicine, needs that disease diagnosing, pattern identifying, and symptom considering function together.

Individualized treatment in Chinese medicine based on pattern identification is known as *Bian Zheng Lun Zhi* in academic words. Besides of *Zheng Ti Guan Nian* 整体观念 or holist conception, *Bian Zheng Lun Zhi* 辨证论治 or Pattern Identification and Treatment has been regarded as the other basic characteristics of Chinese medicine for quite some time. Today, the scholars, practitioners and students in the circle of Chinese medicine have been informed by the textbooks that Zhang Zhongjing 张仲景 (150-219) developed or established the principle of *Bian Zheng Lun Zhi* or Pattern Identification and Treatment in his monumental work *Shang Han Za Bing Lun* or *On Cold-induced and Miscellaneous Diseases*. Is this true? Is the treatment determined only according to the identified Pattern in Chinese medicine? Is the Pattern really even more important than the Disease in Chinese medicine?

Actually, the answers to these questions are all "No", and we advocate that individualized treatment in Chinese medicine should be based on Chinese understanding of disease in the following three aspects: disease, symptoms, and

---

1   *Bian Zheng Lun Zhi* 辨证论治 can be literally translated into "identifying pattern and determining treatment".
2   *Shang Han Za Bing Lun* or *On Cold-induced and Miscellaneous Diseases* was later on systematized into two books by Wang Shuhe 王叔和 (201-280): *Shang Han Lun* or *On Cold-induced Diseases* and *Jin Gui Yao Lue* or *Synopsis of the Golden Chamber*.

pattern. In different to Western thinking, Classical Chinese thinking is based on circular reasoning. We can see it also in the logical relations between disease, pattern and symptoms. In order to understand disease from symptoms and patterns, we must be aware that they are logical conditions for each other. Here after is our argumentation developed based on investigation of etymologies of related Chinese characters (or sinograms), Chinese medical classics, and related modern literature as well as our understanding of Chinese medicine.

1 The Concept of Disease in Chinese Culture: From "Lack of Ease" to All the Diseases

Chinese understanding of disease originates from a kind of direct feeling in the remote antiquity. Most of the disease names recorded in the oracle inscriptions were named according to abnormal physiological function of a certain body part, e.g. *Chuang Shou* 疒首 or disordered head, *Chuang Er* 疒耳 or disordered ear, *Chuang Kou* 疒口 or disordered mouth, *Chuang Chi* 疒齿 or disordered tooth/teeth, *Chuang Bi* 疒自 （鼻） or disordered nose, etc.

1.1 "*Chuang* 疒": A Patient or a Pregnant Woman Lying on the Bed for Recuperating or Resting

Now let us start with the signific sinogram for disease – "*Chuang* 疒". "*Chuang* 疒", was written as 𤕫 in early oracle inscriptions, resembling a man 𠂇 with sweating ⁝ (a sweating man indicates a patient) lying on the bed ⌐ (a bed with its legs towards right);³ later, it was written as 𤕫, resembling a pregnant woman 𠂇 lying on the bed ⌐; and then written as 𤕫 in late oracle inscriptions, which was simplified into a man 𠂇 lying on the bed ⌐ (the bed since then with its legs towards left). Thus it is clear that the original meaning of "***Chuang* 疒**" is a pa-

---

3   In another oracle script writing form of this sinogram, it was composed of three similar parts, but the bed 𤕫 was at the left part with its legs towards left. See Zuo Min'an. Detailed Interpretation of Chinese Characters: Origin and Evolution of 1,000 Sinograms [M]. Beijing: Jiuzhou Press, 2005: 368; Gu Yankui. Dictionary of Etymologies of Chinese Characters [Z]. Beijing: Yu Wen Press, 2008; 2010: 189.

tient or a pregnant woman lying on the bed for recuperating or resting. 疒, its writing form in seal scripts, was further simplified by adding an indicating symbol — on the bed 뉘, indicating "lying on the bed". Afterwards, "疒" has been only used as a signific to symbolize suffering or being ill, and almost all disease-related sinograms have this part as their signific.

The Disease Part of *The Origin of Chinese Characters* 说文解字•疒部 reads that "疒, 倚也。人有疾病, 象倚箸之形", which can be translated into "*Chuang* 疒, leaning on or against. When a man has an illness or a disease, his image is just like the image of leaning on or against something"; that "*Ji* 疾, illness"; and that "*Bing* 病, serious illness".

In English language, as we all know, the word "disease" (dis- + ease), usually explained with the word "disorder" (dis- + order), is used to express various kinds of illnesses or "Ji Bing 疾病". "Disease" came to be a word of Middle English in the sense of "lack of ease; inconvenience" from Old French "desaise" - "lack of ease" from "des-" (expressing reversal) + "aise" (ease); "Disorder", a word of the late 15th century, is also of French origin – "desordener", ultimately based on Latin "ordinare" – ordain.[4] This is quite interesting for the etymologies of English words "disease", "disorder", and of the sinogram "*Chuang*疒" show that Western and Chinese cultures conceive the concept of disease in a similar way. Thereby, the original meaning of "*Chuang* 疒" can be summed up as the same as the original meaning of the word "disease" – "Lack of Ease".

As regards to "*Ji Bing* 疾病" or diseases, modern scholars classify them into three concepts: (1) Disease, a medical term, refers to ascertained abnormalities in the sense of human biology, which can be determined by physical, chemical and/or other specific examinations; (2) Illness, refers to a person's self feeling and self judgment. For example, a person believes he or she is ill[5] when he or she feels uncomfortable. Under some conditions, an illness can be diagnosed as a kind of "disease" after medical checkup; but in much more cases, an illness is not a disease in the medical sense but just a kind of psychological or social im-

---

4 Oxford Dictionary of English [Z], 2nd Edition, Oxford University Press, 1998, 1999, 2001, 2003, 2005.

5 As regards to the etymology of the word "ill", Webster's Encyclopedic Dictionary of the English Language (Revised ed., 1994) reads: "Middle English ill(e) < Scand; cf. Icel illr ill, bad"; The Online Etymology Dictionary reads: "c.1200, "morally evil" (other 13c. senses were "malevolent, hurtful, unfortunate, difficult"), from O.N. *illr* "ill, bad," of unknown origin. Not related to *evil*. Main modern sense of "sick, unhealthy, unwell" is first recorded mid-15c., probably related to O.N. idiom "it is bad to me." Slang inverted sense of "very good, cool" is 1980s. As a noun, "something evil," from mid-13c. http://www.etymonline.com/index.php?term=ill

balance; (3) Sickness[6], is a kind of description for a person's social status - that is, others (or the society) know or admit this person being in an unhealthy state. Most of the so-called "*Ji Bing* 疾病" or diseases are actually "illnesses".[7]

While "*Ji Bing* 疾病" in Chinese medicine also bears three different meanings: (1) Disease, refers to a pathological process with certain manifestations. The occurrence, development, changes, and manifestations of a disease go along a certain specific law, such as epilepsy, leprosy, and cholera; (2) Symptom, refers to either a subjective feeling of the patient or an abnormal change discerned by physician's examinations. In this case, the disease is usually named after the patient's chief complaint/suffering such as headache, palpitation, insomnia, vomiting, diarrhea, etc, or a visible image of the disease such as ox hide lichen – an episodic skin disease characterized by thickening and hardening of the skin that gives it the appearance of the skin of an ox's neck, crane's-knee wind – a disease marked by a painful suppurative swelling of the knee associated with emaciation of the lower leg, etc; (3) The major pathogenesis of the disease, such as wind disease, blockage disease.

Based on the proposition that Chinese medicine is another complete medical system dependent on Chinese culture, "*Ji Bing* 疾病" in Chinese medicine, in most of cases, should be **illness** or **disease in its original meaning – lack of ease,** not disease in the sense of modern Western medicine which can be determined by physical, chemical and/or other specific examinations.

1.2 "Ji 疾" and "Bing 病": From "Being Hurt by an Arrow" to All Diseases

The sinogram "*Ji* 疾" is an associative compound and a pictophonetic as well. Its oracle writing form follows man and arrow, resembling the image of a man's right armpit being hit by an arrow. Its writing form in the bronze inscription,

𤕨 , still keeps this image. It is thus clear that the original meaning of "*Ji* 疾" is "being hit/hurt by an arrow". Being hurt by an arrow is, of course, a kind of disease, and so it evolved into 疾 in the lesser seal script, in which the part

---

6 The etymology of the word "sick" is described as "Old English *sēoc* 'affected by illness', of Germanic origin; related to Dutch *ziek* and German *siech*".

7 Translated into English from Chinese. See H. P. Chalfant. Medical Sociology [M]. Shanghai: Shanghai People's Publishing House, 1987: 14.

man 𠆢 [8] transformed into the signific for disease - 疒; later it evolved into 疾 in the regular script, and has been kept in use until now. Here below shows the evolution of the writing form of this sinogram.

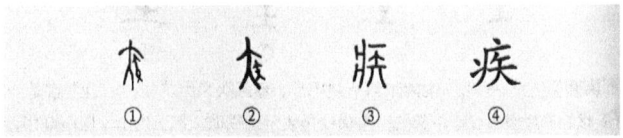

Illus. 1: "Ji 疾" from Oracle, Bronze, Lesser Seal, to Regular Script[9]

"Being hurt by an arrow" indicates a mild disease due to external injury. Duan Yucai 段玉裁 (1735-1815) annotated that "An arrow can hurt man; [When an arrow hits and hurts a man,] the arrow should be removed extremely quickly; therefore, it follows the arrow - 𢎘 ". So, it also indicates an acute disease.

Generally speaking, a mild disease, an acute disease, or a disease in its early stage or in the exterior is called "*Ji 疾*"; while a serious "*Ji 疾*" is called "*Bing 病*". For example, 病入膏肓, *Bing Ru Gaohuang*[10], a Chinese idiom, literally means "*Bing 病* or The disease has progressed into the cardio-diaphragmatic interspace", which actually indicates that "The disease is beyond cure".

To sum up, "*Ji 疾*" refers to illness or mild disease, while "*Bing 病*" refers to serious disease. But nowadays, the meanings of both sinograms tend to be the same, and the two sinograms always show up together as a compound to mean "disease".

Here we can see a good example of pictorial thinking in understanding diseases in the Chinese way. The pictorial thinking has the advantage over the Western conceptual thinking that it is to make diseases more imaginable. This is

---

8 You may understand this as the bronze script writing form of 大 (means "Great"). In fact, the sinogram 大 (Great) really resembles the image of man for "Heaven is Great, Earth is Great, Man is also Great; Man abides by Earth, Earth abides by Heaven, Heaven abides by Tao, and Tao abides by the nature". Therefore, undoubtedly, this writing form stands for the image of a man.
9 Zuo Min'an. Detailed Interpretation of Chinese Characters: Origin and Evolution of 1.000 Sinograms [M]. Beijing: Jiuzhou Press, 2005: 368.
10 Gaohuang 膏肓, refers to the region below the heart and above the diaphragm, situated deeply in the body in Chinese medicine. Therefore it is translated into "cardio-diaphragmatic interspace".

also one condition for the individualized treatment because it makes the speaking between the patient and the physician more intimate.

According to the modern textbooks on Chinese medicine, after the disease is diagnosed, the *Zheng* or Pattern should be identified before instituting the treatment to an individual patient.

2 "Zheng 证": From "To Remonstrate with One's Superior to Make Him Behave 'Zheng 正 or Upright'" to "the Central Essence of a Disease"

Ancient Chinese understanding of disease reflects the medical level of that time in a certain sense. Diseases involved in Chinese medicine actually include the concepts of disease, disorder, illness (ailment), and sickness in English. Besides, a "symptom", the English equivalent for *"Zheng* 症*"*, "change in the way the body works or change in the body's appearance, which shows a disease or disorder is present and is noticed by the patient himself"[11], such as vomiting, coughing, and headache, is also a concept of disease in Chinese medicine if it happens to be the chief complaint or the major suffering of the patient.

2.1 "Zheng 證": From "Inform Against", "Demonstrate" to "the Evidence (Manifestations/Symptoms) of a Disease"

According to the *Shuo Wen Jie Zi* or *The Origin of Chinese Characters*, "Zheng 證" originally means "to inform against", and as we all know that, a patient has to "inform" the physician "against" (complain) his chief suffering and other symptoms in all ages when he/she sees a physician; moreover, the sinogram *"Zheng* 證*"* is then extended to mean "to prove", "to demonstrate", then to mean "proof or demonstration or evidence of a disease"; and therefore, this sinogram *"Zheng* 症*"* was created and specialized for medical contexts to mean "symptom". Investigation of ancient Chinese medical texts shows that the sinogram *"Zheng* 症*"* does not show up in the medical texts until the Song Dynasty (960-

---

11   See Collin, P.H. Dictionary of Medicine [Z]. Beijing: Foreign Language Teaching and Research Press, 2001: 574. If a symptom is noticed only by the doctor, it is a **sign** ("Zheng 征" in Chinese).

1279).[12] As regards to the relationship between "*Zheng* 證" and "*Zheng* 症", the former is one of the earliest sinograms and the one in common use, while the later was created in the Song Dynasty to be used specially in the field of medicine.

2.2 Zheng 証: From "To Remonstrate with One's Superior to Make Him Behave 'Zheng 正 or Upright'" to "the Central Essence of a Disease"

The sinogram "*Zheng*证" is the simplified writing form of both "*Zheng* 證" and "*Zheng* 証", and so it is a big pity that the Chinese texts in simplified Chinese characters write off the distinctions between "*Zheng* 證" and "*Zheng* 証". As we have discussed in the last paragraph, "proof or demonstration or manifestation or evidence of a disease", one of the extended meanings of the former one - "*Zheng* 證", results in the creating of the sinogram "*Zheng* 症" for "symptom". As regards to "*Zheng*证" in the sense of Pattern in Chinese medicine, its original writing form is "*Zheng* 証", which follows "*Yan* 言" (word) and "*Zheng* 正". While, "*Zheng* 正", an indicative, is a key concept in Chinese culture. Its oracle writing form follows "囗 (city)" and " ⼷ (foot)", indicating "heading straightly for the city (the target)"; later on, the "囗 (city)" transformed into a solid spot in its bronze writing form, and then into a horizontal since the lesser seal script. The *Shuo Wen Jie Zi* or *The Origin of Chinese Characters* explains "*Zheng* 正" with "*Shi* 是". "*Shi* 是", an associative compound, written as 𣆞 in the bronze script and 昰 in the seal script, follows "*Ri* 日 (sun)" and "*Zheng* 正", indicating the sun being in the middle. Thus the original meaning of "*Zheng* 正" is straight, even, central, upright.

Illus. 2: "Zheng 正" From Oracle, Bronze, Lesser Seal to Regular Script

---

12 Xiao Mincai. Connotations of and Sinograms Related to "*Bian Zheng* or Pattern Identification" [J]. Journal of Beijing College of Chinese Medicine, 1984 (4): 2.

The sinogram "Zheng证" with the original writing form "Zheng 証", originally means "to remonstrate with one's superior to make him behave 'Zheng 正 or upright'" according to the *Shuo Wen Jie Zi* or *The Origin of Chinese Characters*. In Chinese medicine, "Zheng证/証" is a unique concept to reveal the central essence of a disease, which reflects a further and deeper understanding of a disease but is distinct from the concept of disease (as a specific kind of morbid condition), e.g. a disease may take the form of different patterns.

Briefly speaking, "Zheng证" is a pathological generalization of a disease in its certain developing stage. "Zheng证" indicates the location, the origin, the nature, and the relation between the healthy *qi* of the being and the pathogenic *qi* of a disease, and reflects the essence of the pathological changes of a disease in its certain stage, and therefore, it reveals the essence of the disease much more comprehensively, deep-going, and correctly than any symptoms.[13]

Although we know the original meaning of "Zheng 証/证" and its interpretation in the contexts of Chinese medicine – "the central essence of a disease", the word "pattern", the most popular translation for this concept, which implies a picture or an image of a disease in a certain specific stage, can still be regarded as a proper English interpretation for "Zheng 証/证".

3 *Methodology of Treatment in Chinese Medicine: A Historical Outline*

3.1 Wu Shi Er Bing Fang or Prescriptions for Fifty Two Diseases: Treatment Determined Based on Disease Diagnosis and Tailored According to Accompanied Symptoms

In the early stage of the history of Chinese medicine, treatments were mainly determined according to disease diagnosis. The *Wu Shi Er Bing Fang* or *Prescriptions for Fifty Two Diseases*, identified as a piece of work in the 3rd century B.C., a silk scroll unearthed at No. 3 Mawangdui Han Tomb in Changsha, Hunan province in 1973, and the earliest medical document extant in China, demonstrates that treatments were primarily determined based on disease diagnosis and sometimes tailored according to accompanied symptoms at that time.

---

13 Yin Huihe. National Textbook for TCM Higher Education • TCM Basic Theories. Shanghai: Shanghai Scientific and Technical Publishers. 1st ed., 1984; fifth printing, 1988: 8.

For example, "*Ju* or deep-rooted ulcers is treated with seven medicinal substances: Radix Ampelopsis, Radix Astragali, Peony, Cinnamon, Ginger, Pepper, and Dogwood. Double Radix Ampelopsis for Bone *Ju*, double Radix Astragali for Flesh *Ju*, double Peony for Kidney *Ju*, and each dosage for each of the other six. Then put a pinch [of the prescription] into a cup of wine, and then drink it five to six times a day…." That is to say, Deep-Rooted Ulcers were generally treated with the seven medicinals, but dosages differed according to different accompanied symptoms. Such records have shown the high level back then of the treatment methodology in Chinese medicine.

3.2 Huang Di Nei Jing or Huang Di's Inner Classic: Treatment Determined Based on Disease Diagnosis and Origin Examination

The *Huang Di Nei Jing* or *Huang Di's Inner Classic*, the earliest systematic, complete and greatest medical classic extant in China, also stresses the importance of disease diagnosis, which is taken as the major foundation for the treatments. It mentions more than 100 disease names, and expounds the viewpoint that a clear and definite diagnosis is a prerequisite to a proper treatment. Treatment based on disease identification is its major treating methodology, and a specialized formula is designated for a specific disease. "*Ji Shi Li* 鸡矢醴" or Chicken Droppings Wine for distension, "*Sheng Tie Luo Yin* 生铁落饮" or Fresh Iron Flakes Beverage for anger and mania, and "*Ze Xie Yin* 泽泻饮" or Alisma Beverage for Wine Wind[14] are all examples of medication determined according to disease diagnosis.

More important, the famous nineteen items on pathogenesis stated in the chapter 74 of *Huang Di Nei Jing Su Wen* have been functioned as concise principles and examples to dominate complicated medical happenings in the clinical practice, which contains the seed of the idea of "Pattern identification and Treatment". Among the 19 items on pathogenesis, some show that the same clinical manifestation(s) may have different pathogenesis, for example, "All spasm and neck rigidity are ascribed to dampness", "All fever with impaired consciousness and convulsion is ascribed to fire", and "All sudden muscular spasm and rigidity is ascribed to wind", which indicates that spasm and convul-

---

14 What kind of disease is Wine Wind? In the chapter 46 of *Huang Di Nei Jing Su Wen* it is stated that
   "Huang Di said, 'Someone suffers from the body being hot and sluggish, sweating as if he is taking a bath, aversion to wind and shortness of breath. Which disease is that?'
   Qi Bo answered, 'The disease is called wine wind'."

sion may result from different pathogenic factors: dampness, fire, and wind; while some others demonstrate that different clinical manifestations may share the same pathogenesis, for example, "All cramps, rigidity, and turbid urine are ascribed to heat", "All abdominal distension and fullness is ascribed to heat", and "All acid eructation and spouting diarrhea with urgency for evacuation are ascribed to heat", which indicates that different clinical manifestations such as cramps, turbid urine, abdominal distension, vomiting, diarrhea, etc. may result from the same pathogenic factor: heat.

That *Huang Di Nei Jing* contains the seed of the idea of "Pattern identification and Treatment" also implies in its many other chapters. For example, the chapter 43 entitled *"On Blockage"* of *Huang Di Nei Jing Su Wen* shows that the blockage disease[15] is diagnosed first, and different kinds of blockage disease are further identified according to different pathogenic factors – wind, cold and dampness, different seasons, and different viscera. It reads that

> Huang Di asked, "How does a blockage disease emerge?"
> Qi Bo answered, "When the three pathogenic factors, i.e., wind, cold, and dampness, arrive together, they may interact and cause a blockage disease.
> In case the pathogenic wind predominates, this may cause 'migratory blockage'.
> In case the pathogenic cold predominates, this may cause 'painful blockage'.
> In case the pathogenic dampness predominates, this may cause 'fixed blockage'.
> [Huang] Di asked, "There are five [types] of this [disease]. Why is that?"
> Qi Bo answered, "Encountering these [pathogenic factors] in winter may cause bone blockage.
> Encountering these [pathogenic factors] in spring may cause sinew blockage.
> Encountering these [pathogenic factors] in summer may cause vessel blockage.
> Encountering these [pathogenic factors] in the late summer may cause muscle blockage.
> Encountering these [pathogenic factors] in autumn may cause skin blockage."

Later on Huang Di and Qi Bo discussed how the blockage diseases of the five *zang* organs develop and manifest clinically respectively when these five types of blockage proceed into and lodge in their correlating organs.

---

15 Blockage disease refers to a diseased state characterized by invasion of the pathogenic factors that cause stagnation of qi and blood and blockage of the meridian vessels.

To sum up, the *Huang Di Nei Jing* or *Huang Di's Inner Classic* stresses the importance of disease diagnosis, which is taken as the major foundation for the treatments, and tailored according to different pathogenic factors.

3.3 Shang Han Za Bing Lun or On Cold-induced and Miscellaneous Diseases: Treatment Determined Based on Disease Diagnosis and Tailored According to Accompanied Symptoms

The information that Zhang Zhongjing 张仲景 (150-219) developed or established the principle of *Bian Zheng Lun Zhi* 辨证(証)论治 or "Pattern Identification and Treatment" is well known for the circle of Chinese medicine no matter in China or the other parts of the world. But obviously, this is totally wrong for the sinogram "Zheng 証" does not even show up in Zhang Zhongjing's monumental work *Shang Han Za Bing Lun* or *On Cold-induced and Miscellaneous Diseases*, which was later known as *Shang Han Lun* or *On Cold-induced Diseases* and *Jin Gui Yao Lue* or *Synopsis of the Golden Chamber*.

A comprehensive survey of Zhang Zhongjing's works shows that *Shang Han Lun* or *On Cold-induced Diseases* and *Jin Gui Yao Lue* or *Synopsis of the Golden Chamber* are both chaptered according to **Disease Names** not anything else, e.g. Tai Yang Disease, Yang Ming Disease, Shao Yang Disease, Tai Yin Disease, Shao Yin Disease, Jue Yin Disease, and Cholera in *Shang Han Lun*, Malaria, Apoplexy, Arthralgia, Pulmonary Abscess, Cough, Inspiratory Dyspnea, Dysuria, Edema, Jaundice, etc. and Gynecological Diseases in *Jin Gui Yao Lue*; and that a disease presents clinically with similar chief symptoms; and that a treatment, in most cases, a formula, is prescribed for a disease and is tailored for the same disease but with different accompanied symptoms.

For example, Cinnamon Twig Decoction (Guizhi Decoction) is formulated for a disease named *Tai Yang Zhong Feng* 太阳中风 or Greater Yang Disease • Wind Attack, as the 13th clause reads that "The greater yang disease with manifestations including headache, fever, sweating and aversion to wind is an indication of Cinnamon Twig Decoction", which implies that this is the primary disease of the decoction calling for the original formula; the 14th clause reads that "The greater yang disease with manifestations including stiff and taut neck and back but with sweating and aversion to wind in the meanwhile is an indication of Cinnamon Twig Decoction Plus Pueraria"; the 21st clause reads that "The greater yang disease after purgation with manifestations of skipping pulse and fullness in the chest is an indication of Cinnamon Twig Decoction Minus Peony"; the 22nd clause reads that "(The greater yang disease) with slight chill is an indication of Cinnamon Twig Decoction Minus Peony Plus Aconite". In the above-mentioned clauses except the 13th, the primary manifestations that Cinnamon Twig Decoction aims to relieve remain almost the same, and so does the primary formula. Therefore, therapeutic effects are guaranteed by slightly changing the original formula according to slightly changed manifestations, i.e. tailoring the primary formula by adding pueraria, ephedra or removing peony or removing peony and meanwhile adding aconite.

Practitioners of later generations have elaborated a lot on "treatment determined on the basis of disease diagnosis and tailored according to accompanied symptoms" proposed by Zhang Zhongjin.

Zhu Gong 朱肱 (1150? - 1125?) said in his *Lei **Zheng** (證) Huo Ren Shu* or *Book on Systematized **Symptoms** for Saving Life* that "There are totally 113 formulas in Zhongjing's *On Cold-induced Diseases*. If a disease corresponds to its formula, just use the formula as it is; if differences occur, just modify the formula according to different accompanied symptoms."

Ke Yunbo 柯韵伯 (1662-1735) commented in his *Shang Han Lai Su Ji* or *Collection of Renewal of Cold-induced Diseases* that "Zhongjing's formulas are set for diseases not for meridians. It is his flexible way to apply a formula according to its accompanied symptoms." This comment also indicates that the so-called "Six-Meridian Pattern Identification" is also a later invention not Zhang Zhongjing's original intention.

Xu Dachun 徐大椿 (1693-1771) said in his *Yi Xue Yuan Liu Lun* or *The Origin and Development of Medicine* that "If patients' major sufferings are generally the same but probably with different signs and symptoms, there is no need to construct another formula and the formula formulated for the major symptoms (sufferings) can just be modified according to different accompanied symptoms."

As the part of the titles of all these chapters "病脉證并治" suggests, Zhang Zhongjing's real intention is to diagnose the Disease first, then to institute the treatment according to the specific pulse and the symptom complex of the diagnosing time for a specific individual. The symptom complex or "Zheng 證" means the proof, demonstration, or evidence of a disease, i.e. the manifestations or symptoms of a disease.

---

16 The sinogram "Zheng 证" is the simplified writing form of the two original complex sinograms: 證 and 証, whose original and extended meanings are different from each other. See the paper for the details.

3.4 Bian Zheng Lun Zhi or Pattern Identification and Treatment: An Overall Development of the Former Methodologies of Treatment in Chinese Medicine

Before Western medicine transmitted to China, ancient Chinese medical experts tried to summarize the methodology of the treatments in Chinese medicine by using refined words. For example, Zhang Zhongjing 张仲景 (150-219) named it *"Bing Mai Zheng Bing Zhi* 病脉證并治*"*, i.e. "treatment determined based on disease diagnosis and tailored according to pulse and accompanied symptoms"; Zhu Danxi 朱丹溪 (1281-1358) called it *"Mai Yin Zheng Zhi* 脉因證治*"*, i.e. "treatment determined according to pulse, origin, and symptoms"; Zhou Zhigan 周之干 (1508?-1586) summarized it as *"Bian Zheng Shi Zhi* 辨證施治*"*, i.e. "instituting treatment based on symptom identification"; Zhang Jiebin 张介宾 (1563-1640) named it *"Zhen Bing Shi Zhi* 诊病施治*"*, i.e. "instituting treatment based on disease diagnosis"; Qin Jingming 秦景明 (1568-1644) authored an monograph entitled *"Zheng Yin Mai Zhi* 症因脉治*"*, i.e. "treatment determined according to symptoms, origin, and pulse"; Xu Dachun 徐大椿 (1693-1771) named it *"Jian Zheng Shi Zhi* 见症施治*"*, i.e. "instituting treatment based on manifested symptoms"; etc. But obviously, they did not come to an agreement on this point.

The principle of *Bian Zheng Lun Zhi* 辨证(證)论治 or "Pattern Identification and Treatment" advanced by Ren Yingqiu results not only from political influences of Mao Zedong Thought and "dialectics" in philosophy, but also an overall development of the former methodologies of treatment in Chinese medicine. In other words, *Bian Zheng Lun Zhi* 辨证(證)论治 or "Pattern Identification and Treatment" not only meets the political needs of a specific historical period, but also promotes the all-round development of Chinese medicine in general. Since then, an agreement on how to summarize the methodology of the treatments in Chinese medicine by using refined words has been gradually reached, first nationwide and then worldwide, i.e., *Bian Zheng Lun Zhi* 辨证(證)论治 or "Pattern Identification and Treatment".

Here it is worth to note that history of Western science shows that the development of Western science is also influenced by political and social situations of a specific historical period. For example,

The Structure of Scientific Revolutions by Thomas S. Kuhn (1922-1996)[17] refutes by referring to the history of physics that scientific development goes in a direct line but goes by jumps, and these jumps are guided by paradigms. For

---

17 Kuhn, Thomas S.. The Structure of Scientific Revolutions [M]. 2nd Revised edition. Chicago: University of Chicago Press, 1970.

paradigms political and social situations have been influential but not the only reasons. Therefore it is wrong to contend Nicolaus Copernicus (1473-1543) had refuted Claudius Ptolemaeus (100?-170?): The system of Copernicus is based on another paradigm than the system of Ptolemaeus.

4 Disease, Symptoms and Pattern: The Foundations for Individualized Treatment in Chinese Medicine

The real clinical practice of Chinese medicine in China usually goes along the following procedure:

> First, clarifying the chief complaint of the patient, and gathering his/her data by both examination methods of Western medicine and Chinese medicine;
> Second, diagnosing the disease in Western medicine and Chinese medicine respectively;
> Third, identifying the pattern for the patient and formulating treating principles;
> Fourth, determining a basic formula, which may need to be tailored according to accompanied symptoms. Under certain conditions where the chief complaint of the patient is too serious or too emergent, the chief complaint should be relieved first. That is to say, the prescription for the patient should embody the principle of "In emergency cases treat the acute symptoms, and in non-acute cases treat the root of the disease".

That is to say, individualized treatment in Chinese medicine is based on Chinese understanding of disease in the following three aspects: disease [diagnosis], pattern [identification], and symptom [consideration].

5 Conclusion

Individualized treatment is one of the greatest advantages of Chinese medicine. If it is can be understood and explained on the theoretical level – not only demonstrated by practices, a problem in basic theory must be solved: this basic characteristics of Chinese medicine as individualized treatment needs that disease diagnosing, pattern identifying, and symptom considering function together. In the other case there would be a conceptual gap which makes the individualized treatment just an outcome of the doctor's intuition.

Translated to Western thinking we could say: how is the bridge done between "illness" as a personal self-feeling and self-adjustment to "disease" as a medical term. Following this goal we have first clarified the original meaning of disease in Chinese medicine as "lack of ease". The next step in our paper is the linguistic and conceptual analysis of "*Zheng* 证（證証）" and "*Bian Zheng* 辨证" respectively. In this context a critical review of Zhang Zhongjing's works is helpful: he developed treatment determined based on disease diagnosis and tailored according to accompanied symptoms as the guideline for clinical practice. Ren Yingqiu invented the concept "*Zheng* 证" and the principle "*Bian Zheng Lun Zhi* 辨证论治" by distorting Zhang Zhongjing's academic ideas, which came out from the political influences. This conceptual enlargement of "*Bian Zheng* 辨证" came out for the purpose of emphasizing the differences between Chinese medicine and Western medicine: Chinese medicine relieves diseases from their origins while Western medicine relieves just symptoms.

By misinterpreting Zhang Zhongjing's academic ideas because of political influences Ren Yingqiu invented an important fundamental principle, which directly comes from "dialectics" in philosophy and promotes the development of Chinese medicine in both theoretical framework and practical explorations.

Chief References

[1] Chalfant H. P.. Medical Sociology [M]. Shanghai: Shanghai People's Publishing House, 1987
[2] Chen Biliu. Nan Jing with Modern Chinese Interpretation [M]. Beijing: People's Medical Publishing House, 1963.
[3] Collin, P.H. Dictionary of Medicine [Z]. Beijing: Foreign Language Teaching and Research Press, 2001: 574.
[4] Gu Yankui. Dictionary of Etymologies of Chinese Characters [Z]. Beijing: Yu Wen Press, 2008; 2010.
[5] Guo Aichun. Huang Di Nei Jing Su Wen with Collations, Annotations and Modern Chinese Interpretation [M]. Tianjin: Tianjin Science and Technology Press, 1st ed. 1981; 2nd ed. 1999.
[6] Kaptchuk, Ted J. Chinese Medicine: The Web That Has No Weaver [M]. Revised ed. London: Rider, 2000.
[7] Kuhn, Thomas S.. The Structure of Scientific Revolutions [M]. 2nd Revised edition. Chicago: University of Chicago Press, 1970.
[8] Wang Hongtu. Great Compendium of Studies on *Huang Di Nei Jing* [M]. Beijing: Beijing Press, 1997.

[9] Originally by [Han] Xu Shen, Annotated by [Qing] Duan Yucai. *Shuo Wen Jie Zi* with Annotations [Z]. Shanghai: Shanghai Guji Press, 1988.
[10] Yin Huihe. National Textbook for TCM Higher Education·TCM Basic Theories. Shanghai: Shanghai Scientific and Technical Publishers. 1st ed., 1984; fifth printing, 1988.
[11] Zuo Min'an. Detailed Interpretation of Chinese Characters: Origin and Evolution of 1,000 Sinograms [M]. Beijing: Jiuzhou Press, 2005.

Pan Gui-juan

"Cultural consciousness" and the basic theory of TCM research

The Chinese nation has a long history and culture, in the new era and the future history, how to inherit and develop the national excellent traditional culture, how to handle the relations of modernization and traditional culture, is not only an important academic issue, but also a social reality question related to China's promotion and declining. Since the nineteen eighties, Mr. Fei Xiaotong, sociologist and anthropologist, talked about the question that the Chinese nation needs a "cultural consciousness" for many times. The so-called "cultural consciousness", the most important is to figure out the sequence of events of the national culture, ideological connotation, modern value and future trend. Associating with Chinese culture of hundred years of ups and downs and basic theory of traditional Chinese medicine research present situation, we felt deeply that "cultural consciousness" is not only the foundation of Chinese nation traditional culture, but also the key of inheritance and development of the traditional Chinese medicine theory.

Chinese culture of hundred years ups and downs

Since the eighteenth Century China suffered not only from the western strong military attack of aggression, but also suffered from the cultural invasion and destruction, especially the spiritual culture. Under its influence, after the Qing Dynasty started the reform movement, advocated "school for the body, the western learning to use". The early years of the Republic of China further put forward the "Westernization" in the west; take the "modern" instead of "Chinese old culture". Many political movements after the founding of P.R. China are also in the "destroy the old and establish the new" slogan, putting the "traditional culture" and "modernization" in opposition to each other - traditional Chinese culture is regarded as an obstacle to the modernization. To the "Cultural Revolution" it reached to putting the traditional "old" all clear degree. In short, Chinese culture during the last hundred years has been a lot of suffering, just like an aged person.

Since the middle of the nineteenth Century, along with the serious challenges of the oriental culture, oriental cultural values, including the traditional medicine, were meted with comprehensive criticism and negation. Traditional medicine has suffered or marginalized the banned fate in Japan, in China or in Korea. First of all, the Japanese "Meiji Restoration", a comprehensive study of the west, banned Chinese medicine in 1873. In 1914 Chinese government excludes the Chinese medicine from the education system following the step of Japan. In 1929 the government of the Republic of China intended to "abolish the old records", but failed after the Chinese medicine resistance. In modern Korean Korean medicine has also experienced the same fate with traditional Chinese medicine. Over the past hundred years, the western culture influence and impact changed the whole world. For the banned encounter of the TCM in China, Japan and Korea "is the tragic between Chinese and Western cultures conflict, is a history typical to a culture out of another culture by the abuse of administrative, legal means, is the cultural infantilism of human society in the violent storm impulse time or ethnic tradition, is the road of turn reflect of advance and retreat of mountains multiply and streams double back to walk with difficulty in scientific development" ("Medicine way and literary grace").

In the twentieth century the "modernization" and "traditional culture" is still taken as contradictory, conflicting two aspects in considerable extent, Chinese academic circles' indifference and contempt on the traditional culture and traditional Chinese medicine theory in medical treatment, education, scientific research at all levels. In the early nineteen eighties Professor Burkett of the University of Munich pointed out: "Chinese medicine did not deal with cultural piety in China, did not do the study of epistemology and scientific discussion for the determination of their scientific tradition position and did not to give humanitarian concerns starting from the welfare of all, but has suffered dogmatic despise and culture destroy. The entire situation was made by not outsiders, but Chinese medical personnel. They did not recognize the China treasure, instead - in the pursuit of fashionable - they eliminated and fuzzy Chinese information by Western terms."("Medicine way and literary grace"). Notably, this situation does not only still exist, but also has strong momentum. Therefore, the question is urgent, how to recognize and analyze the theory of TCM thinking connotation and modern value and how to correctly discriminate TCM basic theories and basic trend of historical azimuth. The current status of the TCM inheritance and development, human health care needs, the historical responsibility to revitalize the national culture aimed the basic theory of TCM discipline to answer the question "what is the theory of traditional Chinese medicine", "where does the theory of traditional Chinese medicine come from" and "where does the theory of traditional Chinese medicine want to go" correctly through the "cultural consciousness".

Explore the origin in the "cultural consciousness"

Over the past two thousand years, traditional Chinese medicine, which the Chinese nations depended on for the prosperity and development, is an important part of brilliant traditional culture. Chinese culture was permeated in various aspects of the traditional Chinese medicine theory and clinical practice of traditional Chinese medicine. The ways of thinking and theoretical system of TCM come down in one continuous line with Chinese traditional culture, especially has more direct relation to Taoism. Chinese Taoism is the understanding of the ancient and modern change, the combination of heaven with man, the exploration of knowledge of the nature, society and life of law. The essence of Taoism is to understand the objective law of natural, society and life and further to meet the pursuit of the harmony between man and nature, to the pursuit of the various optimization relationships between the man and society, the human and nature.

Traditional Chinese medicine is a kind of knowledge which took the ancient Taoism thought as the instruction, using the Yin Yang and five elements such as mathematical theory to study the human body life movement and its regulation law. Traditional Chinese medicine can exist for thousands of years and does not decline, because it takes the "Tao" as the origin with the compatibility for other thinking. "Tao" is metaphysical while the "method" is the "shape". "Tao" is invariable while the "method" can be variable. And it always follows the basic principle "person follows the earth, earth follows the heaven, heaven follows the Taoism and the Taoism follows the nature. Unremittingly it is to study the results of life law about the human life, growth, strength, age, death. In conclusion, the study on basic theory of TCM in modern times - if unknown Chinese culture - does not understand Chinese Taoism. The "Yellow Emperor's Canon of internal medicine", is indissoluble to break the inheritance and innovation of TCM academic activity source. It is for the reason that Chinese traditional culture including Chinese Taoism, Chinese medicine has not lost memory, but through the spirit of the Chinese nation and the wisdom through the ages of the place of lifeblood. Traditional Chinese medicine not only knows where you come from, but also knows where we are going.

If we talked about the TCM academic inheritance away from the cognition of traditional China culture, it is like water without a source; and if we talked about academic innovation of traditional Chinese medicine aside from the theory of thinking of traditional Chinese medicine, it is like a tree without its root. If traditional Chinese medicine wants to maintain its own style and characteristics in the contacts and exchanges between the modern western medicine and traditional medicine of other countries around the world, it has to show its vitality and influence, and has to make a unique contribution for the modern human health. The extremely important points are to rely on its own excellent traditional culture of the enlightenment, to respect, discover, inherit and explain the traditional culture where they were born from, to devote themselves to research the inner link of traditional Chinese medicine theory and Chinese culture, and to study on how Chinese medicine physicians solve clinical problems by the diagnostic idea. Only through the "cultural consciousness", we can understand the sequence of events in TCM theory, the rich connotation, the modern value and the existing problems of traditional Chinese medicine and correctly judge the historical and fundamental trend to have a bright future.

Concentrating the enlightenment in the "cultural consciousness"

The essence of TCM is the thinking mode of its theory. The thinking mode of TCM theory is also the soul of the TCM clinical methodology. The way of thinking is the inner core of the cultural structure. It is the true vitality of a certain particular culture. The continuation of the culture is the continuation of the thinking mode. In Chinese culture the dominant is always the holistic thinking. "The unity of heaven and man" is the most prevalent and basic concept. It constitutes the basic foothold of Chinese system thinking. Its characteristic is not only taking the nature as a whole, observing it in a general way, more important it is taking heaven and man, man and society as a whole to observe. From the idea "the unity of heaven and man", TCM created a unique natural view, human body laws, life view, diseases rules, and clinical health reservation, disease prevention and treatment by the discussion of "systems thinking". The most fundamental difference between TCM and modern western medicine is their thinking mode difference caused by their own cultural background, is the epistemological and methodological distinction caused by the thinking mode. If you do not understand the way of thinking of Chinese traditional culture, do not research the immanent connection between theories of traditional Chinese medicine and traditional culture in the way of thinking, it will be difficult to really know and understand the theory of traditional Chinese medicine, not to mention to solve the practical problems of clinic by the use of Chinese medicine theory. The research on the way of thinking in traditional Chinese medicine is not only in relation to how to understand and treat the problems of the past, more important is how to create future. In the research and analysis of the thinking mode of the TCM theory the purpose is to explore the analysis of traditional Chinese medicine's "Tao", the practice of medicine "Tao" path.

The modern study on basic theory of TCM is most focused on "microcosmic exploration", "index", "objective evidence" of the TCM theory. They lack the research on the soil where the Chinese medicine academic thought existed and the thinking mode of TCM theory. In the past fifty years a large number of so-called basic theory of traditional Chinese medicine researches and outcomes did not follow the nature and did not follow the TCM, but the "imitation of western medicine". During this period the TCM method was used under the Western medicine guide, the TCM drugs were used under the Western medicine method and the TCM rules were proved by the Western medicine method. With the basic theory of traditional Chinese medicine study we should learn how to use modern methods of science and technology fully and reasonably, and we should emancipate the mind, seek truth from facts, do away with all fetishes and superstitions and intend serious summary and reflection.

Firmly established by ourselves in the "cultural consciousness"

In the soil of Chinese culture, Chinese medicine is a capacity of rivers of cultural history since ancient times and life and growth in nature which is inherited from generation to generation for two thousand years. Since the modern times, under the influence and drive of the East-West cultural trend, TCM academia is comprehensive and opens with nothing refuse. Modern traditional Chinese medicine basic theory research broadly receives the theory, technology and methods from multi- discipline. The scientific research funds are open to the whole academic disciplines. In the nearly fifty years, the basic theory of traditional Chinese medicine in the modern scientific research undertook extensive exploration. But according to the basic theory of traditional Chinese medicine the situation is not optimistic concerning self-construction, inheritance and innovation of TCM theory. Fundamentally speaking, Chinese medicine is a discipline which is being questioned, being examined, was a course of study nearly a hundred years. The theory of traditional Chinese medicine is a system of thought which is being questioned, examined and verified. In one hundred years, in the traditional cultural decline trend, traditional Chinese medicine has lost its healthy climate, environment and soil - always in the East-West cultural collision in the whirlpool, in fact already desalt and it lost the subject subjectivity to a certain extent. In the future the subject of Chinese medicine, whether in the academic autonomy and development, is still facing a severe test. What is needed is a study on basic theory of TCM whereto the focus of this issue is.

At present the basic theory of traditional Chinese medicine discipline first needs to acknowledge the "cultural consciousness", to implement the theoretical system of traditional Chinese medicine, to "know one's limitations" and to establish and strengthen the subject consciousness. This is the basic premise for the possibility that the TCM subject subjectivity can exist and for equal exchange and mutual promotion in academic and other subjects. Such as modern TCM experts ZHANG Ci-gong said, "do I desire fusion, I must firmly established by myself". Only through "cultural consciousness", Chinese academia can get on the theory of the subject of "knowing one's limitations", can grasp the history of medicine directions and can be a basic trend in the multicultural era independently with healthy development.

Be a follower of past traditions and a trail blazer for future generations in the "cultural consciousness"

If the basic theory of traditional Chinese medicine discipline wants to be a follower of past traditions and a trail blazer for future generations in the "cultural consciousness", she should put the theory of traditional Chinese medicine into the traditional Chinese culture background, do careful research and analysis by the combination of the ancient and modern clinical practice and make a comprehensive analysis of the theoretical basis, theoretical connotation and theoretical thinking of TCM, seriously research and analyze the questions such as how the theory guides the clinical practice and how the clinical practice improves the theory development. At the same time, the basic theory of traditional Chinese medicine discipline also shoulders the mission of theoretical reflection of past research of seeking truth from facts to bring order out of chaos in academic, of maintaining academic subjectivity and of holding the responsibility of defending the excellent traditional culture of the Chinese nation.

The so-called inheritance is to maximize the use of the ideological essence and practical experience in the classical Chinese writings, to explore the Chinese theory origin and rule development, to seek truth from facts to answer the fundamental problems such as " Where does the theory of traditional Chinese medicine come from?", "What is the theory of traditional Chinese medicine?", "How to develop the theory of traditional Chinese medicine?" .Through the answers to the questions above the subjectivity development of traditional Chinese medicine will be promoted. TCM has a rich connotation of culture and philosophy. If we want to truly understand the essence and characteristics of the theory of traditional Chinese medicine and to answer the question "Where does the theory of traditional Chinese medicine come from?", we must have a comprehensive analysis of the basis of ideology and culture of the TCM theory and have to explore and reveal the inner link between theory of traditional Chinese medicine and Chinese culture. If we want to answer the question "What is the theory of traditional Chinese medicine?", we must make in-depth analysis and interpretation of the theory connotation and ways of thinking comprehensively and systematically on the basis of comprehensively summaries of the classics medicine works. Traditional Chinese medicine has experienced more than two thousand years of history. The theoretical system of traditional Chinese medicine, takes the "Yellow Emperor's Canon of internal medicine" as the theoretical core actually. Its theory was enriched and developed through the age's clinical practice. In TCM, the knowledge system related to human life and its regulation and law can also be said to be a knowledge center containing health reservation, prevention and treatment theory hold by the ancient physicians. Its concrete content is shown in the individual works in medical history and needed to be integrated and refined systematically. For theories of schools of traditional Chinese medicine recorded in the classical TCM books should be delved in the system, and it should be strived to deeply understand the academic thought flow and to achieve an accurate understanding of the implications contained in the scientific facts, rather than just stay in one physician's opinion, even just to see a word or two. In particular, a wealth of theoretical thought of TCM contained in the medical history, clinical medicine and medical theory (the large amount of practical experience and scientific fact) is an important source for the theory innovation of Chinese medicine, worthy of further refined and research.

  For the development of the theory of traditional Chinese medicine we must first solve the problem of how to innovate the thoughts and methods. The basic principle of the TCM basic theory research is from the law of the development of TCM as well as the corresponding way of thinking, determining the corresponding research idea. If we don't develop the research from the traditional Chinese medicine law development and the corresponding way of thinking, we cannot call it the basic theory of traditional Chinese medicine research. The results of the research will have no benefit to the TCM theory development. In the reality of clinic, teaching, research, decision-making, whether to insist the internal law of the TCM development, the key is to insist the thinking mode of TCM.

Accordingly, the research method of basic theory of TCM should pay special attention to adhere to the theoretical thinking. Only if we summarize and synthesize the clinical practice by using the theoretical thinking, we can extract the new concept, new rules, and new laws from it. Therefore, literature research, experimental research, clinical research related to the TCM basic theory research cannot be equivalent to the theoretical research orientated by theoretical thinking. Study on basic theory of TCM should especially pay attention to the demand of new practice development to the theory. That is to say, we should persist in the developed idea to face the new problems and to explore the new laws. In the new era, the inheritance and development of traditional Chinese medicine, the key is to start from the basic principles of the traditional Chinese medicine theory, according to the theory of traditional Chinese medicine's way of thinking, analyzing and solving the problems of clinical reality in order to prevent and cure diseases in TCM practice. Only to take the actual problem of the prevention and cure diseases as the center, inheriting and developing the traditional Chinese medicine theory, we can seize the most realistic topic of the application of the theory to reality and ensure the traditional Chinese medicine theory of inheritance and sustainable development. We cannot demand the previous theories found by the ancestors provide ready-made answers for clinical problems today, and we also cannot provide simple answers to modern problems according to prescriptions in the ancient books. Chinese scholars should have the theoretical quality of advancing with the times, according to the basic principle of TCM and laws, according to the practical experience and the development of the times, to explore and solve answers to new clinical questions, and to form new ideas and new theories of the traditional Chinese medicine according to clinical practice in order to the inheritance and improvement of the theoretical system of TCM. If we don't make the innovation of the traditional Chinese medicine theory thinking - it is at best the transformation and renewal of the technology, methods and indexes -, we cannot say to have any relationship with the theory of traditional Chinese medicine development.

In short, concerning innovation and development of the theory we should focus on practical application of the theoretical thinking, we should explore and fulfill the guidance of theoretical thinking to clinical practice. The clinical practice has already proved that we are only good if applying the guidance of theory thinking and analyzing the practical problems; we are only good if elevating the study of current problems to rational and theoretical height; we are only good if making summary from the reality and finding the laws of the objective world and if we can give better play to the guiding role of theory in practice. Theoretical innovation based on practice is the pilot of the development and transformation of TCM theory. The purpose of innovation and evaluation standard is to improve the effect, level and ability of traditional Chinese medicine theory to solve the clinical practical problems.

The above is the author's thinking about TCM basic theory research inspired by Mr. Fei Xiaotong's "cultural consciousness". Finally, still with Mr Fei Xiaotong a speech has the conclusion: "Cultural consciousness is the common requirement of the times in today's world, and is not a personal subjective fantasy. Cultural consciousness is an arduous process, first of all to understand their own culture, to understand the exposure to a variety of cultures. So we have the condition to establish our own position in the world, which is formed in the multicultural context through independent adaptation, which is together with other cultures, who learn from each other. The goal is to establish a basic order with common recognition and with a condition of coexistence. In that way a set of various cultures can live in peace, can express a director and can achieve a joint development". (Thinking to historical and social culture - Mr. Fei Xiaotong at the eighth session "The modernization and Chinese culture seminar", speech in 2001.)

(Translated by Dr. DU Song)

Kurt Greiner

Psycho-Text-Puzzle:
Theoriendiskursives Spielverfahren für die Psychotherapiewissenschaft

Vorbemerkungen

Das ideengenerierende Textspiel Psycho-Text-Puzzle wurde für die psychotherapiewissenschaftliche Kreativitätsförderung vor dem wissenschaftstheoretischen Hintergrund des „Konstruktiven Realismus/CR" (F. Wallner) konzipiert. Im Anschluss an das theoretische Konzept der „Verfremdung/Strangification" im CR (F. Wallner 1992, 2002) und das daraus entwickelte theorienanalytische Instrumentarium der „Experimentellen Trans-Kontextualisation/ExTK" im „Therapieschulendialog/TSD" (Greiner 2007, 2012) wird mit dem Psycho-Text-Puzzle eine kreativitätsfördernde Praxis vorgeschlagen, die auf dem Prinzip des inspirativen Frappierens beruht.

1 Hintergrund

Bevor die Textspielregeln vorgestellt werden und ein exemplarischer Spieldurchgang versucht wird, gilt es auf den intellektuellen Kontext zu blicken, in den das *Psycho-Text-Puzzle* philosophisch eingebettet ist. Bei diesem Kontext handelt es sich um den wissenschaftstheoretischen Ansatz des „Konstruktiven Realismus", der von Fritz Wallner an der Universität Wien in den 1990er Jahren ins Leben gerufen wurde. Im Zentrum der konstruktiv-realistischen Diskussion steht die epistemologische Idee der „Verfremdung" (bzw. *Strangification*), die im Folgenden thematisiert wird.

1.1 Zum epistemologischen Konzept des Verfremdens im Konstruktiven Realismus (CR)

In der kulturalistisch-konstruktivistischen Wissenschaftsphilosophie des „Konstruktiven Realismus" (bzw. *Constructive Realism/CR*) berücksichtigt man das interessante Phänomen, dass ein wissenschaftlicher oder praxisspezifischer Aussagenzusammenhang von sich aus nicht adäquat (selbst-)verstanden werden kann. In epistemologischer, d.h. erkenntnis- bzw. wissenstheoretischer Intention schlagen Konstruktive Realisten daher eine selbsterkenntnispraktische Taktik vor, bei der es die sprachliche Form eines speziellen Theorems so zu verändern gilt, dass dieses Theorem im Hinblick auf einen andersartig strukturierten Sprachspielkontext zur Darstellung gebracht werden kann. Auf diese Weise mag das Theorem einerseits zwar verständlich erscheinen, andererseits aber auch widersinnig wirken. Gerade in der Provokation kontextueller Umstände, in denen ein Forscher oder Wissenschaftsanwender mit Widersprüchen, Irritationen, Paradoxien und Hindernissen, die für ihn von erkenntnispraktischer Bedeutung sind, bewusst konfrontiert wird, liegt die große Kunst des epistemologischen Zugangs. Dieser *Aspekt der Absurdität* zeigt nämlich erst auf, was im Herkunftskontext eigentlich immer schon stillschweigend vorausgesetzt sein muss, damit dieses Theorem dort überhaupt sinnvoll funktionieren kann. Im Zusammenhang mit solchen unbemerkten und unbeachteten bzw. unthematisierten und unartikulierten Voraussetzungen, die jeder wissenschaftlichen und praxisbezogenen Aktivität prinzipiell zugrunde liegen, spricht man auch von „passive knowledge" oder von „implizitem Wissen". Durch wiederholte Anwendungen der angedeuteten Verfahrensweise können gewisse Aspekte des impliziten Wissens sukzessive herausgearbeitet und transparent gemacht werden. Tatsächlich kann es durch mehrmaligen Wechsel in fremde Sinnzusammenhänge, d.h. durch *Perspektivenverschiebung* gelingen, so manche unerkannte Voraussetzung und unreflektierte Grundannahme sichtbar zu machen (vgl. Wallner 1992a: 84 f.).

Bei dieser speziellen Strategie des Gesichtspunktswechsels im Konstruktiven Realismus (vgl. dazu auch Wallner 1992a, 1992b, 1997 u. 2002) handelt es sich vorerst einmal um den systematischen Versuch, Abstand und Distanz zu den üblichen Handlungsvollzügen im Rahmen der eigenen wissenschaftlichen Herangehensweise zu gewinnen. Zu diesem Zweck sollen spezifischen Weisen des forschungspraktischen Vorgehens, sollen typische Elemente des wissenschaftlichen Denkens und Argumentierens aus ihrem genuinen Entstehungs- und Gebrauchszusammenhang bewusst *herausgenommen*, in fremdartige Rahmenbedingungen *hineingestellt* und in weiterer Folge auch *betrachtet* werden. Nur wenn Vertrautes *fremd* gemacht wird, lässt es sich nämlich erst *bestaunen* und folglich auch potentiell *verändern*. Die erkenntnispraktische Idee des *Fremd-*

Machens wissenschaftlicher oder praxisbezogener Handlungen erinnert an die künstlerische Strategie der sogenannten „Verfremdungs-Effekte" im Theater bei Bertolt Brecht (1898-1956). Vergleicht man Intention und Funktion der dramaturgischen Vorgehensweise bei Brecht mit dem erkenntnispraktischen Programm im Konstruktiven Realismus, so lässt sich durchaus eine *Isomorphie im methodischen Anspruch* konstatieren. Schließlich geht es in beiden Aktivitätsfeldern um „Distanz zum Vertrauten", ums „Fremdmachen durch Entfernung und Wegnahme", ums „Erstaunen und Verwundern" und um „Erkenntnis und Veränderung". Was der Dramatiker Brecht im künstlerischen Kontext seines epischen Theaters ansetzt und bezweckt, das versucht man auch im Konstruktiven Realismus durch Anwendung von Verfremdung für wissenschaftlich Handelnde zu erwirken: Chancen auf potentielle Veränderung eigener Aktivitäten durch systematische Förderung von Selbst-Er-kenntnis.

Das primäre Ziel der erkenntnisfördernden Strategie der konstruktivrealistischen Verfremdung (*Strangification*) besteht somit darin, durch Veränderung der genuinen Rahmenbedingungen unartikulierte Vorentscheidungen und unbesprochene Grundannahmen einer theoretischen bzw. methodologischen Strukturierung sichtbar zu machen. Das grundlegende Handlungsschema des Verfremdungsprozesses lässt sich dabei recht simpel skizzieren: Ein wissenschaftliches oder praxisspezifisches Satzsystem (Aussage oder Aussagenzusammenhang) wird aus seinem eigentlichen Gebrauchskontext herausgenommen und in ein völlig fremdartiges Sinngefüge hineingestellt. In praktischer Hinsicht bedeutet das, bestimmte Axiome, Postulate, Prinzipien, Formeln, Grundsätze, Kategorien, Thesen etc. aus ihrem ursprünglichen (disziplinären oder subdisziplinären) Entstehungszusammenhang zu „extrahieren" und versuchsweise in einen heterogen strukturierten wissenschaftlichen, philosophischen, künstlerischen, religiösen, lebensweltlichen etc. Anwendungskontext zu „implantieren", um auf diese Weise bis dato Unbemerktes und Unerkanntes („implizites Wissen", „passive knowledge" oder „Knowing-how") verstehbar und diskutierbar zu machen (vgl. Wallner 1992a: 87; 1992b: 112; 1997: 26 f.).

Für intendierte Verfremdungsakte eigenen sich in erster Linie freilich wissenschaftliche Gebilde aus anderen Forschungs- und Anwendungsterrains. Als Verfremdungskontexte können aber ebenso philosophische Sinnzusammenhänge, künstlerische Bereiche, religiöse Gebiete oder lebensweltliche Handlungsfelder herangezogen werden. Verfremdungsaktivitäten können gerade im Hinblick auf den Lebensweltkontext äußerst fruchtbare Ergebnisse hervorbringen, wenn dabei das theoretische Konstrukt aus dem Rahmen einer wissenschaftlichen Spezialistensprache extrahiert und in die Alltagssprache implantiert wird. Immerhin handelt es sich bei jedem (sub-)disziplinären Sprachspiel ausschließlich um eine spezielle Anweisungssprache zur Produktion und Reproduktion bestimmter technischer Erkenntnisleistungen innerhalb einer konkreten Scientific Community. Wird daher der Versuch unternommen, einen bestimmten Aussagenzusammenhang aus dem wissenschaftlichen Sprachgebrauch einer kleinen Expertengruppe in die lebensweltlich praktizierte Alltagssprache einer größeren Gemeinschaft von Menschen zu transferieren, so mag das für den einzelnen Forscher bzw. Wissenschaftspraktiker tatsächlich einen reflexiven Erkenntnisgewinn bringen. Die erkenntnisfördernde Pointe bei der Verfremdung einer wissenschaftlichen Begrifflichkeit (Terminologie) durch die Lebenswelt liegt nämlich darin, dass – im Unterschied zur reduzierten Spezialistensprache, die begriffliche Konstruktbehandlungen immer schon auf spezifische Transformationsweisen restriktiv festlegt – erst über die Alltagssprache vielfältige und differenzierte Umgangsformen mit einem bestimmten Konstrukt möglich werden, was nicht zuletzt zu erfolgreichen Handlungserkenntnissen von theoriespezifischen Erkenntnishandlungen führen kann (vgl. Wallner 2002: 224 f.; 1992b: 110 ff.).

Mittels Verfremdung möchte man im Konstruktiven Realismus konkret dazu anregen, durch „Ausstieg" aus einem bestimmten Sprachspiel und „Einstieg" in ein anderes Sprachspiel, die eigene Sprache bzw. die originäre wissenschaftlich-theoretische Terminologie so zu variieren, dass plötzlich Termini ins Spiel gebracht werden, die zwar vorher nicht zur Verfügung standen, die aber schließlich unartikulierte, implizite Hintergrundstrukturen des ursprünglichen theoriespezifischen Sinngefüges zumindest um eine Nuance sichtbarer, d.h. um ein kleines Stück klarer und begreifbarer machen. Verfremdung soll somit eine epistemologische Möglichkeit darstellen, durch die Hintergrundeinsichten in das eigene Herkunftssystem erfolgreich erzielbar sind, indem man „mit den Zeichen eines anderen Sprachspieles" erst sehen lernt, was im eigenen „ausgeklammert" ist, was „stillschweigend vorausgesetzt" ist bzw. wo überhaupt die Sinngrenzen des eigenen Sprachhandelns liegen. Anders gesagt: *Verfremdung soll dabei helfen, das eigene Sprachspiel durch ein anderes Sprachspiel zu verstehen* (vgl. Wallner 1993: 21 ff.; 1997: 26 f.).

Das soeben diskutierte theoretische Konzept der konstruktiv-realistischen Verfremdung konnte in den vergangenen Jahren im disziplinären Rahmen der Psychotherapiewissenschaft zum theorienanalytischen Forschungsinstrumentarium der „Experimentellen Trans-Kontextualisation" (ExTK) weiterentwickelt und ausgebaut werden. Die ExTK gilt als das zentrale Untersuchungsverfahren im Programm des sogenannten „Therapieschulendialogs" (TSD) an der Sigmund-Freud-Privatuniversität Wien/Paris (SFU). Die methodologische Kernidee dieses Programms wird im Folgenden kurz vorgestellt.

1.2 Von der freien Verfremdungskunst im Konstruktiven Realismus (CR) zum standardisierten Reflexionsverfahren der Experimentellen Trans-Kontextualisation (ExTK) im Therapieschulendialog (TSD)

Obwohl die Verfahrensweise des psychotherapieschulen-inter-disziplinären Grundlagenforschens im „Therapieschulendialog/TSD" (vgl. etwa Greiner 2007, 2012) auf dem Prinzip der soeben diskutierten *Kunst des Verfremdens* aufbaut, spricht man hier im methodisch-terminologischen Sinne nicht von „Verfremdung". Aus den folgenden drei Gründen substituiert man im Therapieschulendialog (TSD) den konstruktiv-realistischen Verfremdungsbegriff durch den neologistischen Terminus „Experimentelle Trans-Kontextualisation" (ExTK): 1.) verkommt die Bezeichnung „Verfremdung" zusehends zum Allerweltsbegriff, weshalb sie sich auch immer weniger als Terminus technicus einer erkenntnisfördernden Methodik eignet; 2.) trifft der reflexionswissenschaftliche Verfahrensname *Experimentelle Trans-Kontextualisation* die mehrfach erprobte Technik der reflexiven Handlungserkenntnis durch vorübergehenden, provisorischen Wechsel der Kontexte begrifflich vergleichsweise präziser; 3.) steht dieser neue Begriff nicht zuletzt als Qualitätsbezeichnung für die methodische Systematisierung, die technische Konkretisierung sowie die verfahrensbezogene Normierung und Standardisierung der freien Verfremdungsidee im TSD. An dieser Stelle gilt es unbedingt noch zu erwähnen, dass das Wissen um den Wert der Verfremdungskunst für die Psychotherapie freilich kein Novum ist. Tatsächlich wurde bereits in den 1990er Jahren über die mögliche Fruchtbarkeit des konstruktivrealistischen Verfremdens bzw. des „Kontextwechsels" (Erwin Parfy) für die Beforschung der Psychotherapie, insbesondere für die Erkundung des therapeutischen Wirkens, diskutiert und theoretisiert (vgl. Slunecko 1994, 1996 u. 1996a; Parfy 1996). Der TSD liefert nun mit der Praxis des Experimentellen Trans-Kontextualisierens (ExTK) erstmals den überzeugenden Beweis für die sinnvolle Umsetzbarkeit und die erfolgreiche Anwendbarkeit (Forschungspraktikabilität) der epistemologischen Strategie des Perspektivenverschiebens in der Psychotherapiewissenschaft.

Im Zuge dieser Begriffstransformation, die vom terminologischen Kontext des Konstruktiven Realismus (Verfremdung) zum dialogexperimentellen Sprachgebrauch des Therapieschulendialogs (ExTK) überleitet, soll das grundlegende Prinzip der systematischen Perspektivenverschiebung nochmals rekapituliert werden: Die verfremdende Strategie der Experimentellen Trans-Kontextualisation ist durch jenes formale Handlungsschema charakterisiert, bei dem ein Satzsystems S aus einem Herkunftskontext H zunächst extrahiert und sodann in einen heterogenen Verfremdungskontext V implantiert wird. Diese spezielle Form der reflexionswissenschaftlichen Erkenntnisgewinnung über einen vorläufigen, provisorischen Wechsel der Kontexte (*experimentell transkontextualisierend*) basiert auf der fundamentalen Einsicht, dass der eigene instrumentell-technische Aktivitätszusammenhang, das eigene professionelle Praxisfeld, der eigene theoretische Konstruktionskontext, die eigene wissenschaftliche „Mikro-Realität" (Greiner 2007) sowie das eigene disziplinäre Sprachspiel nicht zu überblicken sind, solange man sich innerhalb der spezifischen Rahmenbedingungen des angestammten Terrains bewegt. Nur wer aus seinem ursprünglichen Handlungszusammenhang heraustritt und in ein andersartiges Umfeld einsteigt, mithin systematisch eine kontextuelle Perspektivenverschiebung vollzieht, bekommt erst sein eigentliches Tätigkeitsfeld ins reflexive Visier. Und nicht nur das – durch eine derartige Gesichtspunktveränderung erhöht sich sogar die Wahrscheinlichkeit, das eigene Tun und Handeln mithilfe der Entwicklung adäquater Verstehenszugänge in autonomer und eigenverantwortlicher Weise potentiell umzugestalten und zu verändern.

Der formale Ablauf der Experimentellen Transkontextualisations-Handlung, welche auch als *Zirkelbewegung des reflexiven Wissen-Schaffens* bezeichnet werden kann und aus zwei Teilbewegungen (1./2.) besteht, lässt sich aus der konstruktiv-realistischen Idee des „Verfremdens" herleiten und stellt sich im schulen-interdisziplinären Terrain des Therapieschulendialogs (TSD) folgendermaßen dar: Im Zuge der „Verfremdungsbewegung" (1.), bei der es sich um den sogenannten *Akt der Perspektivenverschiebung* handelt, wird zunächst eine spezifische Begriffsfigur oder Aussage (*Transponat*) aus dem eigenen Therapiesystem (*Herkunftskontext*) herausgenommen und in ein heteromorphes Therapiesystem (*Verfremdungskontext*) gestellt. Konkret betrachtet untergliedert sich dieser erste Bewegungsabschnitt in einen extrahierenden und einen implantierenden Teilvorgang, wobei im *Prozess der Extraktion* versucht wird, ein Transponat aus seinem originalen Gebrauchszusammenhang herauszulösen, um es in ein anderes Sinngefüge verlagern zu können. Im *Prozess der Implantation* wird dieses Transponat sodann in den fremden Kontext *experimentell integriert*, d.h. versuchsweise und vorübergehend in einen neuen Zusammenhang eingearbeitet und angewandt. In der „Aneignungsbewegung" (2.), dem sogenannten *Akt der technischen Verwertung*, werden die relevanten Erkenntnisse, die im Verfremdungsterrain infolge von *heterokontextuellen Konfrontationen* (Irritationen, Widersprüche, Absurditäten) gewonnen wurden, sodann für das eigene professionelle Therapiehandeln fruchtbar gemacht.

In der im Anschluss an das konstruktiv-realistische Konzept der epistemologischen Verfremdung (Strangification) und die daraus entwickelte therapieschulendialogische Analysetechnik der Experimentellen Trans-Kontextualisation (ExTK) konzipierten Praxis des Psycho-Text-Puzzle geht es nicht vorrangig um die kritische Reflexion der Sinn- und Verbindlichkeitsgrenzen des schulendisziplinären Denkens und Handelns in der Psychotherapie. Obwohl seine Funktionsweise dem Prozess des Verfremdens sehr ähnlich ist, versteht sich das Psycho-Text-Puzzle selbst jedenfalls nicht primär als ein reflexionswissenschaftliches Untersuchungsverfahren, sondern vielmehr als eine Taktik des Anregens psychotherapiewissenschaftlich relevanter Einfälle und Ideen. Die spezifische Bedeutsamkeit des Psycho-Text-Puzzle für die Psychotherapiewissenschaft liegt in dem Bestreben, über die spielbasierte Strategie des kreativen Verstörens und Verblüffens durch originelles Umgestalten und bizarres Neukombinieren von psychotherapiewissenschaftlichem Text innovative Perspektiven und inspirative Impulse zu evozieren (Prinzip des inspirativen Frappierens), die sich auf die psychotherapiewissenschaftliche Ideenentwicklung konstruktiv und produktiv auswirken. In diesem Sinne kann das Psycho-Text-Puzzle definiert werden als ideengenerierendes Textspiel für die Psychotherapiewissenschaft.

2 *Spielregeln*

Der kreativitätsfördernde Spielprozess im *Psycho-Text-Puzzle* gliedert sich in fünf Textspieletappen: Präsentation (1), Selektion (2), Substitution (3), Transformation (4) und Konklusion (5). Im Folgenden soll jede einzelne Etappe kurz erläutert werden, bevor es den gesamten Textspielprozess grafisch zu veranschaulichen gilt. Daran anschließend wird ein erster Probelauf im *Psycho-Text-Puzzle* veranstaltet.

Etappe 1: PRÄSENTATION

von PTW-Text (psychotherapiewissenschaftlich) und NW-Text (nichtwissenschaftlich): a) psychotherapiewissenschaftlicher Text / PTW-Text *(z.B. S. Freuds Instanzenmodell, A. Adlers Kompensationstheorie, E. Bernes Ich-Konzeption etc.);* b) nichtwissenschaftlicher Text / NW-Text *(z.B. Märchen, Sage, Fabel, Gedicht, Lied ebenso wie Fantasy, Mystery, Science-Fiction, Urban-Legend, Comics aber auch Werbeprospekt, Reiseführer, Betriebsanleitung, Kochrezept, Gesetzestext etc.)*

Etappe 2: SELEKTION

von spezifischen Textelementen (strukturell bedeutsame Begriffe und Begriffsfiguren): a) psychotherapiewissenschaftlich-theoretische Textelemente / PTW-

Elemente; b) nichtwissenschaftliche (fiktional-narrative, alltagssprachliche, betriebstechnische etc.) Textelemente / NW-Elemente.

Etappe 3: SUBSTITUTION

der nichtwissenschaftlichen Textelemente: PTW-Elemente ersetzen NW-Elemente. Dieser Austauschprozess kann *theoriekonform* mittels theoriebasierten Assoziationen über die Fragen „*Was bietet sich an? Was ist naheliegend?*" durchgeführt werden. Er lässt sich aber auch *theorie-unabhängig* über die spielerische Taktik des *freien Jonglierens mit Begriffen* gestalten. In vielen Fällen wird sich während des Substitutionsaktes herausstellen, dass noch mehr PTW- und/oder NW-Elemente für den Spielfortgang benötigt werden. Eine *Nach-Selektion* ist nahezu unvermeidlich und selbstverständlich legitim. Grundsätzlich funktioniert der Substitutionsprozess nur dann adäquat, wenn er von der ernsthaften Absicht getragen ist, letztlich einen logisch schlüssigen Transformations- oder Neutext zu formen.

Etappe 4: TRANSFORMATION

der substituierten Textelemente in die nichtwissenschaftliche Textstruktur: PTW-Elemente *(theoretische Termini)* werden in den NW-Text *(fiktionale Erzählung, Liedtext, Betriebsinformation etc.)* strukturell integriert, womit ein konsistenter Transformations- oder Neutext geschaffen wird, der sich durch größtmögliche originelle Eigenwilligkeit auszeichnen sollte.

Etappe 5: KONKLUSION

Im *Psycho-Text-Puzzle* wird das Ziel verfolgt, über die spielbasierte Strategie des Verstörens und Verblüffens durch originelles Umgestalten und bizarres Neukombinieren innovative Perspektiven und inspirative Impulse zu evozieren *(Prinzip des inspirativen Frappierens)*, die sich auf die psychotherapiewissenschaftliche Ideenentwicklung produktiv auswirken. In der Konklusions-Etappe geht es nun um die Frage, inwiefern bzw. auf welche Weise das angepeilte Ziel im konkreten Spieldurchgang erreicht wurde. Über ein vierstufiges Vorgehen soll diese Frage beantwortet werden.

5.1) Kontemplation in den Transformationstext:

Im Zuge der *betrachtenden Lektüre* des kreativ-transformierten Textprodukts sollte man das innovative *Textbild* zunächst einmal nur auf sich wirken lassen.

5.2) Konzentration auf den Exotikfaktor:

Es folgt die Fokussierung der auffallendsten Verstörungen im Text, der verblüffendsten Textmomente. Dabei sollen *Exotik-Pointen* (EP), d.h. die irritierendsten Textstellen ausgewählt und herausgehoben werden, die den kreativen Neutext – gemessen an der theoriespezifischen Logik des psychotherapiewissenschaftlichen Textes – bizarr, grotesk oder abstrus erscheinen lassen.

5.3) Deduktion von Provokaten:

Welche verstörenden oder verblüffenden Perspektiven eröffnet die nähere Auseinandersetzung mit den *Exotik-Pointen* (EP)? Die EP gilt es nun auf eine diskursive Weise mit der theoriespezifischen Logik des psychotherapiewissenschaftlichen Textes zu konfrontieren, sodass dabei provokante Sätze oder Thesen *(Provokate)* ableitbar werden.

5.4) Diskussion des Impulspotentials:

Implizieren die deduzierten Provokate womöglich ein inspirierendes und kreativitätsförderndes Potential? Lassen sich die speziellen Provokate vielleicht sogar als konkrete Impulsgeber für die psychotherapiewissenschaftliche Ideenentwicklung nutzen? Die Erörterung dieser Fragen, die vom Textspieler initiiert wird, soll schließlich in eine weiterführende Diskussion im fachspezifischen Expertenkreis einmünden. Dabei angefertigte Gesprächsprotokolle sind für eine erweiterte Ergebnisdarstellung zu verwerten.

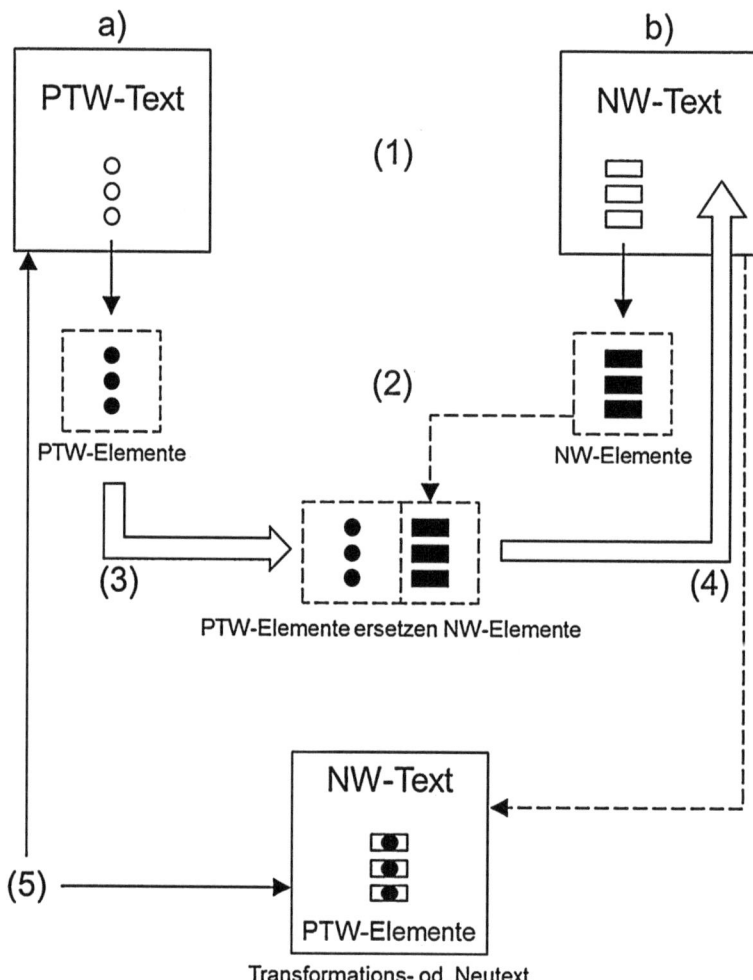

Grafik zum Textspielprozess im *Psycho-Text-Puzzle*

Abb. 1: Der Textspielprozess im Psycho-Text-Puzzle

3 Probelauf

Nun erfolgt ein exemplarischer Spieldurchgang im *Psycho-Text-Puzzle*. Das psychoanalytische „Instanzenmodell" nach Sigmund Freud repräsentiert dabei den ausgewählten psychotherapiewissenschaftlichen Text/PTW-Text (a), der hier versuchsweise im Rahmen von Textspielprozessen mit drei verschiedenen nichtwissenschaftlichen Texten/NW-Texten (b.1/b.2/b.3) kombiniert werden soll. Bei den NW-Texten handelt es sich b.1) um einen Märchenausschnitt („Das Märchen vom Zaren Saltan"/A. Puschkin), b.2) um einen Liedtext („Heidenröslein"/J.W. Goethe, F. Schubert) und b.3) um eine Filminhaltsangabe („Am wilden Fluss"/M. Streep, K. Bacon).

PRÄSENTATION (1)

a) Psychotherapiewissenschaftlicher Text (PTW-Text): *Das „psychische Instanzenmodell" nach Sigmund Freud*

Die „Strukturtheorie" gilt als eine der zentralen Konzeptionen in der psychoanalytischen Lehre nach Sigmund Freud, in der drei psychische Instanzen, das „Es", das „Ich" und das „Über-Ich" (als hypothetische Konstrukte) differenziert werden. Dieses „psychische Instanzenmodell" entspricht „einer Einteilung, die davon ausgeht, welche psychischen Funktionen in innerseelischen Konfliktsituationen miteinander verbunden sind und welche im allgemeinen gegeneinander stehen." (Schuster u.a. 1991: 35) Die „Es-Instanz" gilt als der „Triebpol" der Persönlichkeit, dessen unbewusste Inhalte teils erblich und angeboren, teils verdrängt und erworben sind und sich aus psychischen Repräsentanzen der Triebe zusammensetzen. Das „Über-Ich" stellt jene Persönlichkeits-Instanz dar, deren Inhalte sich auf moralische und ethische Forderungen und Verbote sowie auf handlungsleitende Ideale beziehen. Die „Ich-Instanz" übernimmt hierbei die „Mittlerrolle" zwischen den „Es-Triebansprüchen", den moralisch-ethischen Ge- und Verboten aus dem „Über-Ich-Sektor" sowie den Ansprüchen und Forderungen der „außenweltlichen" Realität (vgl. Schuster u.a. 1991: 36 f.). Zur theoretischen Verdeutlichung folgt nun ein relevanter Textausschnitt aus dem „Abriss der Psychoanalyse" (1938) von Sigmund Freud (in: Freud 1992: 9 ff.):

> 1. KAPITEL DER PSYCHISCHE APPARAT
> Die Psychoanalyse macht eine Grundvoraussetzung, deren Diskussion philosophischem Denken vorbehalten bleibt, deren Rechtfertigung in ihren Resultaten liegt. Von dem, was wir unsere Psyche (Seelenleben) nennen, ist uns zweierlei bekannt, erstens das körperliche Organ und Schauplatz desselben, das Gehirn (Nervensystem), anderseits unsere Bewusstseinsakte, die unmittelbar gegeben sind und uns durch keinerlei Beschreibung näher gebracht werden können. Alles dazwischen ist

uns unbekannt, eine direkte Beziehung zwischen beiden Endpunkten unseres Wissens ist nicht gegeben. Wenn sie bestünde, würde sie höchstens eine genaue Lokalisation der Bewusstseinsvorgänge liefern und für deren Verständnis nichts leisten. Unsere beiden Annahmen setzen an diesen Enden oder Anfängen unseres Wissens an. Die erste betrifft die Lokalisation. Wir nehmen an, dass das Seelenleben die Funktion eines Apparates ist, dem wir räumliche Ausdehnung und Zusammensetzung aus mehreren Stücken zuschreiben, den wir uns also ähnlich vorstellen wie ein Fernrohr, ein Mikroskop u.dgl. Der konsequente Ausbau einer solchen Vorstellung ist ungeachtet gewisser bereits versuchter Annäherung eine wissenschaftliche Neuheit.

Zur Kenntnis dieses psychischen Apparates sind wir durch das Studium der individuellen Entwicklung des menschlichen Wesens gekommen. Die älteste dieser psychischen Provinzen oder Instanzen nennen wir das *Es*; sein Inhalt ist alles, was ererbt, bei Geburt mitgebracht, konstitutionell festgelegt ist, vor allem also die aus der Körperorganisation stammenden Triebe, die hier einen ersten uns in seinen Formen unbekannten psychischen Ausdruck finden.

Unter dem Einfluss der uns umgebenden realen Aussenwelt hat ein Teil des Es eine besondere Entwicklung erfahren. Ursprünglich als Rindenschicht mit den Organen zur Reizaufnahme und den Einrichtungen zum Reizschutz ausgestattet, hat sich eine besondere Organisation hergestellt, die von nun an zwischen Es und Aussenwelt vermittelt. Diesem Bezirk unseres Seelenlebens lassen wir den Namen des *Ichs*. Die hauptsächlichen Charaktere des Ichs. Infolge der vorgebildeten Beziehung zwischen Sinneswahrnehmung und Muskelaktion hat das Ich die Verfügung über die willkürlichen Bewegungen. Es hat die Aufgabe der Selbstbehauptung, erfüllt sie, indem es nach aussen die Reize kennen lernt, Erfahrungen über sie aufspeichert (im Gedächtnis), überstarke Reize vermeidet (durch Flucht), mässigen Reizen begegnet (durch Anpassung) und endlich lernt, die Aussenwelt in zweckmässiger Weise zu seinem Vorteil zu verändern (Aktivität); nach innen gegen das Es, indem es die Herrschaft über die Triebansprüche gewinnt, entscheidet, ob sie zur Befriedigung zugelassen werden sollen, diese Befriedigung auf die in der Aussenwelt günstigen Zeiten und Umstände verschiebt oder ihre Erregungen überhaupt unterdrückt. In seiner Tätigkeit wird es durch die Beachtungen der in ihm vorhandenen oder in dasselbe eingetragenen Reizspannungen geleitet. Deren Erhöhung wird allgemein als *Unlust*, deren Herabsetzung als *Lust* empfunden. Wahrscheinlich sind es aber nicht die absoluten Höhen dieser Reizspannung, sondern etwas im Rhythmus ihrer Veränderung, was als Lust und Unlust empfunden wird. Das Ich strebt nach Lust, will der Unlust ausweichen. Eine erwartete, vorausgesehene Unluststeigerung wird mit dem *Angstsignal* beantwortet, ihr Anlass, ob er von aussen oder innen droht, heisst eine *Gefahr*. Von Zeit zu Zeit löst das Ich seine Verbindung mit der Aussenwelt und zieht sich in den Schlafzustand zurück, in dem es seine Organisation weitgehend verändert. Aus dem Schlafzustand ist zu schliessen, dass diese Organisation in einer besonderen Verteilung der seelischen Energie besteht.

Als Niederschlag der langen Kindheitsperiode, während der der werdende Mensch in Abhängigkeit von seinen Eltern lebt, bildet sich in seinem Ich eine besondere Instanz heraus, in der sich dieser elterliche Einfluss fortsetzt. Sie hat den Namen des *Über-*

ichs erhalten. Insoweit dieses Überich sich vom Ich sondert oder sich ihm entgegenstellt, ist es eine dritte Macht, der das Ich Rechnung tragen muss.

Eine Handlung des Ichs ist dann korrekt, wenn sie gleichzeitig den Anforderungen des Es, des Überichs und der Realität genügt, also deren Ansprüche miteinander zu versöhnen weiss. Die Einzelheiten der Beziehung zwischen Ich und Überich werden durchwegs aus der Zurückführung auf das Verhältnis des Kindes zu seinen Eltern verständlich. Im Elterneinfluss wirkt natürlich nicht nur das persönliche Wesen der Eltern, sondern auch der durch sie fortgepflanzte Einfluss von Familien-, Rassen- und Volkstradition sowie die von ihnen vertretenen Anforderungen des jeweiligen sozialen Milieus. Ebenso nimmt das Überich im Laufe der individuellen Entwicklung Beiträge von Seiten späterer Fortsetzer und Ersatzpersonen der Eltern auf, wie Erzieher, öffentlicher Vorbilder, in der Gesellschaft verehrter Ideale. Man sieht, dass Es und Überich bei all ihrer fundamentalen Verschiedenheit die eine Übereinstimmung zeigen, dass sie die Einflüsse der Vergangenheit repräsentieren, das Es den der ererbten, das Überich im wesentlichen den der von Anderen übernommenen, während das Ich hauptsächlich durch das selbst Erlebte, also Akzidentelle und Aktuelle bestimmt wird.

Dies allgemeine Schema eines psychischen Apparates wird man auch für die höheren, dem Menschen seelisch ähnlichen Tiere gelten lassen. Ein Überich ist überall dort anzunehmen, wo es wie beim Menschen eine längere Zeit kindlicher Abhängigkeit gegeben hat. Eine Scheidung von Ich und Es ist unvermeidlich anzunehmen.

Die Tierpsychologie hat die interessante Aufgabe, die sich hier ergibt noch nicht in Angriff genommen.

2. KAPITEL TRIEBLEHRE

Die Macht des Es drückt die eigentliche Lebensabsicht des Einzelwesens aus. Sie besteht darin, seine mitgebrachten Bedürfnisse zu befriedigen. Eine Absicht, sich am Leben zu erhalten und sich durch die Angst vor Gefahren zu schützen, kann dem Es nicht zugeschrieben werden. Dies ist die Aufgabe des Ichs, das auch die günstigste und gefahrloseste Art der Befriedigung mit Rücksicht auf die Aussenwelt herauszufinden hat. Das Überich mag neue Bedürfnisse geltend machen, seine Hauptleistung bleibt aber die Einschränkung der Befriedigungen.

Die Kräfte, die wir hinter den Bedürfnisspannungen des Es annehmen, heissen wir *Triebe*. Sie repräsentieren die körperlichen Anforderungen an das Seelenleben. Obwohl letzte Ursache jeder Aktivität, sind sie konservativer Natur; aus jedem Zustand, den ein Wesen erreicht hat, geht ein Bestreben hervor, diesen Zustand wiederherzustellen, sobald er verlassen worden ist. Man kann also eine unbestimmte Anzahl von Trieben unterscheiden, tut es auch in der gewöhnlichen Übung. Für uns ist die Möglichkeit bedeutsam, ob man nicht all diese vielfachen Triebe auf einige wenige Grundtriebe zurückführen könne.

b.1) Nichtwissenschaftlicher Text (NW-Text): Ausschnitt aus "Das Märchen vom Zaren Saltan" von Alexander Puschkin. (In: Alexander Puschkin/Ivan Bilibin: „Das Märchen vom Zaren Saltan. Das Märchen vom goldenen Hahn" [Seite 7 – 9] Insel Verlag, Frankfurt a. M. 1982)

> Tief lag der Schnee, und Nacht war es schon. Doch die drei Schwestern saßen immer noch vor ihren Spinnrädern. „Ach", sagte die eine, „wenn ich Zarin würde, ich würde ein Festessen kochen für alle im Land." „Ich", sagte die zweite, „ich würde Leinen weben für alle." „Käm´ der Zar zu mir", sagte die Jüngste, „ich würde ihm einen Sohn schenken, einen schönen, starken Sohn." Da knarrte die Tür, und der Zar Saltan trat in die Stube. Er hatte die Mädchen reden gehört. Und weil ihm das Versprechen der Jüngsten am besten gefiel, sagte er zu ihr: „Guten Abend! Du sollst die Zarin werden, und im nächsten September schon schenkst du mir einen starken, schönen Sohn. Ihr beiden anderen sollt bei der Schwester bleiben und das tun, was ihr euch gewünscht habt: du darfst kochen und du darfst Leinen weben." Die Mädchen folgten dem Zaren aufs Wort. Und noch in derselben Nacht gab es ein Fest mit vielen Gästen, und die Jüngste wurde vom Zaren zur Zarin gemacht. Die Ehrengäste richteten das Hochzeitsbett mit den feinen elfenbeinernen Schnitzereien her. Nur die beiden Schwestern klagten, weil sie nichts anderes geworden waren als Köchin die eine und Weberin die andere.

b.2) Nichtwissenschaftlicher Text (NW-Text): Liedtext zu „Heidenröslein" (Worte: Johann W. Goethe, 1771/Weise: Franz Schubert, 1815) (In: Dawidowicz, Anton [Hrsg.]: „Komm sing mit. Österreichisches Liederbuch" Musikverlag Helbling, Innsbruck 1962)

> 1. Sah ein Knab ein Röslein stehn, Röslein auf der Heiden, war so jung und morgenschön, lief er schnell, es nah zu sehn, sah's mit vielen Freuden. Röslein, Röslein, Röslein rot, Röslein auf der Heiden.
> 2. Knabe sprach: Ich breche dich Röslein auf der Heiden. Röslein sprach: Ich steche dich, dass du ewig denkst an mich, und ich will´s nicht leiden. Röslein, Röslein...
> 3. Und der wilde Knabe brach´s Röslein auf der Heiden, Röslein wehrte sich und stach, half ihm doch kein Weh und Ach, musst es eben leiden. Röslein, Röslein...

b.3) Nichtwissenschaftlicher Text (NW-Text): Filminhaltsangabe zu „Am wilden Fluss" (mit Meryl Streep, Kevin Bacon u.a. Regie: Curtis Hanson. Universal Pictures, USA 1995)

> Urlaub ist zum Entspannen da. Für Gail (Meryl Streep) und Tom (David Strathairn) wird der Aufenthalt in den Bergen Montanas jedoch alles andere als geruhsam. Gemeinsam mit ihrem Sohn fällt die Familie beim Wildwasser-Rafting in die Hände des Bankräubers Wade (Kevin Bacon) und dessen Komplizen. Auf der Flucht vor der Polizei nehmen die Raubmörder Gail und ihre Familie als Geiseln, um auf dem Flussweg die sichere Grenze zu erreichen. In der bedrohlichen Enge des Bootes beginnt für Gail und ihre Familie zwischen den tosenden Stromschnellen ein lebensgefährliches Abenteuer. Dem reißenden Wasser ausgeliefert haben alle zu erkennen, dass am wilden Fluss andere Gesetze gelten.

SELEKTION (2)

a) Psychotherapiewissenschaftlich-theoretische Textelemente (PTW-Elemente): *Instanzenmodell nach S. Freud*

Die folgenden strukturell bedeutsamen Begriffe und Begriffsfiguren wurden dem Ausschnitt des psychoanalytischen Textes (Freud 1992: 9 ff.) entnommen und als spezifische PTW-Elemente definiert:

psychischer Apparat – psychische Provinzen – Es – Triebe – reale Außenwelt – Ich – (überstarke/mäßige) Reize – Triebansprüche – Befriedigung/befriedigen/befriedigend – Erregungen – Erhöhung (der) Reizspannungen - Unlust – Lust – Unluststeigerung - Angstsignal – Gefahr (die von außen oder innen droht) – seelische Energie – elterlichen Einfluss fortsetzen (Über-Ich) - Über-Ich – Ansprüche miteinander versöhnen (Ich) – Macht des Es – (mitgebrachte) Bedürfnisse (befriedigen).

b.1) Nichtwissenschaftliche Textelemente (NW-Elemente): *Märchenausschnitt*

Dem Ausschnitt des „Märchens vom Zaren Saltan" (Puschkin/Bilibin 1982: 7 ff.) wurden die folgenden fiktional-narrativen Begriffe und Begriffsfiguren entnommen und als spezifische NW-Elemente definiert:

Schnee – Nacht - drei Schwestern (Mädchen) – Spinnräder – Zarin – Festessen kochen – Land – Leinen weben – Zar (Saltan) – die Jüngste – Sohn – Tür – Ehrengäste – Hochzeitsbett – feinen elfenbeinernen Schnitzereien - Köchin – Weberin.

b.2) Nichtwissenschaftliche Textelemente (NW-Elemente): *Liedtext*

Dem Liedtext zu „Heidenröslein" (Goethe/Schubert 1962) wurden die folgenden Begriffe und Begriffsfiguren entnommen und als spezifische NW-Elemente definiert:

Knab – Röslein – Heiden – Freuden – Röslein rot – breche – steche – wehrte sich.

b.3) Nichtwissenschaftliche Textelemente (NW-Elemente): *Filminhaltsangabe*

Der Inhaltsangabe zum Film „Am wilden Fluss" (Streep/Bacon 1995) wurden die folgenden fiktional-narrativen Begriffe und Begriffsfiguren entnommen und als spezifische NW-Elemente definiert:

Urlaub – Entspannen – Gail – Tom – Berge Montanas – geruhsam – Sohn – Familie – Wildwasser-Rafting – Bankräuber Wade und dessen Kompli-

zen/Raubmörder – Polizei – Geiseln – Flussweg – sichere Grenze erreichen –
Boot – Stromschnellen – Wasser – Fluss.

SUBSTITUTION (3)

3.1) Teils über *theoriebasierte Assoziationen*, teils via *freie Begriffs-Jonglagen* werden die ausgewählten NW-Elemente aus b.1) (Märchenausschnitt) durch die ausgewählten PTW-Elemente aus a) (Instanzenmodell/Freud) folgendermaßen ersetzt:

Schnee – durch – *Gefahr*
Nacht – durch – *Unlust*
drei Schwestern (Mädchen) – durch – *psychische Provinzen Ich, Über-Ich und Es*
Spinnräder – durch – *Bedürfnisse*
Zarin – durch – *Lust*
Festessen kochen – durch – *Ansprüche miteinander versöhnen (Ich)*
Land – durch – *psychischer Apparat*
Leinen weben – durch – *elterlichen Einfluss fortsetzen (Über-Ich)*
Zar (Saltan) – durch – *Triebe*
die Jüngste – durch – *Es*
Sohn – durch – *Macht des Es*
Tür – durch – *Angstsignal*
Ehrengäste/Gäste – durch – *Triebansprüche*
Hochzeitsbett – durch – *seelische Energie*
feinen elfenbeinernen Schnitzereien – durch – *Befriedigung*
Köchin – durch – *(Ansprüche miteinander) versöhnendes Ich*
Weberin – durch – *(elterlichen Einfluss) fortsetzendes Über-Ich*

3.2) Teils über *theoriebasierte Assoziationen*, teils via *freie Begriffs-Jonglagen* werden die ausgewählten NW-Elemente aus b.2) (Liedtext) durch die ausgewählten PTW-Elemente aus a) (Instanzenmodell/Freud) folgendermaßen ersetzt:

Knab – durch – *Ich*
Röslein – durch – *Triebansprüche*
Heiden – durch – *psychischer Apparat*
Freuden – durch – *Erregung*
Röslein rot – durch – *mitgebrachte Bedürfnisse*
breche – durch – *befriedigen*
steche – durch – *Unluststeigerung (Unlust steigern)*
wehrte sich – durch – *Erhöhung der Reizspannungen (Reizspannungen erhöhen)*

3.3) Teils über *theoriebasierte Assoziationen*, teils via *freie Begriffs-Jonglagen* werden die ausgewählten NW-Elemente aus b.3) (Filminhaltsangabe) durch die ausgewählten PTW-Elemente aus a) (Instanzenmodell/Freud) folgendermaßen ersetzt:

Urlaub – durch – *Bedürfnisse*
Entspannen – durch – *Befriedigung*
Gail – durch – *Ich*
Tom – durch – *Über-Ich*
Berge Montanas – durch – *psychischer Apparat*
geruhsam – durch – *befriedigend*
Sohn – durch – *Es*
Familie – durch – *psychische Provinzen*
Wildwasser-Rafting – durch – *Bedürfnisse befriedigen*
Bankräuber Wade und dessen Komplizen/Raubmörder – durch – *Angstsignal*
Polizei – durch – *Gefahr (die von außen droht)*
Geiseln – durch – *Erregung*
Flussweg – durch – *Macht des Es*
sichere Grenze erreichen – durch – *Erhöhung/Reizspannungen bzw. Reizspannungen erhöhen*
Boot – durch – *(überstarke) Reize*
Stromschnellen – durch – *seelische Energie*
Wasser – durch – *Triebansprüche*
Fluss – durch – *Triebe*

TRANSFORMATION (4)

4.1) Jene PTW-Elemente aus a) (Instanzenmodell/Freud), welche die NW-Elemente aus b.1) (Märchenausschnitt) substituieren, gilt es jetzt in den NW-Text b.1) (Märchenausschnitt) strukturell zu integrieren. Damit wird der folgende Neutext (Transformationstext) zum „Märchen vom Zaren Saltan" (Puschkin/Bilibin) kreiert, der nunmehr heißt: *Das Märchen von den Trieben*

Tief lag die Gefahr, und Unlust war es schon. Doch die psychischen Provinzen Ich, Über-Ich und Es saßen immer noch vor ihren Bedürfnissen. „Ach", sagte das Ich, „wenn ich Lust würde, ich würde Ansprüche miteinander versöhnen für alle im psychischen Apparat." „Ich", sagte das Über-Ich, „ich würde den elterlichen Einfluss fortsetzen für alle." „Kämen die Triebe zu mir", sagte das Es, „ich würde ihnen die Macht des Es schenken, die schöne, starke Macht des Es." Da knarrte das Angstsignal, und die Triebe traten in die Stube. Sie hatte die psychischen Provinzen reden gehört. Und weil den Trieben das Versprechen des Es am besten gefiel, sagten sie zu ihm: „Guten Abend! Du sollst die Lust werden, und im nächsten September schon schenkst du uns die starke, schöne Macht des Es. Ihr beiden anderen sollt beim Es bleiben und das tun, was ihr euch gewünscht habt: du darfst Ansprüche miteinander versöhnen und du darfst den elterlichen Einfluss fortsetzen." Die psychischen Provinzen folgten den Trieben aufs Wort. Und noch in derselben Unlust gab es ein Fest mit vielen Triebansprüchen, und das Es wurde von den Trieben zur Lust gemacht. Die Triebansprüche richteten die seelische Energie mit der Befriedigung her. Nur die beiden psychischen Provinzen Ich und Über-Ich klagten, weil sie nichts anderes geworden waren als versöhnendes Ich die eine und fortsetzendes Über-Ich die andere.

4.2) Jene PTW-Elemente aus a) (Instanzenmodell/Freud), welche die NW-Elemente aus b.2) (Liedtext) substituieren, gilt es jetzt in den NW-Text b.2) (Liedtext) strukturell zu integrieren. Damit wird der folgende Neutext (Transformationstext) zum „Heidenröslein" (Goethe/Schubert) kreiert, der nunmehr heißt: *Triebansprüche im psychischen Apparat*

1. Sah das Ich Triebansprüche stehn, Triebansprüche im psychischen Apparat, waren so jung und morgenschön, lief es schnell, sie nah zu sehn, sah sie mit viel Erregung. Triebansprüche, Triebansprüche, mitgebrachte Bedürfnisse, Triebansprüche im psychischen Apparat.
2. Das Ich sprach: Ich befriedige euch Triebansprüche im psychischen Apparat. Triebansprüche sprachen: Wir steigern deine Unlust, dass du ewig denkst an uns, und wir wollen's nicht leiden. Triebansprüche, Triebansprüche, mitgebrachte Bedürfnisse, Triebansprüche im psychischen Apparat.
3. Und das wilde Ich befriedigte Triebansprüche im psychischen Apparat, Triebansprüche erhöhten die Reizspannungen und steigerten die Unlust, half ihm doch kein Weh und Ach, musst es eben leiden. Triebansprüche, Triebansprüche, mitgebrachte Bedürfnisse, Triebansprüche im psychischen Apparat.

4.3) Jene PTW-Elemente aus a) (Instanzenmodell/Freud), welche die NW-Elemente aus b.3) (Filminhaltsangabe) substituieren, gilt es jetzt in den NW-Text b.3) (Filminhaltsangabe) strukturell zu integrieren. Damit wird der folgende Neutext (Transformationstext) zum „Am wilden Fluss" (Streep/Bacon) kreiert, der nunmehr heißt: *Bei den wilden Trieben*

Bedürfnisse sind zur Befriedigung da. Für das Ich und das Über-Ich wird der Aufenthalt im psychischen Apparat jedoch alles andere als befriedigend. Gemeinsam mit dem Es fallen die psychischen Provinzen beim Bedürfnisse befriedigen in die Hände des Angstsignals. Auf der Flucht vor der von außen drohenden Gefahr nimmt das Angstsignal das Ich, das Über-Ich und das Es als Erregung, um über die Macht des Es die Reizspannungen zu erhöhen. In der bedrohlichen Enge der überstarken Reize beginnt für das Ich, das Über-Ich und das Es zwischen der tosenden seelischen Energie ein lebensgefährliches Abenteuer.

Den reißenden Triebansprüchen ausgeliefert haben alle zu erkennen, dass bei den wilden Trieben andere Gesetze gelten.

KONKLUSION (5)

5.1.1) Kontemplation in den Transformationstext: Das Märchen von den Trieben

Der 1. Neutext (Transformationstext) unter Punkt 4.1) mit dem Titel Das Märchen von den Trieben wurde soeben einer betrachtenden Lektüre unterzogen. Dabei konnte ein kontemplativer Zugang zum innovativen Textbild gefunden werden, womit die Voraussetzung für die zweite Stufe der Konklusions-Etappe erfüllt ist.

5.2.1) Konzentration auf den Exotikfaktor: „das Es wurde von den Trieben zur Lust gemacht"

Richtet man nun das Erkenntnisinteresse auf die auffallendsten Verstörungen im 1. Neutext, dann lässt sich rasch eine Fülle von fragwürdigen, irritierenden sowie verblüffenden Momenten im *Märchen von den Trieben* ausmachen. Exemplarisch soll bloß eine einzige *Exotik-Pointe* (EP) aus dem 1. Transformationstext ausgewählt und in der dritten Stufe der fünften Etappe für die Ableitung eines *Provokats* verwendet werden: „*...das Es* wurde von *den Trieben* zur *Lust* gemacht."

5.3.1) Deduktion des Provokats: Das Ich strebt nach Es

„Lust" ist im psychoanalytischen Verständnis nach Sigmund Freud eine Erlebensqualität, eine Empfindungsdimension, nach der „das Ich" strebt (vgl. Freud 1992: 10). Wenn sich nun – wie es sich in der herausgehobenen *Exotik-Pointe* darstellt – „das Es" über aktives Triebgeschehen in „Lust" transformiert, sodass „Es" mit „Lust" identisch wird, dann erweist sich „das Es" auf der begrifflichen Ebene plötzlich als ein Synonym für „Lust". Damit eröffnet sich die bizarr anmutende Perspektive *(Provokat)*, wonach *das Ich nach Es strebt.* Artikuliert sich im *Provokat „Das Ich strebt nach Es"* womöglich ein bis jetzt unbeachteter Aspekt der von Freud angesprochenen „Macht des Es"?

5.4.1) Diskussion des Impulspotentials: „Das Ich strebt nach Es" als Inspiration?

Wie viel inspirierendes sowie kreativitätsförderndes Potential verbirgt sich im auf den ersten Blick grotesk wirkenden Satz *(Provokat): Das Ich strebt nach Es?* Im Rahmen einer fachspezifischen Expertendiskussion könnten sich hierauf interessante und für die psychotherapiewissenschaftliche Ideenentwicklung eventuell sogar fruchtbare Antwortimpulse ergeben.

5.1.2) Kontemplation in den Transformationstext: Triebansprüche im psychischen Apparat

Der 2. Neutext (Transformationstext) unter Punkt 4.2) mit dem Titel *Triebansprüche im psychischen Apparat* wurde soeben einer *betrachtenden Lektüre* unterzogen. Dabei konnte ein *kontemplativer Zugang* zum innovativen *Textbild* gefunden werden, womit die Voraussetzung für die zweite Stufe der Konklusions-Etappe erfüllt ist.

5.2.2) Konzentration auf den Exotikfaktor: „...befriedigte Triebansprüche...erhöhten die Reizspannungen und steigerten die Unlust"

Lenkt man die Aufmerksamkeit auf die auffallendsten Verstörungen im 2. Neutext, dann wird man womöglich gar nicht so viele Absonderlichkeiten oder verblüffende Momente im transformierten Liedtext mit dem Titel *Triebansprüche im psychischen Apparat* entdecken. Freilich lässt sich zumindest eine Irritation als *Exotik-Pointe* (EP) aus dem 2. Transformationstext herausheben und in der dritten Stufe der fünften Etappe für die Ableitung eines *Provokats* verwenden: *„...befriedigte Triebansprüche...erhöhten die Reizspannungen* und *steigerten die Unlust"*

5.3.2) Deduktion des Provokats: Befriedigung steigert Unlust

Nach Sigmund Freud besteht die „eigentliche Lebensabsicht des Einzelwesens (...) darin, seine mitgebrachten Bedürfnisse zu befriedigen." (Freud 1992: 11) Bedürfnisbefriedigung bedeutet Entspannung, und Entspannung löst Lustempfinden aus. Wie aber soll man mit der Aussage umgehen, wonach soeben befriedigte Triebe durch Erhöhung von Reizspannungen Unluststeigerung bewirken? Die nicht weiter differenzierte Formel *(Provokat) Befriedigung steigert Unlust* scheint ein Paradoxon zu sein. Genau diese Widersprüchlichkeit, die das spezielle *Provokat* als solches charakterisiert, zeigt sich in der ausgewiesenen *Exotik-Pointe*: *„...befriedigte Triebansprüche...erhöhten die Reizspannungen* und *steigerten die Unlust."*

5.4.2) Diskussion des Impulspotentials: „Befriedigung steigert Unlust" als Inspiration?

Man könnte in diesem Zusammenhang z.B. die Frage stellen, was sich über die Möglichkeit einer Lust-Unlust-Verkettung, über Empfindungsindifferenz infolge von wechselseitigen Blockaden oder Verstrickungen sagen lässt. Vielleicht lohnt es sich ja, die Idee einer *Lust-Unlust-Reziprozität* weiterzuverfolgen. Die Beantwortung der Frage, ob sich in diesen Gedankensplittern bereits kreativitätsfördernde Impulse oder zumindest innovative Perspektiven abzeichnen, hängt natürlich nicht zuletzt von deren Originalität und Neuheitswert ab. Diese Beurteilung sollte sinnvollerweise im Rahmen von fachspezifischen Expertendiskussionen erfolgen.

5.1.3) Kontemplation in den Transformationstext: Bei den wilden Trieben

Der 3. Neutext (Transformationstext) unter Punkt 4.3) mit dem Titel *Bei den wilden Trieben* wurde soeben einer *betrachtenden Lektüre* unterzogen. Dabei konnte ein *kontemplativer Zugang* zum innovativen *Textbild* gefunden werden, womit die Voraussetzung für die zweite Stufe der Konklusions-Etappe erfüllt ist.

5.2.3) Konzentration auf den Exotikfaktor: „...das Ich, das Über-Ich und das Es als Erregung"

Sucht man nach den auffallendsten Verstörungen im 3. Neutext, so wird man sich ob der Fülle an Irritationen wohl entscheiden müssen, welche Textstellen als die seltsamsten und bizarrsten Momente in der modifizierten Inhaltsangabe zu *Bei den wilden Trieben* gelten können. Exemplarisch soll wiederum bloß eine einzige *Exotik-Pointe* (EP) aus dem 3. Transformationstext ausgewählt und in der dritten Stufe der fünften Etappe für die Ableitung eines *Provokats* verwendet werden: „...*das Ich, das Über-Ich und das Es* als *Erregung.*"

5.3.3) Deduktion des Provokats: Die Triebansprüche rufen das Über-Ich hervor

In seiner theoretischen Konzipierung der Psychoanalyse geht Sigmund Freud zunächst davon aus, „dass das Seelenleben die Funktion eines Apparates ist (...), den wir uns also ähnlich vorstellen wie ein Fernrohr, ein Mikroskop u. dgl." (Freud 1992: 9). Im Zusammenhang mit der Konzeptentwicklung des „psychischen Apparates" spricht Freud vom „Ausbau einer solchen Vorstellung" und bringt in weiterer Folge den Terminus der „psychischen Provinzen" ins Spiel, die untergliedert sind in die „Instanzen" „Es", „Ich" und „Über-Ich". Den Begriff der „Erregungen" setzt Freud in Beziehung zu den „Triebansprüchen", welche ebendiese hervorrufen (vgl. Freud 1992: 9 f.). Die herausgehobene *Exotik-Pointe* könnte uns nun zum sonderbaren Gedanken verleiten, „Ich", „Über-Ich" und „Es" nicht im Sinne von Freud als „psychische Provinzen" oder „Instanzen" im „psychischen Apparat" zu verstehen, sondern versuchsweise als „Erregungen" zu begreifen, die von den „Triebansprüchen" hervorgerufen werden. Besonders bizarr wird dieses Szenario, wenn wir dabei auf das „Über-Ich" blicken, weil sich nun die „Triebansprüche" verantwortlich zeichnen für die

Herausbildung jener „Erregung" („Über-Ich"), die im psychodynamischen Gesamtkontext vermutlich als das stärkste Triebbefriedigungshindernis gilt: *Die Triebansprüche rufen das Über-Ich hervor (Provokat).*

5.4.3) Diskussion des Impulspotentials: „Die Triebansprüche rufen das Über-Ich hervor" als Inspiration?

Aber womöglich steckt gerade in der abstrusen Formulierung des *Provokats „Die Triebansprüche rufen das Über-Ich hervor"* ein ideengenerierender Impuls, der sich für die Psychotherapiewissenschaft als fruchtbar erweist. Kreative Innovationen entzünden sich oft dort, wo man es nicht vermuten würde. Im Rahmen einer fachspezifischen Expertendiskussion lässt sich darüber hoffentlich Klarheit gewinnen.

Literatur

Freud, Sigmund (1992): Abriss der Psychoanalyse. Das Unbehagen in der Kultur. Fischer Taschenbuch Verlag, Frankfurt a. M.

Greiner, Kurt (2007): Psychoanalytik als Wissenschaft des 21. Jahrhunderts. Ein konstruktivistischer Blick auf Struktur und Reflexionspotential einer polymorphen Kontextualisations-Technik. Peter Lang Verlag, Frankfurt a.M.

Greiner, Kurt (2012): Standardisierter Therapieschulendialog (TSD). Therapieschulen-interdisziplinäre Grundlagenforschung an der Sigmund-Freud-Privatuniversität Wien/Paris (SFU). Sigmund-Freud-Privatuniversitäts-Verlag, Wien

Parfy, Erwin (1996): Die Integration von psychotherapeutischen Theorien unterschiedlicher Schulen (S. 84-99). In: Psychotherapie Forum (1996/4). Springer Verlag, Wien – New York

Schuster, Peter; Springer-Kremser, Marianne (1991): Bausteine der Psychoanalyse. Eine Einführung in die Tiefenpsychologie. WUV – Universitätsverlag, Wien

Slunecko, Thomas (1994): Plädoyer für einen Grundlagendiskurs in der Psychotherapieforschung (S. 128-136). In: Psychotherapie Forum (1994/2). Springer Verlag, Wien – New York

Slunecko, Thomas (1996): Einfalt oder Vielfalt in der Psychotherapie (S. 293-321). In: Pritz, A. (Hrsg.): Psychotherapie – eine neue Wissenschaft vom Menschen. Springer Verlag, Wien – New York

Slunecko, Thomas (1996a): Wissenschaftstheorie und Psychotherapie. Ein konstruktiv-realistischer Dialog. WUV-Universitätsverlag, Wien

Wallner, Friedrich G. (1992): Acht Vorlesungen über den Konstruktiven Realismus. WUV-Universitätsverlag, Wien

Wallner, Friedrich G. (1992a): Wissenschaft in Reflexion. Braumüller Verlag, Wien

Wallner, Friedrich G. (1992b): Konstruktion der Realität. Von Wittgenstein zum Konstruktiven Realismus. WUV-Universitätsverlag, Wien

Wallner, Friedrich G. (1993): Der Konstruktive Realismus. Theorie eines neuen Paradigmas? (S. 11-23) In: Wallner, F.; Schimmer, J.; Costazza, M. (Ed.): Grenzziehungen zum Konstruktiven Realismus. WUV-Universitätsverlag, Wien

Wallner, Friedrich G. (1997): Aspekte eines Kulturwandels: Der Bedarf nach einem neuen Begriff des Wissens (S. 11-27). In: Wallner, F.; Agnese, B. (Hrsg.): Von der Einheit des Wissens zur Vielfalt der Wissensformen. Erkenntnis in Philosophie, Wissenschaft und Kunst. Braumüller Verlag, Wien

Wallner, Friedrich G. (2002): Die Verwandlung der Wissenschaft. Vorlesungen zur Jahrtausendwende. Verlag Dr. Kovac, Hamburg

Kurt Greiner

Psycho-Bild-Prozess (PBP): Imaginationsförderndes Reflexionsinstrumentarium für die Psychotherapiewissenschaft

Vorbemerkungen

Beim „Psycho-Bild-Prozess" (PBP) handelt es sich – neben dem *Psycho-Text-Puzzle* (siehe in diesem Band den Beitrag von Kurt Greiner zum Psycho-Text-Puzzle) – um ein weiteres Interpretationsverfahren der *Texttransformierenden Therapieschulenreflexion (TSR)*. Im Rahmen dieses an der Sigmund-Freud-Privatuniversität Wien/Paris (SFU) jüngst entwickelten psychotherapiewissenschaftlichen Forschungsprogramms bemüht man sich um diskursive Analyse und kritische Reflexion psychotherapeutischer Theorien unter Zuhilfenahme kreativer Techniken und künstlerischer Mittel. Die philosophische Grundlage für diese innovativen Wissenschaftspraxen bildet (ebenso wie für den TSD via ExTK: Greiner 2007, 2012) der „Konstruktive Realismus" (CR nach F. G. Wallner, Univ. Wien), in dessen Zentrum der erkenntnisfördernde Verfremdungsgedanke steht (F. Wallner 1992, 2002).

1 Das methodische Konzept im Psycho-Bild-Prozess (PBP)

Aufgrund des Einbaus bildnerisch-künstlerischer Gestaltungsmittel lässt sich der Psycho-Bild-Prozess (PBP) auch als ein *phantasieanregendes, imaginationsförderndes Analyseinstrumentarium der Psychotherapiewissenschaft* charakterisieren, dessen Untersuchungsverlauf sich in die folgenden sechs Prozessstufen bzw. Analysestationen untergliedert: SELEKTION (1), ISOLATION (2), KREATION (3), INTERPRETATION (4), MODIFIKATION (5), KONFRONTATION (6). Im Folgenden soll jede einzelne Stufe (Station) kurz erläutert werden, bevor es den gesamten Analyseprozess grafisch zu veranschaulichen gilt. Daran anschließend wird ein erster exemplarischer Durchführungsversuch im PBP unternommen.

1. Prozessstufe: SELEKTION

Zuerst muss ein bestimmter theoretischer Zusammenhang („Theoriestück") der eigenen Psychotherapieschule ausgewählt und vorgestellt werden, den es mithilfe des PBP diskursiv zu bearbeiten und kritisch zu reflektieren gilt.

2. Prozessstufe: ISOLATION

Aus dem gewählten Theoriestück müssen nun die zentralen theoriespezifischen Termini technici („Theoriebegriffe") herausgefiltert bzw. isoliert werden. In Form einer Auflistung sind diese isolierten Theoriebegriffe zu präsentieren.

3. Prozessstufe: KREATION

Die folgende Kreationsstufe untergliedert sich in zwei Unterstufen (3.a/3.b).

3.a) Freie Gestaltung des Psychobildes (PB)

Nun gilt es ein „Psychobild" (PB), unter Verwendung bildnerischer Mittel (Zeichnung, Malerei, Fotocollage), kreativ zu gestalten. Vor dem theoriespezifischen Hintergrundverständnis sollen die isolierten Theoriebegriffe in symbolischer Verkleidung in eine frei erfundene Bildgeschichte hineinverwoben werden. Entscheidend dabei ist, dass sich in der frei gestalteten Bildszene die herausgefilterten Theoriebegriffe in symbolisch verschlüsselter Form wiederfinden.

3.b) Anfertigung einer Re-Symbolisierungs-Liste

Nach der Fertigstellung des PB ist eine Rückübersetzung („Re-Symbolisierung") der symbolischen Verschlüsselung durchzuführen, d.h. die frei erfundenen zentralen Bildelemente müssen als Symbole für konkrete Theoriebegriffe identifiziert werden, was in Form einer Auflistung („Re-Symbolisierungs-Liste") festzuhalten ist.

4. Prozessstufe: INTERPRETATION

Das geschaffene Psychobild (PB) wird nun einem „Externen Interpreten" (ExI = eine Person, die nicht aus der eigenen Psychotherapieschule stammt und als Perspektivenlieferant dient) zur theoriefreien Beschreibung und Deutung vorgelegt. Keinesfalls darf der Externe Interpret (ExI) über die Re-Symbolisierungs-Liste verfügen! Der ExI hat dann eine völlig freie, nicht-wissenschaftliche Bildinterpretation zu verfassen, ohne dabei Kenntnisse von der speziell entwickelten

Symbolik zu besitzen. Die angefertigte Bildinterpretation („Externe PB-Interpretation") erhält sodann der Urheber des Psychobildes („PB-Gestalter").

5. Prozessstufe: MODIFIKATION

Jetzt nimmt der PB-Gestalter in der Externen PB-Interpretation einen Begriffsaustausch vor. Der PB-Gestalter schreibt also die vom ExI angefertigte PB-Betrachtung insofern um, als er die zentralen Bildelemente durch die schulenspezifischen Theoriebegriffe gemäß der Re-Symbolisierungs-Liste ersetzt. Damit wird die Externe PB-Interpretation in die „Modifizierte PB-Interpretation" transformiert.

6. Prozessstufe: KONFRONTATION

Die folgende Konfrontationsstufe untergliedert sich in drei Unterstufen (6.a/6.b/6.c).

6.a) Herausarbeitung von tendenziellen Konvergenzen und Divergenzen (Absurditäten)

Auf dieser letzten Prozessstufe geht es um die diskursive Rückbindung der Modifizierten PB-Interpretation zum schulenspezifischen Theoriestück. Zu diesem Zweck sollen in einem ersten Schritt die tendenziellen Konvergenzen und Divergenzen (Absurditäten) herausgearbeitet werden, die zwischen den Formulierungen der Modifizierten PB-Interpretation und den schulenspezifischen Theoremen des Theoriestücks bestehen. Für die systematische Umsetzung dieses Vorhabens ist es sinnvoll, die relevanten Interpretationsausschnitte zuvor in einzelne Sätze oder sogar in kleinere Einheiten („Sinnstrukturen" = Teilsätze, Satzteile bzw. Begriffsfiguren) zu untergliedern.

6.b) Diskussion der tendenziellen Konvergenzen und Divergenzen (Absurditäten)

Vor dem therapietheoretischen Hintergrundverständnis gilt es in einem zweiten Schritt, die identifizierten Konvergenzen und Divergenzen, d.h. die Vereinbarkeiten sowie die Absonderlichkeiten oder Unsinnigkeiten, die durch die Rückbindung deutlich werden, zu diskutieren. Diese konfrontative Begegnung soll schließlich in eine diskursive Auseinandersetzung mit der psychotherapeutischen Theorie münden, die zu kritisch-reflexiven Einblicken und Einsichten in das schulenspezifische Denken und Handeln führt. Ein zweigliedriges Vorgehen („Konvergenzen-Analyse" / „Divergenzen-Analyse") erscheint hier am sinnvollsten.

6.c) Schlussfolgerungen für die eigene Therapiepraxis

Die auf diese Weise gewonnenen hermeneutischen Erkenntnisse bzw. sinnverstehenden Wissenszuwächse lassen sich womöglich für Innovationen, progressive Veränderungen und Erweiterungsschritte im Rahmen der eigenen psychotherapeutischen Praxis verwerten. Diesbezügliche Überlegungen sind in einem dritten Schritt anzustellen, und daraus resultierende Argumente sollten den Psycho-Bild-Prozess (PBP) abrunden.

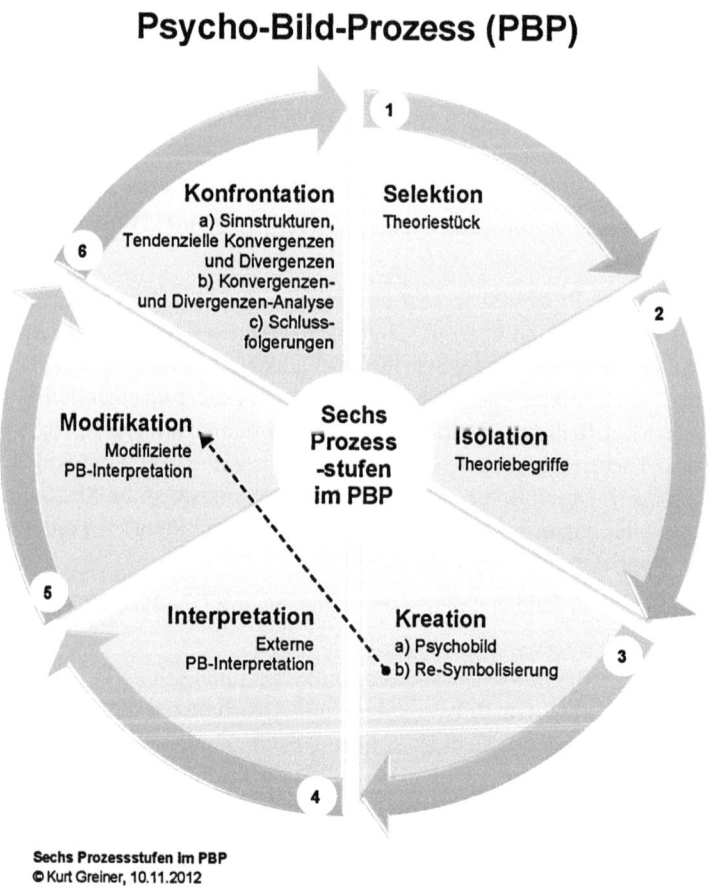

Abb. 1: Der Psycho-Bild-Prozess (PBP)

2 Erster exemplarischer Psycho-Bild-Prozess (PBP)

Nun erfolgt ein erster paradigmatischer Reflexionsdurchgang im Psycho-Bild-Prozess (PBP). Das egologische Modell der dreigliedrigen Ich-Struktur aus dem transaktionsanalytischen Therapieansatz nach Eric Berne wird dabei als psychotherapeutischer Theoriekontext herangezogen, den es in ein frei gestaltetes Psychobild (PB) zu übersetzen gilt. Die kreative PB-Anfertigung soll mittels Fotocollage gelingen, und als Externer PB-Interpret (ExI) fungiert der Philosoph und Psychologe Dr. Martin Jandl.

1. Prozessstufe: SELEKTION

Für dieses erste Durchführungsbeispiel eines Psycho-Bild-Prozesses (PBP) wird ein kurzer theoretischer Ausschnitt aus der Transaktionsanalytischen Psychotherapie ausgewählt, der von Eric Bernes speziellem Ich-Konzept handelt. Dieses kleine Theoriestück aus der Transaktionsanalyse soll sodann mithilfe des PBP diskursiv bearbeitet und kritisch reflektiert werden.

Zur transaktionsanalytischen Ich-Konzeption nach Eric Berne

Der US-amerikanische Psychiater und Psychotherapeut Eric Berne (1910-1970) orientierte sein therapeutisches Denken und Handeln fünfzehn Jahre lang überwiegend an der psychoanalytischen Therapiekultur nach Sigmund Freud, ehe er um die Mitte des 20. Jahrhunderts die Entwicklung und Ausarbeitung eines eigenständigen Therapiesystems in Angriff nahm. In den USA wurde Eric Bernes originelle Form der Psychotherapie rasch unter der Bezeichnung „Transaktionsanalyse" bekannt, die seitdem eine etablierte analytische Richtung auf dem großen Terrain der „Humanistischen Psychologie und Psychotherapie" darstellt (vgl. Springer 1994). Im folgenden Zitat bringt Berne die qualitative Spezifik seines psychotherapeutischen Ansatzes auf den Punkt:

> „Diese Methode beruht auf der Trennung und Untersuchung von exteropsychischen, neopsychischen und archäopsychischen Ich-Zuständen. Die Strukturanalyse betrifft die intrapsychischen Beziehungen zwischen diesen drei Arten von Ich-Zuständen: ihre wechselseitige Isolierung, ihre Konflikte, Trübungen, das Eindringen in einen anderen, ihre Vorherrschaft oder Zusammenarbeit innerhalb der Persönlichkeit."
> (Berne 1991: 178)

In seiner theoretischen Arbeit entwirft Eric Berne ein Strukturmodell der menschlichen Persönlichkeit und differenziert dabei spezifische „Ich-Zustände", die es mithilfe der transaktionsanalytischen Forschungsmethode im therapeutischen Handeln zu untersuchen gilt: „Das grundlegende Ziel der Transaktions-Analyse ist das Studium der verschiedenen Ich-Zustände; bei ihnen handelt es sich um kohärente Gedanken- und Gefühlssysteme, die durch entsprechende Verhaltensmuster zum Ausdruck gebracht werden." (Berne 1975: 24) Der Psychotherapeut Gerhard Springer, der die Grundkonturen des Konzepts der Ich-Differenzierung nach Eric Berne skizziert, schreibt:

„Bernes genaue Beobachtung von Menschen ließ ihn drei unterscheidbare Kategorien menschlichen Verhaltens, Denkens und Fühlens aus der Fülle der Zustände des Ich herausarbeiten: Das *Erwachsenen-Ich*, der Bereich realitätsangemessener Denk-, Fühl- und Verhaltensweisen. Das *Eltern-Ich*, der Bereich der Introjektion elterlicher Denk-, Fühl- und Verhaltensweisen. Das *Kindheits-Ich*, der Bereich der Regression auf frühere, meist kindliche Fixierungen des Denkens, Fühlens und Verhaltens. Diese Ich-Zustände als Abbildung der lebensgeschichtlichen Erfahrung des Menschen treten sowohl intern in Auseinandersetzung (z.B. als innerer Dialog) als auch extern in Erscheinung, wo sie Verhaltensweisen motivieren, die zwischenmenschliche Beziehungen gelingen oder misslingen lassen. Im Prozess der transaktionsanalytischen Therapie werden diese Ich-Zustandsanteile dem Bewusstsein zugänglicher, pathologische Ich-Zustandsanteile werden als frühe Überlebensnotwendigkeit neu verstanden und in der therapeutischen Beziehung relativiert bzw. neu organisiert. Das Ergebnis ist ein realer Kontakt zu sich und zu anderen im Hier und Jetzt." (Springer 1994: 92)

Transaktionsanalytische Therapeuten nach Eric Berne gehen von der Annahme aus, dass diese drei genannten Ich-Zustände feste Bestandteile der „Persönlichkeitsstruktur" jedes einzelnen Menschen bilden. Thomas A. Harris, Psychotherapeut und langjähriger Mitarbeiter Bernes, erklärt dazu:

„Es ist, als stecke in jedem Menschen derselbe kleine Mensch, der er mit drei Jahren gewesen ist. In ihm sind auch seine eigenen Eltern. Das sind Gehirnaufzeichnungen tatsächlicher Erfahrungen von inneren und äußeren Ereignissen, von denen sich die wichtigsten innerhalb der ersten fünf Lebensjahre abspielten. Und es gibt einen dritten Zustand, der sich von diesen beiden unterscheidet. Die ersten zwei werden Eltern-Ich und Kindheits-Ich genannt, der dritte Erwachsenen-Ich." (Harris 1995: 33)

Harris weist darauf hin, dass diese speziellen Seinszustände „phänomenologische Realitäten" darstellen: „Der jeweilige Ich-Zustand wird herbeigeführt durch die Wiedergabe von gespeicherten Informationen, die ein vergangenes Ereignis ‚zu Protokoll' gegeben hat und an dem wirkliche Menschen, wirkliche Zeiten, wirkliche Orte, wirkliche Entscheidungen und wirkliche Empfindungen beteiligt sind." (Harris 1995: 33)

2. Prozessstufe: ISOLATION

Fünf zentrale Theoriebegriffe, welche über die Lektüre des gewählten transaktionsanalytischen Theoriestücks herausgefiltert und isoliert wurden, sollen nun in Form einer Auflistung vorgestellt werden:

- Intrapsychische Beziehungen
- Persönlichkeit/Persönlichkeitsstruktur
- Erwachsenen-Ich
- Eltern-Ich
- Kindheits-Ich

3. Prozessstufe: KREATION

3.a) Freie Gestaltung des Psychobildes (PB)

Im nun folgenden ersten Schritt der Kreationsstufe gilt es, vor dem transaktionsanalytischen Hintergrundverständnis, ein Psychobild zu konstruieren, in dem sich die fünf isolierten Theoriebegriffe in symbolisch verschlüsselter Form wiederfinden. Für die Gestaltung einer frei erfundenen Bildszene wird in diesem Beispiel die bildnerische Technik der Fotocollage gewählt.

3.b) Anfertigung einer Re-Symbolisierungs-Liste

Die frei erfundenen zentralen Bildelemente des fertiggestellten transaktionsanalytischen Psychobildes müssen nun als Symbole für die fünf isolierten Theoriebegriffe identifiziert werden. Diese Re-Symbolisierung ist in der folgenden Auflistung festgehalten:

- Seltsames Wesen mit Rucksack = Erwachsenen-Ich
- Kind im Rucksack = Kindheits-Ich
- Fotografie mit Pärchen = Eltern-Ich
- Rucksack = intrapsychische Beziehungen
- Landschaft (Blumenwiese, Bäume, Himmel) = Persönlichkeit / Persönlichkeitsstruktur

4. Prozessstufe: INTERPRETATION

Das geschaffene Psychobild (PB) wird nun einem Externen Interpreten (ExI) zur theoriefreien Beschreibung und Betrachtung vorgelegt. Der ExI darf keinerlei Kenntnisse von der Re-Symbolisierungs-Liste besitzen; er darf nicht einmal wissen, dass es sich beim vorgelegten PB um ein transaktionsanalytisches handelt. Seine Aufgabe besteht einzig und alleine darin, eine völlig freie, nichtwissenschaftliche Bildinterpretation zu verfassen, die er schließlich dem PB-Gestalter aushändigt.

Abb. 2: PSYCHOBILD (PB) zur Transaktionsanalyse nach E. Berne, PB-Gestalter: Kurt Greiner, 11.2012

Externe PB-Interpretation:

„Interpretation einer wirr anmutenden Collage"
(ExI: Dr. Martin Jandl, Philosoph und Psychologe)

Die Collage schaut den Betrachter an – dies ist der erste Eindruck, der durch den Bildaufbau besonders hervorgehoben wird. Die Diagonale zieht von links unten nach rechts oben, und gleich nachdem das Auge über den Rucksack geglitten ist, fixieren den Betrachter das Augenpaar eines Jungen mit cooler Baseball-Kappe. Der Bremseffekt durch das Bild, das dieser in Händen hält und das wohl seine Eltern zeigt, ist gering. Vielmehr gleitet der Blick weiter auf den überdimensionierten Kopf des jungen Mannes, der lächelnd über die Schulter schaut. Statt eines Schädels finden sich drei Augen, die intensiv den Betrachter fixieren. Hier kommt nun wirklich ein Stillstand in den diagonalen Sog, denn einerseits bringt das überdimensionierte Ohr eine zweite Sinnesmodalität ins Spiel und gleichzeitig verweilt der Betrachter bei jenem Augenpaar, das verträumt in die Ferne blickt – und eben nicht auf ihn. Der Blick in die Ferne blockiert einerseits den weiteren Diagonalenfortgang, unterstützt aber zugleich dessen Wirkung – der Betrachter bleibt nämlich in der Ebene gefangen, in der sich der blaue Himmel und Bäume auftun. Und damit fällt der rechte Bildteil auf, in dem überdimensionierte Gänseblümchen zu sehen sind. Trotz überdimensionierter Natur und (fast) ständigem Angeblicktwerden ergreift den Betrachter allerdings keine Panik, sondern eine gewisse Harmonie stellt sich ein. Die Harmonie wird bestenfalls dadurch unterbrochen, wenn sich der Verstand meldet und fragt, was denn das alles bedeuten könne. Doch diese Frage wird sofort vom Lächeln des jungen Mannes und vom zufriedenen Gesichtsausdruck des Jungen geschluckt. What a wonderful world.

5. Prozessstufe: MODIFIKATION

In der Externen PB-Interpretation wird nun ein Begriffsaustausch durchgeführt. Dabei gilt es, anhand der Substitution der zentralen Bildelemente durch die schulenspezifischen Theoriebegriffe gemäß der Re-Symbolisierungs-Liste, die *Externe* in eine *Modifizierte PB-Interpretation* umzuwandeln.

Modifizierte PB-Interpretation:

Die Collage schaut den Betrachter an – dies ist der erste Eindruck, der durch den Bildaufbau besonders hervorgehoben wird. Die Diagonale zieht von links unten nach rechts oben, und gleich nachdem das Auge über die **intrapsychischen Beziehungen** *geglitten ist, fixieren den Betrachter das Augenpaar des* **Kindheits-Ich** *mit cooler Baseball-Kappe. Der Bremseffekt durch das* **Eltern-Ich***, das dieses (Kindheits-Ich) in Händen hält und das wohl seine Eltern* *zeigt, ist gering. Vielmehr gleitet der Blick weiter auf den überdimensionierten Kopf des **Erwachsenen-Ich**, das lächelnd über die Schulter schaut. Statt eines Schädels finden sich drei Augen, die intensiv den Betrachter fixieren. Hier kommt nun wirklich ein Stillstand in den diagonalen Sog, denn einerseits bringt das überdimensionierte Ohr eine zweite Sinnesmodalität ins Spiel und gleichzeitig verweilt der Betrachter bei jenem Augenpaar, das verträumt in die Ferne blickt – und eben nicht auf ihn. Der Blick in die Ferne blockiert einerseits den weiteren Diagonalenfortgang, unterstützt aber zugleich dessen Wirkung – der Betrachter bleibt nämlich in der Ebene gefangen, in der sich die **Persönlichkeit / Persönlichkeitsstruktur** auftut. Und damit fällt der rechte Bildteil auf, in dem die überdimensionierte **Persönlichkeit / Persönlichkeitsstruktur** zu sehen ist. Trotz überdimensionierter **Persönlichkeit / Persönlichkeitsstruktur** und (fast) ständigem Angeblicktwerden ergreift den Betrachter allerdings keine Panik, sondern eine gewisse Harmonie stellt sich ein. Die Harmonie wird bestenfalls dadurch unterbrochen, wenn sich der Verstand meldet und fragt, was denn das alles bedeuten könne. Doch diese Frage wird sofort vom Lächeln des **Erwachsenen-Ich** und vom zufriedenen Gesichtsausdruck des **Kindheits-Ich** geschluckt. What a wonderful world.*

6. Prozessstufe: KONFRONTATION

6.a) Herausarbeitung von tendenziellen Konvergenzen und Divergenzen (Absurditäten)

Jetzt kann mit der diskursiven Rückbindung der Modifizierten PB-Interpretation zum schulenspezifischen Theoriestück begonnen werden. Im ersten Schritt der Konfrontationsstufe wird nach tendenziellen Konvergenzen und Divergenzen (Absurditäten) gesucht, die sich zwischen den Interpretationsaussagen und den schulenspezifischen Lehrsätzen entdecken lassen. Um diese Suche systematisch in Angriff nehmen zu können ist es vorteilhaft, die relevanten Interpretationsausschnitte zuerst in einzelne Sätze, eventuell sogar in kleinere Einheiten („Sinnstrukturen" = Teilsätze, Satzteile bzw. Begriffsfiguren) zu untergliedern.

Sinnstrukturen:

- *gleich nachdem das Auge über die **intra-psychischen Beziehungen** geglitten ist,*
- *fixieren den Betrachter das Augenpaar des **Kindheits-Ich** mit cooler Baseball-Kappe.*
- *Der Bremseffekt durch das **Eltern-Ich**,*
- *das dieses (Kindheits-Ich) in den Händen hält und das wohl seine Eltern zeigt, ist gering.*

- *Vielmehr gleitet der Blick weiter auf den überdimensionierten Kopf des **Erwachsenen-Ich**, das lächelnd über die Schulter schaut.*
- *der Betrachter bleibt nämlich in der Ebene gefangen, in der sich die **Persönlichkeit / Persönlichkeitsstruktur** auftut.*
- *Und damit fällt der rechte Bildteil auf, in dem die überdimensionierte **Persönlichkeit / Persönlichkeitsstruktur** zu sehen ist.*
- *Trotz überdimensionierter **Persönlichkeit / Persönlichkeitsstruktur** und (fast) ständigem Angeblicktwerden ergreift den Betrachter allerdings keine Panik, sondern eine gewisse Harmonie stellt sich ein.*
- *Doch diese Frage wird sofort vom Lächeln des **Erwachsenen-Ich** und vom zufriedenen Gesichtsausdruck des **Kindheits-Ich** geschluckt.*

Tendenzielle Konvergenzen:

- *gleich nachdem das Auge über die **intra-psychischen Beziehungen** geglitten ist,*
- *fixieren den Betrachter das Augenpaar des **Kindheits-Ich** mit cooler Baseball-Kappe.*
- *Der Bremseffekt durch das **Eltern-Ich**,*
- *das dieses (Kindheits-Ich) in den Händen hält und das wohl seine Eltern zeigt, ist gering.*
- *der Betrachter bleibt nämlich in der Ebene gefangen, in der sich die **Persönlichkeit / Persönlichkeitsstruktur** auftut.*
- *Und damit fällt der rechte Bildteil auf, in dem die überdimensionierte **Persönlichkeit / Persönlichkeitsstruktur** zu sehen ist.*

Tendenzielle Divergenzen (Absurditäten):

- *Vielmehr gleitet der Blick weiter auf den überdimensionierten Kopf des **Erwachsenen-Ich**, das lächelnd über die Schulter schaut.*
- *Trotz überdimensionierter **Persönlichkeit / Persönlichkeitsstruktur** und (fast) ständigem Angeblicktwerden ergreift den Betrachter allerdings keine Panik, sondern eine gewisse Harmonie stellt sich ein.*
- *Doch diese Frage wird sofort vom Lächeln des **Erwachsenen-Ich** und vom zufriedenen Gesichtsausdruck des **Kindheits-Ich** geschluckt.*

6.b) Diskussion der tendenziellen Konvergenzen und Divergenzen (Absurditäten)

Jetzt müssen die herausgestellten tendenziellen Konvergenzen und Divergenzen (Absurditäten) über den Weg der konfrontierenden Rückbindung an die Theoreme des transaktionsanalytischen Theoriestücks diskutiert bzw. analysiert werden, womit sich kritisch-reflexive Einsichten in das schulenspezifische Denken gewinnen lassen. Dieses Vorhaben soll in zwei Schritten („Konvergenzen-Analyse" / „Divergenzen-Analyse") durchgeführt werden. Da der PB-Gestalter in diesem exemplarischen PBP kein Psychotherapeut ist, weisen die nun folgenden Analysen einen eher bescheidenen Umfang auf. Dementsprechend sind auch keine überwältigenden Reflexionsresultate zu erwarten, was aber keine Rolle spielt, weil es hier auch nur um die beispielhafte Veranschaulichung der analytischen Prozesse im PBP geht.

Konvergenzen-Analyse:

- *gleich nachdem das Auge über die **intra-psychischen Beziehungen** geglitten ist,*

Jeder transaktionsanalytische Psychotherapeut interessiert sich vor allem für die intra-psychischen Beziehungen der differenten Ich-Instanzen seiner Klienten und rückt dieses komplexe Beziehungsverhältnis in den Fokus der strukturanalytischen Aufmerksamkeit.

- *fixieren den Betrachter das Augenpaar des **Kindheits-Ich** mit cooler Baseball-Kappe.*

Es ist auch leicht vorstellbar, dass bei dieser spezifisch-transaktionsanalytischen Betrachtung zunächst einmal jene Handlungs- bzw. Reaktionsweisen des Klienten auffallen, die dem „Bereich der Regression auf frühere, meist kindliche Fixierungen des Denkens, Fühlens und Verhaltens" (Springer 1994: 92) entstammen. Auch die Eigenschaft der „Coolness" ist kein untypisches Merkmal dieser Art der kommunikativen Bezugnahme.

- *Der Bremseffekt durch das **Eltern-Ich**,*

Die Überlegung, dass das Eltern-Ich eine hemmende Wirkung auf „coole" Kindheits-Ich-Impulse ausübt, dürfte dem transaktionsanalytischen Denken keineswegs fremd sein; zumindest passt es gut ins persönlichkeitstheoretische Bild der Transaktionsanalytischen Psychotherapie.

- *das dieses (Kindheits-Ich) in den Händen hält und das wohl seine Eltern zeigt, ist gering.*

Ebenso ist jene Situation im Prinzip kompatibel mit dem transaktionsanalytischen Zugang, wonach der hemmende Einfluss des Eltern-Ich zu gering sein kann, wenn z.B. das Kindheits-Ich über den „Bereich der Introjektion elterlicher Denk-, Fühl- und Verhaltensweisen" (Springer 1994: 92) dominiert.

- *der Betrachter bleibt nämlich in der Ebene gefangen, in der sich die **Persönlichkeit / Persönlichkeitsstruktur** auftut.*

Dass sich der Transaktionsanalytische Psychotherapeut vorrangig mit den persönlichkeitsstrukturellen Besonderheiten, Eigenwilligkeiten und Auffälligkeiten seiner Klienten auseinandersetzt, ist theoretisch konsequent, weil diese Herangehensweise der schulenspezifischen Grundorientierung entspricht.

- *Und damit fällt der rechte Bildteil auf, in dem die überdimensionierte **Persönlichkeit / Persönlichkeitsstruktur** zu sehen ist.*

Sicherlich weiß das jeder praktizierende Psychotherapeut, aber womöglich sieht ein Transaktionsanalytiker noch deutlicher, dass Persönlichkeitsstrukturen hochkomplexe Gebilde sind, deren dynamische Muster es differenziert zu betrachten gilt. Diese Basisüberlegung bildet immerhin den Kern der transaktionsanalytischen Theorie, welche die psychosoziale Realität widerspiegelt.

Divergenzen-Analyse:

- *Vielmehr gleitet der Blick weiter auf den überdimensionierten Kopf des **Erwachsenen-Ich**, das lächelnd über die Schulter schaut.*

Eine besonders komplex entwickelte Erwachsenen-Ich-Instanz klingt vielmehr nach dem Idealziel, nach dem Wunschresultat eines transaktionsanalytischen Therapieverlaufs und weniger nach einem beobachtbaren Phänomen, das sich vom Transaktionsanalytiker so einfach beim Klienten wahrnehmen lässt. Darüber hinaus scheint das „Lächelnd-über-die-Schulter-schauen" besser zum Kindheits-Ich zu passen, vor allem dann, wenn man es mit charakterlicher Leichtigkeit, Gelassenheit oder gar Unbekümmertheit in Verbindung bringt. Im Kontrast dazu hat sich das Erwachsenen-Ich gewissermaßen verantwortungsbewusst der enormen Herausforderung zu stellen, „realitätsangemessene Denk-, Fühl- und Verhaltensweisen" (Springer 1994: 92) zu entwickeln. Ob sich diese schwierige Aufgabe tatsächlich „lächelnd über die Schulter schauend" bewältigen lässt? Andererseits könnte man genau diese Tendenz als ein zeitgemäßes Signal deuten, wenn man die Überlegung in Betracht zieht, dass sich die Erwachsenen-Ich-Instanz heute doch ganz anders outet. Ohne ein gewisses Maß an existenzieller Lockerheit und charakterlicher Flexibilität verfehlt man die „Realitätsangemessenheit", die heute gefragt ist. Aber was *ist* heute gefragt? Tatsächlich eine Erwachsenen-Ich-Instanz mit zunehmender Kindheits-Ich-Coolness? Und was bedeutet eigentlich „Realitätsangemessenheit"? Ist es etwa „realitätsangemessen", wenn sich das Erwachsenen-Ich bewusst kindheits-ich-artig verhält? Verfügt die Erwachsenen-Ich-Instanz überhaupt über diese Entscheidungsfreiheit? Oder anders gefragt: Was zeigt sich dann in der konkreten Situation wirklich - das Erwachsenen-Ich, das sich wie ein Kindheits-Ich gibt oder vielmehr doch das genuine Kindheits-Ich? Zweifellos zielen all diese Fragen in Richtung Grundsatzdiskussion über die transaktionsanalytischen Basiskategorien des Denkens und Erfassens der aktuellen psychosozialen Realität.

- *Trotz überdimensionierter **Persönlichkeit / Persönlichkeitsstruktur** und (fast) ständigem Angeblicktwerden ergreift den Betrachter allerdings keine Panik, sondern eine gewisse Harmonie stellt sich ein.*

Zumindest irritiert es, wenn Klienten mit hochkomplexer Persönlichkeitsstruktur und aktiver Hinorientierung zum Therapeuten bei diesem Empfindungen von „Harmonie" auszulösen imstande sind. Gerade solche Klienten müssten den Therapeuten nach Eric Berne zu hochtourigen transaktionsanalytischen Aktivitäten veranlassen, damit dieser einen für therapeutische Interventionen verwertbaren Einblick in die dynamischen Strukturzusammenhänge der Klientenpersönlichkeit schnellstmöglich gewinnen kann. Zumindest auf den ersten Blick scheint ein Zustand der „Harmonie" hierbei nicht förderlich zu sein. Andererseits aber könnte sich ein anfänglicher Moment des ruhigen Verharrens, des bloßen „Auf-sich-wirken-lassens" in der ersten Begegnung zwischen Klient und Therapeut für die weitere analytische und therapeutische Arbeit vielleicht sogar als sehr nützlich erweisen. Es ist doch denkbar und auch nicht unwahrscheinlich, dass eine Atmosphäre der (harmonischen) Entspannung und Entstressung auf beiden Seiten erst jenen gemeinsamen Hintergrund schafft, vor dem eine therapieeffiziente Kooperation überhaupt möglich ist. So gewendet, wird „Harmonie" als eine potenzielle Komponente des konstruktiven Therapiebeginns zumindest diskutierbar.

- *Doch diese Frage wird sofort vom Lächeln des **Erwachsenen-Ich** und vom zufriedenen Gesichtsausdruck des **Kindheits-Ich** geschluckt.*

Sowohl das „Lächeln des Erwachsenen-Ich", als auch der „zufriedene Gesichtssausdruck des Kindheits-Ich" repräsentieren inkompatible Metaphern bezüglich der transaktionsanalytischen Therapielogik. Die Idee vom Erwachsenen-Ich, das „lächelnd über die Schulter" blickt, wurde ja bereits oben, im ersten Punkt der Divergenzen-Analyse, problematisiert. Genauso zu hinterfragen ist das Bild vom Kindheits-Ich, das einen „zufriedenen Gesichtsausdruck" hat. Jetzt könnte man sofort entgegnen, dass die Kindheits-Ich-Instanz in jeder Lebensphase Befriedigung erfahren kann, wenngleich zumeist auf Kosten der intra-psychischen Gesamtstabilität. Dagegen ist zu halten, dass das Fordernde, das Drängende und Ringende, das Gierige und Getriebene die wohl typischsten Charakteristika der kindheits-ich-artigen Verhaltensweisen sind, die allesamt dem Zustand der Unzufriedenheit erwachsen. Angesichts dessen sei die Frage erlaubt, ob es Sinn macht, das Kindheits-Ich mit dem Begriff der „Zufriedenheit" in Zusammenhang zu bringen. Aber vielleicht ja doch. Knüpft man an jene Denkvariante im ersten Punkt der Divergenzen-Analyse an, wonach das Erwachsenen-Ich heute zunehmend kindheits-ich-cool zu sein scheint, d.h. gerade mit den kindheits-ich-basierten Mitteln der tendenziellen „Lockerheit", „Unbekümmertheit" und „Sorglosigkeit" die Aufgaben des „realitätsangemessenen Denkens, Fühlens und Verhaltens" zu meistern versucht, dann zeigt sich sehr wohl eine Sinnchance für die Metapher vom „zufriedenen Gesichtssausdruck des Kindheits-Ich" im transaktionsanalytischen Therapiekontext. In dem Maße nämlich, in dem die Erwachsenen-Ich-Instanz kindheits-ich-artig wird, erweist sich das Kindheits-Ich als „zufrieden", weil es über diesen (Um)Weg der inter-instanziellen Kooperation seine eigenen Ansprüche durchsetzt. Damit ergibt sich eine brisante Frage: Steht hier das Kindheits-Ich im Dienste des Erwachsenen-Ich, welches bewusst auf jenes zugreift – oder doch eher andersrum: Wird das Erwachsenen-Ich in der Ausübung seiner Funktionen vielmehr zum willkommenen Handlanger des Kindheits-Ich, weil dieses jenes benutzt?

6.c) Schlussfolgerungen für die eigene Therapiepraxis

Unter diesem Punkt sollten die relevanten bzw. brisanten Überlegungen und Gedankenschritte, die sich im Zuge des kritisch-diskursiven Geschehens im Rahmen der Konvergenzen- und Divergenzen-Analyse herauskristallisiert haben, nochmals aufgegriffen und hinsichtlich ihres Impuls- bzw. Inspirationswertes für die eigene Therapiepraxis befragt werden. Hier gilt es also zu prüfen, ob bzw. welche konkreten Schlussfolgerungen sich für das praktische Handeln aus den theoretischen Reflexionsresultaten ziehen lassen. Freilich muss dieser letzte Punkt in diesem ersten Durchführungsbeispiel leider entfallen, eben weil der PB-Gestalter kein Psychotherapeut ist.

Literatur

Berne, Eric (1975): Was sagen Sie, nachdem Sie „Guten Tag" gesagt haben? Psychologie des menschlichen Verhaltens. Kindler Taschenbuch, München

Berne, Eric (1991): Transaktionsanalyse der Intuition. Ein Beitrag zur Ich-Psychologie. Junfermann-Verlag, Paderborn

Freud, Sigmund (1992): Abriss der Psychoanalyse. Das Unbehagen in der Kultur. Fischer Taschenbuch Verlag, Frankfurt a. M.

Greiner, Kurt (2007): Psychoanalytik als Wissenschaft des 21. Jahrhunderts. Ein konstruktivistischer Blick auf Struktur und Reflexionspotential einer polymorphen Kontextualisations-Technik. Peter Lang Verlag, Frankfurt a.M.

Greiner, Kurt (2012): Standardisierter Therapieschulendialog (TSD). Therapieschulen-interdisziplinäre Grundlagenforschung an der Sigmund-Freud-Privatuniversität Wien/Paris (SFU). Sigmund-Freud-Privatuniversitäts-Verlag, Wien

Harris, Thomas A. (1995): Ich bin O.K. Du bist O.K. Wie wir uns selbst besser verstehen und unsere Einstellung zu anderen verändern können. Eine Einführung in die Transaktionsanalyse. Rowohlt Verlag, Reinbek bei Hamburg

Parfy, Erwin (1996): Die Integration von psychotherapeutischen Theorien unterschiedlicher Schulen (S. 84-99). In: Psychotherapie Forum (1996/4). Springer Verlag, Wien – New York

Schuster, Peter; Springer-Kremser, Marianne (1991): Bausteine der Psychoanalyse. Eine Einführung in die Tiefenpsychologie. WUV – Universitätsverlag, Wien

Slunecko, Thomas (1994): Plädoyer für einen Grundlagendiskurs in der Psychotherapieforschung (S. 128-136). In: Psychotherapie Forum (1994/2). Springer Verlag, Wien – New York

Slunecko, Thomas (1996): Einfalt oder Vielfalt in der Psychotherapie (S. 293-321). In: Pritz, A. (Hrsg.); Psychotherapie – eine neue Wissenschaft vom Menschen. Springer Verlag, Wien – New York

Slunecko, Thomas (1996a): Wissenschaftstheorie und Psychotherapie. Ein konstruktiv-realistischer Dialog. WUV-Universitätsverlag, Wien

Springer, Gerhard (1994): Transaktionsanalyse (S. 90-100). In: Stumm, G.; Wirth, B. (Hrsg.): Psychotherapie – Schulen und Methoden. Eine Orientierungshilfe für Theorie und Praxis. Falter Verlag, Wien

Wallner, Friedrich G. (1992): Acht Vorlesungen über den Konstruktiven Realismus. WUV-Universitätsverlag, Wien

Wallner, Friedrich G. (1992a): Wissenschaft in Reflexion. Braumüller Verlag, Wien

Wallner, Friedrich G. (1992b): Konstruktion der Realität. Von Wittgenstein zum Konstruktiven Realismus. WUV-Universitätsverlag, Wien

Wallner, Friedrich G. (1993): Der Konstruktive Realismus. Theorie eines neuen Paradigmas? (S. 11-23) In: Wallner, F.; Schimmer, J.; Costazza, M. (Ed.): Grenzziehungen zum Konstruktiven Realismus. WUV-Universitätsverlag, Wien

Wallner, Friedrich G. (1997): Aspekte eines Kulturwandels: Der Bedarf nach einem neuen Begriff des Wissens (S. 11-27). In: Wallner, F.; Agnese, B. (Hrsg.): Von der Einheit des Wissens zur Vielfalt der Wissensformen. Erkenntnis in Philosophie, Wissenschaft und Kunst. Braumüller Verlag, Wien

Wallner, Friedrich G. (2002): Die Verwandlung der Wissenschaft. Vorlesungen zur Jahrtausendwende. Verlag Dr. Kovac, Hamburg

Anhang – Konzeptidee

PSYCHO-MEDIEN-SPIELE:
Psycho-Mimik-Analyse / Psycho-Musik-Analyse / Psycho-Tanz-Analyse
© Kurt Greiner / 16.2.2013

Die „Therapieschulenreflexion" (TSR) repräsentiert per definitionem ein besonders *lustvolles* Programm der Psychotherapiewissenschaft (PTW), welches für seine konkrete Umsetzung ein hohes Maß an künstlerisch-kreativem Potential bei WissenschaftspraktikerInnen voraussetzt und folglich von ihnen einfordert (vgl. Greiner et al. 2013). Gilt es beim „Psycho-Text-Puzzle" (P-T-P) einen eigenwilligen „Transformationstext" zu verfassen und beim „Psycho-Bild-Prozess" (PBP) ein originelles „Psychobild" zu gestalten, so soll bei diversen „Psycho-Medien-Spielen" auf weitere künstlerisch-kreative Darstellungs- und Ausdrucksformen zurückgegriffen werden. Momentan existieren hierzu Ideen zu drei spezifischen Verfahrensmodi (a/b/c), die hinsichtlich des prozessualen Schemas ähnlich strukturiert sein könnten wie der Psycho-Bild-Prozess (PBP). Dementsprechend sind im Rahmen der a) „Psycho-Mimik-Analyse" die zuvor aus dem gewählten *Theoriestück isolierten Theoriebegriffe* auf symbolische Weise in ein Pantomimenspiel zu transferieren; im Rahmen der b) „Psycho-Musik-Analyse" die zuvor aus dem gewählten *Theoriestück isolierten Theoriebegriffe* klangförmig in ein Instrumentalmusikstück zu übertragen sowie im Rahmen der c) „Psycho-Tanz-Analyse" die zuvor aus dem gewählten *Theoriestück isolierten Theoriebegriffe* bewegungsrhythmisch in eine Tanzperformance zu übersetzen. Für all diese Techniken von Psycho-Medien-Spielen gilt dann die weitere Prozessstufenfolge des Psycho-Bild-Prozesses: *Externe Interpretation, Modifizierte Interpretation* und schließlich *Konfrontation mit dem Theoriestück*. Prinzipiell stehen alle Psycho-Medien-Spiele im Zeichen des Anregens und Förderns der folgenden PTW-Qualitätskombination: 1.) Kreatives Gestaltungs- und Ausdrucksvermögen kombiniert mit 2.) kritisch-analytischem Scharfsinn.

Greiner, Kurt; Jandl, Martin J.; Burda, Gerhard (2013): Der Psycho-Bild-Prozess und andere Beiträge zu Psychotherapiewissenschaft und Philosophie. Sigmund-Freud-Privatuniversitäts-Verlag, Wien

Kurt Greiner

Was ist Psychoanalytische Forschung? Eine zeitgemäße Antwort wissenschaftstheoretischer Art

Vorbemerkungen

In diesem Beitrag wird nach dem *Wesen* des *Psychoanalytischen Forschens* gefragt, wobei die Antwort darauf, die es im vorliegenden Essay sukzessive zu entwickeln gilt, bereits an dieser Stelle unkommentiert vorweggenommen werden darf: *Psychoanalytische Forschung ist eine variantenreiche Praxis der Textintegration* - konkreter – *Psychoanalytische Forschung ist die wissenschaftliche Praxis des Integrierens von unspezifischem Text in spezifische Textkulturen.*

Die hier geführte Auseinandersetzung mit der Spezifik des Psychoanalytischen Forschens richtet sich an alle, die sich auf dem gigantischen Terrain des psychoanalytischen Denkens und Handelns bewegen. Dabei sollen Therapeuten und Praktiker in psychosozialen Bereichen, die vor psychodynamisch fundiertem Hintergrund arbeiten, ebenso angesprochen werden, wie all jene Geistes- und Kulturwissenschafter, die im Rahmen ihrer professionellen Aktivitäten psychoanalytisch forschen. An dieser Stelle muss vor dem häufig anzutreffenden Missverständnis gewarnt werden, Psychoanalytische Forschung würde ausschließlich in der psychotherapeutischen Praxis Anwendung finden. Das ist freilich ein gewaltiger Irrtum. Schon Sigmund Freud selbst hat nicht nur im Kontext der Psychotherapie psychoanalytisch gearbeitet, sondern darüber hinaus mit seinem speziellen psychoanalytischen Forschungsinstrumentarium ebenso vielbeachtete kunst-, literatur- und kulturtheoretische Studien und Abhandlungen verfasst. Selbstverständlich bietet die Psychotherapie ein großes Revier für Psychoanalytische Forschung; psychoanalytisches Tun erschöpft sich aber mitnichten im therapeutischen Feld. In zahlreichen human-, sozial- und kulturwissenschaftlichen Universitätsfächern wird seit langem psychoanalytisch geforscht, wie z.B. in der Literaturwissenschaft, in der Pädagogik, in der Ethnologie oder in der Soziologie. Auffallenderweise findet man die Psychoanalytische Forschung am allerwenigsten im Kontext der Einzelwissenschaft Psychologie. Dieser Sachverhalt hat rein psychologiegeschichtlich bedingte Gründe, die zwar nicht auf die vermeintliche Insuffizienz der Psychoanalytischen Forschung verweisen, dafür aber umso deutlicher die Schwachstellen einer allzu einseitig verlaufenen fachpsychologischen Methodologieentwicklung sichtbar machen, indem sie die tiefe einheitswissenschaftliche Verwurzelung, die Objektivitätsfixierung und die Quantifizierungsmanie der akademischen Psychologie aufdecken.

Der Begriff *Psychoanalytische Forschung* bezieht sich zunächst einmal auf das *Vorhaben, mit den Mitteln der Psychoanalyse einen Gegenstand zu beforschen*. Was auch immer dieser Gegenstand oder Objektbereich sein mag, den es zu beforschen gilt, mit *psychoanalytischen Mitteln* wird er wissenschaftlich untersucht. Mit der Bezeichnung *Mitteln* sind hier die zahlreichen methodischen Möglichkeiten gemeint, die mit den unterschiedlichen psychoanalytischen Theorien und Ansätzen (nach Sigmund Freud, Alfred Adler, Carl Gustav Jung, Heinz Kohut, Jacques Lacan, Eric Berne etc. etc.) vorliegen. Im Rahmen dieses Bestimmungsversuchs wird Psychoanalytische Forschung also keinesfalls auf den speziellen psychoanalytischen Zugang nach Sigmund Freud reduziert, sondern ausdrücklich vor dem Hintergrund einer nahezu unüberblickbaren psychoanalytischen Methodenvielfalt verstanden. Mit einer verfahrenspluralistischen Betrachtungsweise von Psychoanalytischer Forschung betritt man jenes Terrain wissenschaftlicher Aktivitäten, welches man im 20. Jahrhundert terminologisch mit dem Neologismus „Tiefenpsychologie" abzustecken versucht hat.

1 Psychoanalytische Forschung als Tiefenpsychologie im traditionellen Sinn

Während Gerhard Stumm und Beatrix Wirth (1994, S. 23) erklären, dass der „Begriff Tiefenpsychologie, der Eugen Bleuler zugeschrieben wird und von diesem zunächst als Synonym für Psychoanalyse gedacht war, (…) später dazu (diente), die Psychoanalyse von anderen analytischen Verfahren abzugrenzen und sie zugleich unter ein gemeinsames Dach zu stellen", geht Ludwig Pongratz (1983, S. 1) der Frage nach, was das Wort „Tiefe" im Zusammenhang mit dem Fachbegriff „Tiefenpsychologie" konkret bedeutet und stößt bei seinen Nachforschungen auf mehrere mögliche Antworten. Zunächst weist Pongratz auf die „topologische Bedeutung von Tiefe" hin. Die Metapher der „geologischen Schichten" verdeutlicht die Modellvorstellung Sigmund Freuds von den drei Systemen „unbewusst – vorbewusst – bewusst" insofern, als die „oberste Schicht" dem System „bewusst" und die „tiefste Schicht" dem System „unbewusst" entspricht. Darüber hinaus bezeichnet der „Ausdruck 'Tiefe' (…) neben unbewussten, dunklen seelischen Gehalten auch die *verdrängten Triebe*. Tiefe meint in diesem Sinne auch das Explosible, das Drängende und Bedrängende in uns, ein Stück ungelebtes Leben." (Pongratz 1983, S. 2)

Bei Carl Gustav Jung entdeckt Pongratz eine weitere Bedeutung des Begriffs „Tiefe", weil sich dieser weniger für „verdrängte, unbewusste Triebe" interessiert, sondern vielmehr „angeborene Urbilder" in den Fokus seiner psychologisch-therapeutischen Aufmerksamkeit rückt. In diesem Zusammenhang meint Pongratz: „Tiefer als Freud hat C. G. Jung den Stollen in die menschliche Psyche vorgetrieben und die Schicht der menschheitlichen Urbilder (Archetypen) erreicht. Diese ist allgemeiner, `kollektiver´ Natur; alle Menschen haben an ihr teil, im Unterschied zum Unbewussten im Sinne Freuds, das persönlichen, biographischen Charakter trägt. Jung nimmt eine Schicht der Psyche an, die nie ins Bewusstsein gehoben werden kann. Es ist das unter dem archetypischen lagernde absolute Unbewusste." (Pongratz 1983, S. 2)

Des weiteren bringt Pongratz das Wort „Tiefe" in Verbindung mit der „onto- und phylogenetischen Vergangenheit" und macht darauf aufmerksam, dass der „Ausdruck `Tiefe´ (…) auf die ontogenetische Frühzeit (hinweist), die entscheidenden ersten Lebensjahre, aber auch im Sinne Jungs auf die stammesgeschichtlichen Anfänge der Menschheitsgeschichte, in die jeder als homo sapiens verflochten ist." (Pongratz 1983, S. 3) Mit dieser Tiefen-Bedeutung hängt auch die Relevanz der „biographischen Methode" für die tiefenpsychologische Analyse zusammen, immerhin geht diese „von der Annahme aus, dass gegenwärtiges Erleben und Verhalten in vergangenen, vor allem frühkindlichen Erfahrungen wurzelt und durch die Erkenntnis dieses Zusammenhangs geheilt werden kann. Daher sucht der Psychoanalytiker nach verschütteten, verdrängten Reminiszenzen, fragt der Individualpsychologe nach den ersten Kindheitserinnerungen, erweitert Jung den individuellen Kontext zu Träumen und Gestaltungen durch archetypische Parallelen in Religionen und Mythen, in Sagen und Märchen, in Völkerkunde und Folklore." (Pongratz 1983, S. 3)

Vor dem Hintergrund seiner Begriffserörterung erkennt Pongratz das charakteristische Wesen der Tiefenpsychologie schließlich im Aufzeigen der „Wege zum Unbewussten. Die biographische Methode, die Traumanalyse, die Methode des freien Einfalls, die Amplifikation, die Erhebung des Lebensstils u. a. sind solche Zugänge. Sie dienen in erster Linie dazu, die bedrückende, abgeblendete, aber pathogenetisch wirksame Vergangenheit bewusst zu machen und neu zu verarbeiten." (Pongratz 1983, S. 4)

Diese traditionelle Auffassung vom Charakteristikum der Psychoanalytischen Forschung als Tiefenpsychologie vertreten auch heute noch viele Wissenschafter und Praktiker im Großreich der Therapeutischen Psychologie. In diesem Sinne wird der Überbegriff „Tiefenpsychologie" nach wie vor zur Bezeichnung all jener psychotherapeutischen Ansätze gebraucht, die von einem „inneren Geschehen im Menschen" ausgehen, das gewissermaßen unwillkürlich und automatisch abläuft. Tiefenpsychologisch orientierte Therapeuten rechnen mit der Existenz (überwiegend biografisch bedingter) unbewusster bzw. unreflektierter Konflikte, welche die individuelle psychische Dynamik einer Person bestimmen und pathogene Wirkung entfalten können. Insofern werden therapeutische Richtungen dieser Art auch als „konfliktorientierte" oder „psychodynamische Ansätze" bezeichnet (vgl. Stumm u. Wirth 1994, S. 23).

Ganz der konventionellen Sichtweise entsprechend ist für tiefenpsychologische Zugänge vor allem „das Moment der Einsicht von großer Bedeutung. Unbewusste Konflikte sollen bewusst gemacht werden, daher spricht man auch von aufdeckenden Methoden. Über die Reflexion sollen gemachte Erfahrungen integriert und vertieft werden." Dabei ist, obschon „Freuds ursprünglich mechanistisch-biologische Terminologie dies nicht nahe legt, (…) das Wissenschaftsverständnis der tiefenpsychologisch orientierten Ansätze ein verstehend-hermeneutisches." (Stumm u. Wirth 1994, S. 23)

2 Differenzierungen, Spezifizierungen und Nuancierungen im hermeneutischen Verständnis von Psychoanalytischer Forschung

Wenn Stumm und Wirth im Zusammenhang mit „tiefenpsychologisch orientierten Ansätzen" plakativ von einem „verstehend-hermeneutischen Wissenschaftsverständnis" sprechen, so beziehen sie sich ganz allgemein auf das methodische Grundprinzip der hermeneutischen Forschungsdisziplinen im Sinne Wilhelm Diltheys, demzufolge es in diesen primär um die Auslegung und Deutung sprachlicher Ausdrücke über die Zurückführung auf ursprüngliche Erlebnisse geht, welche ebendiesen Ausdrücken als zugrundeliegend angenommen werden. Damit wird Psychoanalytische Forschung, im traditionellen Sinne von Tiefenpsychologie, wissenschaftskulturell dem Sektor der „verstehenden" Geisteswissenschaften zugeordnet, die sich - Johannes Gustav Droysen folgend – in methodologischer Hinsicht wesentlich von den „erklärenden" Naturwissenschaften unterscheiden (vgl. Skirbekk u. Gilje 1993, S. 563 f.).

Im Verlauf der heftig geführten Dispute und Kontroversen über den Wissenschaftlichkeitsstatus des Psychoanalytischen Forschens während des 20. Jahrhunderts, in welchen vor allem logisch-positivistische, kritisch-rationalistische und hermeneutische Positionen mehrfach aufeinander prallten, kam es allmählich zur Herausbildung differenzierter Auffassungen über die spezifisch psychoanalytischen Formen von Hermeneutik. Freilich können im Rahmen dieses Essays bloß einige wenige Beispiele für solche Spezifizierungen herausgegriffen und kurz vorgestellt werden.

2.1 Tiefenhermeneutik

So hat etwa Jürgen Habermas den psychoanalytischen Forschungsansatz nach Sigmund Freud in den 1960er Jahren als „Theorie einer systematisch entstellten Kommunikation" interpretiert und dabei betont, dass „Freuds wissenschaftstheoretisches Selbstverständnis auf einem *szientistischen* Missverständnis der Eigenart der Psychoanalyse (basiert). Die Psychoanalyse sei keine Naturwissenschaft, sondern eher eine `tiefenhermeneutische´ Disziplin, die versuche, in entstellten `Texten´ (neurotischen Symptomen), Träumen usw. einen Sinn zu finden." Gemäß dieser Lesart hat „Freud eine spezielle entmystifizierende `Tiefenhermeneutik´ oder Interpretationstechnik entwickelt, um eine systematisch verzerrte Kommunikation zu verstehen und aufzuheben." (Skirbekk u. Gilje 1993, S. 758 f.)

Einen linguistischen, sprachtheoretisch orientierten Zugang zu einer genuin psychoanalytischen Hermeneutik hat in den 1970er Jahren auch Alfred Lorenzer eröffnet, der seine zentralen Ideen offensichtlich „im Gedankenaustausch mit Habermas (entwickelte), der seinerseits bekennt, durch Lorenzer entscheidende Förderung im Verständnis der Tiefenpsychologie erfahren zu haben." (Rattner 1977, S. 137) Für Lorenzer stellt die Psychoanalytische Forschung (Freudscher Provenienz) eine „Kunst der Interpretation" dar, weshalb er auch die Besonderheit Psychoanalytischen Forschens in einer Art „Dolmetschertätigkeit" erblickt, bei der es „privatistische Sprachfiguren" sowie „undurchschaubare, unverständliche und zwanghafte Interaktionsmuster" durch Übersetzung in die gemeinsam praktizierte Sprache verstehbar zu machen gilt (vgl. Rattner 1977, S. 141).

2.2 Narratologie

In den 1990er Jahren kam es im Kontext des hermeneutischen Denkens zu einer weiteren linguistischen Verschärfung bzw. texttheoretischen Zuspitzung. Thomas Slunecko berichtet in diesem Zusammenhang von einem „Paradigmenwechsel von der Epistemologie zur Narratologie", im Zuge dessen noch deutlicher in den Vordergrund gehoben wurde, dass es bei psychoanalytischer Deutungsarbeit völlig uninteressant ist, was sich „hinter einem Text verbirgt" (vgl. Slunecko 1996, S. 106). Im narratologischen Selbstverständnis von Hermeneutik geht es überhaupt nicht mehr darum, konkretes menschliches Ausdrucksverhalten mittels interpretatorischer Verstehensbemühungen auf ursprüngliche Erlebniszusammenhänge zurückzuführen; vielmehr entlässt die narratologische Position den Psychoanalytischen Forscher „aus dem Genre des Detektivromans und lenkt die Aufmerksamkeit hin zu dem neuen Text, der in der Interaktion von Analytiker und Analysand hergestellt wird. Dahinter steckt eine ontologische Position, in der Identität laufend neu erzeugt und mit anderen ausgehandelt werden muss (...)." (Slunecko 1996, S. 106)

Thomas Stephenson (2003, S. 87) deutet den therapeutischen Effekt dieser narratologischen Wendebewegung an, wenn er den „Übergang vom ´alten´ Paradigma des Auffindens vergangener Wirklichkeiten zum ´neuen´ Paradigma des Zur-Wirkung-Bringens gemeinsam neugeschaffener Realitäten" anspricht. Die Verquickung von narratologischer bzw. diskursiv-gewendeter Hermeneutik und Tiefenhermeneutik nach Habermas und Lorenzer zeigt sich dabei insofern, als der Psychoanalytiker „im wesentlichen der Zuhörer eines Textes mit Lücken und Brüchen (ist); das Konzept, mit dem er die Widersprüchlichkeit seines Textes verstehen will, ist das der Polarität von bewusst und unbewusst. Für den postmodernen Analytiker ist das Unbewusste allerdings kein epistemologisches Subjekt, sondern ein hermeneutisches. *Es* existiert nicht in dem Sinn, dass *Es* lange verborgen war und gegen Ende des 19. Jahrhunderts entdeckt wurde wie ein Stern oder ein seltenes Insekt, sondern *Es* macht einen Text kohärent." (Slunecko 1996, S. 107)

2.3 Kultur-Konstruktivismus

Im Umstand, dass sich eine Hermeneutik im narratologischen Sinne jedenfalls nicht länger für irgendwelche „Fakten an sich" interessiert, sondern ausschließlich dafür, wie Fakten produziert, d.h. konstruiert und strukturiert werden, manifestiert sich nicht zuletzt eine deutliche Affinität zwischen Narratologie und Konstruktivismus (vgl. Slunecko 1996, S. 106). So ist es auch nicht verwunderlich, wenn man in kulturalistisch-konstruktivistischen Kontexten („Konstruktiver Realismus", „Wiener Konstruktivismus") zu Auffassungen über die Spezifik Psychoanalytischer Forschung gelangt, die einem tiefenhermeneutisch orientierten, narratologisch nuancierten Verständnis von psychoanalytischer Hermeneutik sehr nahe kommen (vgl. Slunecko 1996; Wallner 1996, 2002; Greiner 2007). Für kulturalistisch-konstruktivistisches Denken innerhalb des psychoanalytischen Ansatzes repräsentativ sind etwa Stephensons Ideen zu einer „konstruktivistischen therapeutischen Praxis", die er in der folgenden Formulierung verdichtet: „Wenn wir die gemeinsame therapeutische Arbeit, die sich innerhalb des Dialoges zwischen Therapeut und Klient konstituiert, darin sehen, dass aus

Anlass von Handlungen, Gedanken, Gefühlen etc., die insofern Symptomcharakter haben, als dass sie innerhalb des gesamten bewussten Handlungs-, Gedanken-, Gefühlsrahmens des Klienten als nicht konsistent erlebt werden, dass also aus Anlass dieser Inhalte neue Gegenstände konstruiert werden, so haben wir das Faktum, dass in die bisherige Elementenkonstellation, also das bisher so seiende, durch diese neuen Elemente eine veränderte Konstellation resp. innere Situation gegeben ist, und damit die Grundlage für die nächste Situation und deren Erleben eine veränderte ist – und diese Veränderung ist eine therapeutische, insofern sie innerhalb der therapeutischen Situation stattfindet (also nicht an einem zweifelhaften 'Erfolgsbegriff' gemessen werden kann oder muss)." (Stephenson 2003, S. 96 f.)

3 Psychoanalytische Forschung in einer zeitgemäßen Perspektive wissenschaftstheoretischer Art

Vor dem Hintergrund eines narratologisch nuancierten Verständnisses von Hermeneutik sowie in Anknüpfung an kulturalistisch-konstruktivistische Auffassungen wird nun eine zeitgemäße wissenschaftstheoretische Bestimmung von Psychoanalytischer Forschung vorgeschlagen, die sich zunächst in ihrer dichtesten Form auf die folgende Definition zuspitzen lässt: *Psychoanalytische Forschung ist eine variantenreiche Praxis der Textintegration* – oder bereits etwas konkreter gefasst – *Psychoanalytische Forschung ist die wissenschaftliche Praxis des Integrierens von unspezifischem Text in spezifische Textkulturen.*

Anhand von knappen Kommentaren, die in die Definition eingefügt sind, soll für den Leser nachvollziehbar werden, worauf die in dieser Bestimmung entwickelten Begriffe verweisen: *Psychoanalytische Forschung ist die wissenschaftliche Praxis des Integrierens* (bezieht sich auf die interpretatorischen Ambitionen des *Konflikt-Aufdeckens, Einsichts-Gewinnens, Sinn-Deutens etc.) von unspezifischem Text* (bezieht sich auf den komplexen Gegenstandsbereich: *menschliche Lebensäußerungen, Ausdrucksgestalten, Sinngebilde etc.) in spezifische Textkulturen* (bezieht sich auf die speziellen Theorien und Lehren vom Psychischen: *Psychoanalyse/Freud, Individualpsychologie/Adler, Analytische Psychologie/Jung, Selbstpsychologie/Kohut, Strukturale Psychoanalyse/Lacan, Transaktionsanalyse/Berne etc. etc.*).

Schließlich gilt es, über den Weg einer konkreten Begriffserläuterung, den spezifischen Gebrauchszusammenhang der Termini technici im Rahmen dieser Definition abzustecken: Unter dem Terminus *spezifische Textkulturen* sind die mannigfach existierenden differenzierten Weisen des Redens und Sprechens über das Psychische, d.h. die vielfältigen professionellen Erzählungen über das menschliche Seelenleben zu verstehen. Mit und in diesen spezifischen Fachsprachen („Sprachspielen" nach Wittgenstein) werden *Psyche, Psychisches, Seelenleben, Psychodynamik etc.* überhaupt erst als wissenschaftlich relevante Entitäten generiert, konstruiert und strukturiert. Zu den bekanntesten spezifischen Textkulturen zählen die psychoanalytischen Theorien und Lehren von Sigmund Freud (Psychoanalyse), Alfred Adler (Individualpsychologie) und Carl Gustav Jung (Analytische Psychologie). Neben diesen prominenten Beispielen gibt es freilich eine Vielzahl an weiteren, mehr oder weniger elaborierten spezifischen Textkulturen (man denke hier nur an Namen wie Eric Berne, Ruth C. Cohn, Erik H. Erikson, Erich Fromm, Félix Guattari, Karen Horney, Heinz Kohut, Jacques Lacan, Ronald D. Laing, Wilhelm Reich, Jean-Paul Sartre, Harald Schultz-Hencke oder Harry S. Sullivan). Aus wissenschaftstheoretischen Gründen ist es im Zusammenhang mit spezifischen Textkulturen dabei völlig uninteressant, ob eine empirisch-systematische Überprüfung ihrer Inhalte funktioniert, d.h. ob eine wissenschaftliche Verifikation oder Falsifikation von aufgestellten Behauptungen und Satzzusammenhängen gelingt. Für genuin psychoanalytische Forschungszwecke reicht es vollkommen, wenn spezifische Textkulturen als kohärente und konsistente Fachsprachen zur Verfügung stehen.

Der Begriff *unspezifischer Text* bezieht sich nun auf den hochkomplexen Gegenstandsbereich Psychoanalytischen Forschens. Darunter fallen alle erdenklichen Formen von *menschlichen Lebensäußerungen, Ausdrucksgestalten, Sinngebilden etc.* Da hierzu, ganz im geisteswissenschaftlichen Sinne, im Prinzip *alles* zählt, *was der Mensch macht und hervorbringt bzw. hervorgebracht hat*, avanciert die gesamte Bandbreite menschlichen Verhaltens und Handelns – von den subjektiv getärbten, zutiefst persönlichen Regungen eines einzelnen Individuums (z.B. verbale Äußerungen sowie nonverbale Ausdrucksgestalten eines Therapieklienten) über sämtliche Kommunikationsformen im sozialen Beziehungsraum (z.B. interagierende Personen und Personengruppen oder etwa Begegnungen von Nationen, Völkern und Weltkulturen) bis zu den höchsten Formen soziokultureller Leistungen (z.B. in Literatur, Kunst, Religion und Wissenschaft) - zum potentiellen Objekt psychoanalytischer Untersuchungen. Kurz gesagt, all das, was als mehr oder wenige differenzierte, mehr oder weniger komplexe Objektivation (*Ausdrucksgebilde*) von Menschen dargeboten wird und worauf sich Psychoanalytische Forschung richten kann, lässt sich als „unspezifischer Text" (Gegenstand/Forschungsobjekt) verstehen, mit dem es in weiterer Folge psychoanalytisch (Methode/Untersuchungsverfahren) adäquat und kunstgerecht umzugehen gilt.

Das, was Psychoanalytische Forschung im Kern ausmacht, wird als *die wissenschaftlichen Praxis des Integrierens* bezeichnet und meint zunächst ganz allgemein die Kunst des Eingliederns und Einfügens, des Aufnehmens und Einbeziehens, des Einordnens und In-Zusammenhang-Bringens *von unspezifischem Text*. Im überlieferten Sinne ist hiermit die interpretatorische Ambition des *Konflikt-Aufdeckens, Einsichts-Gewinnens, Sinn-Deutens etc.* angesprochen. Wiederum aus wissenschaftstheoretischen Gründen interessiert man sich in der „wissenschaftlichen Praxis des Integrierens" allerdings nicht dafür, ob das Eingliedern und In-Zusammenhang-Bringen von „unspezifischem Text" auch mit einer außerhalb dieser integrativen, innovativen Textgestaltungspraxis liegenden *objektiven Wirklichkeit psychischer Sachverhalte* faktisch korrespondiert. Entscheidend dabei ist nur, ob überhaupt und in welcher Weise der Prozess des sprachlichen Einfügens, des kontextuellen Einbeziehens und begrifflichen Einordnens (*wissenschaftliche Praxis des Integrierens*) von ganz bestimmten *menschlichen Lebensäußerungen*, von konkret vorliegenden *Ausdrucksgestalten* und *Sinngebilden*, von mehr oder weniger komplex dargebotenen Objektivationen (*unspezifischer Text*) in die differenzierten Weisen des Redens und Sprechens über das Psychische, in die Sinnzusammenhänge der professionellen Erzählungen über das menschliche Seelenleben, in die spezifischen Begriffsstrukturen der psychoanalytischen Fachsprachen nach Freud, Adler, Jung, Berne, Fromm, Horney, Kohut, Lacan u.a. (*spezifische Textkulturen*) schlüssig und stimmig gelingt.

Literatur

Greiner, Kurt (2007): Psychoanalytik als Wissenschaft des 21. Jahrhunderts. Ein konstruktivistischer Blick auf Struktur und Reflexionspotential einer polymorphen Kontextualisations-Technik. Peter Lang Verlag, Frankfurt a.M.

Pongratz, Ludwig J. (1983): Hauptströmungen der Tiefenpsychologie. Alfred Kröner Verlag, Stuttgart

Rattner, Josef (1977): Verstehende Tiefenpsychologie. Verlag für Tiefenpsychologie, Berlin

Skirbekk, Gunnar; Gilje, Nils (1993): Geschichte der Philosophie. Eine Einführung in die europäische Philosophiegeschichte. Bd. 2. Suhrkamp Taschenbuch Verlag, Frankfurt a.M.

Slunecko, Thomas (1996): Wissenschaftstheorie und Psychotherapie. Ein konstruktiv-realistischer Dialog. WUV- Universitätsverlag, Wien

Stephenson, Thomas (2003): Die Realität des Unbewussten. Anfragen eines Tiefenpsychologen an den Konstruktiven Realismus. 1990a (S. 85 – 101) In:

Stephenson, T.: Gesammelte Schriften. Band 1: 1987 – 1993. Empirie Verlag, Wien

Stumm, Gerhard; Wirth, Beatrix (Hrsg.) (1994): Psychotherapie - Schulen und Methoden. Eine Orientierungshilfe für Theorie und Praxis. Falter Verlag, Wien

Wallner, Fritz G. (1996): Eine neue Ontologie für Psychotherapien (S. 341 – 357). In: Pritz, A. (Hrsg.): Psychotherapie – eine neue Wissenschaft vom Menschen. Springer Verlag, Wien – New York

Wallner, Fritz G. (2002): Die Verwandlung der Wissenschaft. Vorlesungen zur Jahrtausendwende. Verlag Dr. Kovac, Hamburg

Nicole Holzenthal de Cimadevilla

Die Kultur - ein Konstrukt

I. Fragestellung

Was ist das eigentlich, was wir als Kultur bezeichnen? Man redet permanent von ihr, aber niemand weiß so richtig, was sie eigentlich ist. Dieser Frage ist der spanische Philosoph Gustavo Bueno in seinem Buch *Der Mythos der Kultur*[1] nachgegangen. Dort nimmt der Gründer des Philosophischen Materialismus den Kultur-Begriff radikal auseinander, zieht einzelne Kulturen heran und geht all dem auf die Spur, was Kultur implizieren kann. Er stellt fest, dass es sich nicht um einen, sondern um mehrere Kultur-Konzeptionen handelt, die wiederum nicht einer Disziplin, sondern mehreren Wissenschaften zugeordnet werden können. Außerdem sind diese Konzepte untereinander derart unterschiedlich, gar gegensprüchlich, dass der Versuch, *eine* Kultur-Idee herauszustellen oder eine für selbstverständlich zu nehmen oder gar von nur einer Kultur zu reden, welche die anderen umfassen soll, hoch problematisch ist, insofern agiert hier meist ein Mythos, ein konfuses Wirrwarr. Und dennoch erwähnt der Autor in *Der Mythos der Kultur* die Möglichkeit einer philosophischen Idee, die sich aus dem Material heraus abzeichnet: die Idee des „morphodynamischen Systems". Wie wir hier sehen werden, ist diese letztendlich ein Konstrukt. Der Philosophische Materialismus spricht lieber von einer Rekonstruktion, während der Konstruktive Realismus von Konstruktionen ausgeht. Um eine Verständnisbrücke zu bauen, und doch die Unterschiede nicht unter den Tisch fallen zu lassen, taucht hier hin und wieder die Wortschöpfung „(Re)Konstruktion" auf.

In meiner europäischen Dissertation, *Die Idee des anthropologischen Raumes des Philosophischen Materialismus*[2], habe ich den Versuch gestartet, zusammen mit der Idee des „anthropologischen Raumes" und dem „Gesetz der

---

1 Erste Publikation auf Spanisch 1996. Nach meiner deutschen Übersetzung (*Der Mythos der Kultur*. Essay einer materialistischen Kulturphilosophie, Übersetzung und Einleitung von Nicole Holzenthal. Bern: Peter Lang, 2002) erschien 2004 die siebte spanische Version als revidierte Neuauflage mit meinen Korrekturen und einem neuen Vorwort des Autors.
2 Der Untertitel lautet: Reichweite und Leistung bei der Analyse der Institutionen der Maring Neuguineas.

Kulturentwicklung" auch die Idee des „morphodynamischen Systems" auszuarbeiten. Interessant ist zu fragen, inwiefern diese Konzeptionen bei der Analyse von kulturellen Institutionen einer konkreten Menschengruppe funktionieren. Eine überschauliche Menschengruppe, die zuvor von verschiedenen Kultur-Anthropologen bzw. Ethnologen untersucht wurde, bietet sich da geradezu an. Die Menschengruppe Maring leben in den Bergen Neuguineas. Angezogen von ihrem „rückständigen" oder „barbarischen" Kulturstadium, fasziniert von ihrer augenscheinlichen Anpassung an ihr Ökosystem hatte Roy A. Rappaport in den 1960ern (*Pigs for the Ancestors* 1967) die Aufmerksamkeit auf die Maring gelenkt und damit eine Reihe von (nordamerikanischen und australianischen) Feldstudien angestoßen, die bis zu Edward LiPuma reichen (u.a. *Encompassing Others* 2000), der sich in erster Linie für deren schnelle Kulturentwicklung seit dem ersten Kontakt interessiert, denn in einem halben Jahrhundert haben sich die Maring von steinzeitlich-barbarisch hin zu modern entwickelt.

Mir diente all dies wissenschaftliche Material dazu, das „morphodynamischen System" nachzuzeichnen und als Lösung aufgeworfener Problemstellungen und Systematisierungen auszuprobieren.

Timothy Akis, ein Maring der Stammesgruppe Tsembaga, war Dolmetscher, Zeichner und Freund von Rappaport und von Georgeda Buchbinder. Geboren wurde er um 1944 und er starb 1984. Er bietet sich als Bezugspunkt einiger drei wissenschaftsphilosophischer Überlegungen an:

Abb. 1: Foto von Timothy Akis

Sagt man erstens, Akis sei negroider Rasse, in der zentralneuguineanischen Variante, kleinwüchsig, mit breiter Nase, krausem Haar usw., so sind all diese Beschreibungen für die wissenschaftliche Disziplin „biologische Anthropologie" charakteristisch.

Sagt man zweitens, Akis sei mit 40 Jahren aufgrund einer Paludismus-Erkrankung verstorben, also an einer auch Malaria genannten Krankheit, die durch einen Insektenstich der *anofeles*-Mücke übertragen wird, welche ihrerseits Träger des mikroorganischen Parasits *Plasmodium* ist, der, erst einmal in den menschlichen Organismus eingedrungen, eine Reihe von Reaktionen des Immunsystems verursacht, die zu Fieberausbrüchen führen, die Leber angreifen und im Falle der Hirnmalaria beispielsweise zum Tod führen können. Betrachten wir also Akis als einen derartigen klinischen Fall, so schauen wir auf den Menschen aus einem Blickpunkt der medizinischen Anthropologie.

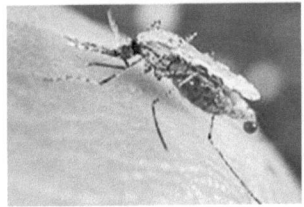 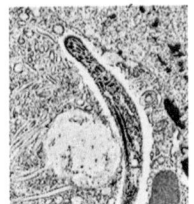

Abb. 2: Anopheles;   *Abb. 3: Plasmodium*

Zeigt man drittens Interesse an der Kultur Akis und seiner Stammesgruppe, so blickt man aus einer kulturanthropologischen oder ethnologischen Perspektive - ein dritter wissenschaftlicher Gesichtspunkt - auf Menschen oder Menschengruppen. Dies ist konkret die Sicht Rappaports und seiner Nachfolger. Akis gilt nun als Mitglied des Stammes Tsembaga, der Kultur Maring, ist Sprecher der Maring-Sprache usw. Bewohner der Berge im Nordosten der Hauptinsel Neuguineas (ein zunächst spanisches, dann deutsches, britisches und australisches Gebiet, das erst in den 1970ern zusammen mit dem Rest der Osthälfte der Insel politisch unabhängig wurde). Einen interessanten Forschungsgegenstand stellen die Maring aus dieser Perspektive deshalb dar, weil sie sich auf der mittleren Entwicklungsstufe, dem Kulturstadium der „Barbarei" (nach Edwin Burnett Tylor) befinden. Speziell Akis ist kulturanthropologisch als der allererste *Künstler* der Maring wichtig. Die Feldforscherin Buchbinder hatte ihn aufgrund seines großen Talents, die Flora und Fauna zu zeichnen, unter Künstlern und Galeristen weiterempfohlen (Georgina Beier in Port Moresby). Aufgewachsen in einer schriftlosen Kultur ohne Arbeitsteilung, die sich der Schweinezucht und der Subsistenzwirtschaft widmete und sicherlich noch rituale Kriege mit Steinäxten führte, ist Akis gestorben als ein Mensch, der *Pidgin* (Mischung aus Maring und Englisch) sprach, schreiben und vor allem zeichnen und malen konnte. In nur einer Generation wurde eine derartige Entwicklung durchlaufen, dass Akis gar einen „Beruf" ausübte, wozu es zunächst eines tiefgreifenden Wechsels in der Gesellschaftsstruktur bedurfte: ein Künstler benötigt die Kulturkategorie „Kunst". Und seine Kunstwerke wurden schließlich in den USA, Großbritannien, den Philippinen, der Schweiz, Australien, Kanada und Holland ausgestellt.

Abb. 4: Timothy Akis' Krieger mit seinen beiden Söhnen[3]

Die Definition des Menschen variiert also je nach Wissenschaft: vom ethnisch-rassisch definierten Subjekt der biologischen Anthropologie über einen Malaria-Fall der medizinischen Anthropologie bis hin zum Mitglied eines Stammes der Kulturanthropologie.

Die unterschiedlichen erwähnten Anthropologie-Wissenschaften werden normalerweise wissenschaftstheoretisch so behandelt, als koexistierten sie friedlich nebeneinander. Doch sie stehen miteinander in Konflikt, da ihre Zuständigkeitsbereiche sich überschneiden und unterschiedliche Herangehensweisen miteinander konkurrieren. Wissenschaftsphilosophisch ist dieser Tatbestand höchst interessant und hat neben Gustavo Bueno auch besonders Frau Dr. Elena Ronzón beschäftigt, die ebenso mit dem Philosophischen Materialismus 1991 das Buch *Antropología y antropologías [Anthropologie und Anthropologien]* explizit darauf hinweist, von wissenschaftlichen Anthropologien sollte immer im Plural die Rede sein. Dies sind *wissenschaftliche* Disziplinen, also „ersten Grades", sie „schließen" ein bestimmtes Material „ab". Unsere Perspektive dagegen lässt sich als „zweiten Grades" charakterisieren, sie ist offen und philosophisch, nicht wissenschaftlich, sie ist vielmehr „philosophische Anthropologie".

Gegenüber den Wissenschaften, die Konzepte handhaben und sich dank Kategorien abschließen, rekonstruiert die offenere Philosophie die Ideen, welche unterschiedliche wissenschaftliche Kategorien „durchqueren". Es gibt auch nicht eine einzige philosophische Anthropologie, denn jedes philosophische System vermag seinen Prämissen zufolge ein eigenes Menschenbild auszuarbeiten – je

---

3   Quelle: www.alcheringa-gallery.com.

nachdem, wie und welche Wissenschaften durchquert werden. Daher gibt es mitunter große Diskrepanzen zwischen den unterschiedlichen philosophischen Anthropologien: Weit verbreitet ist die philosophische Anthropologie, die den Mensch als Gegenstück zur Natur sieht und mit Kultur gleichsetzt wie im Deutschen Idealismus. Diesem Dualismus setzt der PhM den dreidimensionalen anthropologischen Raum entgegen, zu dem wir gleich kommen.

Zuvor sollten wir noch klären, warum die Maring philosophisch so interessant sein sollen. Akis und seine Gruppe, seine Kultur und die Referenzstudien über sie stellen eine Datenbank zur Verfügung, anhand derer sich das genannte Analyse-Werkzeug ausprobieren und auf die Probe stellen lässt. Inwiefern? Folgende Hauptpunkte lassen sich hier anführen:

1. Dies anthropologische Material belegt das Funktionieren des „morphodynamischen Systems" (*Versuch über das Funktionieren des morphodynamischen Systems: der Ritualzyklus*)

1.1 Die Maring haben eine überschaubare *morphologisch* strukturierte Kultur, in der sich die Relationen auf den drei Achsen des „anthropologischen Raums" deutlich nachzeichnen lassen, weshalb die entsprechenden funktionalistischen Anthropologen diese drei Relationentypen wahrgenomen und beschrieben haben, sogar „angulare Relationen". (Abschnitt *Der anthropologische Raum zur (Re)Konstruktion der Morphologie der Maring-Kultur*)

1.2 Die Maring-Kultur stellt ein überschaubares *dynamisches* System dar, und zwar bereits vor dem Kontakt mit dem Westen: Ein Zyklus an Ritualen wird in Bezug auf die Fauna und Flora ihrer Umwelt und in Wechselspiel mit diesen durchgeführt. Doch noch klarer dynamisch ist die beschleunigte Kulturentwicklung, die ab den 1950ern von statten geht, als Briten, Australier und US-Amerikaner in das von der „Zivilisation" abgeschottete Gebiet kommen. (Abschnitt *Veränderungen der Relationen*)

2. Die wissenschaftlichen Studien (Rappaport, LiPuma etc.) über die Maring boten sich mir als Gegenstand der wissenschaftsphilosophischen Untersuchung an. Die Untersuchung *Pigs for the Ancestors: Ritual in the Ecology of a New Guinea People* von Rappaport beispielsweise ist in diesem Zusammenhang interessant, da hier typische Eigenschaften des wissenschaftlichen Ansatzes Funktionalismus Form annehmen, und mit Hilfe der sogenannten „gnoseologischen Tabelle" lassen diese sich rekonstruieren. (*Wissenschaftsphilosophische Fragestellungen zur Kulturanthropologie*)

2.1 Die rasante Kulturentwicklung der Maring in der zweiten Hälfte des 20. Jhs. wird in Edward LiPumas Studie *Encompassing Others* dargestellt. Mithilfe des dort gelieferten Stoffes lässt sich die Evolution vom Ausgangsstadium bis zum

Endstadium rekonstruieren und das in *Der Mythos der Kultur* vorgeschlagene Entwicklungsmuster belegen. (siehe *Die gnoseologische Tabelle in Bewegung*)

2.2 Die ethnologischen Studien dienen auch der Untersuchung, wie die Wissenschaftler vorgehen, um Differenzierungen herauszuarbeiten und über den besonders problematischen wissenschaftlichen Status der Kulturanthropologie bzw. Ethnologie (siehe *Weitere wissenschaftsphilosophische Fragestellungen*).

II. Durchführung

Die beiden eben genannten Hauptgründe, weshalb die Maring sich für unser Vorhaben eignen, dienen hier gleichzeitig als Leitfäden um darzustellen, was es bedeutet, die Kultur als „morphodynamisches System" zu (re)konstruieren.

1. Versuch über das Funktionieren des morphodynamischen Systems: der Ritualzyklus

Roy Rappaport, seine Frau, die Sprachwissenschaftlerin Ann Rappaport und seine Kollegen Andrew Vayda, Cherry Lowman, Georgeda Buchbinder, und sogar Edward LiPuma setzen es als selbstverständlich voraus, dass die Maring eine Menschengruppe darstellen, die eine relativ in sich geschlossene „Kultur" bildet. Und das Argument, diese als solche aufzufassen, ist, dass alle Maring die gleiche Sprache sprechen, die von ihnen als „Maring" bezeichnete Sprache – auch wenn mit unterschiedlichen Sprachvarianten. In der Tat handelt es sich um verschiedene Klan- Gruppierungen (in anderen anthropologischen Schulen werden derartige „Klan clusters" als Stämme bezeichnet), die in den 1960ern, als die ersten Ethnologen sie zu untersuchen begannen, in fast identischen Ritualzyklen lebten, die Krieg und Waffenstillstand untereinander regelten (jede Maringgruppe unterhielt Allianzen mit anderen Maring und gab sich hochritualisierten Schlachten mit anderen Maring hin, fast nie mit nicht-Maring).

Es ist zwar durchaus fraglich, ob das sprachliche Argument angebracht ist, das heißt auch ob es sich um eine geschlossene oder isolierte Menschengruppe handelt oder gar um ein „Volk" und ob da wiederum die Vorstellung, die sich übrigens auf Johann Gottfried Herder zurückführen lässt, dass ein „Volk" (und daher auch ein Staat oder Nation) sich aufgrund einer gemeinsamen Sprache entwickelt, ob dies wirklich richtig ist. Vielleicht ist diese Maring-Kultur vielmehr ein Konstrukt der Ethnologen, das die betroffenen Maring erst dann selbst betrachten, sobald dies von den Wissenschaftlern konstruiert wurde, zuvor nicht. Und erst in dem Moment, in dem das Konstrukt Maring-Kultur in die Realität gesetzt worden ist und von der betroffenen Bevölkerung akzeptiert wird, können wir diese „Kultur" als existent betrachten und untersuchen, bis zu welchem Punkt sie als morphodynamisches System funktioniert.

1.1 Der anthropologische Raum zur (Re)Konstruktion der Morphologie der Maring-Kultur

Welche Idee des Menschen wird hier gehandhabt? Anstatt, wie in der Philosophiegeschichte üblich, eine Definition des Menschen zu versuchen, die ein prädikatives Menschenbild konstruiert, muss erst einmal der Zusammenhang gezeichnet werden, in den die Menschen hineingestellt sind. Denn in diesem sogenannten „anthropologischen Raum" taucht der Mensch als Mensch auf und konstruiert seine Institutionen. Dies ist wichtig, denn erst mit Institutionen ist der Mensch ein solcher. In jedem Fall muss die Herausbildung dieses Raumes neu konkretisiert werden, die Grundstruktur stellt sich aber immer in drei Dimensionen dar. Mithilfe dieses dreidimensionalen Instruments lassen sich, wie dies in meiner Dissertation detailliert gezeigt wurde, die Kulturinstitutionen der Maring schön analysieren. So dient der „anthropologische Raum" als konstruiertes Instrumentarium, mit dem vorschreibende Menschenbilder umgangen werden. Zwar wird auch hier dem Material ein gewisses Schema aufgestülpt (*Progressus* oder Anwendung auf die Phänomene), doch ist dies Schema selbst zuvor aus demselben oder ähnlichem Anthropologischen Material hervorgegangen: konstruiert ausgehend von diesen Materialien. Daher ist von „Regressus" oder „Rekonstruktion" die Rede, denn hier findet ein dialektischer PhM-Zirkularismus statt. Das Anthropologischen Material der Maring wird zunächst ontologisch als Entitäten (h, a, n) betrachtet, viel wichtiger ist im anthropologischen Raum jedoch die Betrachtung der *Relationen* zwischen diesen, und eben aus diesen Beziehungen kristallisieren sich die „Achsen" bzw. „Dimensionen" heraus, welche wissenschaftsphilosophisch sehr wichtig werden.

Die menschlichen Subjekte lassen sich hier als **h** darstellen, **a** sind Tiere oder Numen und **n** Entitäten, die nicht einmal subjektual sind. Die a-Entitäten stellen subjektuale Wesen dar, die nicht menschlich sind; dies Kriterium erfüllen sowohl (höhere) Tiere als auch vermeintliche Geister, Götter, Engel usw. (Numen).

Man stellt fest, es gibt hier drei anstatt nur zwei Entitäten-Arten, wie dies beim Kultur-Natur-Dualismus der Fall wäre. In Gegenüberstellung zu den Menschen differenziert sowohl von a-Entitäten *als auch* von n-Entitäten zu sprechen, bricht das dualistische Schema Mensch bzw. Kultur versus Natur auf. Entscheiden zu müssen, was natürlich und was künstlich ist, erübrigt sich damit. Dagegen kann man in etwa sagen, was noch zum Material der Anthropologien gehört

(„anthropologisches Material"), was nicht mehr. Die Grenze habe ich rötlich gestrichelt gezeichnet (Abb. 5). Denn ontologisch betrachtet liegen die „angularen" Entitäten (a) und die radialen Entitäten (n) außerhalb des anthropologischen Materials. Dennoch gehören sie – wissenschaftstheoretisch betrachtet – zum *anthropologischen Raum*, da dieser ja der Kontext ist, in dem die *Relationen* gezeichnet werden zwischen den Menschen und ihrer „ökologischen Umwelt" (Rappaport), denn eine Kulturanthropologie kann weder die Beziehungen zu den Tieren und Numen, noch zu nicht subjektualen Entitäten (etwa bei der Ernährung) außen vor lassen.

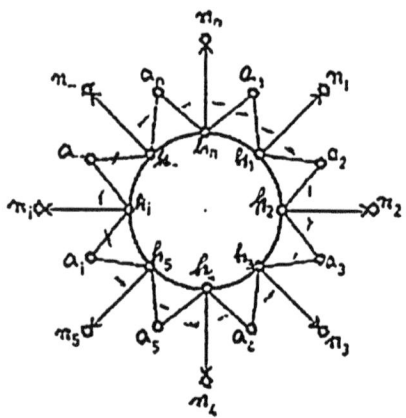

Abb. 5: anthropologischer Raum[4] h = Mensch; a = Tier oder Numen; n = nicht subjektuale Entität; --- Grenze des anthropologischen Materials

Die drei Entitätentypen wären im Falle der Maring konkret folgende: Die Maring und ihre Nachbarn (z.B. Melpa) wären die menschlichen Subjekte h^5. Als **a** tauchen andere subjektuale Entitäten auf, das sind entweder die Tiere in ihrer Umwelt (Schweine, Kasuare, Paradiesvögel, Aale usw.) oder Numen: Geister,

---

4 Nicole Holzenthal: La Idea del espacio antropológico en el Materialismo Filosófico: 81.
5 Als die ersten „Weißen", genauer gesagt, Briten, die das Territorium betraten, erschienen sie den Maring „rot", weshalb diese laut LiPuma glaubten, sie seien „rote Geister" (welche als Geister der in Schlachten Gefallenen für aggressiv gehalten werden). Nun ließe sich die Frage stellen: Ist es nicht sehr weit verbreitet, dass Menschen in Gefahrensituationen dazu neigen, die zwischenmenschlichen (zirkulären) Beziehungen mit denen zu Geistern oder Tieren (angularen Relationen) zu verwechseln? Möglicherweise kommt dies besonders in der „zweiten Religiositätsphase" Buenos Religionsphilosophie zu. Aus der Sicht des Anthropologischen Raumes lässt sich diese Verwechslung als Fusion der zirkulären mit der angularen Dimension auslegen.

von denen die Maring glauben, sie wohnen auf ihrem Territorium. Letztere sind *rawa mugi,* wenn sie oben in den Bergen wohnen, das Männliche, Trockenheit und Agressivität symbolisieren und als gefallene Krieger betrachtet werden. Wohnen sie dagegen unten im Tal, sind sie *rawa tukump,* symbolisieren Feuchtigkeit, Weiblichkeit, Fruchtbarkeit und Fäulnis, und die Maring glauben, sie seien Geister oder Seelen derjenigen, die an einer Krankheit oder im Alter gestorben sind.

Beide Geistergruppen fordern, laut der lebenden Maring, von ihnen *Entschädigungen* wegen ihrer Unterstützung in der Vergangenheit oder um ihnen in der Zukunft beizustehen. Von außen betrachtet, werden weniger die Geister, sondern vielmehr die Aliierten entschädigt, wenn sie bei den Festlichkeiten des „Kaiko" das Fleisch und das Fett der Opferschweine zum Verzehr angeboten bekommen. Die Maring befürchten, die *rawa tukump* verpesten den Tanzboden, weshalb sie ihn gewissenhaft mit einem bestimmten Ritual von den entsprechenden Geistern „säubern", bevor eigene oder alliierte Tänzer dort auftreten. Beide Geistertypen werden ergänzt durch eine Gottheit: die Höhengeister durch *Kun Kaze Ambra (Rauchfrau)* und die Tiefengeister durch *Koipa Mangiang.* Ihrerseits tauchen bei den Maring als nicht-subjektuale Entitäten **n** beispielsweise das Mineralien auf, etwa das Salz. Salz spielt eine sehr wichtige Rolle bei den Maring. Aber auch bestimmte Pflanzen sind wegen ihrer symbolischen Bedeutung wichtig, besonders die *Amame* und der *Rumbim.* Letzterer wird von ihnen für den Wohnsitz ihrer Männer gehalten, während die weibliche Entsprechung Amame die Frauenseelen beherbergen soll.

Abb. 6: Cordolyne terminalis, in der Sprache der Maring: Rumbim

Abb. 7: Coleus scutellarioides, in der Sprache der Maring: Amame

Konstruktivistischen Ansätzen wie dem PhM und dem CR liegt es nun nahe, eben die Wichtigkeit der Relationen zu betonen, anstatt bei den Entitäten zu verharren. Es handelt sich um Verknüpfungen, die wir erstens insofern „anthropologisch" nennen dürfen, weil sie von Menschen hergestellt werden und dann zwischen Menschen und nicht-menschlichen Subjekten oder anderen Entitäten bestehen. Zweitens sind diese Relationen „anthropologisch", weil die anthropologischen Disziplinen diese Relationen erst (re)konstruieren. Kurz: Die Relationen werden als „anthropologisch" bezeichnet, weil sie mindestens einen Menschen involvieren *und* weil sie als Relationen in den Wissenschaftsfeldern der verschiedenen Anthropologien auftauchen. Laut PhM entstehen aus diesen Verknüpfungen heraus, per Kristallisierung, die drei Achsen des anthropologischen Raumes. Sich auf die Relationen zu konzentrieren vermag eine Verdinglichung und Abhebung des Menschen von seinem Kontext zu verhindern (Hypostase).

Die Relationen h–h, etwa zweier Maring zueinander, wird im PhM als „zirkulär" bezeichnet, sie kann innerhalb oder zwischen Klanen, Stämmen oder mit anderen Menschengruppen existieren und freundschaftlich sein oder auch nicht. Ebenso üblich ist die Relation zwischen Mensch und nicht subjektualen Entitäten, die jetzt aber nicht mehr als Beziehungen zur Natur aufgefasst werden, sondern als „radiale" Relationen (h–n), wie beispielsweise der Bezug eines Maring zu einer Rumbin-Pflanze. Weniger üblich ist von der Relation zwischen Mensch und anderen nicht-menschlichen Subjekten die Rede (h–a). Im Gegensatz zu den radialen Relationen beruhen sie auf Gegenseitigkeit: Ein Tier oder ein Geist wirkt auf das Leben der Maring genauso ein, wie sie auf das seinige. So glauben die Maring, ein Geist kann sich durch ihre Handlungen provoziert fühlen und sich an ihnen rächen, Fieber verursachen oder sie gar töten.

Entgegen der Gefahr, jede Achse separat zu betrachten und ebenso zu hypostasieren, muss auch der anthropologische Raum wie das kartesianische Koordinatensystem so aufgefasst werden, dass in ihm jede Figur sich in Bezug auf die drei Achsen abzeichnet. Das heißt, in jedem Kulturinhalt kombinieren sich verschiedene Dimensionen miteinander. Wir finden dementsprechend beispielsweise Maring-Institutionen, die zirkulär-angulare Dimensionen miteinander kombinieren oder zirkulär-radiale usw.

Wie wird im PhM die Institution definiert?

> Eine Institution lässt sich [...] als ein wiederholbares künstliches Modell definieren, das inmitten der Materialien steht, die zwar ihren eigenen Gesetzen folgen (d. h. sie müssen nicht als amorph betrachtet werden), aber auch dem anthropologischen Raum eigen sind. (Gustavo Bueno: „Ensayo de la teoría antropológica de las instituciones": 11)

Ein Sonderfall der Institutionen sind die Zeremonien, sie implizieren immer das Mitspielen mindestens eines menschlichen Subjekts mit einem von ihm oder anderen gesetzten *telos* (Intention), das einen Handlungsablauf vollzieht.

Beispiel 1: Eine zirkulär-radiale Zeremonie

Eine zirkulär-radiale Zeremonie etwa ist das Pflanzen des *rumbim*: Wenn die Maring-Tsembaga-Männer gemeinsam eine *Cordolyne terminalis*, für sie *rumbim*, pflanzen, so ist dies für sie ein symbolischer Akt, der sie untereinander und mit ihrem Boden vereint und gleichzeitig einen Waffenstillstand mit den Feinden initiiert, der so lange dauert, bis die Pflanze wieder herausgerissen wird.

Von der Außenperspektive des Anthropologen her ist diese Zeremonie zirkulär (alle Männer des Klans nehmen teil) und gleichzeitig radial (Pflanze). Für die Maring gibt es aber auch einen Bezug auf Geister und damit ein angulares Moment.

Beispiel 2: dreidimensionale(r) Institution(skomplex)

Der *mamp gunč* ist ein tonroter Kopfschmuck, den ein junger Mann des Klans bei dem *kaiko*-Fest tragen kann.

Abb. 8: *mamp gunč* runder Kopfschmuck und *gunč yu* sein junger Träger in der Mitte (Rappaport Pigs for the Ancestors: 140, 15

Der Kopfschmuck *mamp gunč* und der *gunč yu*, sein Träger, sind dreidimensionale Institutionen. Gemeinsam bilden *mamp gunč/gunč yu* einen dreidimensionalen Institutionskomplex. Sein zirkulärer Aspekt ist, dass der *mamp gunč* diesen Jungen unter den restlichen hervorstechen lässt. Träger des *mamp gunč* zu sein, bedeutet zukünftiger „Kampfmagiemann" zu sein. Dies stellt innerhalb des Klans eine intersubjektuale zirkuläre Relation her, die sowohl von den Maring als auch von den westlichen Anthropologen gesehen wird. Die mythische Erklärung der Maring basiert auf Schamanentum, ist spiritualistisch und gar animistisch, typisch für sekundäre Religionen – Rappaport braucht jedoch als Forscher eine rationale Erklärung.

Mittels des symbolischen Kopfschmucks treten die Träger *gunč yu* der verschiedenen Klane miteinander in eine enge Relation und dürfen einander Brüder nennen. Diese zirkuläre Relation zwischen Mitgliedern von Klanen ist für Forscher wie Erforschte nachvollziehbar. Erste verstehen „Bruder" sicherlich metaphorisch, die Maring vielleicht nicht.

Gehen wir vom zirkulären zum **angularen Moment**: Die Maring glauben, der *gunč yu* sei eng verbunden mit den roten, trockenen Höhen-Geistern *rawa mugi* (deshalb soll er sich von Feuchtem strikt fernhalten). Dies Phänomen wird selbstverständlich nur von den Maring wahrgenommen.

Die beim *mamp gunč* verwendeten Materialien weisen auf das **radiale Moment** hin: Baumrinde, Ton, Haar usw. Sie sind „Referenziale", die Rappaport feststellt, es ist aber auch höchst wahrscheinlich, dass die Maring selbst sich dessen absolut bewusst sind und die Zeremonie der *mamp gunč*-Konstruktion mit diesen Mitteln beschreiben würden.

Komplex: Wenn nun zwei Institutionen eine sehr enge Einheit bilden wie hier – wo es ohne *mamp gunč* keinen *gunč yu* gibt, und ohne *gunč yu* macht der *mamp gunč* keinen Sinn –, bilden sie einen Institutionskomplex. Hinzu kommen zwei „Determinationen", und zwar φ und π: Sie sind Aspekte der Entitäten oder der Relationen und betonen entweder das physikalische Moment (φ von physis) oder aber das symbolisch-kulturell-geistige Moment (π von pneuma). Dabei können beide Momente auch miteinander kombiniert vorliegen. Die Relation der Maring zu den roten Geistern lässt sich als rein geistig π ausgelegen, kulturell bestimmt, ohne physikalische Grundlage. Dass der Kopfschmuck die Rinde eines bestimmten Baumes verwendet, stellt eine φ-determinierte Relation dar, die jedoch gleichzeitig in ihrer Begründung durch die Maring einen kulturellen-π-Faktor miteinschließt. Daher könnte man bei der graphischen Darstellung des anthropologischen Raums an jeder Achse φ und π ergänzen. Außerdem wurde beim Originalschema Buenos die Relationen zwischen den radialen Entitäten untereinander (die einen Außenkreis bildeten) herausgenommen, denn dass sie miteinander verbunden sind, ist nicht wichtiger als die Relationen zwischen Tieren oder zwischen Numen, und die werden auch nicht dargestellt. Selbstverständlich darf die Darstellung des anthropologischen Raums anthropozentrisch sein (ich bevorzuge diese Variante unter den sonstigen bisher vorgeschlagenen Modellen), denn alle wirklich anthropologischen Relationen müssen ein menschliches Subjekt implizieren. Zwar mögen in gewissen konstruierten Räumen die Relationen zwischen einem und einem anderen Gewächs (etwa in der neueren Botanik) oder zwischen einem und einem anderen Tier wichtig werden, doch für die Anthropologien sind diese meines Erachtens nicht essentiell, d. h. sie haben keine anthropologische Bedeutung, sondern eine biologische. Wo ziehen wir die Grenze zwischen anthropologisch-zirkulären und bloß zoologischen Entitäten? Dies scheint eine der wichtigsten Fragen der Philosophischen Anthropologie zu sein. Wenn behauptet wird, die Relationen zwischen Tieren etwa seien beschränkter als die zirkulären Relationen des anthropologischen Raumes, dann doch weil zwischen den menschlichen Subjekten immer wieder Institutionen und zwar mit π-Determinationen auftauchen, beispielsweise mit einer symbolische Bedeutung. So haben „intelligente" Tiere zwar bereits eine gewisse Sprache entwickelt, doch Institutionen haben sie nicht. Mit anderen Worten, bei Menschwerdung beginnt das menschliche Subjekt sich eben aufgrund sich herausbildender Institutionen von den anderen Lebewesen zu unterscheiden. Dies ist der Zeitpunkt, in dem der dreidimensionale anthropologische Raum und immer mehr Institutionen entstehen und seine „Kultur" als morphodynamisches System ausprägen. Menschwerdung geschieht, wenn das Subjekt sich als von den Entitäten verschieden wahrnimmt, zu denen es ab dann in „anguläre Relationen" tritt. Und wenn es diese Kultur kreiert hat, dann sticht es unter den Tieren hervor und genau dann werden die π-Determinierungen besonders wichtig – dies ist die Dialektik.

Die Maring stellen eine morphologisch strukturierte Kultur dar, anhand derer sich die Relationen der drei Achsen des anthropologischen Raums leicht nachzeichnen lassen. Die funktionalistischen Anthropologen haben all diese Achsen wahrgenommen und beschrieben, sogar die angulare Dimension, und deshalb sind sie für den PhM von besonderem Interesse.

Bei der Analyse einer Kultur, einer Menschengruppe oder ihrer Institutionen muss in jedem Fall definiert werden, ob der jeweilige Inhalt monodimensional ist (entweder zirkulär, radial oder angular), bidimensional (zirkulär-angular, zirkulär-radial oder angular-radial) oder aber tridimensional (zirkulär-radial-angular) und wie wichtig die Determinanten φ und π in jede Institution hineinspielen. Es geht hier nicht darum, den anthropologischen Raum allein als statisches oder klassifikatorisches Schema zu benutzen, sondern es auch in Gang zu setzen als „morphodynamisches System".

1.2 Veränderungen der Relationen

Anhand Rappaports Material lässt sich die Multidimensionalität einiger Institutionen schön zeigen, aber auch der Dynamismus der Kultur, die deshalb als morpho*dynamisches* System verstanden wird. Da uns eine allein statische Klassifizierung des Materials nicht interessiert, wird der anthropologische Raum in seiner Bewegung betrachtet, an den Achsen wird die Dynamik verfolgt.

Die Untersuchungen der Maring bieten uns also gutes Material, um die dem anthropologischen Raum und dem morphodynamischen System inhärente Dynamik zu veranschaulichen. Indem Rappaport die Reihenfolge der Rituale (für uns sind sie Institutionen) feststellt, konstruiert er einen Zyklus, der etwa 15 Jahre lang dauert. Es handelt sich hierbei um das Konstrukt eines westlichen Anthropologen (siehe unten „gnoseologisches Subjekt"). Und während der Forscher Rappaport aus seiner Außenperspektive diesen Zyklus bei den Maring konstruiert, kristallisiert sich auch das „morphodynamische System" der Maring, also die Maring-Kultur selbst heraus, die als solche bis dahin von den Maring selbst nicht als solche wahrgenommen worden war. Gemeint ist die traditionelle Maring-Kultur, wie sie bis zur Hälfte des 20. Jahrhunderts existierte. Es handelt ich hierbei um einen Zyklus an Zeremonien, die sich um die drei Dimensionen drehen. Bei Rappaports eigener schematischer Darstellung des gesamten Ritualzyklus[6] sieht man schnell, dass sich im Laufe des Ritualzyklus die Relationen verändern. Am deutlichsten zeigen sich die Veränderung in der angularen Dimension: Der Forscher stellt fest, die Maring vernehmen zunächst im Zyklus eine gegenseitige Annäherung der beiden Geisterarten aneinander, doch distanzieren die *rawa* sich plötzlich durch einen Mordfall (zirkuläre Relation) wieder voneinander, und die Geister von oben (*rawa mugi*, Symbol der Trockenheit, Männlichkeit und der Agressivität) stehen den Geistern von unten (*rawa tukump*, Symbol der Feuchtigkeit, Weiblichkeit, Fruchtbarkeit und Fäulnis) wieder unversöhnlich gegenüber.

Die Maring-Kultur (ist sie einmal von den Ethnologen erfunden) zeigt sich in der Retrospektive als ein System, das bereits vor dem Kontakt mit der westlichen Kultur eine Dynamik aufwies, denn der Zeremonien-Zyklus wurde in Relation auf das vollzogen, was in Bezug auf die Tiere und Geister geschah (angulare Dimension) und auf die Pflanzen und sonstigen umweltlichen Faktoren (radiale Dimension). Die Dynamik beschleunigt sich, wenn man die Kulturentwicklung der Maring ab den 1950ern betrachtet. Denn im Moment als die Missionare, Ethnologen, die Konsumartikel und westliche Ideen in diesen Raum treten, beginnt dieser, sich grundlegend umzustrukturieren. In allen drei Dimensionen des anthropologischen Raums finden Veränderungen statt: die angularen Relationen zu Tieren und Geistern sind weniger intensiv als vorher, die radialen Relationen zu den Pflanzen und Mineralien werden sachlicher betrachtet und auch die zirkulären zwischenmenschlichen Relationen haben sich zugunsten des Individuums verändert. Hinzu kommt eine Differenzierung von Strukturen, die von den Maring zuvor verbunden konzipiert wurden: Handlungsfelder, die zuvor nicht differenziert wurden, werden nun deutlich voneinander unterschieden: etwa das Handlungsfeld der Religion, das Handlungsfeld der Heilkunde, das Anbau-Handlungsfeld, das rechtliche Handlungsfeld, das wirtschaftliche Handlungsfeld usw. (siehe 2.1 b).

---

6 Rappaport: "Nature, Culture, and Ecological Anthropology", in Harry L. Shapiro (ed.): *Man, Culture and Society*. New York: Oxford University Press, 1965.

2. Wissenschaftsphilosophische Fragestellungen zur Kulturanthropologie

Es gibt zwei Betrachtungsweisen der Kultur: als Gesamtheit der unterschiedlichen Kulturen im kulturanthropologischen Sinne (hier etwa die Maring-Kultur gegenüber den benachbarten Melpa- oder Kalam-Kulturen, die deutsche gegenüber der französischen Kultur) oder aber als ein System, das sich in unterschiedliche Merkmale oder Kategorien unterteilt (beispielsweise Kunst, Religion, Bräuche, Anbau). Im ersten Fall kann man mit dem PhM von einer distributiven Totalität sprechen (hier lässt sich jede Kultur als vermeintlich relativ unabhängig von den anderen betrachten), während im zweiten Fall eine attributive Totalität vorliege (deren Teile ein Ganzes bilden, und dabei voneinander hochgradig abhängig sind): der Bereich der Heilmethoden grenzt sich deutlich ab von dem, was die Religion abdeckt, usw.

Das morphodynamische System des PhM (und somit seine Idee der Kultur) muss beide Momente in Betracht nehmen, als komplexes Ganzes, und tut dies mit Hilfe der sogenannten „gnoseologischen Tabelle".

Merkmale Kulturen	1	2	3	4	5	...	...	10.000	STRUKTURALISMUS
I	I.1	I.2	I.3	I.4	I.5	...	...	I.10.000	
II	II.1	II.2	II.3	II.4	II.5	...	...	II.10.000	
III	III.1	III.2	III.3	III.4	III.5	...	...	III.10.000	FUNKTIONALISMUS
IV	IV.1	IV.2	IV.3	IV.4	IV.5	...	...	IV.10.000	
V	V.1	V.2	V.3	V.4	V.5	...	...	V.10.000	
...	...	...	...	...	...	...	...	...	
...	...	...	...	...	...	...	...	...	
DCXX	DCXX.1	DCXX.2	DCXX.3	DCXX.4	DCXX.5	...	...	DCXX.10.000	
MORPHOLOGISMUS			DIFFUSIONISMUS						EVOLUTIONISMUS

Abb. 9: Gnoseologische Tabelle[7]; grau unterlegt die funktionalistische Schule Rappaports

Dort bildet jede distributive (anthropologische) Kultur eine Zeile mit römischer Zahl (sei sie eine ethnologische Kultur wie die der Maring oder ein ganzer Kulturkreis) und jeder attributive Kulturbereich (vom Merkmale bis hin zur Kulturkategorie) eine Spalte mit arabischer Zahl.

Wenn die wissenschaftlichen Untersuchungen ersten Grades mir, wie oben gesagt wurde, zu gnoseologischen Überlegungen dienten, so bedeutet dies, Rap-

---

7 Erstveröffentlicht in Gustavo Bueno: *Etnología y utopía* S. 131.

paports *Pigs for the Ancestors* ist nicht nur interessant, weil er Material in den drei Dimensionen des anthropologischen Raums liefert, sondern es lassen sich auch die Grundzüge seines wissenschaftlichen Ansatzes, der Funktionalismus, anhand der gnoseologischen Tabelle recht einfach darstellen. Die funktionalistische Schule setzt die distributive kulturell-ethnologische Einheit als von anderen isoliert voraus: Eine horizontale Zeile wird unter mehreren anderen hervorgehoben (hier grün). Der Funktionalist untersucht nur diese eine Kultur, hier die Maring-Kultur, in Abstraktion von anderen. Anders formuliert: Die Studie „schließt" sich „operatorisch" um diese Kultur „ab", wobei der Forscher diese Kultur hier als ein System versteht, das funktionell von seinem (zirkulären, agularem und radialem) Umfeld abhängt, insofern der Zeremonien-Zyklus sich in Bezug auf diesen Kontext abwickelt.

2.1 Die gnoseologische Tabelle in Bewegung

Nun bleibt es aber nicht dabei, dass in der Maring-Kultur der immer gleiche Zyklus abgewickelt wird, sondern es kommt zu einer weiteren Dynamik. Dies stellt der Ethnologe der Miami University, Edward LiPuma, in *Encompassing Others* bei seinen Untersuchungen der Maring Ende des 20. Jhs. fest, wobei dieser Forscher übrigens keine funktionalistischen Parameter mehr verwendet. Wichtig für uns sind die in seiner Studie bereitgestellten Materialien, mit denen sich – dies ist meine Hypothese – die Kulturevolution belegen lässt, die Gustavo Bueno in *Der Mythos der Kultur* ganz abstrakt als das sogenannte „Gesetz der umgekehrten Entwicklung der Kulturkreise und der Kulturkategorien" vorschlägt (*MK*: 257-278). Das in LiPumas Buch Dargestellte bietet geeignetes Material, um die von den Maring im Schnellverfahren durchlaufene Kulturentwicklung nachzuzeichnen und nun sogar mit lebenden Zeitzeugen Abläufe zu analysieren, die normalerweise Jahrhunderte, wenn nicht gar Jahrtausende dauerten. LiPuma konzentriert sich in erster Linie auf die zirkuläre Dimension. Seine soziologische Studie analysiert die verschiedenen Generationen der Maring und konzentriert sich darauf, wie sich die Dynamik der Maring-Kultur im Zusammenhang der „interkulturellen" Auseinandersetzung darstellt. Bei einer neuen Interpretation derselben Daten aus der Sicht des PhM lässt sich Folgendes rekonstruieren:

Eine neolithische Kultur – sozusagen eine echte Reliquie – wird plötzlich konfrontiert mit der westlichen, konkret mit der englischen und anglikanischen Kultur und entwickelt sich ab dann schneller als bisher: von einer „barbarischen" Gesellschaft (Morgan) mit Steinaxt (radial), Geistern (angular) und in Klane strukturiert, die sich gegenseitig bekriegten (zirkulär), in eine „zivilisierte" Gesellschaft und die gewissermaßen teilnimmt an der globalisierten Welt.

Kurz vor dem Kulturkontakt glaubten die Maring noch an Geister und deren Einfluss in allen Lebensbereichen, sogar im landwirtschaftlichen Anbau, weshalb sie ihnen Tiere opferten (angular). D. h. sie führten eine „sekundäre" Religiosität (laut Gustavo Buenos Religionsphilosophie[8]), und nun weisen sie eine tertiäre Religiosität (der anglikanische christliche Glaube) auf. Nach der Einrichtung einer christlichen Mission, einer Krankenstation und dem Kontakt mit den Ethnologen hat sich das morphodynamische System derart umstrukturiert, dass die Maring selbst es retrospektiv als "Brauch" auffassen (*custom*), der ihr Verhalten determinierte, also verschlossener war als die neue Lebensweise (*new road*). Diese bringt die Individuation der Subjekte mit sich – eine letztendlich in der zirkulären Dimension liegende Veränderung, denn die Wahl seiner Handlungen werden nicht mehr vom Klan, sondern vom Individuum getroffen.

Nach dieser Transformation von etwa 1950 bis etwa 1980 ist diese Gruppe (und betrachtet sie sich selbst als) differenzierter strukturiert. Der systemische Wechsel der Maring-Kultur (im attributiven Moment) führt, so meine Hypothese, zur Entstehung der „Kulturkategorien". Unterschieden sie zuvor noch nicht zwischen Medizin, Recht und Landwirtschaft, so ziehen sie diese Differenzierungen nun weitgehend. Beispielsweise wurde zuvor bei einem Krankheitsfall nicht unterschieden zwischen medizinischen und religiösen Abhilfen, nun wundern sich junge Maring, wie diese Bereiche vorher nicht auseinandergehalten wurden. Beim Anbau ähnlich: Die Gegenwart der Geister war so stark, dass man im Nachhinein von einer Fusion von landwirtschaftlichem Anbau und religiösem Zeremoniell reden muss, doch auch diese Handlungsbereiche haben sich in diesen Jahren voneinander abgelöst. Zuvor gab es auch keine Kunst, und nur zusammen mit einer derartigen Konzeption kann in einer bisher schriftlosen Gesellschaft ein Künstler auftauchen: Timothy Akis ist der erste Künstler der Maring.

Wenden wir einmal die Extreme der morphodynamischen Kulturentwicklung – laut Gesetz der umgekehrten Entwicklung der Kulturkreise und der Kulturkategorien – auf den Maring-Fall an, wo sich die dortige Tendenz abzeichnet.

a) Das Anfangsstadium (die Maring um 1950) zeichnet sich durch die geringe innere (attributive) Differenzierung aus, so als bildeten die Kulturmerkmale ein *Kontinuum*, das nur die Forscher (Rappaport, LiPuma) unterscheiden, indem sie ihre eigenen westlichen Schemata auf das Material projizieren. Die Maring selbst betrachten dieses Stadium im Nachhinein, wie gesagt, als undifferenziertes Brauchtum.

---

8   Siehe *El animal divino*. Oviedo: Pentalfa Ediciones, 1985, 1996.

Merkmale T	−Brauchtum als Kontinuum −							
Kulturkreise ℭ	1	2	3	...	...	...	...	n
I Maring								
II Enga								
III Melpa...								
IV Kalam								
...								

Abb. 10: Gnoseologische Tabelle angewandt auf Kulturen in den Bergen Neuguineas

b) In einem fortgeschrittenerem Stadium der Kulturentwicklung, ca. ab 1980, handhaben die Maring eine größere Differenzierung der Kulturkategorien: Religiöses wird von Heilverfahren, von Politischem, Rechtlichem usw. unterschieden. Dagegen werden die Unterschiede zu anderen Kulturen im ethnologischen Sinne – die distributiven I, II, III usw., d. h. nicht nur die unterschiedenen Maring-Stämme, sondern auch die Nachbarn Melpa oder Kalam usw. – immer geringer, ein Verschwimmen der Unterschiede (obwohl es selbstverständlich immer wieder Forderungen von Teilkulturen geben kann, schon allein aus politischem Interesse...).

Merkmale T	Ackerbau	Kunst	Medizin	Politik	Recht	Religion	Wirtschaft
Kulturkreise ℭ							
I							
II							
...							
IX							

Abb. 11: Differenzierung der Kultur-Merkmale oder -Kategorien

Ohne diese Ausdifferenzierung der Handlungsbereiche (soziologisch: Arbeitsteilung) hätte Timothy Akis nicht Künstler werden können. Zuvor widmeten sich alle Klan-Mitglieder allen Arbeitsbereichen: Bäume fällen, Boden planieren für den Anbau der Gärten, anpflanzen, Schweine züchten, Gegenstände tauschen usw. – malen oder zeichnen kam da gar nicht vor. Der einzige Ansatz zur Arbeitsteilung bestand zwischen dem Tätigkeitsfeld der Männer (in ihren Männerhäusern und was Rituale anbetrifft) und der Frauen (vor allem sie kümmerten sich um die Schweine und die Ernte). Mit der Arbeitsteilung nehmen die Maring auch Unterschiede zwischen den Kulturkategorien wahr: Religiöses ist nicht mehr gleich „heilend" (medizinisch) oder „fruchtbringend" (landwirtschaftlich), also beginnen sie die Unterscheidung zwischen Religion, Heilkunde und Landwirtschaft zu konzipieren. Damit nun ein Maring-Tsembaga Pflanzen und Insekten für Ethnologen zeichnen konnte und schließlich Kunstausstellungen durchführte, mussten verschiedene kulturelle Veränderungen vonstattengehen: Akis musste individuell den Umgang mit graphischen Elementen lernen (bisher seiner Kultur fremd) und genug Pidgin sprechen, um für Rappaport und Georgeda Buchbinder als Dolmetscher zu arbeiten. Letztere hat ihn einer Künstlerin empfohlen, die ihn in ihr Atelier nach Port Moresby einlud. Dann musste Akis von sonstiger Arbeit mit seinen Gärten, Schweinen, Klan usw. freigestellt werden, um sich der Malerei widmen zu können. Aber vor allem musste er sich selbst ab einem gewissen Punkt als einen Künstler betrachtet haben – und hierfür bedarf es der Kulturkategorie „Kunst".

2.2 Weitere wissenschaftsphilosophische Fragestellungen

Hochinteressant ist also nicht nur die Kultur der Maring Neuguineas, wie sie die Ethnologen konstruieren, sondern auch der wissenschaftstheoretische Ansatz und die Vorgehensweise der Forscher bei ihren Studien.

1. Das Problem der **Perspektive** des **Ethnologen** auf das morphodynamische System wird von Rappaport selbst gestellt. Die Debatte war von Kenneth Pike 1954 aufgeworfen worden, als er „emic" einführte (sich in die Lage der Kulturangehörigen versetzen) und „etic" (von außen betrachtend) in Extrapolation der sprachwissenschaftlichen Konzepte emic von „phonemic" und etic von „phonetic" auf die Ethnologie. Marvin Harris hatte diese Unterscheidung 1979 übernommen, aber während Pike das Emische vertrat, setzte Harris den Etic-Geichtspunkt als den einzig wissenschaftlichen. Rappaport hat seinerseits in den Anhängen zu *Pigs for the Ancestors* in seiner Neuauflage von 1984 „emic" weitgehend mit seinem „conceived model", gegenüber dem Gesichtspunkt des Ethnologen („etic") als „operative model" übersetzt – eine Terminologie, die weitgehend erfolglos blieb.

Zur Veranschaulichung greifen wir den oben thematisierte Kopfschmuck *mamp gunč* und seinen Träger *gunč yu* erneut auf. Die Prestigezuschreibung innerhalb des Klans, eine intersubjektuale zirkuläre Relation, wird sowohl von den Maring (nun im PhM „agierende Subjekte bzw. AS) als auch von den westlichen Anthropologen (den sogenannten „gnoseologischen Subjekten" bzw. GS) wahrgenommen. Die mythische spiritualistisch und gar animistische Erklärung der Maring hingegen ist allein emic bzw. AS.

Dürfen die *gunč yu* (Träger) der verschiedenen Klane einander Brüder nennen, so ist diese zirkuläre Relation zwischen Mitgliedern von Klanen für Forscher metaphorisch (etic, GS), für Erforschte (emic, AS) wahrscheinlich wortwörtlich gemeint.

Glauben die Maring, der *gunč yu* sei eng verbunden mit den roten, trockenen Höhen-Geistern *rawa mugi*, so stehen diese „agierenden Subjekte" (AS) mit dieser Emic-Perspektive oder diesem wahrgenommenen Modell allein da.

An Rappaport hat Bueno kritisiert, dass er einen Isomorphismus zwischen der Vision der Maring und dem sogenannten „Handlungsmodell" voraussetzt. Eigentlich identifiziert er zwar nur einige Elemente – die *rawa tukump* (Geister) und die Anopheles-Mücken –, daher ist der Vorwurf übertrieben, er setze emic- und etic-Versionen (also kognitives und operatives Modell) gleich. Es ist dennoch wichtig, vor einem auf beide Gesamtheiten bezogen Isomorphismus zu warnen. Noch wichtiger ist die Forderung Gustavo Buenos in *Nosotros y ellos* (1990) anstatt dieser erkenntnistheoretischen Reduktion auf den Gesichtspunkt der Subjekte letztendlich vielmehr die Unterscheidung emic/etic aus einer wissenschaftsphilosophischen Perspektive anzugehen, welche die phänomenische Ebene überschreiten soll. Denn das Handlungsmodell (etic, GS) Rappaport erklärt beispielsweise nicht, warum die Maring-tsembaga nicht unter 1000 Höhenmeter siedeln, also wie sich diese Verhaltensregel durchgesetzt hat, obwohl die Maring ja die Rolle der Anopheles-Mücken und noch mehr des Plasmodiums ignorieren. Folglich ist die Frage nicht so sehr, ob und wie es möglich ist, dass die beiden Systeme ganz oder teilweise übereinstimmen oder sich synchronisieren[9], sondern wichtig ist, einen Standpunkt zu finden, von dem aus die gesamte Situation (AS/GS) sich erklärt. Schließlich gibt es eine dialektische Beziehung zwischen dem Handlungssystem der Maring (wo AS zusammen mit anderen Termini, Relationen und Handlungen auftauchen) und dem Handlungssystem des GS (wo der Forscher selbst mit anderen Termini, Relationen und Handlungen auftaucht) einerseits und zwischen beiden und einer rationalen Erklärung durch einen noch komplexeren „Verständnisrahmen". Letzterer muss also nicht unbedingt gleich sein mit der Perspektive des GS, vor allem, wenn seine Untersuchung im Phänomenischen verharrt, aber im Falle des „Ritualzyklus (das homöostatische Modell des *Kaiko*-Rituals, das Rappaport konstruiert) kann man Rappaport die Ehre zugestehen, eine echt wissenschaftliche Doktrin *ordo doctrinae* konstruiert zu haben (vgl. *N&E*: 91-92).

Im Verständnisrahmen sollten also sowohl die Systemkomponenten der Maring eingefasst sein – und dies heißt nicht nur die Termini und Relationen, sondern vor allem auch die Handlungen der AS Maring, die so „erklärt" werden –, als auch das, der GS beiträgt. Wann wird laut PhM die Phänomenen-Ebene überschritten? Sobald anstelle einer bloßen phänomenalen Beschreibung eine „essentielle Struktur" konstruiert wird, mit der sich die Phänomene erklären lassen, indem sie in sie aufgenommen werden. Jene Struktur stellt einen Verständ-

---

9   In *Nosotros y ellos*, S. 90 heißt es sie seien „asynchronisch".

nisrahmen her. Auch im Konstruktiven Realismus ist die Wissenschaft keine Beschreibung der Wirklichkeit. Im Falle Rappaports stellt der Ritualzyklus der Maring diesen Verständnisrahmen dar, denn jede Handlung der Maring erklärt sich durch ihre Funktion in diesem wissenschaftlich konstruierten Zyklus. Er ist ein Konstrukt, aber er wird der Wirklichkeit weitgehend gerecht.

III. Schluss

Die Kultur ist nun also insofern ein Konstrukt, dass die Maring nicht immer eine derartige kulturelle Einheit wahrgenommen haben und erst der von außen hinzukommende Forscher diese konstruiert hat.

Worauf wir hier nicht weiter eingehen konnten, was aber erwähnt sein soll: Selbst die erste Idee der Kultur, abgeleitet aus der Konzeption der Agrikultur und von Cicero im Sinne von „Pflege der Seele" (*cultura animi*), also auf das Subjekt angewandt, war ein Konstrukt. Die „Kultur"-Idee dann später auf ein gesamtes Feld an menschlichen Handlungsbereichen und deren Erzeugnisse im Sinne einer objektualen Kultur zu richten, wäre somit für den CR auch nichts in der „Wirklichkeit" verankertes, sondern ein Konstrukt. Diese objektuale Kulturidee entsteht laut Bueno hingegen mit Herder, der Kultur auf ein Volk bzw. Nation bezieht und damit jene subjektuale Idee unter Einfluss gewisser Funktionen der mittelalterlichen Idee der Gnade überschreitet. Einmal da, kann die Kultur-Idee (besser: die Kultur-Ideen) vom Philosophischen Materialismus nicht mehr umgangen werden.

Prinzipiell sind sich also beide philosophischen Systeme, der CR wie der PhM, einig: Die Kultur ist ein menschliches Konstrukt. Das einmal entstandene Konstrukt Kultur kann man mit dem PhM (als philosophische Anthropologie) schließlich als einen "anthropologischen Raum" mit den Determinanten physisch (φ) und symbolisch-kulturell-geistig (π) rekonstruieren. Ein konstruktiver Realist mag nun fragen: Warum mag der Gründer des Philosophischen Materialismus es hier bevorzugen, von „Rekonstruktion" zu sprechen, anstatt „Konstruktion"? Ein grundsätzlicher Unterschied, der hier zum Tragen kommen dürfte ist, dass das Rekonstruierte im PhM keine ontologisch neue Sphäre bildet – anders als beim Konstruktiven Realismus, wo die Konstruktion „Realität" ist, keine „Wirklichkeit".

Wie gesehen, funktionieren die Konstrukte des „anthropologischen Raums" mit den Determinanten gut als Instrumentarium, um die Institutionen einer Kultur wie die der Maring zu analysieren und zu klassifizieren. Und diese einmal konstruierte Maring-Kultur ihrerseits dient als Datenbank, um das Funktionieren eines morphodynamischen Systems in seinem Zusammenhang zu überprüfen. Bei der mit der westlichen Kultur konfrontierten Maring-Kultur zeigte sich, dass Unterschiede zwischen den Kulturen abnehmen, zugunsten größerer innerer Ausdifferenzierung derselben. Die Aufteilung in Kulturkategorien wie Religion, Medizin, Landwirtschaft, Kunst, Rechtswesen usw. bedeutet den Schritt der Maring aus der Barbarei in die Zivilisation – ein Vorgang, der sich mithilfe von Edward LiPumas Studien nachzeichnen lässt. Die Kunst Timothy Akis' ist ein schönes Ergebnis dieser Entwicklung im konstruierten morphodynamischen System „Maring-Kultur".

Bibliographie

Bueno, Gustavo:
- *Etnología y Utopía. Respuesta a la pregunta: ¿Qué es la Etnología?* (1971[1]). Madrid: Júcar, 1987[2].
- „Sobre el concepto del ‹Espacio antropológico›" (1978[1]), in: *El sentido de la vida*, 2. Vorlesung. Oviedo: Pentalfa Ediciones 1996, S. 89-114.
- *Nosotros y ellos. Ensayo de reconstrucción de la distinción emic/etic de Pike.* Oviedo: Pentalfa, 1990.
- *Der Mythos der Kultur. Essay einer materialistischen Kulturphilosophie.* Übersetzung und Einführung von Nicole Holzenthal. Bern: Peter Lang, 2002.
- „Ensayo de una teoría antropológica de las instituciones", in: *El Basilisco*, Nr. 37 (Juni-Dez. 2005), Oviedo, S. 3-52.

Holzenthal, Nicole: *La Idea del anthropologischer Raum en el Materialismo Filosófico. Su alcance y rendimiento en el análisis de las instituciones de los Maring de Nueva Guinea.* Tesis doctoral europea, Oviedo (España), 2009.

LiPuma, Edward: *Encompassing Others: The Magic of Modernity in Melanesia.* Michigan: University of Michigan Press, 2000.

Rappaport, Roy A.:
- *Pigs for the Ancestors. Ritual in the Ecology of a New Guinea People* (1967[1]). New Haven/London: Yale University Press, 1984[2].
- „Nature, Culture, and Ecological Anthropology" in Harry L. Shapiro (ed.): *Man, Culture, and Society.* London: Oxford University Press, 1965[1], rev. ed. 1971[2].

Ronzón, Elena: *Antropología y antropologías. Ideas para una historia crítica de la antropología española. El siglo XIX.* Oviedo: Pentalfa, 1991.

Wallner, Friedrich: *Systemanalyse als Wissenschaftstheorie II: Kulturalismus als Perspektive der Philosophie im 21. Jahrhundert.* Bern: Peter Lang, 2010.

José A. López Cerezo & José Luis Luján

A Philosophical Approach to the Nature of Risk*

Few subjects have experienced an academic and social boom as striking as risk studies since the 60s. The lack of unanimity in relation to a unidimensional measure or a general theory, has also made risk studies a fashionable academic field ready for controversy (particularly in science and technology studies). Philosophical analysis also has addressed issues related to risk, mainly ethical and political issues (MacLean, 1986; Shrader-Frechette, 1994; Sunstein, 2002; Lewens, 2007; Luján and López Cerezo, 2012) and also methodological controversies in risk assessment (Shrader-Frechette, 1985; Cranor 1992; Luján, 2005; Douglas, 2009; Elliott, 2011). The nature of risk, however, is not present to a great extent in contemporary philosophy. For, with a few exceptions such as N. Rescher, K. Shrader-Frechette, or S. Hansson, this subject has not aroused much interest or debate among professional philosophers.[1]

In spite of the valuable contribution to the field which could in principle stem from philosophy,[2] there are certain shortcomings in the conceptual analysis of risk and scarcely any theoretical reflection about the ontological or epistemological assumptions underlying risk studies. A tentative and preliminary explora-

---

*   The research presented in this paper has been supported by the Spanish Ministry of Science and Innovation's research projects *La explicación basada en mecanismos en la evaluación de riesgos* (FFI2010-20227/FISO) and *Políticas de la cultura científica* (FFI2011-24582/FISO). Partial funding of them was provided by European Commission FEDER funds.

1   Yet, the situation begins to change in this respect, mainly due to K. Shrader-Frechette. While in the classical *Encyclopedia of Philosophy* edited by Paul Edwards (Macmillan, 1967) not a single article about risk could be found; in the new *Routledge Encyclopedia of Philosophy* (edited by Edward Craig, 1998) one can find two articles on risk: "Risk" and "Risk Assessment", both signed by Shrader-Frechette. We must also mention a good amount of philosophical work around adjacent fields to that of risk analysis, such as decision theory or engineering ethics, as well as an isolated and rather unfortunate philosopher's approach to risk popularization (i.e. that of Laudan, 1994; see also the critique by Shrader-Frechette, 1998).

2   Some contemporary valuable contributions of philosophy might be recorded in other interdisciplinary fields such as language studies, cognitive science, behaviour analysis or even science studies.

tion of this territory is our aim here. To this aim we will firstly discuss the elements of the notion of risk and what we call "the scientific controversy" about risk, thus providing a general framework which is based on the contributions of a number of authors, although we will follow more closely Bechmann (1995). Upon such a framework, in the second part of this paper we will present and discuss a philosophical approach to risk, particularly based on former work by Barnes, Putman, Hacking and others.

To begin with, an interesting feature of the concept of risk is that it seems to constitute a meeting point for the three classical domains of philosophical reflection (López Cerezo and Luján 2000):

- Ontology: what is real?
- Epistemology: how can we know?
- Ethics: what is valuable or acceptable?

Thus, it is not only philosophy that might be of interest for our general knowledge of risk, but this concept may also trigger a fruitful philosophical reflection, for it seems to make the ontological, epistemological and ethical analyses mutually interdependent. Indeed, the risks we can know obviously depend on the risks that exist, but the inventory of the latter, in turn, is not independent of the presuppositions and constraints of our knowledge. This is a form of interdependence which also holds true in the case of risk valuation: the way we get to know about risk is clearly linked to the stance we take concerning risk acceptability. In short, the reality of risk, its very nature, seems to depend on our knowledge and values, on our epistemic and moral judgement.

However, before proceeding any further in this philosophical approach to the concept, we first need to look at some aspects of the meaning of the concept of risk and, then, briefly introduce the main scholarly approaches in contemporary risk studies.

Elements of the notion of risk

It is not easy to provide the notion of risk with a general characterisation. In a common and informal definition, which does not take us very far, risk refers to uncertain but possible future events, which might be harmful. Definitions, however, change depending on the general approach (see below) and the previously assumed discipline. Nowadays, risk is arousing interest in a great variety of academic specialities: toxicology, epidemiology, psychology, economy, sociology, engineering, law, etc. This academic explosion, as well as the enormous legal development currently covering a great number of risk situations, gives us an idea of the importance that the notion of risk has reached in modern societies (e.g. Simonsen, 2012).

Yet, in spite of such interest and academic response, we still lack a general and unique notion of risk, common to all academic fields. In a well-known remark, L. Wittgenstein stated that psychology does use experimental methods in spite of its conceptual confusion. Today, something similar is occurring to the notion of risk: it embodies empirical research and practical applications, but it lacks conceptual clarity and is the cause of frequent theoretical disputes.

In a preliminary outline, we can trace the links of the notion of risk with other related concepts, thus exploring the dimensions of the meaning of risk. To begin with, as Gotthard Bechmann (1995: 68) points out, the notions of risk and certainty are complementary. Risk is a mild form of uncertainty: the calculation of risk tries to bring uncertainty under control. Risk thus represents a measure of the degree of certainty that can be reasonably achieved. Whenever one speaks about risk one is assuming that something can be done in the face of an uncertain and potentially dangerous situation: to collect more information, allocate more resources, adopt preventive measures, etc. (Luhmann, 1991: 28 ss.). In a similar way, Brian Wynne (1992) characterises risk as an attenuated form of ignorance in relation to future eventualities.[3] The notion of risk is also connected to the notion of regret, for, in a situation where a decision between alternatives must be taken, the less uncertain option is not necessarily the better one: choosing it may mean the loss of an opportunity. So, a calculated risk is a way of controlling uncertainty but also of minimising regret (when undertaken by the rational agents assumed by the decision theory).

Another pair of related notions are those of risk and danger. Niklas Luhmann makes the following distinction between them. In both cases we are dealing with possible future harms whose appearance at the present time is considered as uncertain and more or less probable. For dangers, the source of harm is attributed to the environment or an impersonal milieu; whereas for risks, such a harm is seen as a consequence of a human action or omission. The difference is therefore a point of accountability, thus understanding risk as a particular representation of danger.[4] We can also see here a clear connection between the notions of risk and decision: risks presuppose a situation where a choice is at stake.

---

3   According to Wynne (1992), in a risk situation we know the main system parameters and their probabilities; in a situation of uncertainty those probabilities are unknown; and, in a situation of ignorance we do not know what we do not know.

4   See N. Luhmann, *Die Wirtschaft der Gesellschaft*, Frankfurt/M, 1988; quoted in Bechmann (1995: 69). See also Luhmann (1991) and Zinn (2008).

A possible natural disaster does not generate a risk, rather perhaps a threat or a potential danger. However, whenever a human decision could have mitigated or avoided such a danger, we are facing a risk (Bechmann, 1995: 69; Koeck, 1995: 230). It is interesting to notice here the ubiquity of risk: we cannot escape risk by avoiding taking a decision, since such an omission does also constitute a decision along with its own risks. As is clearly shown by the case of nuclear energy or genetically modified organisms, avoiding or minimising some risks normally produces other risks (of the same or a different nature; applying to the same or a different population) (Graham and Wiener, 1995b).

From the above remarks, it is also clear relationship between the notions of risk and responsibility. Both risks and dangers are conceptualised as uncertain harms. If these harms are seen as fortuitous, as a chance resulting from unpredictable circumstances, they will be socially understood as dangers; however, if they are viewed as resulting from human decisions or omissions, they will then be regarded as risks involving accountability. It is within this framework, that we can throw clear light on the well-known phrase by Ulrick Beck (1986), that the society of today is a "risk society": the point is not whether contemporary technological risks are greater or lesser than those of the past, but that present-day possible harms (including many dangers traditionally attributed to a capricious nature or the gods' will) are ordinarily attributed to human actions and decisions, thus assuming the form of risks. From this perspective, physical necessity, or natural fatality, is transformed into moral obligation within the industrialised world (Douglas, 1985).

The scientific controversy about risk

We will now attempt a brief overview of the scientific research which has focused on risk over the last decades. Actually, risk studies are a good mirror of the main conflicting views in science and technology studies as recently developed. Historically, the main factor motivating scientific research on risk, the so-called "risk analysis", has its origin in the civil application of nuclear energy in the late 50s and early 60s.[5] Formerly a restricted field of research, linked to decision theory and theoretical economy, during the 60s and 70s it receives a strong push eventually resulting in the emergence of new journals, associations,

---

5 Mention must also be given to the push received by the field from cancer and toxicity studies developed since the 70s and early 80s, as undertaken by institutions such as the Environmental Protection Agency and the National Research Council in the USA. See, e.g. Garrick (1997) and Gibb (1997).

conferences, courses, etc. and ends up as an important multi-disciplinary field of research with an extremely high public and political interest (Zinn and Taylor-Gooby, 2006).

Following an extended practice,[6] we may divide the field into three main approaches to risk, each linked to a different discipline: the technical or engineering approach, the psychological approach and the sociological approach. Although we must bear in mind that, as is normally the case in any classification, these approaches are really families of approaches, including different authors and theories which are not always fully compatible with one another.

Technical approach

This perspective forms the common ground in the origins of risk analysis, still broadly used in private industry and the public administration of many countries.[7] On the basis of some sort of physicalist realism, risk is assumed here as an objective property of events and activities, with specific given probabilities (although not always able to be accurately measured) which depend on how the objective world is. The operative aim of this approach is to develop a unidimensional and universal measure of risk, ready to be used as a yardstick to compare different kinds and instances of risk. It is also assumed that, by obtaining such a yardstick, we would reach a rational criterion for risk acceptability in terms of probabilities and consequences.[8] Accordingly, risk is defined here as the product of harm probability and magnitude. This is the formula, coming originally from the insurance industry and decision theory, defining the so-called "objective risk".

Yet, we can only use this formula if the type and amount of evidence allow us to produce a quantitative measure of the probability of the hazardous event and the magnitude of resulting harm. This is a very serious and well-known constraint, highly commented on in the specialised literature.[9] Besides, the use of the formula of objective risk (as a criterion for rational choice) presupposes that

---

6 See, e.g. Bechmann (1995), Douglas (1985), Renn (1992) or Zinn and Taylor-Gooby (2006), as well as alternative classifications in Denney (2005) or Lupton (1999).
7 E.g. Alexeeff (1987) or Milvy (1987).
8 See Bechmann (1995: 74) and Zinn (2008: 4-5), as well as Zinn and Taylor-Gooby (2006: 23 ff.).
9 See, e.g., Lave (1987) for the uncertainties in estimating hypothetical probabilities when lacking adequate samples (nuclear accidents), the problems in the extrapolation of statistical data collected in animal bioessays, or the difficulties of proposing general models in order to account for the biological effects of ionizing radiation.

both factors have the same weight, and also that different types of harm can be assessed according to a unidimensional scale (such as monetary units), which is ordinarily far from being the case since there are a number of well-known variables qualifying harm and playing a role in its actual acceptability (see below).

These presuppositions, particularly the latter one concerning a straightforward link between risk measure and risk acceptability, have been falsified by scientific studies in risk perception. In fact, this subfield originated from the study of dissonances between technical estimations of risk and public perception.[10]

Psychological approach

In the technical approach, "knowledge" is assumed as the key element determining public attitudes about risk. It is assumed that "the public" is made up by isolated individuals who naturally behave as engineers. If they are provided with objective knowledge about the risk related to a given technology, then, for that very reason, they will be able to construe a rational assessment regarding risks and benefits. The rejection of these assumptions, as mentioned, is the starting point of the psychological or psychometric approach to risk.

This approach thus begins with the recognition of a dissonance: on the one hand, what is technically seen as an acceptable risk, and, on the other, what real people are ready to accept. In general, and assuming some kind of property dualism (for the objective reality of risk as depicted by the technical perspective is also generally assumed in this approach), the phenomenon of risk is generally conceived here in terms of cognitive representations, as a mental state of individual agents ("perceived risk") with subjective probabilities and degrees of acceptability (which might be specified by means of preference scaling and systematised through factor analysis) depending on a number of contextual variables related to the cognitive structure of individual agents.[11]

This line of research has then focused on the variables which, operating in the individual who faces a particular risk situation, mould a given perception and valuation of risk.[12] This is the so-called "subjective risk" - a type of risk atti-

---

10   Originally pointed out by Chauncey Starr (1969) in *Science*.
11   Still, some authors such as Slovic (1992), when explaining "mental models" of popular risk perception, have also taken into account factors of a social nature.
12   Some relevant variables pointed out in the literature are: expected number of fatalities or losses, willingness, catastrophic potential, qualitative features of the risk source or risk situation (familiarity, accountability, equity, etc.) and other beliefs related to the cause of risk (e.g. possibility of justification). See Renn (1992: 65).

tude which, true to its name, may produce irrational decisions on risk acceptability.

Yet, risk is understood here in a multidimensional way, thus avoiding the reductionist technical approach which tends to make it equivalent to the average annual probability of fatality. Along these lines, some authors such as Slovic (1992, 2000) even speak of "risk personality", namely a subjective quality underlying popular judgement on risk which depends on a number of variables such as catastrophic potential, familiarity, lack of control, equity, trust in the administration or managers of the risk source, threat to future generations, and willingness of exposure.

In our view, the general perspective of the traditional psychological approach is not antagonistic to the technical one, but rather complementary: it allows the explanation of science-society dissonances in risk assessment and acceptability in terms of cognitive weakness and individual factors. Although it might fall short of being adequate as a general theory, the psychological approach contains, needless to say, valuable and interesting empirical information about how individuals cope with risk.

Sociological approach

In complete opposition to the technical approach is the sociological approach, framing in reality a family of trends. In general,[13] this anti-realist approach does not conceive risks as objective properties depending on how the world is physically constituted, nor as subjective properties depending on the cognitive makeup of individuals. Risks are seen here as social constructions depending on socio-cultural factors linked to given social structures.[14] These are conventional constructions but not arbitrary ones for they are assumed as functional within those structures: they allow the distribution of responsibility and guilt, they are used as an element for social mobilisation, they enable the adaptation of individual behaviour to public opinion patterns, etc.

Within this research framework, as opposed to the technical and psychological approaches, the acceptance of technological risks is not seen as resulting from the application of a normative criterion nor as the outcome of a subjective individual decision. The approach is set in a context: it is focused on the study of the factors responsible for the diffusion within social groups of particular view-

---

13 Particularly within the majority currents of social constructivism (e.g. B. Wynne, S. Jasanoff) and cultural theory (e,g, M. Douglas, S. Rayner).

14 "Construction" in a broad sense so as to pick up the variety of authors and currents included in this approach. See Sismondo (1993).

points concerning risk, the factors pertaining to risk legitimation and certain social distributions in the perception of risk, as well as the factors producing polarisation and conflict in relation to risk (Bechmann, 1995).

To recognise the contextual dependence of risk perception and decision, as S. Jasanoff and D. Nelkin (1981) point out, amounts to giving up the search for a unidimensional and universal measure of risk, as the foundation for a non-distorted perception and a rational calculation, whether this be made through a technical or psychological approach.

The nature of risk

Each of the above approaches in risk analysis provides a different answer to the issue of the conditions and determinants of public controversies about risk. It is our view that a suitable treatment of the concept of risk should precisely be founded upon the study of social conflict, as in the sociological approach, while keeping a normative horizon in view, unlike the sociological approach.[15] Such a "normative horizon" might be established by means of an epistemologically-based correction of the constructivist viewpoint on risk, that is, by means of a philosophical development of the sociological approach to risk (López Cerezo and Luján, 2000). In order to try to do this, we will follow previous work, mostly in a different context, undertaken by B. Barnes (1988), K. Shrader-Frechette (1991) and H. Putnam (1981). Let us see, in general lines, how this new approach might be implemented.

Our starting point is an illuminating ontology which can be found in Barnes' *The Nature of Power* (1988). What is the nature of risk? A risk is a familiar object, but it is not a material object in the same way that a table or a broken leg are material objects.[16] Their natures are different. According to folk epistemology, the way we get to know the nature of material objects is straightforward. On the one hand, it is the observer, along with his/her beliefs about, say, a table; on the other hand, we find the table itself. The table, as a material object, is not

---

15   It is at stake here a descriptive starting point also shared by the psychological approach and a normative scope in common with the technical approach, although of a different content in both cases.

16   One could now raise the point that risks are not real objects but properties. However, properties can be defined perfectly in terms of objects. The primitive notion here is that of "object" because, as set theory shows, properties are to be understood as relations (null, binary, ...) and these, in turn, are usually defined as collections of ordered sets of objects. In a stricter sense, we should speak of entities, within which we could distinguish objects and properties, and the space-temporal arrangement of these would in turn make up events and processes.

moulded or affected in any way by whatever the observer may believe about it; it is just "out there". In order to check whether we are right, as observers, about the nature of the object, we approach the table, touch it, measure it, count its legs, see whether it has a horizontal top, etc. so as to confirm that we are rightly informed about the nature of the table. Our beliefs are true because they are in accordance with the nature of the object. This is not the case of risks, in our view.

Still, not every belief about objects in our physical environment is similar to beliefs about tables, telephones or trees. Barnes (1988: ch. 2) provides here a nice example. Let us assume that we believe that this rock in front of us is the peak of the hill. As before, one might find here two poles: the observer holding a belief, on the one side, and an object that may be pointed to, on the other. However, now it is not the individual object that constitutes a proper reference for our belief as observers, but rather the relationship between the object and other things different and external from it. A hill does not become peakless overnight because lightning falling on its topmost rock destroys its traditional summit, nor does erosion, acting down the decades, erase peaks everywhere. A constitutive element of the nature of peaks is being part of something else, a hill or mountain: it is what it is because it exists in a certain relationship to other parts of a whole (the hill). Actually, finding out that something (a rock) is a peak is not the same kind of process as finding out that something is a table or a tree; in the latter case we inquire about the nature of the object in itself, we study the very object; in the former case, we look outside the object, we consider it in relation to its context. A peak is indeed a peak if it relates to its context in a particular way.

Something similar holds with the phonetic and semantic units in languages: we cannot identify a particular phoneme, just as we cannot understand what a peak is, by simply observing isolated instances of it and recording its physical properties. A phoneme in a language, such as "p" in Spanish, does not simply correspond to a similar phoneme in other languages, such as "p" in English or German. This is so because phonemes are not just sounds, but rather elements in systems of contrast, and it is within the framework of these systems that they become individualised. In fact, this idea is the kernel of Ferdinand Saussure's thesis of languages as systems of contrast - a clear antecedent, as pointed out by H. Putnam, of Thomas Kuhn's thesis of incommensurability.[17]

Peaks and phonemes are thus defined by their physical context. There exist other material objects whose nature is not defined by a context of physical circumstances but rather by a context of human activity. For example: jewels, leftovers, pollution, arms, weeds, hosts, etc. These are independent entities which

---

17 In his *Cours de linguistique generale* (1916), quoted by Putnam (1994: 124-128).

we can observe, measure, describe and point to; however, they are what they are due to the particular way we treat them and react to them. There are no two independent poles here: the epistemic subject and the autonomous object. We are now, as epistemic subjects, the context in which the object is a particular object rather than something else. A weed in the garden or a political leader are material objects, but they are objects of a given nature only insofar as we believe what we believe and act accordingly.

This is precisely the ordinary situation, according to Barnes (1988), of social objects. They may be identified as objects because they constitute substantially limited entities, but they are the object which they are, i.e. they have the nature they have, due to the beliefs we hold about them. That is, beliefs, and corresponding behaviour, make up the context in which their nature is constituted. Somebody is leader in a group, with or without formal recognition, because other people in the group (and perhaps outside it) see him/her as the leader and because they behave day after day on the basis of that belief. When we come to believe something about the social position of somebody we are doing two things at the same time: accepting a claim about his/her status and contributing to the constitution of such a status. It is a cognitive and executive act. So, both the physical object "weed" and the social object "leader" are what they are due to the ring of belief and action around them (their "social context").

This, in our view, is also the case of risks. They constitute contextually dependent social objects (López Cerezo and Luján, 2000). To come to believe something about a risk is both a cognitive action and an executive one.[18] To identify a risk is also to evaluate a risk; but the identification of a risk is also the creation of a risk, in the sense of raising awareness about the harmful consequences that a material substance or event might have - an element considered as innocuous up to now (e.g. the passenger air bag, or certain food additives) or in the sense of bringing attention to the responsibility which might be ascribed in relation to a catastrophe or accident which one now considers that could have been mitigated through prevention (thus transforming a danger into a risk, by adding accountability). To use the concept of risk, in short, is to give a new sense to a given event or activity within a certain conceptual framework - a framework including other concepts such as prevention, harm, responsibility or decision. These other concepts are simply part of the meaning conveyed by our use of the term "risk".

However, when identifying a risk we do not create a risk in the sense of giving birth to a previously non-existent object, we do not create it as a shoemaker

---

18　In a parallel sense, O. Renn (1992: 56) claims that "risk" is both a descriptive concept and a normative one. See also Renn (2008).

creates a shoe. We rather create risk in a nominalist sense of re-describing an event as a risk. We create in the sense of constructing patterns and cognitive order, not natural order.[19] Let us note, now following Hacking (1993), that the world in which we live and work, including the world of risk scientists, is not simply a world of individual objects but a world of (natural and artificial) kinds. The ontological atoms of our reality (and science's reality) are objects of certain kinds, not just isolated and independent chunks of *res extensa*. This is so because all action takes place under a certain description: every choice we make, every interaction with the world, our folk and scientific explanations, are all actions under certain descriptions - those descriptions currently held in the social or scientific community. And descriptions require classification, the grouping of individuals into kinds. This is why, when identifying a risk, we create a risk in the sense of producing a change in the kinds by which we order individual objects and events, a change in the descriptions under which science must necessarily work and which are generally guiding the behaviour of social agents. There is a change in *our world*, our world of understanding and explanation (a world of kinds) although there is no change in *the world* (the ontological inventory of what it is).

Yet, we must be cautious when accounting for the logical atoms of reality: the individuals or physical objects which populate the world. Indeed, denying the possibility of an epistemologically privileged point of view, the so-called "God's eye" or "view from nowhere", implies the ontological bracketing of those objects, that is, it implies denying the existence of only one right theory in order to account for their nature. Although this, in turn, does not imply that "anything goes", that every theory is valid, as it does not imply that risks are mere products of our imagination. On the basis of our biology, culture and conventions, there are plausible and implausible theories; just as there are reasonable and unreasonable conventions given our biology, culture and the rest of our conventional universe. In this sense, our correcting remarks about the nature of objects follow the line of H. Putnam "internal realism" or "pragmatic realism": there are experiential inputs for our knowledge of the world, so that there are other constraints besides internal coherence, but those inputs are shaped by our concepts, language and conventions, in a way that there is no single true theory to account for them (1981: 54).

Once we have got to this point, there is nothing to hold us from acting in a Wittgensteinian manner so as to burn our bridges (our ontological account) once used to arrive to social objects. We could actually follow Barne's advice and revise the nature of physical objects in the light of the social ones, so as to trans-

---

19 See Sismondo (1993) and Hacking (1999).

form the latter into primary entities. In his way, natural order would be seen as constructed by social agents in order to give sense to nature, instead of attributing some type of natural order to the world outside which imposes itself to social agents (1988). Yet, we will not adopt an extreme constructivist stance: it is problematic and is not necessary within the framework of our general account, not even to defend the political and moral character of risk conflicts. For our present purposes, the former epistemologically-based ontology, nominalistically interpreted and corrected through pragmatic realism, is more than enough. In a nutshell, we do not construe the objects of the outer world, we construe their classification and description, and, in this way, we "pragmatically" construe them as given individuals. So, descriptions, contextually relative, are seen here as the basis for ontological order.

However, there are some objects which are through and through a human product. As the nature of a social object is constituted by its context, it is sometimes possible to do without its physical expression. In these cases what we find is a hollow ring of action and belief. Take, for instance, the value of a firm's shares (Barnes, 1988: ch. 2). The value of a share, just as the power it gives, does not appear as a visible, tangible object. In some cases, due to our familiarity with the social object, we can locate "marking objects" in the centre of those hollow rings, and then it is important not to mix up the marker and what is being marked, the bank note and the value of a share. Such a confusion could be likened to mixing up a name and the individual to which the name refers, and, in this case, such a confusion can also end in bankruptcy. The value of a share is constituted by stock market transactions, not by a physical object but by a hollow ring of action and belief. The same occurs with many risks which, after being estimated on the bases of weak evidence, have eventually turned out not to exist (that is, they are negligible as potential harms). The so-called "Y2K effect" inevitably comes to mind.

With or without a physical expression, risks might now be understood as social "objects" whose nature (character, magnitude, acceptability) depends on a ring of human action and belief. The event producing consequences (which we may or may not consider harmful) is not a social object (at least in a primary sense); the risk, however, is a social object (see McNamee, 2007). Asserting a risk implies an epistemological and ethical judgement (not necessarily explicit or even conscious) about a given event which, within a given context, has been previously assessed in a certain way and identified as harmful. Whenever something is seen as a risk, it is also, for that very reason, seen as unsure, responsibility-demanding, decision-dependent, to which a "personality" is given, on the basis of values such as equity, trust in administration or threat to future generations. For an event to continue being a risk, as opposed to an unavoidable harm (a danger), depends on our states of belief and our behaviour in accordance with these.

We consider that this rough philosophical sketch of the concept of risk allows us to emphasize the contextual and historical nature of risk, and, at the same time, to maintain a certain realist commitment so as to avoid extreme relativism (a very risky philosophical position because of well-known analytical critiques and because it may lead to passivity in social matters). It is an approach which attempts to throw light on a number of intuitions and desiderata often voiced in this field of research, which perhaps might be summarised by a phrase of Thomson and Wildavsky: "Risk, though it has some roots in nature, is inevitably subject to social processes".[20]

Final discussion

The notion of risk as social object, in our view, explain three important issues about risk: (i) the social controversies on risk do not often come to closure by means of technical assessment of risk; (ii) scientific research on risk is relevant to risk management, (iii) in spite of the epistemic constraints of such a research and the necessary presence of interests and values within this latter field.

Understanding risk as a social object, a human construction which depends on physical events, taking place in the world (even though these events do also require particular viewpoints), as well as depending on the agents' system of beliefs and behaviour, making sense within given social structures, allows us to give a symmetrical account of risk (in Bloor's sense) where, without falling into idealism or extreme relativism, it is possible to avoid the discourse of cognitive weakness and the cult of objective probabilities.

It might seem that the notion of risk as a social object renders useless the technical estimation of risk. It would be wrong, however, to draw such a conclusion. The point rather is that social debates on risk do not often come to a closure by means of technical assessment and probability calculus. Social debates on risk are determined, as we have seen, by many other factors other than event probabilities (assuming now that these probabilities can be precisely measured). Problems regarding risk are typically social problems which depend on values and interests, often in conflict, coming from a diversity of social agents. In this

---

20 M.R. Thomson and A. Wildavsky, "A Proposal to Create a Cultural Theory of Risk", in: H.C. Kunreuther and E.V. Ley (eds.), *The Risk Analysis Controversy: An Institutional Perspective*, New York: Spriner, 1982, p. 148. Quoted in Krimsky (1992: 19).

way, public debates about natural or technological risks cannot be explained by the supposed cognitive weakness of lay people, nor merely by the epistemological constraints of expert knowledge, since those debates, as the concept of risk as a social object shows, basically constitute a moral and political struggle of responsibility attribution, or, on other occasions, debates on resource allocation and power distribution where risk language is used to mobilise people.[21]

The notion of risk as social object means also understanding the epistemic limits of the science of risk, risk assessment, as some authors (e.g. Cranor, Shrader-Frechette, Ruckelhaus) have shown. In a number of papers (e.g. 1983, 1985), W. Ruckelhaus emphasises the role of uncertainty (and the presence of values) in contemporary risk analysis and management. According to him, the current estimation of risks rests on many presuppositions, particularly when focusing on toxic and carcinogenic substances -the normal target of controversy during the last two decades (together with ionising radiation). No scientific research is necessary in order to know that the sea should not normally be black in colour, or that rivers should not burn. But genetically modified corn, electromagnetic fields, passive smoking or peanut butter is another story. In his words:

> "When assessing a supposed carcinogenic, for instance, there are uncertainties affecting every step where a presupposition must be made: when calculating exposure; when extrapolating from high doses, where an effect has been confirmed, to the low doses typical of environmental pollution; in relation to what can be expected whenever human beings receive lower doses of a substance that, when provided in high doses, cause cancer in laboratory animals; and, finally, concerning the very mechanism causally responsible for illness ...." (1983: 207).

These are estimations which must be made under a significant indeterminacy (due, *inter alia*, to the number of simplifying assumptions and statistical presuppositions which must be made), consequently introducing a strong uncertainty in the eventual scientific results.[22] It is then easy to understand why these problems are often the target of scientific controversy and social conflict. We are facing a tension characteristic of contemporary risk society: the tension between the need to act and the constraints of knowledge. To go on speaking of objective and subjective risks, and to make this equivalent to the distinction between real and unreal risks, is to advocate a narrow, biased view of risk and the technocratic management of such.

Nevertheless, saying that scientific evidence does not have the last word does not amount to depriving it of significance: rejecting the positivist technical

---

21   See Douglas (1985), Renn (1992), and Graham and Wiener (1995a).
22   Many other authors, such as Crane (1987), Sapolsky (1990) or Wynne (1992 and 1996), point out such an indeterminacy and uncertainty.

approach does not throw us in the arms of extreme sociological constructivism. The impossibility of a sharp and meaningful distinction between objective risks and perceived risks does not push us into ontological or epistemological relativism because perceived risks are often risks with real physical consequences (that is, they are often determined by non-hollow rings of action and belief).[23] As Shrader-Frechette points out, the risk of death, in spite of being perceived, is unfortunately sometimes as real as death itself (1991: 80).

As Nicholas Rescher (1983: 132) observes, perhaps the relevant distinction is not that between objective and subjective risks, for we have no choice but to live on the latter side of such a divide. The pertinent distinction is rather that between the realistic and non-realistic estimations of risk, between those estimations that, albeit personal and subjective, fall within a reasonable range of variation, and those which go far beyond that point and become non-realistic or even pathological. This is, however, a distinction depending on a given collection of available judgement elements, which, in turn, is obviously contextually-dependent. Yet, these contexts, made up of conventions, beliefs, data, trust, etc. are normally stable and sufficiently widespread in given communities so as to generally provide a firm basis for discrimination and separate a conventional matter from an arbitrary one.

In the above outline of risks as social objects we have attempted to seek some commitment, a reasonable middle ground, between the positivist outlook of risk, represented by the technical approach and the constructivist outlook, captured by our presentation of the sociological approach. That is, an equilibrium between the conception of risks as objective properties of events or activities, with well-defined probabilities and the conception of risks as social or cultural artefacts responding only to social values and forms of life; an equilibrium, in other words, between a normative standpoint and the realistic description of risk in society.

Actually, we need science to play an active role in those risk-constituting rings of belief and action because these often depend on tangible referents: physical events causally connected with physical consequences – events whose identification and assessment is a task particularly appropriate for science. The conflict regarding nuclear energy or biotechnology is, in general terms, of a moral and political character, but this does not preclude the importance of achieving the best possible information on the hypothetical probabilities of a nuclear or biotechnological accident (such as, for instance, nuclear fusion and genetic transfer between cultures and wild plants). Even those who would like to deny an epistemologically privileged status to scientific knowledge, should recognise

---

23   See e.g. Bazelon (1979) or Renn (1992).

that such knowledge can enrich the diversity of perspectives which might allow us to successfully tackle the typical multi-dimensionality of problems related to risk in contemporary society.

References

Adams, J. (1995), *Risk*, London: University College London Press.
Alexeeff, G.V. (1987), "Fire Risk Assessment and Management", in: Lave (1987).
Barnes, B. (1988), *The Nature of Power*, Cambridge: Polity Press.
Bazelon, D.L. (1979), "Risk and Responsibility", in: Chalk (1988).
Bechmann, G. (1995), "Riesgo y desarrrollo técnico-científico. Sobre la importancia social de la investigación y valoración del riesgo", *Cuadernos de Sección. Ciencias Sociales y Económicas* 2: 59-98. (Donostia: Eusko Ikaskuntza).
Beck, U. (1986), *Risk Society: Towards a New Modernity*, London: Sage, 1992.
Chalk, R. (ed.) (1988), *Science, Technology, and Society: Emerging Relationships*, Washington D.C.: AAAS.
Crane, J. (1987), "Risk Assessment as Social Research", in: P. Durbin (ed.), *Technology and Responsibility*, Dordrecht: Reidel.
Cranor, C.F. (1992), *Regulating Toxic Substances: A Philosophy of Science and the Law*, New York: Oxford University Press.
Denney, D. (2005), *Risk and Society*, London: Sage.
Douglas, H. (2009), *Science, Policy, and the Value-Free Ideal*. Pittsburgh: University of Pittsburgh Press.
Douglas, M. (1985), *Risk Acceptability According to the Social Sciences*, New York: Russell Sage Foundation.
Douglas, M. (1992), *Risk and Blame: Essays in Cultural Theory*, London: Routledge.
Douglas, M. and A. Wildavsky (1982), *Risk and Culture: An Essay on the Selection of Technological and Environmental Dangers*, Berkeley: University of California Press.
Elliott, K. (2011), Is a Little Pollution Good for You? Incorporating Societal Values in Environmental Research. New York: Oxford University Press.
Garrick, B.J. (1997), "Risk Management of the Nuclear Power Industry", in: Molak (1997).
Gibb, H.J. (1997), "Epidemiology and Cancer Risk Research", in: Molak (1997).
Graham, J.D. and J.B. Wiener (1995a), "Confronting Risk Tradeoffs", in: Graham and Wiener (1995b).

Graham, J.D. and J.B. Wiener (eds.) (1995b), *Risk versus Risk: Tradeoffs in Protecting Health and the Environment*, Cambridge (Mass.): Harvard University Press.
Hacking, I. (1993), "Working in a New World: The Taxonomic Solution", in: P. Horwich (ed.), *World Changes: Thomas Kuhn and the Nature of Science*, Cambridge (Mass.): MIT Press, 1993.
Hacking, I. (1999), *The Social Construction of What?*, Cambridge (Mass.): Harvard University Press.
Hansson, S.O. (2004), "Philosophical Perspectives on Risk", *Techné: Research in Philosophy and Technology* 8 (1):10-35.
Jasanoff, S. (1986), *Risk Management and Political Culture*, New York: Russell Sage Foundation.
Jasanoff, S. and D. Nelkin (1981), "Science, Technology, and the Limits of Judicial Competence", in: Chalk (1988).
Koeck, W. (1995), "The Legal Regulation of Technical Risk", in: R. von Schomberg (ed.), *Contested Technology: Ethics, Risk and Public Debate*, Tilburg: International Centre for Human and Public Affairs, 1995.
Krimsky, S. (1992), "The Role of Theory in Risk Studies", in: Krimsky and Golding (1992).
Krimsky, S. and D. Golding (eds.) (1992), *Social Theories of Risk*, Westport: Praeger.
Lash, S., B. Szerszynski and B. Wynne (eds.) (1996), *Risk, Environment & Modernity: Towards a New Ecology*, London: Sage.
Lave, L.B. (ed.) (1987), *Risk Assessment and Management*, New York: Plenum Press.
Laudan, L. (1994), *The Book of Risks: Fascinating Facts about the Chances We Take Every Day*, New York: Wiley.
Lewens, T (ed.) (2007), Risk: Philosophical Perspectives, London and New York: Routledge
López Cerezo, J.A. and J.L. Luján (2000), *Ciencia y Política del Riesgo*, Madrid: Alianza Editorial.
Lupton, D. (1999), *Risk*, London-New York: Routlegde.
Luhmann, N. (1991), *Soziologie des Risikos*, Berlin: de Gruyter.
Luján, J.L. (2005), "Metascientific Analysis and Methodological Learning in Regulatory Science", in: W.J. González, ed., *Science, Technology and Society: A Philosophical Perspective*, A Coruña: Netbiblo.
Luján, J.L. and J.A. López Cerezo (2012), "Ciencia y valores en la regulación del cambio tecnológico", en: E. Aibar and M.A. Quintanilla (eds.), *Ciencia, tecnología y Sociedad. Enciclopedia Iberoamericana de Filosofía*, Madrid: Trotta.
MacLean, D. (ed.) (1986), *Values at risk*, Totowa (NJ): Rowman & Allanheld.

McNamee, M.J. (ed.) (2007), *Philosophy, Risks and Adventure Sports*, New York: Routledge.
Milvy, P. (1987), "Towards an Acceptable Criterion of Acceptable Risk", in: Lave (1987).
Molak, V. (ed.) (1997), *Fundamentals of Risk Analysis and Risk Management*, New York: Lewis.
Putnam, H. (1981), *Reason, Truth and History*, Cambridge: Cambridge University Press.
Putnam, H. (1994), *Renewing Philosophy*, Cambridge, MA: Harvard University Press.
Rayner, S. (1992), "Cultural Theory and Risk Analysis", in: Krimsky and Golding (1992).
Renn, O. (1992), "Concepts of Risk: A Classification", in: Krimsky and Golding (1992).
Renn, O. (2008), *Risk Governance: Copying with Uncertainty in a Complex World*, London: Earthscan.
Rescher, N. (1983), *Risk: A Philosophical Introduction*, Washington, D.C.: University Press of America.
Ruckelhaus, W.D. (1983), "Science, Risk, and Public Policy", in: Chalk (1988).
Ruckelhaus, W.D. (1985), "Risk, Science, and Democracy", *Issues in Science and Technology*, Spring, pp. 19-38.
Sapolsky, H.M. (1990), "The Politics of Risk", *Daedalus* 119/4: 83-96.
Saussure, F. (1916), *Course in General Linguistics,*, New York: Philosophical Library, 1959 (*Cours de linguistique générale*, Bally-Sechehaye).
Shrader-Frechette, K. (1985), *Risk Analysis and Scientific Method*, Dordrecht: Reidel.
Shrader-Frechette, K. (1990), "Perceived Risks Versus Actual Risks: Managing Hazards Through Negotiation", *Issues in Health & Safety* 341: 341-363.
Shrader-Frechette, K. (1994), *Ethics of Scientific Research*, Lanham: Rowman & Littlefield.
Shrader-Frechette, K. (1991), *Risk and Rationality: Philosophical Foundations for Populist Reforms*, Berkeley: University of California Press.
Shrader-Frechette, K. (1998), "Larry Laudan, *The Book of Risks*" (Review), *Philosophy of Science* 64/3: 521-523.
Simonsen, S. (2012), *Acceptable Risk in Biomedical Research: European Perspectives*, Dordrecht: Springer.
Sismondo, S. (1993), "Some Social Constructions", *Social Studies of Science* 23: 515-553.
Slovic, P. (1992), "Perception of Risk: Reflections on the Psychometric Paradigm", in: Krimsky and Golding (1992).
Slovic, P. (2000), *The Perception of Risk*, London: Earthscan.
Starr, C. (1969), "Social Benefit Versus Technological Risk", in: Chalk (1988).

Sunstein, C. (2002), *Risk and Reason: Safety, Law and the Environment*, Cambridge: Cambridge University Press.
Wynne, B. (1992), "Uncertainty and Environmental Learning", *Global Environmental Change*, June, pp. 111-127.
Wynne, B. (1996), "May the Sheep Safely Graze? A Reflexive View of the Expert-Lay Knowledge Divide", in: Lash et al. (1996).
Zinn, J.O. and P. Taylor-Gooby (2006), "Risk as an Interdisciplinary Research Area", in: P. Taylor-Gooby and J.O. Zinn (eds.), *Risk in Social Science*, Oxford: Oxford University Press.
Zinn, J.O.(2008), "Introduction: The Contribution of Sociology to the Discourse on Risk and Uncertainty", in: J.O. Zinn (ed.), *Social Theories of Risk and Uncertainty*, Oxford: Blackwell.

Michael Franck

Verfremdung der Verfremdung

Die Verfremdung Brechts und des Konstruktiven Realismus im Vergleich

Das Wort „Verfremdung" tauchte, laut Grimms Wörterbuch, erstmals in Berthold Auerbachs Roman „Neues Leben" im Jahre 1842 auf. Dort noch in der Bedeutung eines aufkeimenden Gefühles der Fremdheit. Die Eltern, welche des Französischen nicht mächtig waren, fühlten sich in Auerbachs Roman von ihren französisch sprechenden Kindern „verfremdet".

Brecht verwendete das Wort erstmals 1936 in „Zu die Rundköpfe und die Spitzköpfe. Beschreibung der Kopenhagener Uraufführung"[1].

> Bestimmte Vorgänge sollten – durch Inschriften, Geräusch- oder Musikkulissen und die Spielweise der Schauspieler – als in sich geschlossene Szenen aus dem Bezirk des Alltäglichen, Selbstverständlichen, Erwarteten gehoben (verfremdet) werden.[2]

Das Konzept bestand bereits vorher, wurde da aber als Entfremdung bezeichnet: Erstmals 1930 in „Aufzeichnungen zur großen und kleinen Pädagogik"[3]. Dieses Wort hat nichts mit dem Begriff der Entfremdung bei Marx, Hegel oder Locke zu tun. Es geht nicht darum, sich oder etwas zu veräußern. Die Verfremdung bezeichnet ein Werkzeug von Theatermachern und nichts, was mit praktischer Philosophie zu tun hätte. Brecht verwendete auch den Begriff Entfremdung im Marx'schen Sinne erst, als das Wort „Verfremdung" bereits geprägt war. Sinn dieses „Wortwechsels" war vermutlich, keine Verwechslungen zwischen den beiden Konzepten aufkommen zu lassen.

Später im 20. Jahrhundert kam noch eine weitere Verfremdung in der Philosophie auf, nachdem das Wort bereits in die Musikwissenschaften und die Theologie Einzug gehalten hatte. Die Verfremdung des Konstruktiven Realismus hat

---

1 Brecht: Anmerkungen zu den Stücken, In: ders.: Schriften zum Theater Bd. 4.
2 Ebenda, S. 98.
3 Steinweg (Hrsg.): Brechts Modell der Lehrstücke. Zeugnisse, Diskussion, Erfahrung.

ebensowenig mit der Entfremdung zu tun wie die Brechts. Aber wieviel und was verbindet die beiden Verfremdungen miteinander?[4]

Um dem nachzugehen, betrachten wir zunächst die Aufgaben, die die Verfremdungen in ihrem jeweiligen theoretischen Umfeld erfüllen. Anschließend möchte ich sie einander direkt gegenüberstellen. In einem zweiten Durchgang gehe ich dann auf das Verhältnis der Anwendungsgebiete der Verfremdungen zueinander ein, um abschließend die Verfremdungen zu verfremden, um zu sehen, ob die eine den Platz der anderen einnehmen könnte, bzw. ob sie auseinander herleitbar sind.

I. *Die Aufgaben der Verfremdungen*
Verfremdung im Konstruktiven Realismus
Eine kurze Einführung in den Konstruktiven Realismus

Die Grundthese des Konstruktivismus besteht darin, dass eine Theorie nicht ein Abbild des darin beschriebenen Vorganges ist, sondern ein Konstrukt. Anders ausgedrückt enträtselt der Wissenschaftler nicht die Natur, sondern er konstruiert ein Modell. Dabei wirft sich naturgemäß die Frage nach dem Verhältnis zwischen Natur und Modell auf. Diese Frage führt im speziellen Einzelfall zu der Frage nach dem Verhältnis zwischen dem Modell und der Wirklichkeit des darin beschriebenen Vorgangs. Eben diese zweite Frage aber ist im Konstruktivismus unsinnig. Die Problematik wird dann offenbar, wenn wir anstatt des Wortes Vorgang das Wort Phänomen verwenden, denn dann lehrt uns bereits ein Blick in ein philosophisches Wörterbuch, dass wir nicht mehr von Natur sprechen, sondern davon, wie sie uns erscheint. Somit würden wir dann nach dem Verhältnis zwischen dem Modell, das wir konstruierten, und dem Phänomen, also dem uns Erscheinenden, dem Produkt unserer Perzeption, fragen. Diese Frage ergibt einen Sinn, ist jedoch grundsätzlich anders zu beantworten als noch die erste allgemeine und die zweite unsinnige Fassung. Denn um die Frage nach dem Verhältnis von Denken und Welt zu beantworten, müssten wir, salopp formuliert, unser Denken verlassen können, um angemessen darüber nachzudenken – sprich dieses Verhältnis von außen betrachten. Da das nun einmal nicht mög-

---

4 Diese Frage wurde bereits von Kurt Greiner und Lucas Pawlik aufgeworfen. (Von letzterem habe ich sogar die Idee für den Titel dieser Arbeit übernommen.) Siehe: Greiner: Therapie der Wissenschaften. Und: Pawlik: Zurück in die Zukunft. Vergangenheit, Gegenwart und Zukunft der Verfremdung, In: Greiner, Kurt; Gostentschnig, Martin und Wallner Friedrich G. (Hrsg.): Verfremdung – Strangification.

lich ist, wollen wir dieses Problem vorerst beiseite lassen, hat sich doch immerhin die gesamte Philosophie von der Antike bis heute darüber den Kopf zerbrochen und es immer noch nicht befriedigend gelöst. Es läuft letztlich auf die Frage hinaus, was Wahrheit ist und wie wir sie erkennen können. Bevor ich diesen Problemkomplex verlasse, möchte ich aber noch auf eine bestimmte Theorie der Wahrheit, nämlich die Adäquationstheorie, und warum sie gescheitert ist, eingehen.

Sie ist die älteste und einfachste Wahrheitstheorie, die besagt, dass eine Aussage über einen Gegenstand dann wahr sei, wenn dieser Gegenstand sich auch in Wirklichkeit so verhält und so beschaffen ist wie in der Aussage behauptet. Um die solcherart definierte Wahrheit zu überprüfen, müssten wir aber den Gegenstand direkt betrachten können. Er ist uns dummerweise aber nur in Form von Urteilen gegeben, um es mit Kant zu sagen. Nehmen wir erneut das philosophische Wörterbuch zur Hand und legen die kantischen Begriffe Phainomenon und Noumenon an diese Problemstellung an, so werden wir feststellen, dass wir es nicht schaffen können, aus dem Bereich der Phänomene herauszusteigen, um die Dinge an sich direkt zu betrachten und mit unseren Aussagen zu vergleichen.

Jetzt sehen wir auch, warum die zweite Frage, nämlich die nach dem Verhältnis zwischen dem wirklichen Vorgang und der Theorie, im Konstruktivismus keinen Sinn macht. Wir haben den Phänomenbereich nie verlassen, und der Gegenstand selbst ist uns nur als bereits Vermitteltes gegeben, mehr noch – und das ist die Pointe im Konstruktivismus –, er selbst ist ein Konstrukt. Daher stammt auch das Wallner'sche Diktum, das Kurt Greiner zum Motto seiner Einführung in den Konstruktiven Realismus[5] machte: „Das Objekt der Naturwissenschaften ist nicht die Natur."[6]

Um diese Aussage in ihrem vollen Umfang verständlich zu machen, ist an dieser Stelle erneut ein kurzer Exkurs notwendig. Ich möchte hier im Folgenden das Verhältnis von Theorie und Objekt, ausgehend vom Verhältnis zwischen Objekt und Methode sowie vom Verhältnis zwischen Theorie und Beobachtung, in Grundzügen skizzieren, um diese Annahme Wallners zu erklären.

Um die angemessene Methode zur Untersuchung eines Gegenstandes zu wählen, ist es notwendig, bereits eine gewisse Vorstellung von diesem Objekt zu haben, die dann bei der Methodenwahl bzw. Methodenentwicklung zum Tragen kommt. Auf der anderen Seite ist die Beobachtung von Phänomenen, sowohl im Experiment, wo es ja nicht weiter verwunderlich ist, als auch in der Festlegung, was überhaupt als Phänomen gilt, der Wahrnehmung von etwas als Phänomen,

---

5 Greiner: Therapie der Wissenschaft.
6 Ebenda, S. 7.

theoriegeladen. Das, was wir mit unserem Blick auf die Welt wahrnehmen (hier wörtlich als für wahr nehmen), hängt davon ab, mit welchen Vorstellungen wir auf die Welt blicken. Was wir sehen, ist das, was wir aufgrund unseres Vorwissens erwarten zu sehen (ein Umstand, der für die Verfremdung von zentraler Bedeutung ist). Dieses Vorwissen ist notwendig, um überhaupt in der Lage zu sein, das über sie konstruierte Objekt zum Gegenstand von Untersuchungen machen zu können, da wir nur so überhaupt eine Idee davon haben können, welche Aspekte davon zu untersuchen sind und wie wir das bewerkstelligen können.

Wir sehen also, dass sich die Wissenschaft nie auf die Natur im eigentlichen Sinn bezieht, sondern sich nur über theoriebeladene Beobachtungen[7] in Objekt-Methode-Zirkeln[8] bewegt. Diese Erkenntnis birgt natürlich gewisse Gefahren für die Wissenschaft, deren größte wohl der Instrumentalismus darstellt[9]. Doch wäre es verfehlt, sie aus enttäuschter Erwartungshaltung als gescheitert aufzugeben und daraus gar die Rechtfertigung abzuleiten, die Wissenschaft auf eine Stufe mit Esoterik und ähnlicher Scharlatanerie zu stellen. Es ist keine Schwäche der Wissenschaft, keine Metaphysik zu sein, sondern ihre wahre Stärke. In der von Kuhn beschriebenen Wissenschaftsgeschichte[10] sind es gerade die Perspektivenwechsel in den Betrachtungen, die den Fortschritt bringen. Eine kleine Änderung des Blickwinkels eröffnet völlig neue Möglichkeiten, Phänomene zu strukturieren und Wissen zu generieren (was schließlich das Geschäft der Wissenschaft ist, die, wie ihr Name schon verrät, Wissen schafft).

Der große Vorteil, nicht mehr die eine einzige ontische Wahrheit in Anspruch zu nehmen, besteht darin, dass es dann möglich ist, dass verschiedene inkommensurable Wissenssysteme nebeneinander bestehen können, ohne dass dies ein Widerspruch wäre. Genau das ist in der Wissenschaft Alltag. Da nun aber, wie ich bereits behauptet habe, nicht alle Wissenssysteme gleichwertig sind bzw. überhaupt einmal festgelegt werden muss, was ein solches ist, wird es für die Epistemologie notwendig, in diesem Bereich Leistungen zu vollbringen. Genau das ist das Ziel des Konstruktiven Realismus. Es geht ihm dabei nicht darum, Normen für die Wissenschaft zu entwickeln, sondern ein Verstehen des Prozesses der Wissensgenerierung im jeweiligen Bereich zu ermöglichen. Das ist besonders wichtig, wenn das Konglomerat formaler Sätze Schwierigkeiten in der Interpretation bereitet, also ein Wissenszweig in den Instrumentalismus ab-

---

7 Siehe hierzu Kuhn und Feyerabend.
8 Der Objekt-Methode-Zirkel ist eine der Grundannahmen im CR. Für Näheres siehe: Greiner: Therapie der Wissenschaft. S. 31ff.
9 D.h. wenn formale Methoden angewandt werden, ohne dass noch verstanden wird, was die dadurch produzierten Aussagen überhaupt bedeuten.
10 Kuhn: Die Struktur wissenschaftlicher Revolutionen.

zudriften droht, oder aber wenn es gilt, interdisziplinär oder gar interkulturell zu arbeiten, i.e. wenn verschiedene Wissenssysteme aufeinanderprallen. Im Konstruktiven Realismus gibt es dazu eine eigene Ontologie, die die Verhältnisse unter den Konstrukten klären soll, und eine zentrale Methode, um dem Verstehen dieser Konstrukte Vorschub zu leisten.

Die Ontologie des Konstruktiven Realismus ist keine Metaphysik. Sie gibt dem Wissenschaftler und Philosophen Sprachspiele in die Hand, zur Rede über die Vorgänge der Wissensgenerierung. Dabei werden zunächst drei Welten, also drei Formen der Rede von Welt, unterschieden: Wirklichkeit, Realität und Lebenswelt.

Die Wirklichkeit ist die Welt, wie sie wirklich ist. Es ist die Welt an sich, die es auch ohne uns gibt, der Lärm, den ein fallender Baum im Wald verursacht, auch wenn es niemand hört. Diese Welt ist unserer Erkenntnis nicht zugänglich, da sie per definitionem unerkannt ist. Es ist die Natur, die nicht Gegenstand der Naturwissenschaft ist, es nicht sein kann. Diese Welt wirkt selbstverständlich auf uns. Wir können von einem umstürzenden Baum erschlagen werden, gerade wenn wir ihn nicht hören. Die Wirklichkeit ist die Welt, in der wir uns bewegen, in der wir leben und in der wir uns orientieren müssen, um zu überleben. Diese Orientierung aber ist dann ein Produkt unseres Geistes und nicht mehr die Wirklichkeit.

Die Realität ist dieses Produkt unseres Geistes. Es ist die Gesamtheit unserer Forschungsleistungen auf ihrem aktuellen Stand. Auf den Punkt gebracht: Die Realität ist die Art, wie wir uns die Welt erklären. In unserem Beispiel vom Baum im Wald wäre es eben, wie wir uns die Vorgänge im Wald erklären, vom Wachsen der Pflanzen über das Verhalten der Tiere über das Zusammenspiel verschiedener Lebensformen und die physikalischen Gesetze, denen sie unterworfen sind. Es ist unsere Art, uns den Baum, den Wald, in dem er steht, und die Ursache seines Umfallens begreiflich zu machen. Ich sage bewusst unsere Art, denn die Realität ist nicht geschlossen, nicht abgeschlossen und nicht die einzige ihrer Art. Sie ist nicht vollständig und kann nicht alles erklären. Sie ist nicht vollendet, sondern in stetigem Wandel. Die Realität des Waldes im Mittelalter war eine gänzlich andere als die heutige. Und sie ist nicht die einzige Art, sich den Wald zu erklären. Es können mehrere Realitäten nebeneinander bestehen. Innerhalb der Realität herrscht, bei näherem Hinsehen, ein ziemliches Gewimmel. Es gibt in ihr zahlreiche, einander oft widerstreitende, Erklärungsansätze. Diese werden im CR Mikroweltèn genannt. Es handelt sich bei einer Mikrowelt um eine konkrete wissenschaftliche Theorie. Es ist mehr oder weniger das, was Kuhn mit dem Begriff Paradigma bezeichnete. In einer Mikrowelt haben wir es nicht mehr mit einem wirklichen, konkreten Baum zu tun, der uns auf den Kopf fällt, sondern mit einem abstrakten Baum in unserem Kopf. Eine Mikrowelt wären zum Beispiel die Fallgesetze, nach denen wir die Geschwindigkeit, mit der der Baum fällt, berechnen und vorhersagen können. Und zwar für alle Bäume, Masten, Pfähle, Obelisken usw. Es ist kein bestimmter Gegenstand mehr, sondern nur noch in Objekt X das bestimmte relevante Parameter erfüllt, die in die Gleichung eingesetzt werden, um das Ergebnis, die Vorhersage, zu produzieren. Die Summe aller Mikrowelten, die wir als gültig ansehen und ernsthaft gebrauchen, ist unsere Realität. Aber Mikrowelten können auch technische Verwirklichungen mit sich bringen. Damit meine ich, dass Mikrowelten uns bestimmte Anwendungen ermöglichen, die dann Wirklichkeit werden. Sie ersetzen bestimmte Bereiche der Wirklichkeit. Dafür gibt es unzählige Beispiele wie etwa Autos, Flugzeuge, Computer usw. Wir interagieren hier mit Mikrowelten, die Wirklichkeit wurden und einen Teil der anderen Wirklichkeit verdrängt haben. Unser Handeln hat einen Einfluss auf die Wirklichkeit und Technik verändert die Natur. Für unser Beispiel heißt das, dass niemand den Baum umfallen hört, weil wir mittlerweile alle in Städten leben.

Als dritte Welt gibt es im CR noch die Lebenswelt. Diese ist im Gegensatz zur wissenschaftlichen Realität die vorwissenschaftliche, überkommene, kulturspezifische Vorstellung, die wir uns von der Welt machen. Sie ist letztlich der Grund, warum eine Frage in einer bestimmten Kultur während einer bestimmten Epoche überhaupt aufkommt und wie mit ihr umgegangen wird. Lebenswelt und Realität beeinflussen sich gegenseitig.

Offen geblieben ist aber immer noch die Frage nach der Verbindlichkeit wissenschaftlicher Aussagen. Wie bereits dargelegt, ist ein Einblick in die Wirklichkeit nicht möglich und im CR, wie aus seiner Ontologie ersichtlich wird, auch eine unsinnige Annahme, da doch der Blick bereits eine Erkenntnishandlung voraussetzt, ein Verstehen und Auffassen des Gegebenen, eine Orientierung, die schon nicht mehr die bloße Wirklichkeit selbst wäre, sondern ein Gedankenkonstrukt und somit Realität. Eine allumfassende, absolute, metaphysische Erkenntnis ist nur eine Chimäre, die es nicht geben kann. Damit wird ein metaphysischer Verbindlichkeitsanspruch, an dem sich alle Erkenntnis zu messen hat, obsolet. Die Verbindlichkeit im CR muss notwendigerweise eine andere sein.

Machen wir erneut einen Blick zurück auf das bisher Gesagte. Wie bereits erwähnt bilden Objekt und Methode dahingehend einen Zirkel, dass, um eine Methode zur Untersuchung eines Objektes zu entwickeln, ein bestimmtes Vorverständnis des Objektes vorausgesetzt ist. Diese Voraussetzungen können in den vorangegangenen Leistungen der jeweiligen Disziplin liegen, mehr noch und grundlegender finden sie sich in den überkommenen kulturellen Vorstellungen der Lebenswelt. Eine besonders fundamentale Voraussetzung wäre beispielsweise jene, dass die Welt eine rationale Struktur hätte – entlang gleichbleibender Gesetze funktionieren würde. Diese Vorstellung ist vollkommen unbeweisbar, weitestgehend unhinterfragt und im Kontext einer Fachwissenschaft auch weitestgehend unhinterfragbar.

Ein weiterer Punkt, der aus der Ontologie des CR hervorgeht, ist der, dass Erkenntnis eine aktive Handlung ist. Realität setzt handelnde Individuen, die sich darüber hinaus noch in einer Lebenswelt befinden, die ihnen Voraussetzungen vorgibt, voraus. Die Voraussetzungen der Erkenntnishandlungen zu kennen heißt nun auch zu verstehen, wie sie zustande kamen und in welchem Bereich sie gelten. Die Verbindlichkeit einer wissenschaftlichen Theorie besteht im CR darin, dass wir nachvollziehen und verstehen können, wie sie zustande kam, was ihr als Vorannahme vorausgesetzt ist und unter welchen Einschränkungen – d.h. in welchem Bereich – sie demnach gilt. Oder anders ausgedrückt müssen wir, um die Verbindlichkeit einer Theorie nachvollziehen zu können, verstehen, worin dabei unsere Erkenntnishandlung besteht. Dazu ist es notwendig zu trennen, was als Voraussetzung übernommen wurde und was Teil der wissenschaftlichen Methodik ist. Die Methode, das sichtbar zu machen, ist die Verfremdung.

Die Verfremdung im Konstruktiven Realismus ist im Grunde genommen nichts anderes als eine Form der Übersetzung, bei der eine Aussage (bzw. ein Aussagensystem) von einem Kontext in einen anderen – eben einen fremden – übertragen wird. Dies bringt zumeist ein bizarres Ergebnis hervor, mithilfe dessen dann die mitgedachten Voraussetzungen des einen Kontextes leichter identifiziert werden können.

Verfremdung als philosophische Methode

Im Konstruktiven Realismus wird die Verfremdung als philosophisches Verfahren angewendet. Bevor wir uns im Detail ansehen können, wie und in welchem Zusammenhang sie Verwendung findet, ist es aber erforderlich festzustellen, was unter Verfremdung im CR überhaupt verstanden wird. In „Wissenschaft in Reflexion" wird sie von Fritz Wallner wie folgt definiert:

> Ich nehme hier ein Aussagensystem X her, das in einem Kontext K steht. Das Aussagensystem X verlässt nun K, und X wird nun beispielsweise in einen Kontext R gestellt.
>
> Das Verfahren der Verfremdung besteht also darin, dass wir den Kontext ändern, das Ziel besteht darin, dass wir implizite Voraussetzungen einer theoretischen Strukturierung kennen lernen. Das Ergebnis dieses Verfahrens könnte darin bestehen, dass wir uns nun außerhalb der Physik über Strukturierungsvorhaben unterhalten können, und zwar nicht in physikalischen Begriffen. Ich nehme also Wissen-

schaft und stelle sie in einen anderen Kontext, um das zu sehen, was bei den Strukturierungsunternehmungen der Wissenschaft unbesprochen bleibt.[11]

Was bei den Strukturierungsunternehmungen der Wissenschaft unbesprochen bleibt, sind die Voraussetzungen, die gemacht werden, was von vornherein mitgedacht wird und auch, was von vornherein ausgeschlossen wird. In einer anderen Schrift zum CR wurde das Ergebnis der Verfremdung auf den Punkt gebracht, als es hieß: „Man kann das ersehen, was man mitdenken muss, um ein Satzsystem sinnvoll zu machen, ohne es normalerweise auszusprechen."[12]

Sichtbar werden die Voraussetzungen deshalb, weil das Ergebnis der Übersetzung häufig unsinnig ist und daraufhin reflektiert wird, woran das liegen könnte. Das, was mitgedacht wird, sind nicht notwendigerweise nur die Voraussetzungen, die die Theorie erst ermöglichen, also in der Ontologie des CR ausgedrückt, was die Realität vorgibt bzw. ihr an lebensweltlicher Anschauung zugrunde liegt, sondern auch manches Beiwerk, das die Lebenswelt beisteuert, ohne dass es grundlegend wäre. In beiden Fällen wird hierbei von tacit knowledge gesprochen.

Es mag nun etwas schwer sein, sich vorzustellen, was damit gemeint ist, zumal die Verfremdung als Verfahren nicht weiter formalisiert vorweggenommen werden kann, als dies eingangs bereits getan wurde. Verfremdung ist schlicht nicht vorhersagbar, und auch ihre Ergebnisse sind nicht antizipierbar, zumal es dem Urteilsvermögen der Verfremdenden obliegt, welche Schlüsse sie daraus ziehen, dass ein Aussagensystem in einem anderen Kontext unsinnig geworden ist. Die Verfremdung ist damit ein deutlich freieres Verfahren als die logische Analyse. Ihre Vorzüge liegen nicht darin, eine bestimmte Denkrichtung zu erzwingen, sondern darin, mehrere Methodenansätze nebeneinander bestehen zu lassen und miteinander in Beziehung zu setzen, ohne den alleinigen Verbindlichkeitsanspruch einem Einzelnen dabei zuzusprechen. Gleichzeitig ist es, wie im letzten Abschnitt erwähnt, Aufgabe der Verfremdung, die Verbindlichkeit der jeweiligen verfremdeten Mikrowelt zu gewährleisten, indem sie sichtbar machen soll, welche Handlungen wir setzen, indem wir sie anwenden. Eine Letztbegründung im Sinne metaphysischer Wahrheit ist dies freilich nicht. Auch ist die Verfremdung nicht eine Legitimierung der Wissenschaft, wie sie noch vom Wiener Kreis angestrebt wurde.

Die Idee, die Voraussetzungen von Wissen zu ergründen, um so zu klären, wie wir überhaupt Wissen generieren können, erinnert an die Transzendentalphilosophie Kants. Dort wird nach den Bedingungen der Möglichkeit von Wissen gefragt, wobei man, wie auch im CR, das Wissen als gegeben ansieht. Es wird

---

11   Wallner: Wissenschaft in Reflexion, S. 87.
12   Pietschmann, Wallner: Gespräche über den Konstruktiven Realismus, S. 35.

ergründet, was vorauszusetzen ist, damit wir dieses Wissen haben können, und dann von diesen Voraussetzungen zum gegebenen Wissen zurückgefolgert. Diese Form des Schließens ist zirkulär. Die Frage, um die es hier geht, ist die danach, was wir wissen können.

Der größte Unterschied zu Kant besteht beim CR darin, dass Kant unserem Erkennen ein absolutes Erkennen gegenüberstellt. Kants Voraussetzung hier ist demnach eine theologische. Es gibt ein Denken Gottes, mit dem das menschliche Denken verglichen wird. Es gibt auch immer nur einen Weg und nicht mehrere Möglichkeiten zu erkennen.

Um Humes Einsprüchen zu entkommen und die Newton'sche Physik zu retten, wurde es für Kant notwendig, die Wissenschaft als etwas von uns Konstruiertes anzunehmen, da die Urteile derselben nicht aus der Erfahrung allein ableitbar sind. Kant fragte stattdessen danach, wie unser Denken beschaffen sein muss, um Wissen konstruieren zu können. In dem Zirkel aus Bewusstsein, Erfahrung und Denken bringen wir das Konstrukt der Wissenschaft hervor (die Singularform ist hier Absicht.). Das Problem hierbei ist, dass einige Voraussetzungen, die die Newton'sche Mechanik ermöglichen, daraufhin mit in die Darstellung unseres Verstandes Eingang fanden, die jedoch andere Theorien ausschließen. Das berühmteste Beispiel hierfür ist wohl die Transzendentale Ästhetik, in der Raum und Zeit, die bei Newton noch als Gegebenes, innerhalb dessen sich Bewegungen vollziehen, angenommen werden, als reine Anschauungsformen des Geistes beschrieben werden, was die Relativitätstheorie unmöglich machen würde. Dadurch, dass durch den Grenzbegriff des Dinges an sich nicht die Wahrheit unserer Erkenntnis dargelegt werden kann, sondern nur das Zustandekommen unseres Wissens, und die Voraussetzungen dafür dargelegt werden, um die Frage zu beantworten: „Was kann ich wissen?", ist es in dieser Vorgangsweise nun von Nachteil, derart unflexibel bezüglich der Theorien, die die Wissenschaft hervorbringen kann, zu sein. Es ist bei Kant immer nur eine Strukturierung möglich, nicht mehrere, was auch ganz in seiner Absicht lag. Die Verfremdung ist an dieser Stelle ein offeneres Verfahren, das die theologischen Motive des Transzendentalismus nicht teilt.

Um vollständig zu verstehen, welche Rolle die Verfremdung im Sinne Wallners in der Philosophie einnimmt, ist es notwendig, einen Blick auf Wittgenstein zu werfen, auf den sich Wallner auch beruft. Hierzu schreibt Wallner: „Language for WITTGENSTEIN has a structure which can be compared to a transcendental circle."[13]

---

13 Wallner: Constructive Realism, S. 54.

Das, was Wittgensteins Sprachphilosophie von Kants transzendentaler Analyse des Bewusstseins unterscheidet, ist auch der springende Punkt im Verfahren der Verfremdung im CR.[14]

Für Wittgenstein ist die Sprache der Ort, an dem die Probleme unseres Denkens entstehen und an dem sie auch gelöst werden können. Anders ausgedrückt sind nur die Probleme, über die wir sprechen können, überhaupt Probleme. Was sich nicht in Sprache ausdrücken lässt, ist nicht Teil unserer Welt. Eine Einsicht in die objektive Welt vermag die Sprache jedoch nicht zu geben. Von der Struktur der Sprache auf die Struktur der Wirklichkeit zu schließen, wie einst eine Strukturanalogie zwischen unserem Bewusstsein und der Welt in der Philosophie angenommen wurde, ist bei Wittgenstein nicht möglich. Die Sprache bleibt sich selbst ein geschlossenes System. Warum das so ist, obgleich wir uns in unserer Rede doch auf die Welt oder zumindest unsere Erfahrung derselben beziehen, hat damit zu tun, wie sich Wittgenstein die Versprachlichung von Empfindungen vorstellt. Es handelt sich dabei um einen Vorgang des Ersetzens. Wenn ich z.B. Schmerz empfinde und daraufhin, um darüber zu reden, das Wort „Schmerz" gebrauche, so wird die unmittelbare Empfindung durch einen Begriff ersetzt. Der Schmerz mag immer noch bestehen, doch bestand er nie in der Sprache, sondern immer nur der Begriff, der ihn ersetzte und den wir uns zum Gegenstand unserer Rede machten. „We are not discussing the pain, we are discussing its replacement."[15] Die Ähnlichkeit zum im letzten Kapitel vorgestellten Konzept der Mikrowelt wird hier offensichtlich.

Einer der Gründe für die Adaption von Wittgensteins Sprachphilosophie für eine zunächst als Wissenschaftstheorie ausgelegte Denkschule ist der, dass Wittgenstein die Wissenschaft als System sprachlicher Ausdrücke auffasst, also auch in diesen Bereich fällt. Ein anderer wichtiger Grund ist, dass Humberto Maturana, der für Wallners Denken ebenfalls eine große Rolle spielt, das Nervensystem als geschlossenes System darstellt. Das philosophische Rüstzeug, um mit geschlossenen Systemen umzugehen, bietet nun einmal Wittgensteins Philosophie.

Der wichtigste Punkt für den CR an Wittgensteins Philosophie ist der, dass es nur möglich ist, in Sprache über Sprache zu reden. Hierin liegt auch der große Unterschied zu Kants Transzendentalismus. Es gibt keinen Punkt außerhalb der Sprache, den wir erreichen können und von dem aus wir die Sprache erklären könnten. Dass Sprache nicht von einer anderen Ebene aus erklärbar ist, hat nun auch negative Folgen für alle Versuche, die Objektsprache von einer Metaspra-

---

14 Ich beziehe mich hierbei auf Wallners Äußerungen zur Philosophie Wittgensteins in der Monografie: Wallner: Constructive Realism.
15 Wallner: Contructive Realism, S. 55.

che aus zu erklären. Natürlich gibt es Metasprache und Objektsprache, aber die erste Frage ist die, ob sie miteinander identisch sind. Sind sie es, so ist ein Schließen im transzendentalen Sinn nicht machbar. Sind sie es nicht, so haben wir das Problem, dass wir für die Metasprache bestimmte Regeln festlegen müssen. Wir können aber nicht alle möglichen Regeln festlegen, sondern wir müssen einige auswählen. Je nachdem, wie nun unsere Auswahl ausfiel, sind die Ergebnisse der mit dieser Metasprache produzierten Einsichten andere. Das sind dann keine allgemeinen Einsichten mehr, die auf diesem Wege gewonnen werden, sondern, je nach verwendetem Regelsystem, spezielle. Für die Sprachphilosophie gilt demnach: „We cannot give rules for language, we only can watch how language works and, by insight into the working of language, understand what language is doing."[16]

Dieser Satz Wallners zielt bereits sehr stark in Richtung Konstruktiver Realismus ab. Die Übersetzung einer Aussage in einen anderen Kontext verzichtet nämlich auf eine Metaebene. Dadurch ist sie zugleich auch nicht normierend vorwegnehmbar. Dieses „Spiel mit Kontexten"[17] ist ein methodologischer Trick[18], bei dem auf eine Trennung von Objektebene und Metaebene verzichtet wird, auf deren Basis bisher versucht wurde die Gültigkeit wissenschaftlicher Aussagen zu legitimieren. Diese Legitimierung wird im CR fallengelassen. Eine Letztbegründung ist im CR nicht vorgesehen und auch nicht sinnvoll. Auf einen normativen Anspruch gegenüber der Wissenschaft wird ebenfalls verzichtet. Sie wird im CR als ein selbstregulierendes System angesehen. Die einzige Form der Normierung, die die Verfremdung bietet, ist indirekter und negativer Art, indem sie aufzeigt, in welchen Kontexten ein Aussagensystem nicht funktioniert. Dies ist jedoch nicht Ziel der Verfremdung, sondern ihre Methode, um die Voraussetzungen des Aussagensystems offenzulegen. Die Verwendung von Metaebenen ist dabei nicht verboten, doch werden auch sie nur zur Verfremdung eingesetzt und nicht zur Normierung.

Insofern lässt sich sagen, dass sich die Verfremdung zur Legitimierung ebenso verhält wie Wittgensteins Sprachanalyse zu Kants Transzendentalphilosophie. Die Frage nach der Begründung unserer Erkenntnis von außerhalb wird fallengelassen, da sie als unmöglich zu lösen erkannt wurde und damit zugleich jeglicher positive normative Anspruch der Philosophie aberkannt. Ziel ist es, unser Handeln zu verstehen.

---

16   Ebenda, S. 59.
17   Wallner: Konstruktion der Realität, S.94.
18   Ebenda.

Verfremdung als hermeneutisches Verfahren

Die Äußerungen zu Wittgenstein im letzten Abschnitt lassen sich auf den Punkt bringen, indem man feststellt, dass, laut Wittgenstein, das Reden über Sprache – und so ziemlich alles ist Sprache, vor allem Wissenschaft – keine tiefere Einsicht in die Struktur derselben oder gar der Welt ermöglicht. Das wohl größte Projekt der Philosophie seit der Antike ist damit gescheitert. Es ist nicht mehr die Aufgabe der Philosophie, die Welt zu erklären, sondern uns zu zeigen, was wir tun, wenn wir uns die Welt erklären. Nur so können wir verstehen, was wir dabei tun. Verstehen heißt hier, dass wir in der Lage sind, unsere Satzsysteme zu deuten. Dieses hermeneutische Motiv war von Anfang an bestimmend für die Verfremdung. Bereits in „Acht Vorlesungen zum Konstruktiven Realismus" war die Diskussion der Verstehensebene präsent. Am umfangreichsten aber wurde es in „Die Verwandlung der Wissenschaft" zehn Jahre später besprochen. In meinen Ausführungen werde ich mich auf diese beiden Werke stützen.

Am besten beginnen wir, indem wir uns vor Augen führen, was im Konstruktiven Realismus das Produkt wissenschaftlicher Arbeit, eine Mikrowelt, eigentlich ist:

> Eine Mikrowelt ist eine strukturierte Menge von Daten, die bestimmte Eigenschaften aufweist – Eigenschaften, wie auch die Welt Eigenschaften hat. Im Unterschied zur Welt hat diese Mikrowelt eine eingeschränkte Anzahl an Eigenschaften, deshalb nennen wir sie Mikrowelt. Mikrowelten sind künstliche Weltgebilde mit einigen wenigen Eigenschaften. Diese können beispielsweise anschaulich oder formal sein.[19]

Der Sinn einer Mikrowelt ist das Handhaben von Daten. Phänomene werden in Daten zerlegt und diese dann gemäß bestimmter Satzsysteme strukturiert. Auf diesem Weg werden Vorhersagen bezüglich der Daten von Phänomenen innerhalb der Mikrowelt möglich. So weit ist das ein rein instrumenteller Vorgang. Und, wie bereits dargelegt, ist die Mikrowelt keine Beschreibung der Natur, sondern sie ersetzt sie, wie das Wort „Schmerz" den Schmerz ersetzt.

Das Zeichen „Schmerz" versteht man, wenn man in der Lage ist, es richtig anzuwenden. Genau darin liegt der Unterschied zwischen Alltagssprache und Mikrowelt. Letztere wird nämlich keineswegs im Sinne von Erkenntnis verstanden, wenn man bloß in der Lage ist, ihre Zeichen regelkonform zu gebrauchen. Doch dazu in Kürze mehr. Zunächst möchte ich noch erneut festhalten, was Zeichen nicht sind: Beschreibung.

Zeichen sind Mittel zur Handhabe von Information. Es sind Regeln, wie ich mit Information umgehe. Die Zeichen eines wissenschaftlichen Satzsystems dienen demnach dazu, eine bestimmte Strukturierung von bestimmten Phäno-

---

19 Wallner: Die Verwandlung der Wissenschaft, S. 212.

menen durchzuführen. Strukturierungen, die außerhalb der Mikrowelt nicht vorhanden sind. Das macht es mitunter problematisch, sie in die Alltagssprache zu übernehmen. Je komplexer und differenzierter eine Mikrowelt ist, umso schwieriger wird es und umso größer werden die Fehler und Missverständnisse.

Demzufolge ist eine Mikrowelt ein rein funktionales Gebilde, dessen Zeichen wir gebrauchen können, ohne sie notwendigerweise mit der Welt, in der wir leben (Lebenswelt), identifizieren zu können. Die Quantenmechanik ist ein Beispiel für eine Mikrowelt, bei der das nicht mehr ohne weiteres geht. Sie funktioniert, ihre Vorhersagen treffen zu, aber sie ist nicht verstanden, betrachtet man die Probleme bei ihrer Interpretation. Spätestens jetzt sollte offensichtlich werden: Es geht dem CR hier um die Deutung.

Die Anwendung einer Mikrowelt ist in den Händen der entsprechenden Wissenschaftler gut aufgehoben. Die Philosophie kann sich darin nicht einmischen, ohne sich selbst lächerlich zu machen. Es ist auch nicht ihre Aufgabe, Standards für das Funktionieren wissenschaftlicher Theorien festzulegen. Das zu bestimmen, gelingt der Wissenschaft auch ganz gut ohne sie. Die Aufgabe der Philosophie liegt darin, die Erkenntnis zu retten, in dieser Handhabe funktionierender Satzsysteme. Dazu ist es notwendig, die Satzsysteme zu deuten.

> Deutung kann nur so entstehen, indem man abstrahiert, wovon die formale Sprache abstrahiert. Wenn wir verstehen, wovon die Satzsysteme abstrahieren, begreifen wir, welche Handlungen nötig waren und sind, um diese Satzsysteme zu konstruieren. Das heißt, Erkenntnis bedeutet nicht Erkenntnis der Natur, sondern wie man Natur strukturieren kann. Natur kann man nicht erkennen. Das praktische Verfahren dieser Deutung nennt man im Konstruktiven Realismus „Verfremdung".[20]

Worin das Verfahren der Verfremdung besteht, denke ich bereits ausreichend dargelegt zu haben. Es ist im Grunde eine Übersetzung. Bevor ich dazu übergehe, über Deutung und Übersetzung in Bezug auf Erkenntnisgewinn zu sprechen, sind noch einige Punkte zu klären.

Um die Verfremdung hier als Deutung überhaupt anwenden zu können, ist es zunächst notwendig, eine Grenze niederzureißen. Es handelt sich um die Trennung von Technik und Kontemplation. Die instrumentelle Ebene bringt Techniken hervor, die sich auf die Wirklichkeit auswirken. Die kontemplative Ebene beschäftigt sich mit Deutungen. Zieht man zwischen diesen beiden Ebenen eine Grenze, so ist die instrumentelle Ebene eine blindem Instrumentalismus anheim gefallene Ansammlung von Techniken zur Beherrschung von Welt ohne jeglichen Erkenntnisanspruch. Wobei das jetzt negativer klingt, als es eigentlich ist, denn die Welt, in der man lebt, auch in weiten Teilen kontrollieren zu können, ist eine gute Sache. Es erhöht deutlich die Lebensqualität und daran gibt es

---

20 Wallner: Die Verwandlung der Wissenschaft, S. 216.

auch nichts auszusetzen. Das Problem dabei ist, dass es nicht Erkenntnis produziert.

Auf der Deutungsebene hingegen ist die Sache die, dass sie einen Inhalt braucht. Dieser Inhalt kann nur dem Handeln entspringen – dem Umgang mit Welt, denn eine andere Form des Bezuges haben wir nicht. Ansonsten wäre diese Ebene zugleich leer und erfüllt vom Überschwang der Spekulation.

Das Wort „Ebene" in Deutungsebene und instrumenteller Ebene verdeutlicht, dass hier gedanklich eine Trennung zwischen Rätsel lösen und Rätsel interpretieren stattfindet. In älteren Philosophemen wurde die Deutung auf der Metaebene vollzogen. Mit dem Wegfall derselben kamen Probleme auf. Man könnte auch zwischen Deutungswissenschaft und instrumenteller Wissenschaft unterscheiden, mitunter entlang der Trennung von Geisteswissenschaft und Naturwissenschaft. Tatsächlich kann man eine Mikrowelt der Naturwissenschaft innerhalb der Mikrowelten verschiedener Geisteswissenschaften – z.B. Geschichte oder Soziologie – ganz gut betrachten. Für die Verfremdung ist es aber unerheblich, ob sie Satzsysteme von einer Naturwissenschaft in eine Geisteswissenschaft oder umgekehrt oder in eine andere Naturwissenschaft übersetzt. Wichtiger sind Freiheit und Offenheit der Deutung.

> Erkenntnis und Freiheit gehören zusammen. Wenn man eine Ideologie vertritt, in der Erkenntnis auf systemimmanente Abläufe reduziert ist, so gibt es auch keine Freiheit. Wer hingegen sieht oder zumindest erwartet, dass ein Heraustreten aus Abläufen möglich ist, kann von Erkenntnis sprechen und auch von Freiheit, obwohl die Gesetzmäßigkeit gewahrt bleibt.[21]

Es ist eine Freiheit im Sinne der Selbstgesetzgebung (Kants). Durch die Einsicht in die Gesetzmäßigkeiten kann man sich überhaupt erst für sie entscheiden. Denn ohne die Einsicht gäbe es keine Möglichkeit zur Entscheidung. Ein resignierendes Sich-Unterordnen unter die normative Kraft des Faktischen ist im Konstruktivismus nicht vorgesehen und ein reiner Instrumentalismus eröffnet ebenfalls keine Freiheit, die Einsicht voraussetzt. Erst im Zuge der Selbstgesetzgebung aus Freiheit heraus entsteht Verbindlichkeit.

Das zweite Prinzip, welches ich vorausschicken möchte, ist das der Offenheit der Deutung. Sie resultiert daraus, dass die Deutung keine Handlungsanweisung ist. Sie beeinflusst nicht direkt die instrumentellen Abläufe einer Mikrowelt, weshalb auch mehrere verschiedene Deutungen derselben gleichzeitig möglich sind.

Diese Prinzipien von Freiheit und Offenheit bergen nun die Gefahr des Relativismus in sich. Falsch. Relativismus kann nur dann aufkommen, wenn man voraussetzt, dass es einen wahren Zugang gibt. Da aber alles Arten menschli-

---

21 Wallner: Die Verwandlung der Wissenschaft, S. 217.

chen Handelns sind und eben keine Beschreibung, gibt es keine Möglichkeit festzustellen, dass es davon nur eine geben kann. Die Behauptung, es gäbe nur einen richtigen Zugang, entbehrt jeglicher Basis. Ebenso wenig, wie Wittgenstein Relativist war, ist es Wallner. Er greift hier ein Argument Wittgensteins auf.

Nachdem ich nun viel über den Erkenntnisgewinn durch Verfremdung gesprochen habe, ist es an der Zeit zu skizzieren, wie dieser vonstattengeht. Erkenntnis beansprucht immer aus dem System herauszutreten und es von außen zu betrachten. Bleibt man innerhalb des Systems, kann man bestenfalls das System beschreiben, es schildern. Nacherzählen ist aber nicht verstehen. Man bleibt dabei im Instrumentellen gefangen. Da es nun aber keine Metaebene gibt, von der aus die Mikrowelten betrachtet werden könnten und die allgemein gültig wäre, stehen wir hier genau vor jenem Problem, dessen Lösung die Verfremdung ist. Es werden Kontextwechsel vollzogen, die es ermöglichen, von außerhalb des Systems darauf zu blicken, ohne dass dazu eine Metaebene nötig wäre. (Es ist möglich, Metaebenen zu bilden und in diese hinein zu verfremden, aber das ist nicht zwingend erforderlich für das Zustandekommen von Verfremdung.) Es wird schlicht die Tatsache ausgenutzt, dass es mehrere Mikrowelten gibt, indem man ein Satzsystem von einer in eine andere überträgt. Wie auch bei der Übersetzung von einer Sprache in eine andere kommt es auch hier zu Abweichungen und Unschärfen. Wenn ich diese identifiziere, habe ich Einsichten über die Kontexte gewonnen, aus denen und in die ich übersetze.

Fachsprachen der jeweiligen Disziplinen behandeln ihre Objekte immer auf eine ganz bestimmte Weise. Das schränkt die Deutungen ein. Wesentlich vielfältigere Möglichkeiten bieten sich, wenn ich in die Lebenswelt hinein verfremde, da die Alltagssprache die Einschränkungen und Abstraktionen der Fachsprachen nicht kennt. Aber auch die Lebenswelt kennt Einschränkungen, die durch Verfremdung sichtbar werden können.

Zusammenfassend ließe sich also sagen, dass die Verfremdung ein Verfahren zum Erkenntnisgewinn durch Deutung mittels Übersetzung ist, das nicht auf eine Metaebene angewiesen ist und keine normativen Ansprüche an die instrumentellen Abläufe einer Mikrowelt stellt. So viel zur Theorie, wenden wir uns nun der Praxis zu.

Verfremdung in der Wissenschaftspraxis

Mitunter könnte man mir vorwerfen, den Titel dieses Abschnittes unglücklich gewählt zu haben, wo ich doch gerade erst ausführlich erklärt habe, die Verfremdung würde in ihrer Deutung nicht in die Wissenschaftspraxis eingreifen. Und es stimmt auch, dass die Verfremdung keine normativen Ansprüche stellt.

Das heißt aber nicht, die Wissenschaft sei in ihrem Vollzug völlig frei von Verfremdung. Es ging lediglich darum, dass es sich bei der Verfremdung nicht um ein Mittel zur metatheoretischen Normierung handelt. Ich habe auch zu zeigen versucht, wie eine Trennung in kontemplative und instrumentelle Ebene die Wissenschaft verarmen lässt. Nur weil die Deutung nicht mehr hierarchisch über dem Vollzug steht, heißt das nicht, der Vollzug würde nicht auch Deutung erfordern.

Ein interessantes Beispiel dafür, was alles an der Wissenschaft als Verfremdung aufgefasst werden kann, findet sich in „Konstruktion der Realität": das Experiment.

„In der empirischen Kontrolle verfremden wir die Realität zur Wirklichkeit."[22]

Da das Experiment selbst Konstruktcharakter aufweist, ist der Bezug zur Wirklichkeit nur ein indirekter. Es geht mir hier aber nicht darum, die Problematik der Empirie im CR zu diskutieren, sondern darum aufzuzeigen, wie Verfremdung Eingang in die Wissenschaftspraxis findet. Wallner ging es dabei von Anfang an darum, der Wissenschaft eine Dienstleistung zu bieten.

In erster Linie ist das Ziel der Verfremdung freilich, dem Wissenschaftler ein Verfahren zu sein, das hilft, die Methoden der eigenen Disziplin besser zu verstehen. Das bringt mit sich, die Grenzen ihrer Anwendbarkeit überblicken wie auch andere Methoden als Möglichkeiten adaptieren zu können. Das Verstehen war Thema des letzten Abschnittes. Mit Grenzen der Anwendbarkeit meine ich hier zweierlei: zum einen den bereits angesprochenen, durch Voraussetzungen begrenzten Gültigkeitsbereich, der durch das Aufdecken jener Voraussetzungen offengelegt wird, zum anderen ein damit verwandtes Problem, das auftritt, wenn eine Methode für eine andere Disziplin, mit einem anderen Problemfeld, adaptiert wird. Ein Beispiel dafür wäre die Übertragung eines Paradigmas aus der Biologie in die Soziologie, wie es beim Sozialdarwinismus geschehen ist. Es kann durchaus sein, dass in der einen Disziplin die Voraussetzungen der anderen problematisch werden können. Es ist dann notwendig, diesen Vorgang als Verfremdung aufzufassen und zu behandeln, das Ergebnis also kritisch danach zu beäugen, ob die Grenzen der Anwendbarkeit dieser Methode nicht überschritten wurden. Speziell in dem von mir gegebenen Beispiel spielt eine gewisse ideologische Komponente ebenfalls eine Rolle, die es ebenso offenzulegen gilt. Dieser Vorgang der Methodenübertragung birgt allerdings nicht nur Gefahren, sondern auch Möglichkeiten. Überträgt man, um ein häufig von Wallner gebrauchtes Beispiel zu zitieren, quantitative Methoden der Naturwissenschaft auf die Psychologie, so kann dadurch auch ersichtlich werden, welche

---

22   Wallner: Konstruktion der Realität, S. 97.

Phänomene nicht quantifizierbar sind, und es kann so etwas über diese festgestellt werden.[23]

Angewandte Verfremdungen können also nicht nur die Wissenschaft deuten, sondern auch als Mittel zur kritischen Methodenreflektion wie auch als kreativer Prozess zur Methodenerweiterung dienen. Vor allem aber bietet sie dem Forscher die Möglichkeit, aus den Methodenzwängen seiner Disziplin herauszutreten und sie von außen zu betrachten.

In „How to deal with Science if you care for other Cultures" zählt Wallner drei Arten der Verfremdung auf: die linguistische, die ontologische und die pragmatische Verfremdung.

Die linguistische Verfremdung ist die Art von Verfremdung, von der bisher die Rede war. Es ist der Übersetzungsvorgang, bei dem die Kontexte, in denen das übersetzte Aussagensystem absurd wird, betrachtet und so deren Voraussetzungen identifiziert werden.

Die ontologische Verfremdung ist die Übertragung von der Methode einer Disziplin in eine andere. Auf diese Art kann das Methodeninventar erweitert werden oder können, was wahrscheinlicher ist, bei einem Scheitern neue Einsichten über den untersuchten Gegenstand gewonnen werden (– und natürlich auch über die Methoden).

Die pragmatische Verfremdung schließlich ist die Betrachtung der Wissenschaftler und ihrer Vorannahmen, der sozialen und kulturellen Kontexte, in denen sie stehen und die zwangsläufig ihr Denken beeinflussen.

Darüber hinaus bietet die Verfremdung ein Mittel zur Kommunikation. Die Fachsprache einer Disziplin wird nur von einer sehr kleinen Elite gesprochen und ist für Laien unverständlich. Da Wissenschaft auf Förderungen durch die Gesellschaft angewiesen ist, kann es mitunter notwendig werden zu erklären, was man tut, indem man die eigenen Ergebnisse in der Alltagssprache darstellt. Das adäquat zu Stande zu bringen, ist keineswegs trivial. Aber auch Wissenschaftler untereinander haben häufig Schwierigkeiten, sich zu verständigen, wenn es zu interdisziplinärer oder gar interkultureller Zusammenarbeit kommt. Diese beiden letztgenannten Bereiche sind das Hauptanwendungsgebiet der Verfremdung im CR.

Verfremdung und Interdisziplinarität

Wie wir gesehen haben, ist die Verfremdung ein Mittel zur Kommunikation von Wissenschaftlern untereinander wie auch ein Mittel zur Reflexion von eigenen und fremden Methoden in wechselnden Kontexten. Der Gebrauch im interdisziplinären Diskurs bietet sich insofern an. Wallner unterscheidet in „Acht Vorle-

---

23 Wallner: Acht Vorlesungen zum Konstruktiven Realismus, S. 49.

sungen zum Konstruktiven Realismus" vier Formen der Interdisziplinarität. Diese sind die instrumentelle, die universalisierende, die erklärende und eben die verfremdende Interdisziplinarität, wobei die ersten drei Defizite aufweisen, die in der letzten nicht vorkommen.

Die instrumentelle Interdisziplinarität übernimmt nur die Ergebnisse einer anderen Wissenschaft und nutzt sie in der eigenen. Das ist nur Interdisziplinarität im weitesten Sinne, da die Methoden ebenso wenig übernommen wie reflektiert werden. Fragestellung und Zielsetzung werden nicht mehr diskutiert, sie stehen bereits fest, bevor man mit einer anderen Disziplin in Kontakt tritt. Dieser Kontakt läuft dann darauf hinaus, dass Daten übernommen werden, deren Zustandekommen nicht Teil der interdisziplinären Arbeit ist. Die Fragestellung, in der sie gebraucht werden, steht bereits fest und die Methodenwahl spielt sich ebenfalls nur innerhalb der Disziplinen ab, nicht aber zwischen ihnen. Die Daten aus der anderen Disziplin haben keinen anderen Stellenwert als irgendein Messergebnis.

Das genaue Gegenstück dazu stellt die universalisierende Interdisziplinarität dar. Diese glaubt, es wäre möglich, durch die Vereinigung und Vereinheitlichung aller Disziplinen allgemeinere Einsichten zu bekommen. Um überhaupt auf die Idee zu kommen, so etwas wäre möglich, ist eine bestimmte wissenschaftstheoretische Position vorausgesetzt, die der CR nicht teilt. Während die instrumentelle Interdisziplinarität eine instrumentalistische Herangehensweise ist, setzt die universalisierende Interdisziplinarität einen Realismus voraus. Denn nur wenn die Ergebnisse einer Disziplin die Welt erklären, eine Beschreibung geben sollen – d.h. zu ihr in einem Abbildverhältnis stehen –, macht es Sinn anzunehmen, durch die Zusammenführung aller Theorien ein einheitliches Ganzes, ein großes Bild, schaffen zu können. Dieser Wunsch nach einer geschlossenen Welterklärung ist ein sehr altes Anliegen, das im Konstruktivismus nicht denkbar ist. Eine einheitliche Theorie ist zwar möglich, aber sie würde nicht mehr erklären als eine Vielzahl einzelner.

Die erklärende Interdiszipinarität erklärt eine Disziplin aus einer anderen heraus. Beispiele dafür wären die Wissenschaftsgeschichte oder die Wissenschaftsforschung (Wissenschaftssoziologie). Eine solche Erklärung ändert aber nichts an der Validität der Argumente der untersuchten Disziplin. Die historische Entwicklung zu kennen, die bis zur Newton'schen Mechanik geführt hat, relativiert dieselbe nicht noch beweist sie sie oder ändert überhaupt irgendetwas an deren Plausibilität. Die Methoden werden hier nicht vermischt, sondern nur die eine Wissenschaft zum Gegenstand der anderen.

Die verfremdende Interdisziplinarität schließlich bietet die Möglichkeit, ein großes Problem der Interdisziplinarität zu umgehen. Es war bisher immer so, dass eine Wissenschaft die Rolle der, wie Wallner es nennt, Führungswissenschaft übernimmt. Diese liegt den anderen Wissenschaften zu Grunde und stellt zugleich das Ideal dar, wie Wissenschaft zu sein hat. Unter diesen Voraussetzungen sind die Disziplinen im interdisziplinären Diskurs freilich nicht gleichberechtigt. Die Führungswissenschaft gibt den anderen ein Paradigma vor und ihre Methoden werden denen der anderen vorgezogen. Das liegt daran, dass im Großen und Ganzen diese Disziplin der Ort ist, an dem das Treffen stattfindet. Es wird automatisch alles aus ihrem Blickwinkel gesehen. Die Wissenschaft endet mit dem Einflussbereich der Führungswissenschaft, und somit ist es nicht möglich, diesen Bereich zu verlassen.[24] Durch Verfremdung wäre es möglich, eben das doch zu schaffen. Man könnte zwischen den beteiligten Disziplinen ebenso die Kontexte wechseln wie auch in die Alltagssprache hinein verfremden. Der mögliche Nutzen wäre eine größere Vielfalt, mehr noch aber, dem Instrumentalismus zu entkommen. Denn was ich eben bezüglich der Führungswissenschaft skizzierte, ist nur bis zu einem gewissen Komplexitätsgrad möglich. Ab dann wird es zu kompliziert, noch alles zu überblicken, selbst innerhalb der eigenen Disziplin. Dann bleibt einem nichts anderes mehr übrig, als die Daten blind zu übernehmen und die Einheit zerfallen zu lassen, und damit auch die Interdisziplinarität im eigentlichen Sinn. Verfremdung kann selbst in einem solchen Szenario noch funktionieren, wo die universale Welterklärung längst zu einem Scherbenhaufen zersplittert ist, und sie schafft dabei eine gleichberechtigte Diskussionsebene für alle Disziplinen. So viel zur westlichen Wissenschaft. Was passiert, wenn jene auf andere Wissenskulturen stößt, will ich als Nächstes behandeln.

Verfremdung und Interkulturalität

Für die Interkulturalität gilt im Prinzip dasselbe, was auch bereits über die Interdisziplinarität gesagt wurde. Das Problem ist auch hier, dass bestimmte Paradigmen existieren, auf deren Basis die anderen Kulturen beurteilt werden, die selbst aber der eigenen Kultur entstammen und somit nur bedingt als Mittel zur Analyse und zum Diskurs taugen. Konzepte fremder Kulturen mit den Methoden der eigenen zu analysieren, läuft letztlich darauf hinaus, sie von seinem eigenen Standpunkt aus entlang eines Maßstabes zu bewerten, der nur in der eigenen Kultur Gültigkeit hat, dessen Universalität hierbei aber stillschweigend in Anspruch genommen wird.[25]

---

24 In diesem Zusammenhang ist der Ignorabimusstreit besonders interessant. Viele der Grenzen unseres Erkennens, die damals diskutiert wurden, hingen mit der Newton'schen Physik zusammen.
25 Wallner: Systemanalyse als Wissenschaftstheorie III S. 74.

Wenn nun der interkulturelle Diskurs auf eine solche Praxis hinausläuft, kippt er unweigerlich in eine gewisse Einseitigkeit, die in Franz Martin Wimmers Einführung in die interkulturelle Philosphie[26] als Zentrismus bezeichnet wird. Wimmer nennt vier Formen des Zentrismus, die ich an dieser Stelle aus Platzgründen nicht ausführlich diskutieren möchte. Wichtig für unseren Zusammenhang ist aber, dass zwei dieser Typen Voraussetzungen aus der eigenen Kultur beanspruchen, von denen ausgehend erst mit anderen Kulturen umgegangen wird. Diese beiden sind der expansive und der integrative Zentrismus. Ersterer ist der klassische Eurozentrismus, der die Menschheitsgeschichte als einen linearen, notwendigen Fortschrittsprozess ansieht, dessen Endpunkt klar vorbestimmt ist. Andere Kulturen sind in dieser Sichtweise eben in früheren Entwicklungsstadien stehen geblieben. Als Beispiele für ein solches Denken könnte man die Geschichtsphilosophie Hegels hernehmen oder auch das Denken Marx'. Interessant finde ich hierbei, dass Brecht hierin von Marx abweicht, da es Ziel seiner Verfremdung ist, die Nichtnotwendigkeit der gegenwärtigen Situation, also deren prinzipielle Vermeidbarkeit, aufzuzeigen. Der integrative Zentrismus baut darauf auf, dass es bestimmte universale Werte gibt, die sich durchsetzen werden, da sie von allen geteilt und deshalb die richtige Praxis von allen übernommen wird. Ein Beispiel hierfür wäre der Umgang Chinas mit der mongolischen Besatzung im 13. Jhdt., als in China die Meinung vorherrschend war, die Mongolen würden schon noch chinesisch werden. Rückblickend betrachtet erwiesen sich beide Formen als durchsetzungsfähig – die Mongolen wurden chinesisch und die Globalisierung ist im Grunde die Verwestlichung der Welt. Jedoch sind sie nicht erkenntnisfördernd, da eben echtes Verständnis der anderen Kultur – im Speziellen ihrer Wissenschaft und Philosophie – nicht erreicht wird.

Als Reaktion darauf entstand der separatistische Zentrismus. Hier werden Kulturen als Inseln voneinander isoliert und ein interkultureller Diskurs als unmöglich aufgefasst. Dieser Schritt aber ist bereits zu radikal und so gibt es noch den tentativen Zentrismus. Entscheidend dabei ist die Fähigkeit zum Perspektivenwechsel, die jegliche Kommunikation – egal ob interkulturell oder nicht – erst ermöglicht. Genau hier setzt die Verfremdung an, ist sie doch ein Verfahren des Perspektivenwechsels via Kontextwechsel. Ein Zentrismus ist der tentative für Wimmer nur, weil er auf Basis von Argumenten verläuft und das Denken des Einzelnen dabei das Zentrum bildet. Eine übergeordnete, universale Position können wir mit unserem Denken nicht erreichen, wie ja bereits mehrfach argumentiert wurde. Der Ausgangspunkt wäre damit nun auch wieder ein Kulturzentrismus, denn das Denken und die Philosophie sind kulturabhängig. Tatsächlich bestimmt die Philosophie aber auch ebenso die Kultur wie die Kultur die

---

26 Wimmer: Interkulturelle Philosophie.

Philosophie. Ein schönes Beispiel, das Wallner häufiger gibt, sind die Universalien. Platons Philosophie von der Ideenlehre und deren Weiterentwicklungen bilden das Zentrum der abendländischen Philosophie. Insofern stimmt der Ausspruch Whiteheads, die gesamte Philosophie sei nur eine Fußnote zu Platon. Jedoch stimmt er nur für die abendländische Philosophie. Der Gedanke, es gäbe eine allgemeine abstrakte Form als Gemeinsames hinter den konkreten Dingen (oder in ihnen oder über ihnen oder durch sie usw.), das es aufzufinden gilt, Universalien eben, ist zugleich auch der Kerngedanke, um den sich unsere Wissenschaft entwickelte – das Bestreben, das allgemeine Gesetz hinter den konkreten Phänomenen zu finden.

Wenn dies aber nur ein Spezifikum unserer Kultur ist, so müssen wir uns von einigen liebgewonnenen Universalitätsansprüchen verabschieden. Wie bereits mehrfach angedeutet, wendet sich der CR gegen den Gedanken, es wäre möglich, alles Wissen zu einer universalen Theorie des Ganzen zu vereinheitlichen. Da dieser Gedanke aber eng mit dem Wahrheitsanspruch von Wissen verbunden ist, wird es schwierig, dabei dem Relativismus zu entgehen. Wie das gelingen könnte und vor allem welche Folgen das für den interkulturellen Diskurs hat, beschreibt Wallner in „Multikulturalität als Bedingung des Konstruktiven Realismus"[27].

Um den Relativismus zu umschiffen, werden zwei Unterscheidungen getroffen: zum einen die zwischen der Einheit des Wissens und dessen Universalitätsanspruch, zum anderen die zwischen Wissen und Instrumentieren mit Daten. Die Mikrowelten sind frei erfunden, erfordern aber, um zu funktionieren, eine logische Einheit. Wissen ist erst dann gegeben, wenn die Mikrowelt interpretiert wird, also in andere Kontexte gestellt bzw. mit der Empirie verglichen wird (d.h. auch, dass sie mit selbiger überhaupt erst vergleichbar sein muss bzw. gemacht werden muss).

Will man im interkulturellen Bereich zugleich dem Universalitätsanspruch und dem Relativismus entkommen, so ist auch hier ein Umdenken entlang der beiden bereits genannten Trennungen zwischen Einheit und Wahrheit sowie zwischen Mikrowelt und Erkenntnis erforderlich. Die Verfremdung erfolgt den beiden Trennungen folgend gemäß zweier Prinzipien: dem Prinzip der lokalen Wahrheit und dem Prinzip der Übersetzung.

Eine Mikrowelt ist, obzwar frei erfunden, nicht arbiträr. Sie basiert auf bestimmten Voraussetzungen und steht insofern in einem kulturellen Kontext, innerhalb dessen sie als valide erwiesen werden kann. Die lokale Wahrheit ist diese an einen kulturellen Kontext gebundene Validität. Aufgezeigt werden kann

---

27 Wallner: Systemanalyse als Wissenschaftstheorie II, S. 70ff.

sie in ihrer Begrenztheit – d.h. in ihrem Gültigkeitsbereich – durch eine Übersetzung.

Die Deutung der Mikrowelt kann nicht in derselben Formalsprache erfolgen, in der sie selbst operiert. Es empfiehlt sich hier die Umgangssprache. Das Trickreiche bei der Interkulturalität ist, dass wir es mit verschiedenen Umgangssprachen und verschiedenen Lebenswelten zu tun haben. Bei einer Übersetzung von einer Sprache in eine andere werden die unterschiedlichen Voraussetzungen der unterschiedlichen Lebenswelten sichtbar, vor allem bei den Unschärfen, die dabei auftreten, wenn Lebenswelten nicht deckungsgleich sind und Entsprechungen nur rudimentär oder zur Gänze fehlen. Übersetzungsfehler entstehen, wenn dieser Umstand nicht beachtet wird. Bei der Verfremdung geht es genau darum, diese Unterschiede aufzuspüren.

Verfremdung bei Brecht

Brechts Theatertheorie

Brecht war sein ganzes Leben hindurch auf die eine oder andere Art Theaterschaffender, sei es als Ensembleleiter, Theaterdirektor, Autor, Dramaturg[28] oder Regisseur. Für ihn als Theoretiker heißt das, dass er zu allen Phasen seiner theoretischen Entwicklung praktische Umsetzungen auf die Bühnen brachte. Als Denker durchlief er natürlich einen Entwicklungsprozess, jedoch liegen zu jeder Phase dieses Prozesses abgeschlossene Kunstwerke vor. Insofern ist eine verbindliche Einteilung seiner theoretischen Entwicklung auch für die Interpretation seiner Stücke sehr wichtig und wurde schnell weitläufig akzeptiert. In der klassischen Brechtforschung hat sich ein Drei-Phasen-Modell durchgesetzt.

1. Phase: subjektivistisch; individualistisch, nihilistisch, anarchistisch (Baal-Typus)
2. Phase: objektivistisch; vulgärmarxistisch, unterwürfig, autoritär, lehrhaft (Mann ist Mann-Typus)
3. Phase: „Vermittlung" der beiden ersten Phasen, ihre „reife" Synthese (Puntila-Typus, Galilei-Typus)[29]

Die erste Phase berührt uns nicht weiter, da die Verfremdung da noch nicht Teil von Brechts Konzept war. Der Beginn des epischen Theaters und auch der Verfremdung fällt in die zweite Phase und gelangte in der dritten zur Vervollständigung.

---

28 Vgl.: Luckhurst: Revolutionising theatre: Brechts reinvention of the darmaturg, In: Thomson u. Sacks (Hrsg.): Camebridge Companion to Brecht.
29 Knopf: Brecht Handbuch, S. 412.

Die bereits zitierte Phasentheorie wurde vor dem Erscheinen von Steinwegs Buch „Das Lehrstück"[30] formuliert. Die Ansicht, die Lehrstücke seien eine Phase, ein Zwischenschritt zum wahren großen Schaffen Brechts, wird darin stark kritisiert und auch im Cambridge Companion[31] Jahrzehnte später wird noch die eigenständige Bedeutung der Lehrstücke hervorgehoben. Mir geht es hier nicht um deren Status im Gesamtwerk oder Brechts Entwicklung als Autor bzw. wie er sich an die Gesellschaft in seinem Schreiben anpassen musste, denn das ist das Argument von Steinweg und Mueller, dass er in einem weniger revolutionären Umfeld Konzessionen an das Publikum machen musste, wollte er noch seinem Zweck, selbiges zu erreichen, um es zum Umdenken zu bewegen, gerecht werden. Aus dieser Diskussion möchte ich mich heraushalten. Den Lehrstücken ist zweifelsohne eine gewisse Eigenständigkeit zuzugestehen, der es Rechnung zu tragen gilt. Im Folgenden werde ich Jan Knopfs Darstellung von Steinweg[32] folgen, jedoch diese nicht ausgiebig wiedergeben.

Brecht war in dieser Phase seines Schaffens eindeutig marxistisch geprägt. Über das Label vulgärmarxistisch darf gestritten werden, aber zumindest marxistisch war er schon. Dies zeigt sich in vier Punkten, die Knopf[33] hervorhebt: Denken und Handeln müssen verbunden werden und überhaupt verbindbar sein. Nicht Realisierbares ist auch nichts wert. Das Produzieren wurde hervorgehoben. Das bürgerliche Publikum hat eine bloß passiv empfangende Haltung. Brecht wünschte sich ein aktiveres, produktiveres Tätigsein im Parkett. Brecht sah des Weiteren das Individuum erst im Kollektiv verwirklicht, wozu das Theater eine Einübung bilden sollte. (Etwas anderes als das Kollektiv bleibt dem Individuum auch nicht, wurde doch das Verhältnis des Einzelnen zur Masse von bzw. an denen bestimmt, die ausbeuten, bis hin zu einem Grad, da der Einzelne, der nicht ausbeutet, nichts mehr zählt. Und letztlich sollen die Ausbeuter gestrichen werden, weshalb nur die Masse übrigbleibt, in welcher das Individuum zu seiner Befreiung aufgehen muss. So weit zumindest Knopfs Wiedergabe des Gedankens.) Trotz all dieser marxistischen Aspekte ist die(se) Lehre deshalb nicht Zweck des Lehrstückes, sondern nur Voraussetzung, um die Handlung zu verstehen. Nichtsdestotrotz hat Brecht ein explizit pädagogisches Anliegen. Er unterschied eine große und eine kleine Pädagogik. In der kleinen Pädagogik ist die Trennung von Schauspieler und Zuschauer noch aufrecht. Sie ist für die

---

30   Steinweg: Das Lehrstück.
31   Mueller: Learning for a new society: the Lehrstück, In: Thomson u. Sacks (Hrsg.): Cambridge Companion to Brecht.
32   Knopf: Brecht Handbuch, S. 419ff.
33   Ebenda, S. 420f.

Übergangszeit der Revolution gedacht. In der großen Pädagogik gibt es diese Trennung nicht mehr. Alle sind Spielende und Lernende zugleich.

Das hervorstechendste Merkmal des Lehrstückes ist die Tatsache, dass es keine ausgearbeiteten individuellen Charaktere mehr gibt. Es ist nur noch ihre Funktion im Stück, ausgehend von ihren Handlungen, wichtig. Sie sind nicht einmalig, sondern ersetzbar, völlig fungibel. Es sind letztlich nur Abstraktionen in einem Gedankenexperiment, die demonstriert werden, wie Knopf sagt. Verlassen wir aber nun kurz Knopfs Ausführungen und wenden uns der Rolle der Verfremdung im Lehrstück zu.

Es ist kein Wunder, dass die Verfremdung während dieser Phase entstanden ist. Brecht wollte einen kritischen Zuschauer mit wachem Geist, der das Geschehen auf der Bühne begreift. Der versteht, worum es geht und warum es so ist, wie es ist, und der damit die Welt versteht – und zwar so, dass er entsprechend handeln kann. Dem gemäß wünschte sich Brecht ein „Theater voll von Fachleuten, wie man Sporthallen voll von Fachleuten hat."[34] Aber die Einfühlung funkt ihm dazwischen. Wie soll einer Leuten, die vom Sog der Ereignisse erfasst sind, beibringen sich zu distanzieren, um zu hinterfragen. Brecht fordert eine andere Haltung der Zuschauer ein als die von der Handlung berauschte:

> Diese Dramatik (Anm.: die nichtaristotelische) erfordert eine ganz bestimmte Einstellung ihres Zuschauers. Er muss imstande sein, in einer ganz bestimmten erlernbaren Haltung die Vorgänge auf der Bühne zu verfolgen, sie in ihrem allseitigen Zusammenhang und totalen Verlauf zu begreifen. Und zwar zum Zwecke einer gründlichen Revision seines eigenen Verhaltens. Er darf sich nicht spontan mit bestimmten Figuren identifizieren, um dann lediglich an ihrem Erleben teilzunehmen. Er geht also nicht aus von ihrem „intuitiv" erfassten „Wesen", sondern aus ihren Äußerungen und Handlungen setzt er die Gesamtprozesse zusammen.[35]

So begann er zu experimentieren, wie er es erreichen könnte, sein Publikum dahin zu bringen. Diese Experimente fanden zunächst im Lehrstück statt und bilden den Keim der Verfremdung:

> Die dialektische Dramatik setzte ein mit vornehmlich formalen, nicht stofflichen Versuchen. Sie arbeitete ohne Psychologie, ohne Individuum und löste, betont episch, die *Zustände* in *Prozesse* auf. Die großen Typen, welche als möglichst fremd, also möglichst objektiv (nicht so, dass man sich in sie hineinfühlen konnte) dargestellt wurden, sollten durch ihr Verhalten zu anderen Typen gezeigt werden. Ihr Handeln wurde als nicht selbstverständlich, sondern auffällig hingestellt: So sollte das Hauptaugenmerk auf die Zusammenhänge der Handlungen, auf die Prozesse innerhalb bestimmter Gruppen hingelenkt werden. Eine fast wissenschaftliche, interessierte, nicht hingebende Haltung des Zuschauers wurde also vorausgesetzt (die

---

34 Brecht: Anmerkungen zu den Stücken, In: ders.: Schriften zum Theater Bd. 2, S. 91.
35 Ebenda, S. 143.

Dramatiker glaubten: ermöglicht). Demzufolge wurde diese Bewegung zu einer auf die Umänderung des ganzen Theaters einschließlich des Zuschauers gerichtet.[36]

In diesem kurzen Abschnitt hat Brecht sein damaliges Programm präzisestmöglich zusammengefasst. Die Saat, aus der die Verfremdung aufgehen wird, liegt im Wörtchen „fremd". Sie ist hier der Idee nach bereits vollständig angelegt. Zusätzlich zum oben Gesagten wird in diesen Worten Brechts noch ein weiterer Aspekt der Verfremdung offenbar: Sie ist auch ein Mittel zur Darstellung. Genauer gesagt – was hier vielleicht noch nicht so herauskommt – ein Mittel zur indirekten Darstellung, von etwas, das mitunter nicht direkt darstellbar ist, indem sie es nur andeutet, das Denken darauf hinweist.

Während sich vieles in Brechts Theatertheorie geändert hat, wie etwa der Wegfall des Verzichtes auf alle Individualität in den Figuren oder die Verabschiedung der großen Pädagogik, blieb die Verfremdung im Grunde dieselbe, antwortete auf dieselben Probleme, erfüllte dieselben Funktionen und hatte dasselbe Prinzip. Nur wandte sich ihr Brecht erst in der dritten Phase seines Schaffens explizit zu. Wenden wir uns nun dieser Phase und damit dem theoretischen Umfeld und der theoretischen Formulierung der Verfremdung zu.

Es geht Brecht darum, ein Theater, das seiner Zeit und den Problemen seiner Zeit angemessen ist, zu erschaffen: ein wissenschaftliches Theater. Was die Fallgesetze für die Physik sind, soll das Theater für das Zusammenleben der Menschen sein. Newton erklärt, warum ein Stein, den jemand fallen lässt, hinunterfällt, und Brecht will zeigen, warum der Mensch den Stein fallen lässt. Die Ursache der Naturvorgänge sieht Brecht in ihrer Ergründung begriffen und er möchte nun auch dasselbe für das Zusammenleben der Menschen untereinander leisten. Das Forum, um die Ursachen und Zusammenhänge gesellschaftlicher Vorgänge zu klären, sieht Brecht im Theater. Im „Messingkauf" tritt ein Philosoph auf, der das Theater diesem Zwecke zuführen will und im Gespräch mit einem Dramaturgen, einem Schauspieler, einer Schauspielerin und einem Bühnenarbeiter (genauer einem Beleuchter) erarbeitet, was am Theater geändert werden müsste, um dorthin zu kommen. Während der Philosoph und der Dramaturg das Brecht'sche Projekt vorwärtstreiben, nimmt der Schauspieler, von einer gewissen künstlerischen Eitelkeit geprägt, die Rolle des Advocatus Diaboli ein, der die ältere darstellende Kunst in Schutz nimmt, weil er um das Fortbestehen der Kunst überhaupt besorgt ist. (Die Schauspielerin und der Bühnenarbeiter sagen fast überhaupt nichts, was mitunter als Zeichen gelesen werden kann, dass diese Figuren als Residuen von Brechts radikalmarxistischer Phase (er ist immer

---

36 Brecht: Der Weg zum Zeitgenössischen Theater, In: ders.: Schriften zum Theater Bd. 1, S. 255.

noch Marxist) – der Arbeiter und die Revolutionärin, wie die Schauspielerin kurz charakterisiert wird – nicht mehr allzu gewichtige Stimmen haben. Das Dogmatische ist nun bereits in den Hintergrund getreten.)

Dies fällt dann auch stark mit dem Anspruch nach Unterhaltung zusammen, von dem Brecht im „Kleinen Organon" seinen Ausgang nimmt. Für den Brechtforscher Jan Knopf stellt der „Messingkauf" das Zentrum von Brechts theoretischen Werke dar und das „Kleine Organon" ist nur eine leichter fasslische Zusammenfassung[37] dieses über 14 Jahre (1937-'51) entstandenen Konglomerats aus Fragmenten, Dialogen, Traktaten, Szenen und Gedichten.[38] Auf alle Fälle ist es Brechts umfangreichste theoretische Schrift.[39] Wenn ich nun über Brechts Theatertheorie schreibe, so werde ich mich auf diese beiden Werke stützen.

Wie bereits erwähnt geht es Brecht darum, dem wissenschaftlichen Zeitalter ein wissenschaftliches Theater (Thaeter vgl. „Messingkauf"[40]) zu schenken. Das Theater seiner Zeit scheint ihm dieser Aufgabe nicht gewachsen, zumal es ihm nicht das Theater seiner Zeit, sondern das eines verklärten Gestern zu sein scheint. Brecht kritisiert die Rückwärtsgewandtheit des Theaters; das Bürgerliche und Kultische, das Ir- und Antirationale in der Kunst, die hochgestochenen Ansprüche, künstlerisch zu sein, indem man nicht rational ist, und gleichzeitig der Anspruch, Unterhaltung zu sein, indem man den Eskapismus des Rausches der Wirklichkeit vorzieht. Daraus ergeben sich vier Themenfelder: Das Theater ist bourgeois und damit kontrarevolutionär. Es unterstützt den Status quo. Der Zuschauer wird weiters in den Bann gezogen, die Magier auf der Bühne machen ihn fühlen, was sie fühlen, und letztlich auch denken, was sie denken, so sie

---

37 Knopf: Brecht Handbuch, S. 458.
38 Der Name „Messingkauf" stammt von einer Äußerung des Philosophen, der sich mit seiner Intention, in der er an das Theater herantritt – er möchte es für seine Zwecke instrumentalisieren –, wie ein Messinghändler fühlt, der von einem Trompeter dessen Instrument nach seinem Materialwert kaufen möchte. Vgl.: Brecht: Messingkauf, In: ders.: Schriften zum Theater Bd. 5, S. 16f.
39 Tatsächlich gibt es oberflächliche Brüche zwischen dem „Messingkauf" und dem „Kleinen Organon", aber die Kernaussagen sind dieselben. Er versucht lediglich nicht missverstanden zu werden. Er möchte nämlich nicht Wissenschaft, sondern Theater betreiben, weshalb er seine Rede vom wissenschaftlichen Theater zu einer Rede über das Theater des wissenschaftlichen Zeitalters korrigiert. An seinen Intentionen, die Gesellschaft verständlich darzustellen, ändert das letztlich nichts. Er stellt nur klar, dass er keinerlei Anspruch erhebt, Wissenschaftler zu sein oder Wissenschaft zu betreiben oder auch, dass Theater Wissenschaft wäre. Vgl.: Brecht: Messingkauf, In: ders.: Schriften zum Theater Bd. 7, S. 8f.
40 Der Philosoph meint scherzhaft, dass seine Wünsche vielleicht nicht mehr Theater wären und es deshalb anders bezeichnet werden müsste. Er nennt das, was seine Ansprüche befriedigen soll, deshalb Thaeter. Vgl. Schriften zum Theater Bd. 5, S. 18.

denn überhaupt denken, erwecken sie doch ganz den Anschein der Unvermeidbarkeit, Unveränderbarkeit des Geschehens, welches sie auf der Bühne darstellen. Brecht ortet hier Residuen der einst mystischen Praxis, aus der heraus sich das Theater zum Unterhaltungsmedium entwickelte, das es heute ist. Es unterhält, indem es ablenkt, vom Denken entbindet. Es ist das Opium des Publikums. Daraus entsteht ein Widerspruch zwischen Lernen und Unterhaltung, den Brecht auflösen bzw. als scheinbar entlarven möchte. Der zweite Widerspruch, gegen den sich Brecht wendet, ist der zwischen Kunst und Wissenschaft. Er speist sich aus dem Glauben, Kunst sei etwas zu Fühlendes, dem Verstande Unzugängliches und Wissenschaft sei etwas Unkreatives, das es nur zu pauken gelte.

Doch beginnen wir von vorn. Das Theater ist bürgerlich, nicht zuletzt, weil das Publikum bürgerlich ist. Die Eintrittspreise und der Stückekanon von Klassikern sind dem Bürgertum angepasst. Die Zukunft soll zwar dem Proletariat gehören, die Gegenwart hingegen wird eindeutig vom Bürgertum bestimmt und auch regiert. Entsprechend ist die Kunst einem gewissen Zeitgeist verpflichtet, wie sie es immer war. D.h. es wird angenommen oder eher vorausgesetzt, dass es notwendig so ist, wie es ist. Die Ereignisse werden als unveränderbar dargestellt. Auch die Figuren im Stück haben keine Wahl. Ihre Handlungen sind direkt aus ihrem Charakter ableitbar, es ist ihnen nicht gestattet, auch anders handeln zu können. Damit wird die Frage nach den Möglichkeiten freien Handelns ausgeschaltet. Die Moralvorstellungen sind meist von übergeordneter Autorität verhängt – von so übergeordneter, dass sie aller Kritik enthoben sind, seien es nun Götter, die Natur, das Schicksal etc. Die Zustände, die das Leid verursachen, sind damit nicht kritisiert, da sie als unabänderlich dargestellt werden.

> Das Theater, wie wir es vorfinden, zeigt die Struktur der Gesellschaft (abgebildet auf der Bühne) nicht als beeinflussbar durch die Gesellschaft (im Zuschauerraum). Ödipus, der sich gegen einige Prinzipien, welche die Gesellschaft der Zeit stützen, versündigt hat, wird hingerichtet, die Götter sorgen dafür, sie sind nicht kritisierbar. Die großen Einzelnen des Shakespeare, welche die Sterne ihres Schicksals in der Brust tragen, vollführen ihre vergeblichen und tödlichen Amokläufe unaufhaltsam, sie bringen sich selber zur Strecke, das Leben, nicht der Tod wird in ihren Zusammenbrüchen obszön, die Katastrophe ist nicht kritisierbar. Menschenopfer, allerwege! Barbarische Belustigung! Wir wissen, dass die Barbaren eine Kunst haben. Machen wir eine andere![41]

Diese andere Kunst ist eine, wie Brecht sagt, wissenschaftliche. Bevor ich nun im Detail darauf eingehe, möchte ich noch einige Aspekte dieser Wissenschaftlichkeit von Brechts Theater vorwegnehmen: Es soll gezeigt werden, dass die Dinge veränderbar sind und dass der Einzelne eine Wahl hat, sich so oder so zu

---

41 Brecht: Kleines Organon für das Theater, In: ders.: Schriften zum Theater Bd. 7, S. 30.

verhalten. Das Interessante daran ist es, herauszufinden, wieso er so oder so handelt und wieso die Situation so und nicht so ist, was die Gründe sowohl für seine Entscheidung als auch für das Dilemma sind.

Als ich vorher schrieb, die Stücke seien dem Zeitgeist ergeben, so impliziert dies auch, dass die Klassiker dem heutigen Zeitgeist nicht entsprechen. Weder die feudalen Moralvorstellungen noch die Spielregeln der Gesellschaft. Gerade diese Unterschiede gilt es herauszuarbeiten, zeigen sie doch die bestehende Situation als veränderbar. Aber genau das Gegenteil wird im bürgerlichen Theater getan: Die Unterschiede werden verdeckt, zugeschüttet und damit der Status quo als ewig und immerdar dargestellt. Das ist dann aber nicht das Ziel dieser Praxis, sondern nur ein Nebeneffekt. Ziel ist es, die Einfühlung vollständig zu machen, was nun einmal mit einer fremden, längst vergangenen Weltsicht nicht geht. Der Einfühlung wird damit aber auch die ursprüngliche Bedeutung des Stückes geopfert, die dabei mit verdeckt wird durch die Ahistorisierung. Darin hat auch die Rede von den ewigen Gefühlen als Gegenstand der Kunst ihren Ursprung. Als wären die Familienverhältnisse im Griechenland des 10. Jhdts. v. Chr. dieselben wie heute, als wäre die Beziehung zwischen Mann und Frau in Italien des 16. Jhdts. dieselbe wie heute, als wäre der Tod heute dasselbe wie im Mittelalter. Die Stücke werden ihrer Bedeutung – ihres Sinngehalts – beraubt, ohne dass sie einen anderen bekommen würden, denn eine Bestätigung des Zeitgeistes zu sein, wenn überhaupt.

Wobei Brecht das Theater nicht als historisches Projekt sieht. Seine Historisierung hat andere Hintergründe und insofern erkennt er auch klar die Notwendigkeit, die Stücke der Zeit anzupassen, in der sie aufgeführt werden, sollen sie noch verständlich bleiben. Allein gilt es zu bedenken, dass die Welt nicht nur änderbar ist, sondern sie sich auch ständig ändert und mit ihr selbstverständlich auch das Theater in Bezug auf das Dargestellte wie auch die Form der Darstellung. Die Darstellungsweise muss der Gegenwart angepasst sein und insofern muss das Dargestellte auch der Zeit entsprechend aufbereitet werden. Das leugnet Brecht nicht. Ihm geht es darum: Das Individuum ist von seiner Epoche bestimmt, aber die Epoche ist auch nur von Menschen gemacht, die Umstände der Zeit sind veränderbar und der Mensch hat Einfluss auf sie, d.h. der Einzelne kann sich ihnen widersetzen. Diese Dynamik innerhalb des Möglichkeitsraumes historischer Entwicklung von Gesellschaft sichtbar zu machen ist, laut Brecht, am ehesten durch Inszenierung von Widersprüchen (Brecht hatte einen Hang zur Dialektik) erreichbar. Aber das vorerst nur als Exkurs am Rande.

Denn eigentlich geht es dem älteren Theater darum, eine Wandlung zu vollziehen. Der Schauspieler verwandelt sich in Ödipus, Lear und Faust, und er lässt das Publikum fühlen, was Ödipus, Lear und Faust fühlen. Dadurch sind die Zuschauer dem Wüten dieser hilflos ausgeliefert, vollziehen es stierend und kritiklos mit, im Bann der Magier auf der Bühne. Bei diesem kultischen Vorgang werden sie in einer Katharsis von ihren eigenen negativen Emotionen reingewaschen. Es ist allerdings auch möglich, dass sie sich das falsche Fühlen bei bestimmten Situationen einlernen, sind sie doch im Bann der Einfühlung dem Fühlen anderer schutzlos ausgeliefert. Was denn nun der Fall ist, Katharsis oder Seelenkrankheit (also Aristoteles oder Augustinus), ist Brecht nicht wichtig, da ihn die Trance selbst stört. Er möchte Nüchternheit und Analyse. Die Katharsis-Lehre betrachtet er als ein Residuum einer Zeit, als das Theater noch mystische, kultische Zwecke erfüllte. Doch das tut es nicht mehr, es ist Unterhaltung geworden und die Trance zum Rausch verkommen.

Brecht behauptet nun, das Theater kann ohne den Rausch immer noch unterhalten. Es läuft dann auf eine andere Haltung des Zuschauers hinaus. Eine abwägende, nachdenkliche, mitdenkende Haltung – für Brecht die Haltung eines Rauchers. Es geht darum, distanzierter Betrachter anstatt mitgerissener Zuschauer zu sein. Das führt dann schnell zu dem Vorwurf, das Dargebotene sei schlecht. Denn bis Brecht war es so, dass ein distanziertes Publikum ein Indikator für das Versagen der Aufführung war. Dem muss aber nicht so sein. Der Zuschauer kann auch lachen, wenn der Held weint, und weinen, wenn der Held lacht. Das Fühlen des Publikums ist nicht an das der Figuren gebunden, was nicht heißt, dass es überhaupt nicht fühlt. Natürlich bringt Brecht die Zuschauer zum Lachen und er will sie auch betroffen, wütend und traurig machen. Die Gründe dafür sollen aber im Verstehen und nicht in der Einfühlung liegen.

Das führt dann zu einem zweiten Vorwurf. Nämlich dass Fühlen und Denken nicht zueinander passen würden. Das ist eine Voraussetzung der damaligen Zeit, die nicht näher argumentiert wird. Brechts Theater brachte aber sehr wohl Gefühle hervor, obwohl es an den Verstand appellierte. Ich will es mal als empirisch erwiesen erachten, dass Brechts Theater unterhaltsam war. Der eigentliche Hintergrund dieses seltsamen Vorwurfs liegt also nicht in der Erfahrung. Er liegt darin, dass die Kunst des Schauspielers bisher darin bestand, die Verwandlung zu vollziehen. Verlangt man nun plötzlich von ihm eben dies zu unterlassen, so entzieht man ihm seine Kunst. Das ist im „Messingkauf" zumindest die Argumentation des Schauspielers. Es galt nun, den Schauspieler davon zu überzeugen, dass das reine Zeigen eines Charakters, ohne Einfühlung, nur das Zeigen, wie er ist und wie er handelt und was seine Beweggründe sind, diese aber gleichzeitig im Spiel zu kommentieren, nicht minder kunstvoll ist.

Bevor ich nun weiter auf Brechts Schauspieltheorie eingehe, möchte ich noch kurz etwas zum Abbild allgemein sagen. Es geht im epischen Theater darum, ein Bild der Wirklichkeit zu erzeugen. Naturalismus und Realismus hatten ebenfalls den Anspruch, die Wirklichkeit abzubilden. Jedoch bestanden für sie dabei zwei Probleme: ein praktisches und ein theoretisches. Das praktische

Problem ist, dass eine Auswahl getroffen werden muss, weil die ganze Wirklichkeit weder auf eine Bühne noch in eine Geschichte passt und somit der naturalistische Anspruch bereits untergraben wird. Das weit gravierendere theoretische Problem ist uns, wie auch das praktische, bereits in anderer Form begegnet: Ein Abbild der Wirklichkeit ist noch kein Verstehen der Wirklichkeit.

Brecht drückt es so aus: „Ihr wisst, einer, der einen Stein fallen lässt, hat noch nicht das Fallgesetz dargestellt, noch einer, der den Fall des Steins lediglich genau beschreibt. Man kann vielleicht sagen, dass seine Aussagen der Wahrheit nicht widersprechen, aber wir wollen mehr, wenigstens ich."[42]

Brechts philosophisches Fingerspitzengefühl wird uns noch an späterer Stelle beschäftigen. Vorerst aber begnüge ich mich damit, meine Kurzdarstellung von Brechts Theatermodell zu komplettieren. Die berühmteste Darstellung, die Brecht selbst von seinem Theater gab, ist wohl die Straßenszene.

Die Straßenszene im „Messingkauf" ist das Modell Brechts episches Theaters schlechthin, auch ihrem Selbstverständnis nach. In erster Linie aber ist sie Gedankenexperiment und Beispiel. Es handelt sich um folgende Szene: Ein Mann, der Zeuge eines Unfalls geworden ist, demonstriert anderen Passanten den Hergang dieses Unfalls. Dieser einfache Vorgang soll alle Aspekte des epischen Theaters aufweisen:

- Es wird vollständig auf Illusion verzichtet. Das Theater trachtet nicht danach zu verbergen, dass es Theater ist.
- Der Zweck ist nicht die Erzeugung von Emotionen. Es werden zwar Emotionen erweckt, es sollen aber nicht die des Dargestellten – also des Unfalllenkers oder Opfers in unserer Straßenszene – sein. Es soll nicht der Schrecken des Unfalls reproduziert werden.
- Das Ziel ist von gesellschaftlich praktischer Art. Bei einem Unfall wäre das zum Beispiel die Klärung der Schuldfrage.
- Nachdem der Zweck feststeht, gilt es, den Grad der Vollständigkeit der Darstellung danach zu richten. Es ist nicht notwendig, eine naturalistische Darstellung abzuliefern. Es muss nur das dargestellt werden, was für den festgelegten Zweck der Darstellung notwendig ist.
- Dasselbe gilt auch für die Charaktere. D.h. die Charaktere sollen aus den Handlungen abgeleitet werden und nicht umgekehrt. Nur ihre unfallverursachenden Eigenschaften sind interessant. Innerhalb dieser Grenzen aber können sie variieren.
- Emotionen können wiedergegeben werden, doch müssen sie begründet und der Kritik des Zuschauers unterworfen werden. Einfühlung in sie ist

---

42   Brecht: Messingkauf, In: ders. Schriften zum Theater Bd. 5, S. 30.

explizit nicht das Ziel, sondern allenfalls ein Zwischenschritt des Nachvollziehens. Dasselbe gilt auch für den Schauspieler, der diese Gefühle als die eines Fremden demonstrieren und sich nicht in diesen Fremden verwandeln und sie somit zu den seinen machen soll.
- Es darf zu keiner Fusion von Schauspieler und Rolle kommen.

In Anbetracht dieser Liste an Merkmalen bleiben noch zwei Fragen offen:

Diese Straßenszene mag jetzt zwar ein anschauliches Beispiel sein, aber es bleibt noch der Einwand, dass es sich um etwas Alltägliches, und nicht um Kunst, handelt. Diesen Einwand weist Brecht von der Hand, indem er fragt, ob künstlerisches Talent in einer solchen Situation des Demonstrierens eines Vorganges nützlich ist. Da es dies ist, ist der Kunstanspruch gerechtfertigt.

Die zweite offene Frage ist das Wie der Umsetzung. Ich habe mir im Zuge der Darstellung von Brechts Theater die Freiheit genommen, um den V-Effekt herumzuschreiben, um damit schließen zu können, welche Aufgaben er erfüllt und welche Problemstellungen er löst. Die Verfremdung als Verfahren, das Bekannte fremd zu machen, um es so erst erkennbar werden zu lassen, ist die zentrale Methode, mithilfe derer Brecht all seine Anliegen befördern kann. Der Bann der Einfühlung wird gebrochen und das Publikum in eine andere, reflexivere Haltung gedrängt, indem es zum Denken angeregt wird. Die Schicksale auf der Bühne werden als veränderbar dargestellt, das Leid als vermeidbar, um anzuregen zu bedenken, wie es vermeidbar wäre. Hierbei ist die Verfremdung ein wichtiges Darstellungsmittel, denn eine direkte Abbildung der Welt kann, wie gesagt, nicht funktionieren und die Verfremdung ist das Mittel zu indirekter Darstellung. Sie macht das in der Alltäglichkeit unsichtbar Gewordene zum Gegenstand des Sich-Wunderns und weist dabei auf die dahinterliegenden Mechanismen hin, die bei einer reinen Abbildung nicht sichtbar wären. Und sie ist ein Mittel der Historisierung. Sie macht Unterschiede sichtbar, zeigt Ursprünge auf und weist auf die Veränderbarkeit der Zustände hin.

Arten der Verfremdung

Was nicht fremd ist, findet befremdlich!

Was gewöhnlich ist, findet unerklärlich!

Was da üblich ist, das soll euch erstaunen.

Was die Regel ist, das erkennt als Missbrauch

Und wo ihr den Missbrauch erkannt habt

Da schafft Abhilfe![43]

---

43   Brecht: Die Ausnahme und die Regel, In.: ders. Stücke Bd. 3, S. 260.

Brecht gab häufiger Definitionen der Verfremdung, die wie das eingangs gebrachte Zitat zugleich Absichtserklärungen darstellen.

> Einen Vorgang oder Charakter verfremden heißt zunächst einfach, dem Vorgang oder dem Charakter das Selbstverständliche, Bekannte, Einleuchtende zu nehmen und über ihn Staunen und Neugierde zu erzeugen.[44]

> Das lange nicht Geänderte nämlich scheint unänderbar. Allenthalben treffen wir auf etwas, das zu selbstverständlich ist, als dass wir uns bemühen müssten, es zu verstehen. Was sie miteinander erleben, scheint den Menschen das gegebene menschliche Erleben.[45]

> Die neuen Verfremdungen sollten nur den gesellschaftlich beeinflussbaren Vorgängen den Stempel des Vertrauten wegnehmen, der sie heute vor dem Eingriff bewahrt.[46]

Der Grundtenor dieser Aussagen ist meiner Meinung nach einheitlich.[47] Die Unerkanntheit des Bekannten ist die Wurzel seiner Unantastbarkeit. Die Verfremdung soll hier Auslöserin einer Reflexion sein, die dieser Unabänderlichkeit Abhilfe verschaffen soll, indem sie Neugierde und Staunen, die Grundstoffe aller Philosophie, hervorruft.

Dieser Vorgang ist in keinster Weise neu, der Kontext und der von Brecht daran geknüpfte politische Zweck schon. So wird Brecht nicht müde zu betonen, dass sich auch die Wissenschaft eines solchen Verfahrens notwendigerweise bedient, da es auch hier notwendig ist, aus überkommenen Vorstellungen herauszutreten und das Besondere an ihnen herauszuarbeiten (d.h. die zu entwickelnden Sätze an anderen Besonderheiten aufzuhängen als bisher üblich – letztlich also einen anderen Blick auf den Gegenstand zu gewinnen).

Dadurch, dass dem Dargebotenen somit der Anschein des vorgegebenen Schicksals genommen wurde und es als menschliche Handlung offenbart wird, die so oder so ausfallen und diese oder jene Gründe haben kann, ergeben sich

---

44   Brecht: Über das experimentelle Theater, In: ders.: Schriften zum Theater Bd. 3, S. 101.
45   Brecht: Kleines Organon für das Theater, In: der.: Schriften zum Theater Bd. 7, S. 33.
46   Ebenda.
47   Die Auswahl der eingangs gebrachten Zitate habe ich von einem Aufsatz von Käthe Rülicke-Weiler (siehe: Rülicke-Weiler: Verfremdung als Kunstmittel der materialistischen Dialektik: Parteilichkeit als Ausgangspunkt der Verfremdung, In: Helmers (Hrsg.): Verfremdung in der Literatur.) übernommen, in dem sie genau das Gegenteil behauptet. Dazu muss ich anmerken, dass selbstverständlich eine Ausdifferenzierung der Verfremdung als theoretisches Konstrukt (wie auch in ihrer praktischen Anwendung) stattfand, einhergehend mit zahlreichen Änderungen in Brechts gesamter Theatertheorie (siehe Phasenmodell). Die Verfremdung erweiterte sich aber, so wie ich das sehe, nur in ihrer Methodik und änderte sich nicht in ihrer Grundstruktur, die dazu wohl zu einfach ist, noch in ihrem Zweck.

zwei Konsequenzen. Die eine ist die Historisierung. Der Stempel des Ewigen, Unabänderlichen ist dem Geschehen genommen und es wird zu einem Produkt einer bestimmten Epoche, die aber das Handeln der Individuen bestimmt. Die Epochen selbst sind auch nur das Produkt menschlichen Handelns und je nachdem, wie dieses ausfällt, wandeln sich jene. Ein Handlungshorizont wird sichtbar und eine Einsicht in eine Kausalität damit eröffnet. Beides schließt einander nicht aus. Doch dazu im nächsten Kapitel mehr. Das zweite sind die Widersprüche, die sich daraus ergeben. Der Widerstreit der Handelnden mit dem Gegebenen bildet für Brecht eine Dialektik. Das hat dann selbstverständlich auch einen marxistischen Hintergrund, auf den ich jetzt ebenfalls noch nicht eingehen werde. Um aber dieser Dialektik Rechnung zu tragen, bedarf es einer Dialektik der Verfremdung, die Brecht auch geschrieben hat:

DIALEKTIK UND VERFREMDUNG

1.

Verfremdung als ein Verstehen (verstehen – nicht verstehen – verstehen), Negation der Negation.

2.

Häufung der Unverständlichkeiten, bis Verständnis eintritt (Umschlag von Quantität in Qualität).

3.

Das Besondere im Allgemeinen (der Vorgang in seiner Einzigartigkeit, Einmaligkeit, dabei typisch).

4.

Moment der Entwicklung (das Übergehen der Gefühle entgegengesetzter Art, Kritik der Einfühlung in einem).

5.

Widersprüchlichkeit (dieser Mensch in diesen Verhältnissen, diese Folgen dieser Handlung!).

6.

Das eine verstanden durch das andere (die Szene, im Sinn zunächst selbständig, wird durch ihren Zusammenhang mit anderen Szenen noch als eines andern Sinns teilhaftig entdeckt).

7.

Der Sprung (saltus naturae, epische Entwicklung mit Sprüngen).

8.

Einheit der Gegensätze (im Einheitlichen wird der Gegensatz gesucht, Mutter und Sohn – in „Mutter" – nach außen hin einheitlich, kämpfen gegeneinander des Lohnes wegen).

9.
Praktizierbarkeit des Wissens (Einheit von Theorie und Praxis).[48]

Das spricht eigentlich für sich selbst. Brechts Verfremdung ist an eine bestimmte Aufgabe gekoppelt – nämlich an die Hervorbringung einer bestimmten Art von Erkenntnis, die auch anwendbar ist, indem sie Erwartungen bewusst enttäuscht, um Überraschung hervorzurufen – und orientiert sich in ihrem Selbstverständnis an der Dialektik. Doch wie läuft nun Verfremdung eigentlich in der Praxis ab?

Alle Mittel der Verfremdung lassen sich von der klassischen Brechtforschung in eine überschaubare Anzahl von Arten unterteilen. So schreibt Reinhold Grimm:

> Es gibt im Grunde dreierlei Arten von Verfremdung: durch den Stückeschreiber, der den Text herstellt; durch den Regisseur, der den Text mit Hilfe von Bühnenbild, Beleuchtung, Kostüm, Maske, Musik und anderen Effekten inszeniert; durch den Schauspieler, der Text und Inszenierung im Moment der Aufführung auf der Bühne verwirklicht.[49]

Werner Mittenzwei unterteilt in poetische, sprachliche und theatralische Verfremdung[50]. Dabei handelt es sich um die Verfremdung in der Fabel des Stückes, in den sprachlichen Mitteln, derer sich der Autor bedient, und in der Aufführung. Käthe Rülicke-Weiler hingegen unterscheidet lediglich zwei Arten von Verfremdung, nämlich durch das Stück und durch die Inszenierung[51], also zwischen den Verfremdungen im Text und denen, die durch die Inszenierung entstehen. Im Grunde aber laufen alle diese Gliederungen auf dasselbe hinaus. Insofern lässt sich zusammenfassend sagen: Der Autor verfremdet durch die Sprache, derer er sich bedient, und durch die Struktur wie auch den Inhalt des Stückes. Zu den sprachlichen Mitteln zählen zum Beispiel die Verwendung der Versform in einem Stück im Chicago der Gegenwart („Die heilige Johanna der

---

48   Brecht: Neue Technik der Schauspielkunst, In.: ders.: Schriften zum Theater Bd. 3, S. 180ff.

49   Grimm: Verfremdung. Beiträge zu Wesen und Ursprung des Begriffs, In.: Helmers (Hrsg.): Verfremdung in der Literatur, S. 190.

50   Siehe: Mittenzwei: Verfremdung. Eine dialektische Methode zum Aufbau einer Figur, In: Helmers (Hrsg.): Verfremdung in der Literatur, S. 246.

51   Rülicke-Weiler: Verfremdung als Kunstmittel der materialistischen Dialektik: Parteilichkeit als Ausgangspunkt der Verfremdung, In: Helmers (Hrsg.):Verfremdung in der Literatur, S. 304ff.

Schlachthöfe"), veränderte Zitate aus Klassikern oder umgewandelte Sprichworte oder die Verwendung unpassender oder besonders passender Namen. In der Struktur des Dramas können sich Brüche einbauen lassen, die das Geschehen kommentieren und Einfühlung verhindern (epische Form), wie Songs, Prologe, Epiloge, Zwischentitel und auch klare Brüche in Form von mangelnder Verknüpfung der Szenen untereinander. Darüber hinaus kann auch der Inhalt des Stückes einer eher als verquer geltenden Logik folgen (z.B. „Der gute Mensch von Sezuan"). Dem Regisseur stehen Bühnenbildner, Komponisten und Maskenbildner zur Verfügung, mit denen er einiges erreichen kann (offen angebrachte Scheinwerfer, Projektionen, Schminke). Die Schauspieler schließlich sollen sich der verfremdenden Spielweise bedienen, d.h. sie sollen den Charakter und ihre Meinung von dessen Handlungen zugleich darstellen. Diesem Feld schenkte Brecht die größte Aufmerksamkeit in seinen theoretischen Schriften, nicht zuletzt weil er auf ihn den geringsten Einfluss hatte in seiner Funktion als Ensembleleiter, Regisseur und Autor. Er war nun mal kein Schauspieler, während er alle anderen Bereiche abdeckte. Brechts Schauspieltheorie in ihrem vollen Umfang hier darzustellen, erachte ich für die Zwecke dieser Arbeit nicht für erforderlich. Es gilt eine Überlagerung von Schauspieler und Figur zu erreichen anstatt einer Verwandlung in die Figur.

Mit diesem kurzen Einblick in die Praxis der Verfremdung Brechts möchte ich meine Darstellung der Kontexte der Verfremdung schließen und zu den Problemfeldern, die sich aus einer Gegenüberstellung beider Arten ergeben, übergehen.

II. Gegenüberstellung der Verfremdungen
Mommsens Staatsanwalt und Wittgensteins Schmerz

Im letzten Kapitel wurden zwei Arten von Verfremdung vorgestellt und aufgezeigt, welchen Problemstellungen sie entspringen. In diesem Kapitel geht es darum, wo zwischen ihnen Unterschiede und Gemeinsamkeiten auftreten. Dabei stellt sich auch die Frage, ob es nicht nur eine Verfremdung in verschiedenen Kontexten ist. Die Darstellungsweise ist auf alle Fälle sehr unterschiedlich. Während die Verfremdung bei Wallner eine hermeneutische Operation mittels Übersetzung ist, ist sie bei Brecht ein dialektischer Erkenntnisvorgang.

Wie im letzten Kapitel dargelegt ist bei Wallner die Sprache ein geschlossenes System (vgl. Wittgenstein). Überhaupt ist unser gesamter Weltbezug kein direkter und die Art, wie wir uns die Welt aus dieser indirekten Vermittlung erst generieren, ein geschlossenes System (vgl. Maturana). Rufen wir uns in Erinnerung, wie Wittgenstein den Unterschied zwischen Empfindung und Zeichen am Beispiel Schmerz aufgezeigt hat. Die Empfindung wird durch einen Begriff ersetzt, um so erst handhabbar zu werden. Jetzt gibt es in vielen (vor allem komplexeren) Fällen (vielleicht sogar allen) mehrere Arten der Handhabung. Jede verläuft nach eigenen Spielregeln. Es handelt sich dabei um die Handhabung von Begriffen. Diese erhalten ihre Bedeutung überhaupt erst durch ihre Funktion im jeweiligen Spiel, das den Kontext bildet. Damit ist ein Wechsel des Kontextes eine sehr (und in jeder Hinsicht) bedeutende Angelegenheit. Die Verfremdung ist ein Spiel mit Kontexten[52], das uns etwas über die Spielregeln dieser Kontexte lehren kann. Doch ist diese Darstellung noch sehr unscharf. Die Kontexte sind Mikrowelten und Lebenswelten, die in unterschiedlichen (Fach-)Sprachen operieren. Die Verfremdung ist eine Übersetzung zwischen ihnen, um unser Handeln in ihnen sichtbar werden zu lassen. Das gilt vornehmlich für die Aspekte, die bis dahin nicht sichtbar waren, wie etwa die Voraussetzungen, die getroffen werden müssen, da ohne sie die Begriffe überhaupt nicht funktionieren würden.

Brechts Blick auf seine Verfremdung ist im Gegensatz dazu nicht sprachphilosophisch, sondern hegelianisch geprägt. Er sieht es als einen dialektischen Erkenntnisprozess. Um das Bekannte zum Erkannten zu machen, ist es erforderlich, ein Befremden über es auszulösen. Der These des bereits Bekannten wird die Antithese der Verfremdung entgegengestellt, um eine Synthese hin zur Erkenntnis in den Köpfen des Publikums auszulösen. Das Erkanntsein steht auf einer höheren Stufe der Erkenntnis als das Bekanntsein. Denn das immer schon Bekannte ist nicht nur unerkannt, sondern auch unauffällig. Es muss erst zum Gegenstand des Staunens gemacht werden.

Der Unterschied zwischen Übersetzung und Dialektik scheint klar zu sein, doch dann springt uns Brechts Beispiel einer Verfremdung ins Auge:

> Wenn Mommsen in seiner römischen Geschichte (und Feuchtwanger in seinen historischen Romanen) für Prätor „Staatsanwalt", für Legat „General" setzt, benutzt er den V-Effekt. Der Prätor, aus antik-römischen Milieu gehoben, wird uns näher gebracht, der Staatsanwalt, in antik-römisches Milieu versetzt, wird uns verfremdet. Aber hier kommt auch die Kritik zum Zug. Der Prätor war kein Staatsanwalt, wie der Staatsanwalt kein Prätor ist. Das Verfahren der Mommsen, Feuchtwanger ist unvollkommen, solange es nicht gelingt, das Besondere des Prätors und Staatsanwalts unterschiedlich zu machen, also auch hier wieder den Verfremdungseffekt zur Geltung zu bringen.[53]

---

52 Wallner: Konstruktion der Realität, S. 94.
53 Brecht: Neue Technik der Schauspielkunst, In: ders.: Schriften zum Theater Bd. 3, S. 186f.

Brecht erklärt hier, worin der Unterschied zwischen seinem und allen bisherigen V-Effekten besteht. Bisher dienten sie nämlich dazu (was in diesem Zitat nicht expliziert ist), das Dargebotene mit Zeichen aufzuladen und so mitunter mystisch werden zu lassen, wie in den Parabeln und Allegorien des Mittelalters, oder zu einer kultischen Handlung, wie in den Chören im antiken Theater. Oder aber die Verfremdung wird als Mittel zur Komik gebraucht. Sie kann auch einem Versagen des Autors entspringen bzw. der Inszenierung, also unbeabsichtigt Befremden erzeugen, oder aber auch absichtlich, als Selbstzweck, wie im Dadaismus. Verfremdung gibt es überall, in allen Sparten der Kunst, ja überhaupt in jedem Umgang mit Zeichen – insofern auch in Geschichtsbüchern. Mommsen nutzt die Verfremdung als Erklärungshilfe, indem er ein Konzept aus dem antiken Rom mit einem der Gegenwart gleichsetzt. Das ist eindeutig eine Übersetzung im Sinne von Wallners Verfremdung. Und sie ist gescheitert, sowohl was Brecht als auch was Wallner angeht, aus genau demselben Grund. Sie hat sich selbst nicht erkannt und ausgewiesen. So wurde das Verstehenspotential verschenkt und die Unterschiede, die dadurch hätten erkannt werden können, wurden verdeckt. Bei Wallner hätte das Postulat Prätor = Staatsanwalt nicht als solches proklamiert werden dürfen, sondern es hätte weitergespielt werden müssen, bis ein Todpunkt erreicht ist, von dem aus dann erst das wirkliche Verständnis dieses Amtes (oder ein besseres Verständnis beider Ämter) seinen Ausgang nimmt, während bei Brecht Prätor und Staatsanwalt einander Antithesen sein sollten um dadurch zur Synthese zu gelangen. Das läuft in diesem Falle aber auf dasselbe hinaus. Die gewünschte Opposition wird durch die (Fehl-)Übersetzung erreicht. Das Verfahren ist hier dasselbe, nur die Terminologie eine andere.

Es gibt also ganz offenbar zumindest eine gemeinsame Schnittmenge unter den Verfremdungen. Sind die Verfremdungen nun gar identisch und nur anders formuliert oder sind sie dasselbe Verfahren unterschiedlichen Kontexten angepasst? Die zweite Frage werde ich im letzten Kapitel mittels Verfremdung beantworten, die erste aber ist leicht und sofort klärbar. Es müsste nur jeweils ein Beispiel pro Verfremdungsart gefunden werden, das nicht der jeweils anderen zugerechnet werden kann. Damit wäre bewiesen, dass die Verfremdungen nicht identisch sind. Das sagt aber noch nichts darüber aus, ob ein Kontextwechsel nicht eine ausreichende Transformation mit sich bringen würde, so dass die Verfremdungen auseinander herleitbar wären – doch wie gesagt wird uns das erst später beschäftigen. Vorerst beschäftigt uns nämlich nur, eine direkte Identität zu widerlegen. Sollte das nur bei einer Art gelingen, so könnte man annehmen, die eine sei ein Sonderfall der anderen. Doch sehen wir erst einmal, ob sich dieses Problem überhaupt stellt.

Bei Brecht findet sich schnell ein solches Beispiel. Die offen angebrachten Scheinwerfer[54] sind keine Übersetzung, nur eine Antithese der vierten Wand, der Illusion. Die Form des Theaters wird aufgebrochen, um es als Theater zu entlarven. Dieser Vorgang bietet eine Antithese, aber keine Translation, da der Scheinwerfer erst durch seinen Kontext in der Inszenierung überhaupt zu einem Zeichen wird.

Ein passendes Beispiel bei Wallner zu finden, erweist sich als schwieriger und muss methodisch angegangen werden. Der große Unterschied in den Definitionen der Verfremdung zwischen Wallner und Brecht ist der, dass Brecht auf eine Negation – eine Störung der Form – aus ist, während Wallner aus der Form (dem System) heraustreten will. Insofern müsste nur ein Fall gefunden werden, in dem ein solches Heraustreten stattfindet, ohne dass es zu einer Störung kommt. Ein solches Beispiel findet sich bei Wallner und Pietschmann, auch wenn es selbst wiederum von anderer Stelle übernommen wurde. Es geht dabei um den Physiker Richard Feynman:

> Feynman war dafür bekannt, dass er beim Anhören von irgendwelchen, auch sehr komplizierten, mathematischen Ableitungen, die er vorher gar nicht gekannt hat, an entscheidenden Stellen plötzlich „Halt" gerufen hat und auf einen Fehler aufmerksam gemacht hat. (...) In seinen Memoiren[55] sagt er nun sinngemäß, dass viele Leute meinen, er verfolge die mathematischen Ableitungen mathematisch Schritt für Schritt. Aber das ist natürlich nicht, was er tue, das könne er ja auch in dieser Geschwindigkeit nicht. Wenn ihm jemand seine Ableitungen darstelle, so stelle er sich dazu irgendwelche Dinge vor, bunte Kügelchen etwa, wenn sein Gesprächspartner dann weitergehe, bekämen diese Kügelchen beim nächsten Schritt plötzlich Haken oder irgendwelche Haare, und wenn er wieder weitergehe, schließen sich die Haken zu komplizierten Figuren und irgendwann einmal kommt es dazu, dass in dem Bild irgendetwas nicht mehr passt. Dann schreie er „Halt" und sage hier müsse ein Fehler sein und meistens sei das tatsächlich so. Während alle anderen stets dachten, er verfolge Ableitungen direkt, übersetzte er sie in Bilder.[56]

Wallner spricht zwar auch davon, eine Störung zu verursachen, die Staunen und Befremden bewirken soll, um das Denken anzuregen, aber Ziel ist eigentlich, aus einem System herauszutreten und es von außen betrachten zu können, nicht die Negation. Wenn es zu einer Störung kommt, die hier aber nicht direkt angestrebt werden kann, dann durch die Einführung eines Fremdkörpers in ein (Aussagen-) System, also einer Überlagerung von Kontexten – eines Übersetzungsvorganges im weitesten Sinne. Insofern wird auch keine Synthese angestrebt, denn es ist kein dialektischer Vorgang mehr, der eine gezielte Negation als in-

---

54 Ein häufig von Brecht selbst gebrachtes Beispiel.
55 Feynman: Surely you're joking, Mr. Feynman.
56 Pietschmann, Wallner: Gespräche über den Konstruktiven Realismus, S. 36.

tentionalen Zwischenschritt erfordert. Hier entsteht das Befremden durch eine Fehlfunktion eines Fremdkörpers in einem fremden System. Der Unterschied zu Brecht ist gewaltig. Die Liste mit Beispielen von Verfremdungen, die entweder eine Negation, aber keine Übersetzung sind oder eine Übersetzung, aber keine Negation, ließe sich beliebig erweitern. Ein Heraustreten aus der Form geht nicht zwangsläufig mit einer Störung (Negation) der Form einher.

Bei Brecht ist die Verfremdung, wie bereits gesagt, die Antithese – sie soll befremden und das Befremden soll ein Störfaktor sein, der den Bann bricht und das Alltägliche so dem Urteil zum Gegenstand gemacht werden, wo es vorher einfach akzeptiert oder schlicht nicht registriert wurde. Das Befremden wird bei Brecht durch ein Überlagern einander widersprechender Zeichen verursacht. Sehr schön sichtbar wird dies in Brechts Schauspieltheorie, die verlangt, dass der Schauspieler zugleich das Handeln des dargestellten Charakters in seinem Spiel kommentieren soll. Er soll auch zeigen, dass er darstellt, d.h. es soll noch die Unterscheidung zwischen Schauspieler und Rolle im Spiel sichtbar bleiben. Unter anderem dadurch soll das Urteilsvermögen auch erst aus der Lethargie der Berieselung geweckt werden.

Bei Wallner soll die Verfremdung im Zuge einer Kontextübertragung die Eigenheiten der Bezugssysteme sichtbar machen. Sie soll sich dabei aber nicht in Opposition zu ihnen stellen oder gar beide einander in Opposition setzen. Es ist auch nicht Ziel, eine Synthese (und schon gar nicht eine Vereinheitlichung) der beteiligten Mikrowelten zu erreichen. Das Induzieren von Fremdkörpern in einen bekannten Kontext ist zwar Teil dieser Methode, aber das Ziel ist es nicht, schrill zu sein, denn das Urteilsvermögen der Beteiligten ist bereits geweckt – immerhin geht es hier um ein wissenschaftliches Anwendungsfeld und nicht um Theater –, und auch nicht, dem Text einen gegensätzlichen Subtext zu unterlegen, sondern die Grenzen und Voraussetzungen der Begriffe und Kontexte auszuloten. Dies erfolgt nicht durch einander überlagernde gegensätzliche Texte, es erfolgt durch gescheiterte Texte, die sinnlos werden, oder durch Interpretation, also ein Erklären (vornehmlich) in (einer) Alltagssprache (z.B. die Bedeutung einer Formel der Physik zu erklären, wie etwa als das Vorhandensein einer zwischen Massen wirkenden Kraft im Falle einer sehr berühmten Formel Newtons) oder eine schlichte Übertragung in eine andere Darstellungsform (wie bei Feynman). Texte werden nicht überlagert, sie werden übersetzt. Das ist der Hauptunterschied zwischen den Verfremdungen Wallners und Brechts. Natürlich gibt es Fälle, in denen Übersetzung und Überlagerung gemeinsam auftreten, wie es beim eingangs zitierten Beispiel hätte der Fall sein müssen. Staatsanwalt und Prätor hätten einander als widersprechend erkannt werden müssen, um den Übersetzungsfehler zu bemerken. Es ist auch gar nicht selten, dass die übertragene Aussage im neuen Aussagensystem zu diesem im Widerspruch steht, was ja, wie im ersten Kapitel gesagt, meist sehr interessant wird, aber das Prinzip hinter den Verfremdungen ist ein anderes.

Semiotik der Verfremdung

Die Grundaussage des letzten Abschnittes lässt sich, mit einer gehörigen Portion Übertreibung, als Semiotik der Verfremdung bezeichnen. Ich habe, hilflos nach Beispielen fischend, Prinzipien formuliert, die den Umgang der verschiedenen Verfremdungen mit Zeichen beschreiben. Ich beschrieb dabei Brechts Verfremdung als ein Überlappen einander widersprechender Zeichen und Wallners Verfremdung als eine Übertragung eines Zeichens von seinem Kontext in einen völlig anderen. Brechts Prinzip produziert somit zwangsläufig einen Widerspruch, Wallners Prinzip nicht. Im Gegenzug setzt Wallners Übersetzung mehr als einen Kontext voraus, was bei Brecht wiederum nicht der Fall ist.

Es gibt jedoch eine große wie auch interessante Gruppe, in der ein Widerspruch durch eine Kontextüberlappung entsteht. Die zusätzliche Textebene wird dabei durch Mitbringsel aus dem anderen Kontext gebildet. Aber auch hier operiert Wallner im Duktus der Fehlfunktion und Brecht im Duktus der Negation. Der Unterschied liegt darin, dass die Negation gesetzt wird, die Fehlfunktion hingegen nicht gesetzt werden kann, sondern sich erst herausstellen muss, selbst wenn man es darauf anlegt. Nichtsdestotrotz ist in beiden Fällen das Ergebnis eine Störung, die als Zündung für Erkenntnis funktionieren soll.

Während sich bei Wallner sein Prinzip klar expliziert findet (vgl. Kap. 1.1), bin ich für meine Darstellung von Brechts Prinzip wohl noch einige Argumente schuldig. Die Aufzählung von Einzelbeispielen, auf die meine Erklärung zutrifft, erscheint mir dabei wenig sinnvoll, da ich nicht alle möglichen Fälle anführen kann. Insofern werde ich meine Argumentation methodisch durchführen und dazu auf den Abschnitt „Arten der Verfremdung" im ersten Kapitel zurückgreifen.

Beginnen wir mit den Möglichkeiten des Autors, Verfremdungen durchzuführen. Er kann dies mithilfe der Sprache, die er verwendet, des strukturellen Aufbaus des Stückes oder der Handlung erreichen. Zu den sprachlichen Mitteln zählen falsch angewendete oder veränderte Redewendungen. Hierbei bildet die falsche Anwendung oder die Veränderung die Negation, die die Geisteshaltung des Sprechenden entlarvt. Eine weitere Möglichkeit ist ein sprachlicher Stil, der nicht zum Milieu oder der Situation passt, wie dies in „Die heilige Johanna der Schlachthöfe" der Fall ist, wo im modernen Chicago in Versen gesprochen wird. Die hohe Sprache der Klassiker bildet einen Kontrast zu dem Gangster- und Maklermilieu der Gegenwart. Das Dargebotene entlarvt sich damit selbst als Aufgeführtes. Auch hier sehen wir also eine Negation auf einer anderen textuellen Ebene. Als dritte Möglichkeit kann in den Aussagen eines Charakters ein verräterischer Subtext eingebaut werden, der die wahren Beweggründe entlarvt. Ein Beispiel wäre hier der betrunkene Puntila, der seinem Knecht vorschlägt, sie könnten beide das Herr und Knecht hinter sich lassen und frei durch die Lande ziehen. Sollten sie eine Unterkunft oder Nahrung benötigen, könnte ja Matti als Tagelöhner arbeiten, während Puntila in der Sonne liegt. Der Subtext zeigt eindeutig, dass Puntila das Denken in den Kategorien Herr und Knecht selbst dann nicht hinter sich lässt, wenn er denkt, es zu tun. Eine weitere Möglichkeit wäre es, den Subtext nicht im gesprochenen Wort, sondern in den Handlungen zu präsentieren.[57]

Die Struktur des Stückes bildet bei Brecht in erster Linie die Negation zu geschlossener Form und Einfühlung. Es werden Sprünge vollzogen, die Handlung für Songs unterbrochen, die das Geschehen kommentieren, wobei die Charaktere ihr Fehlverhalten, zu dem sie in der Handlung eigentlich stehen, anklagen und somit aus der Rolle heraustreten. Die epische Form als Ganzes ist eine Negation der klassischen. In der Handlung des Stückes kann eine seltsame Logik liegen, der die Zuschauer eigentlich nicht zustimmen würden oder die sie zumindest verblüfft. Es können auch ganz bewusst Erwartungen enttäuscht werden. Der Bauernjunge wird nicht zum König, sondern erschossen. Damit soll ein Gefälle zwischen den Konventionen von Geschichten und den Abläufen in der Wirklichen Welt aufgezeigt werden.

Die Inszenierung kann durch Beleuchtung, Maske, Bühnenbild und Musik – alles im weitesten Sinne – verfremden. Dabei kann sie Verfremdungen unterstützen, die bereits im Stück angelegt sind oder die erst durch den Schauspieler vollzogen werden. Unter den eigenen V-Effekten, die sie hervorzubringen vermag, wären etwa offen angebrachte Scheinwerfer, die als Negation der Guckkastenbühne dienen. Es gibt hier die Möglichkeit, durch Reduktion auf das Notwendigste oder Übersteigerung bestimmter Elemente ebenfalls Akzente zu setzen, die die Illusion zerstören oder die Aufmerksamkeit lenken. Es gilt dabei zu bedenken, dass das Theater ein multitextuelles Phänomen ist, das bestimmten Konventionen folgt, in dem nichts zufällig ist. Insofern können Zeichen auch auf dieser Ebene vermittelt werden, die denen anderer Ebenen entgegenlaufen.

Die Verfremdung, die der Schauspieler hervorbringen soll, wird in Brechts theoretischen Schriften durchgehend beschrieben als den Charakter nur zu zeigen, zu demonstrieren, nicht zu sein. Diese Doppelläufigkeit kommt meiner In-

---

57 Brecht bringt hier das Beispiel einer Mutter, die ihrer Tochter, die sie in die Stadt fortschickt, einen Koffer packt, während sie ihr eine Moralpredigt hält, was sie alles zu unterlassen hat. Wir haben einen großen Haufen Vorschriften und einen sehr kleinen Koffer, mit dem die Tochter in ihr Schicksal entlassen wird.

terpretation sehr entgegen. Der Schauspieler negiert im Spiel gleichzeitig jener zu sein, den er darstellt.

Da ich in allen Arten der Verfremdung die Struktur der gleichzeitigen Negation auf einer anderen Textebene nachgewiesen habe, denke ich, dass mein Prinzip gerechtfertigt ist.

Dieses Prinzip gilt jedoch nur für Brecht, nicht aber für die Verfremdungen vor ihm. Beispielsweise wird zwar im Theater des Mittelalters eine zusätzliche Textebene durch eine Allegorie gebildet, diese steht aber nicht in Negation zu einer anderen. Diese Textebene dient dazu, eine weitere Bedeutungsebene zu schaffen, die das ganze Stück mystisch, religiös auflädt. Mitunter wird hierbei keine Erkenntnis angestrebt, sondern nur eine weitere Ebene zur Vermittlung von Inhalten erschlossen, oder gar eine mystische Erfahrung evoziert. Im Falle der Verfremdungen Wallners und Brechts ist die angestrebte Erkenntnis von anderer Art.

Die Absicht hinter der Verfremdung

Die Unterschiede im Prinzip der Verfremdungen sind nicht nur den Kontexten, in denen sie stehen, geschuldet – denn es ist nicht gleichgültig, ob man ein Theaterstück oder eine philosophische Abhandlung schreibt. Es kann zwar ein Theaterstück durchaus philosophisch sein (und sehr viele sind es) und eine philosophische Abhandlung kann auch durchaus aufgeführt werden und es ist darüber hinaus nicht zu vergessen, dass es in der Geschichte der Philosophie viele wichtige Meilensteine gab, die in Dialogform verfasst wurden (Platon war sogar Stückeschreiber, bevor er Philosoph wurde und das Theater verdammte), aber die Anspruchslage ist letztlich eine andere. Dem Theater haftet der Beigeschmack der Ergötzung an. Es ist Kunst und die Botschaft muss deshalb möglichst schwammig bzw. allgemein sein und es wird in erster Linie als ästhetische Erbauung rezipiert. Die Philosophie hingegen muss möglichst klar auf den Punkt bringen, worin ihre Argumentation besteht – und sie muss in jedem Fall eine haben. Darüber hinaus wird sie zumindest in Fachkreisen anders – wie eine Wissenschaft – rezipiert. Anders ausgedrückt: Die Philosophie ist eine akademische Disziplin und das Theater eine Kunstform. Brecht wollte dieser Rezeptionslage des Theaters durchaus entgegenwirken. Der Philosoph im „Messingkauf" sagt das sogar direkt. Das Theater soll als Forum für philosophische, politische und soziologische Diskussionen gangbar gemacht werden. Es soll ein Medium der Erkenntnisvermittlung[58] werden. Das Mittel, um das zu erreichen,

---

58 Mitunter auch ein Medium der Erkenntnisfindung, was dann aber doch nicht ganz so funktionierte aufgrund der fehlenden Diskursivität. Die große Pädagogik wurde von Brecht fallengelassen.

ist die Verfremdung. Dazu mussten aber erst Normen aufgesprengt werden. In der Philosophie ist das schon erreicht. In ihr werden ständig Normen verlassen und neue errichtet, das ist für sie ganz natürlich. Das Problem der Verfremdung hier liegt ganz anders.

Wallner hingegen möchte sowohl Realismus als auch Instrumentalismus umschiffen. Wissen ist das Produkt von Handlungen und dennoch verbindlich für unser Handeln. Es geht nun darum, Einblick in die Erkenntnishandlungen zu bekommen, um zu sehen, wo diese Verbindlichkeit gegeben ist. Kurt Greiner spricht hierbei von epistemologischer Therapie.[59] Es geht darum, die Gründe und Abläufe unserer Erkenntnishandlungen, speziell im Bereich der Wissenschaft, zu verstehen. Die Verfremdung ist dazu das potenteste Hilfsmittel.

In der Philosophie ist die Verfremdung eine philosophische Methode, in der Literatur eine literarische Figur. Wie bereits erwähnt gab es die Verfremdung vor und nach Brecht[60]. Sie ist ein Stilmittel, um Befremden auszulösen, einen Subtext zu schaffen, eine andere Bedeutung zu unterlegen oder witzig zu sein. Erst bei Brecht wurde sie zum Erkenntnismittel.[61] Wie wir uns dies vorstellen können, zeigt die folgende Stelle recht schön:

> SCHAUSPIELER: Dafür scheine ich in diesem neuen Theater meine Zuschauer in Könige verwandeln zu dürfen. Und nicht in scheinbare, sondern in wirkliche. In Staatsmänner, Denker und Ingenieure. Was für ein Publikum werde ich haben! Vor ihre Richtstühle werde ich, was auf der Welt vorgeht, bringen. Und was für ein erlauchter, nützlicher und gefeierter Platz wird mein Theater sein, wenn es diesen vielen arbeitenden Menschen Laboratorium sein wird! Auch ich werde nach dem Satz der Klassiker handeln: Ändert die Welt, sie braucht es!
>
> ARBEITER: Es klingt ein wenig großspurig. Aber warum sollte es nicht so klingen dürfen, da ja eine große Sache dahintersteht?[62]

Diesen kurzen Abschnitt sehe ich als eine der Schlüsselstellen in Brechts Schriften zum Theater an. Es bringt vieles auf den Punkt, worum es Brecht geht. Das Publikum soll Richter sein. Aber anstatt wie noch bei Francis Bacon über ein Verhör soll es auf Basis eines Plädoyers richten. Was dargebracht wird, ist ein fiktives Szenario, das sorgfältig inszeniert ist. Insofern gilt für dieses „Laboratorium" das zur Theoriegeladenheit von Beobachtungen Gesagte in noch viel stärkerem Maße. Die Verfremdung ist hier ein Argumentationsmittel in einem politischen Programm, was in der "großen Sache", die dahintersteht, angedeutet

---

59 Greiner: Therapie der Wissenschaft, S. 38.
60 Siehe u.a.: Brecht: Neue Technik der Schauspielkunst.
61 Um die Form zu sprengen, war sie schon vorher und nachher üblich. Z.B. eine Trickfilmfigur, die aus der Filmrolle hinausläuft.
62 Brecht: Messingkauf, In: ders.: Schriften zum Theater Bd. 5, S. 243.

wird. Das Besondere hierbei ist jedoch, dass der Sog der Narration gebrochen werden soll und so Brechts Kunst zu keinem Zeitpunkt Propaganda sein will. Selbst in der „Politischen Theorie des V-Effekts"[63] wird die Mündigkeit des Publikums betont. Es geht darum, Befremden über den Status quo hervorzurufen. Dass Brecht Marxist war und auch so argumentierte, wollte er zur Disposition stellen. Er war von der Richtigkeit dessen überzeugt und wollte die Weltrevolution zumindest während einer Phase seines Schaffens vorantreiben. Die Verfremdung aber ist dabei in erster Linie ein Mittel zur Gesellschaftskritik. Ein mündiges Publikum ist durchaus zur Kritik fähig. Die Verfremdung soll diese kritische Mündigkeit wecken und ihr Gegenstände geben und diesen ausgewählten Gegenständen ein Erkenntnismittel sein. Aber sie wendet sich auch gegen sich selbst in ihrem Vollzug, indem sie sich selbst zum Gegenstand der Wahrnehmung macht. Es geht darum, gesellschaftliche, politische und ökonomische Zusammenhänge zu begreifen und überhaupt erst darstellbar und somit zum Gegenstand der Kritik werden zu lassen. Dabei aber macht sie sich zugleich auch selbst, bzw. den Rahmen – das Theater, sichtbar und kritisierbar als Dargestelltes, Nichtreales. Denn es ist nicht die Kritik des Publikums, sondern die Kritik, die der Autor dem Publikum nahelegt. Die Erkenntnis, die entstehen soll, ist in der Verfremdung bei Brecht bereits vorweggenommen. Es ist ein Argumentationsmittel, eine Redefigur des Plädoyers. Das ist ein weiterer bedeutender Unterschied zwischen Wallner und Brecht. Bei Wallner ist das Ergebnis der Verfremdung nicht vorwegnehmbar, bei Brecht zielt sie von Anfang an auf etwas Bestimmtes ab. Sie macht dabei aber keinen Hehl daraus. Insofern könnte man hier sagen, das eine sei ein Erkenntnisverfahren, das andere ein Argumentationsverfahren, da Ersteres ein Prozess ist, um Erkenntnis zu produzieren, Letzteres ein Prozess, um eine bestimmte Erkenntnis in anderen zu reproduzieren. Das soll jetzt kein Vorwurf sein. Brechts politisches Programm ist einfach ein anderer Rahmen und Brecht wollte, wie er selbst schrieb, die Welt ändern, „denn sie braucht es". Dieser andere Rahmen und diese andere Absichtslage erfordern einen anderen Einsatz (d.h. eine andere Art) von Verfremdung.

Interessant ist, dass keine der beiden Arten von Verfremdung ein wissenschaftliches Wissen hervorbringt. Brecht produziert Alltagswissen und Wallner ein epistemologisches Wissen, das er Verstehen nennt. Dabei handelt es sich um ein Wissen über Wissen, das notwendig auch einen Selbstbezug haben muss. Brecht geht es nicht um ein Wissen über Wissen, das auch Wissen von sich selbst sein muss. Ihm fehlt dieser inhärente Selbstbezug in seinem Anwendungsgebiet und deshalb muss sich seine Verfremdung auch selbst ausweisen, die Illusion der Natürlichkeit muss fallen.

---

63   Brecht: Neue Techniken der Schauspielkunst, In: ders.: Schriften zum Theater Bd. 3.

Historisierung

Trotz der eben beschriebenen unterschiedlichen Absichten der Verfremdungen haben sie doch eine gemeinsame Intention. Sie wollen die Kausalität hinter den Vorgängen sichtbar machen, die Voraussetzungen aufzeigen. Es gibt gewisse unhinterfragte historisch-kulturelle Konventionen, auf deren Basis unsere Gesellschaft fußt und wir agieren. Dadurch, dass sie die Axiome unseres Denkens und Handelns bilden, sind sie üblicherweise unsichtbar, aber nicht unveränderbar. Sie sind durchaus einem historischen Wandel unterworfen (ob dieser einem bestimmten Muster folgt oder nicht, sei dahingestellt). Diese, und deren Veränderbarkeit, deren mögliches Andersein und Andersgewesensein, hervorzuheben, ist die Aufgabe der Verfremdung, sowohl der Brechts als auch der Wallners. Brecht geht es dabei eher um die Organisation der Gesellschaft, Wallner um die Organisation von Wissen, beides steht aber in Abhängigkeit von der Lebenswelt. Brecht spricht hier von Historisierung, da sein Fokus, von Marx geprägt, auf der historischen Entwicklung liegt. Wallner achtet verstärkt auf die Interkulturalität, verfügt seine Ontologie doch über den Begriff Lebenswelt, der hier sehr praktisch ist, um den Rahmen zu beschreiben. Man könnte sagen, Brecht geht es hier vor allem um das Andersseinkönnen der eigenen Lebenswelt und Wallner eher um das Anderssein anderer Lebenswelten. In beiden Fällen gibt es ein Andersgewesensein: Die Gegenwart wird als Produkt eines historischen Prozesses aufgefasst, selbst in den Bereichen, die als blinde Flecken der eigenen Wahrnehmung allenfalls als Konstanten, oder ewige Wahrheiten, aufgefasst werden. Dabei wird zugleich auch konsequenterweise von beiden die historische Relativität der eigenen Position mitgedacht.

Ostranenie

Es gibt in der Literaturgeschichte auch ein weiteres Verfremdungs-Modell, das die Verfremdung rein auf ihr Dasein als literarische Figur beschränkt und keinerlei politische Intentionen transportiert. Ich spreche von der Ostranenie der russischen Formalisten.[64] In zahlreichen Übersetzungen der Schriften Victor Sklovskijs, des Protagonisten dieser Strömung, wurde Ostranenie mit Verfremdung übersetzt. Im Folgenden möchte ich einen dieser Texte näher betrachten,

---

64 Die Ostranenie hat sich im Laufe ihrer Entwicklung ständig verändert und der Verfremdung Brechts angenähert. Ich werde hier auf eine frühere, noch von Brecht weiter entfernte Version zurückgreifen. Für Details zur Entwicklung der Ostranenie siehe: Hansen-Löve: Der russische Formalismus. Methodologische Rekonstruktion seiner Entwicklung aus dem Prinzip der Verfremdung.

um die Ostranenie vorzustellen. Daraufhin werde ich auf die Unterschiede zu den von mir behandelten Verfremdungen eingehen.

In „Kunst als Kunstgriff" ist nicht die Ostranenie der zentrale Begriff, sondern das Wort „Kunstgriff". Sklovskij stellt darin, wie schon der Titel verrät, Kunst als etwas dar, was mittels bestimmter Kunstgriffe, also besonderer Techniken, die uns etwas als ästhetisch auffassen lassen[65], zur Darstellung gebracht wird. Kunst wird somit maßgeblich durch das Betrachtungsverhältnis, bzw. das angestrebte Betrachtungsverhältnis, bestimmt. Demnach steht die Wahrnehmung im Zentrum von Sklovskijs Kunsttheorie.

Den Grund dafür erklärt auch Renate Lachmann in „Die Verfremdung und das neue Sehen bei Victor Sklovskij". Es ist die Angst davor, das Erleben zu verlieren.[66] Wir erkennen die Dinge nur noch wieder, aber wir erleben sie dabei nicht. Die (Wieder-) Erinnerung verdrängt das Erlebnis. Das Gewohnte wird nicht gesehen, sondern wiedererkannt[67], wie Sklovskij schreibt. Das nun ist ein normaler Aspekt der Art und Weise unserer Wahrnehmung. Aber um das Erleben nicht zu verlieren, müssen wir von Zeit zu Zeit aus diesem Trott ausbrechen. Uns das zu ermöglichen, ist die Aufgabe der Kunst. Deshalb ist auch nur das Kunst, was vermittels eines Kunstgriffes Einfluss auf unsere Wahrnehmung ausübt, sie verändert. Der wichtigste dieser Kunstgriffe ist natürlich die Ostranenie.

> Um die Wahrnehmung des Lebens wiederherzustellen, die Dinge fühlbar, den Stein steinig zu machen, gibt es das, was wir Kunst nennen. Das Ziel der Kunst ist, uns ein Empfinden für das Ding zu geben, ein Empfinden, dass Sehen nicht nur Wiedererkennen ist. Dabei benutzt die Kunst zwei Kunstgriffe: die Verfremdung der Dinge und die Komplizierung der Form, um die Wahrnehmung zu erschweren und ihre Dauer zu verlängern. Denn in der Kunst ist der Wahrnehmungsprozess ein Ziel in sich und muss verlängert werden. Die Kunst ist ein Mittel, das Werden eines Dings zu erleben, das schon Gewordene ist für die Kunst unwichtig.[68]

In seine Ausführungen dessen, worin der Kunstgriff der Ostranenie (oben mit Verfremdung übersetzt) besteht, stützt sich Sklovskij vor allem auf Tolstoi. Dieser nennt, so Sklovskij, die von ihm verfremdeten (ostranenierten) Dinge nicht beim Namen, sondern beschreibt sie, meist aus der Sicht jemandes, der sie nicht kennt, nicht mit ihnen vertraut und insofern nicht so weit an sie gewöhnt ist, dass er sie nur identifizieren statt zu beobachten brauchte. Dabei bewundert

---

65 Sklovskij: Kunst als Kunstgriff, In: Helmers: Verfremdung in der Literatur, S. 72.
66 Lachmann: Die Verfremdung und das neue Sehen bei Victor Sklovskij, In: Helmers: Verfremdung in der Literatur, S. 321.
67 Frei nach Sklovskij siehe: Lachmann: Die Verfremdung und das neue Sehen bei Victor Sklovskij, In: Helmers: Verfremdung in der Literatur, S. 321.
68 Sklovskij: Kunst als Kunstgriff, In: Helmers: Verfremdung in der Literatur, S. 76.

Sklovskij Tolstois Art, die Dinge von ihrem Kontext losgelöst zur Betrachtung zu bringen.[69] Wobei mit Kontext hier mehr (oder etwas anderes) gemeint ist als der Zusammenhang der Narration. Es ist der Bedeutungs-, Interpretations- und Sinnzusammenhang, den sie in unserer Lebenswelt innehaben. Ein solches Herausnehmen aus der Lebenswelt besteht schon darin, eine andere Sprache zu verwenden. In dieser Beziehung steht Sklovskij dem CR sehr nahe, wenn auch auf einem anderen Gebiet. Ihn beschäftigen nicht Fachsprachen von Wissenschaften, sondern die dichterische Sprache, die sich ja von der Alltagssprache mindestens ebenso deutlich unterscheidet. Im Gegensatz zu Brecht folgt Sklovskij hier Aristoteles, der in seiner Poetik[70] bereits gefordert hat, die dichterische Sprache habe auffällig, fremdländisch, erstaunlich zu sein[71]. Renate Lachmann bringt es auf den Punkt, wenn sie schreibt, für Sklovskij sei Kunst „in Bezug auf das Leben Verfremdung"[72].

Das Problem dabei ist nun, dass sich die Wahrnehmung der Kunst sehr schnell in Konventionen verfängt und so den Aspekt des Fremden verliert. Auf diesem Wege verliert sich die Kunst. Um diesem Problem zu entkommen, muss sich die Ostranenie gegen sich selbst wenden. Sklovskij spricht hier von einem "Kunstgriff der Entblößung des Kunstgriffs"[73]. Er besteht darin, dass die etablierten Formen zerstört werden und durch diese Zerstörung zugleich auf sie hingewiesen wird. Dadurch wird die Wahrnehmung maßgeblich verändert. Hierin sehe ich einen riesigen Schritt Sklovskijs hin zur Brecht'schen Verfremdung. Renate Lachmann hebt hervor, dass sich Sklovskij den Theorien Brechts im Alter mehr und mehr angenähert hat.[74] Einen interessanten Vergleich zwischen den Konzepten von Sklovskij und Brecht hat Hans Günther unter dem Titel „Verfremdung: Brecht und Sklovskij" geschrieben.

Brecht und Sklovskij unterscheiden sich bereits in der Absicht hinter ihren Methoden. Sklovskij möchte die Sprache aus der Automatisierung, in der sie sich verfangen hat, herausführen.[75] Brecht hingegen möchte das Publikum etwas lehren im weitesten Sinn (vgl. Lehrstück). Folgen wir meinen Überlegungen aus dem zweiten Kapitel, so könnten wir sagen, Brecht möchte den Kontext sich

---

69 Ebenda, S. 81.
70 Aristoteles: Poetik, S. 71ff.
71 Sklovskij: Kunst als Kunstgriff, In: Helmers: Verfremdung in der Literatur, S. 81.
72 Lachmann: Die Verfremdung und das neue Sehen bei Victor Sklovskij, In: Helmers: Verfremdung in der Literatur, S. 327.
73 Lachmann: Die Verfremdung und das neue Sehen bei Victor Sklovskij, In: Helmers: Verfremdung in der Literatur, S. 328.
74 Ebenda, S. 338.
75 Günther: Verfremdung: Brecht uns Sklovskij, In: Frank, Greber, Schahadat, Smirnov: Gedächtnis und Phantasma, S. 138.

selbst widersprechen lassen, während der CR und Sklovskij aus dem Kontext heraustreten möchten. Der Unterschied hierbei ist jedoch, dass die Verfremdung des CR ein „Spiel mit Kontexten"[76] ist, die Ostranenie hingegen eine Flucht aus dem Kontext. Ein weiterer Unterschied besteht darin, dass die Verfremdung des CR aus dem Kontext tritt, um zu verstehen, die Ostranenie aber möchte fühlen. So sind die Verfremdungen, denen wir bisher begegnet sind, intellektuelle Unterfangen, bei denen die Erkenntnis und das Verstehen im Zentrum stehen, die Ostranenie aber zielt auf die Wahrnehmung und das Empfinden (derselben) ab. Günther folgend manifestiert sich dieser Unterschied darin, dass die Ostranenie monologisierend ist und aus dem Alltag aussteigen möchte, die Verfremdung aber die Diskursivität sucht und gerade die Alltagserfahrungen zum Gegenstand hat.[77] Dieses Gefälle von Monologisierung und Diskursivität ließe sich auf den Punkt bringen, indem man sagt, Brecht spreche vielstimmig und Sklovskij nur mit einer Stimme, welche sich durch ihren fremdartigen Klang auszeichnet.

Das „dialogische Prinzip"[78], wie Günther schreibt, liegt bei Brecht in dem begründet, was ich als Negation bezeichnet habe. Die Vielstimmigkeit wird erst durch die Dissonanz offenbar – Brechts Stimmen widersprechen einander. Auch die Verfremdung des CR verfügt über eine Vielstimmigkeit. Bei ihr ist es die Pluralität der Kontexte. Die Ostranenie will nun zwar aus einem Kontext heraus, jedoch nicht um dann in einen neuen einzutreten. Sie möchte dieses Außerhalb erreichen, in dem das Staunen zuhause ist. Wenn Heidegger meint, wir würden nicht Geräusch hören, sondern zum Beispiel Motorenlärm, so will Sklovskij zurück zum Geräusch.

Nun muss aber dieses Außerhalb aller Wahrnehmungs- und Bedeutungszusammenhänge selbst wiederum ein Wahrnehmungs- und Bedeutungszusammenhang sein, sonst wäre es für uns nicht wahrnehm- und fassbar. Diese neue Mikrowelt (wie es im CR genannt werden würde) ist Kunst. Diese muss, um funktionieren zu können, immer neue Formen schaffen, um sich nicht selbst zu überleben, indem sie in neuen Automatismen – wie Sklovskij die etablierten Wahrnehmungsmuster nennt, die durch Gewöhnung zu Objekten der Wiedererkennung wurden – erstarren und wiederum das Empfinden verlieren. Die Ostranenie verfremdet also in die Kunst, die nur Kunst ist, wenn sie verfremdet ist. Das ist nicht so zirkulär, wie es klingt. Lediglich die Formulierung dieses Projekts entlang meiner trivialsemiotischen Differenzierung der Verfremdungen wird ein wenig komplex. Denn die Ostranenie verbleibt nicht in ihrem Kontext oder

---

76 Wallner: Konstruktion der Realität, S. 94.
77 Günther: Verfremdung: Brecht und Sklovskij, In: Frank, Greber, Schahadat, Smirnov: Gedächtnis und Phantasma, S. 138.
78 Ebenda, S. 138.

überträgt in einen bereits bestehenden, sondern sie schafft sich den zweiten Kontext stets neu. Es ist demnach ein Weg vom Alltag weg und insofern der neue Kontext, solange er funktioniert, immer fremd, d.i. neu, ist, ist es auch ein Monolog. Bei diesem Heraustreten aus dem Alltag geht es Sklovskij dezidiert nicht um Verstehen wie im CR. Wo es Brecht an einer Erschwernis der Einfühlung, um dem Urteil Platz zu schaffen, gelegen ist, zielt Sklovskij auf eine Erschwernis der Wahrnehmung ab, um die Wiedererkennung abzubrechen und dem Erleben Raum zu geben.

Nicht nur die Zielsetzungen, auch die ideengeschichtlichen Wurzeln sind grundlegend andere. Ilona Svetlikova zeigte in ihrem Aufsatz „The russian formalists notion of ‚ostranenie' [strangification] and its psychological background"[79], dass die Ostranenie als eine Gegenbewegung zum damals vorherrschenden Psychologismus entstanden ist und dabei doch auf diesen aufbaut.[80] Auch die Futuristen waren sehr wichtig für die Entwicklung des Formalismus, was sich auch in der verwendeten Terminologie widerspiegelt.[81] An dieser Stelle ist zu sagen, dass Sklovskij das Konzept der Ostranenie ständig zu erweitern versuchte und Theorien und Denkschulen anderer Literaturtheoretiker, Linguisten und Denker häufig umgedeutet und von seiner Ostranenie umfasst in sein Denken aufnahm. So erging es auch dem Widerspruch, dem dialektischen Kern von Brechts Verfremdung. Aber auch hier können wir immer noch nur von einer Annäherung auf der technischen Ebene sprechen. Der zentrale Unterschied zwischen Sklovskij und Brecht, nämlich dass die Verfremdung Brechts immer die Funktion hat, ein außerästhetisches Anliegen zu transportieren, während Sklovskijs Ostranenie ihrem Inhalte gegenüber gleichgültig ist, bleibt hier bestehen. Erst später, in „Obnovlenie porjatija", meint Sklovskij, dass die Ausklammerung des Inhalts die Kunst ihrer Bedeutung beraubt hätte, die sich nicht darin erschöpfen könne, ästhetisches Mittel zu sein. Eine veränderte Wahrnehmung ist wohl doch immer noch eine Wahrnehmung von etwas. Der Inhalt wird wieder wichtig und das Anliegen des Autors relevant. Aber auch in dieser geänderten Fassung ist die Ostranenie doch noch offener in Bezug auf die transportierten Inhalte als die Verfremdung Brechts.

---

79 Erschienen in: Greiner, Wallner, Gostentschnig: Verfremdung – Strangification.
80 Sie meint, die Wiedererkennung bzw. der Wahrnehmungsautomatismus, gegen den Sklovskij sich wendet, entstammten dem Psychologismus und würden auf Assoziationen beruhen, die zu brechen die Aufgabe der Ostranenie wäre.
81 Ein Beispiel dafür wäre der Begriff des Dinges. Siehe: Günther: Verfremdung: Brecht uns Sklovskij, In: Frank, Greber, Schahadat, Smirnov: Gedächtnis und Phantasma, S. 141.

III. Philosophie und Dramaturgie
Brecht und Philosophie
Brecht und Marx

Bertolt Brecht war als Theoretiker kein Philosoph, sondern setzte bestimmte – vornehmlich dem Kommunismus und Marxismus entlehnte – Philosopheme voraus. Als dramatischer Schriftsteller aber ist es, um nicht banal zu werden, notwendig, auch ein kleiner Philosoph zu sein. Ich sage bewusst ein kleiner Philosoph, weil zwar philosophische Fragen gestellt und behandelt werden, dies jedoch nicht in methodisch geschlossener, argumentativ aufbauender Form geschieht. Die Probleme der Philosophie werden zum Gegenstand der Kunst, nicht der Philosophie.[82]

Auch Brecht arbeitete seine Philosophie künstlerisch und nicht theoretisch auf.[83] Diese Art der Aufarbeitung ist klarerweise für Interpretation viel offener. Sie kann unterschiedlich interpretiert werden und ist tatsächlich noch viel unterschiedlicher interpretiert worden. In der deutschsprachigen Germanistik entwickelten sich, wenig überraschend, in Bezug auf die Stellung von Marx' Gedankengut bei Brecht, einander diametral entgegengesetzte Schulen auf verschiedenen Seiten der Berliner Mauer. Ältere Texte sind aufgrund dieser historisch politischen Situation eher mit Vorsicht zu genießen. Ich werde mich deshalb nur auf eine Publikation von 2011 stützen: „Der Philosoph Bertolt Brecht".

Zunächst möchte ich auf den Beitrag Marcus Llanques eingehen. Im Aufsatz „Individuum und Partei: Brecht und das politische Denken" wird Brechts Verhältnis zur KPD, der UdSSR und dem Kommunismus sowie dem Verhältnis des Einzelnen zur Masse beleuchtet. Ich beginne deshalb beim politischen Denken, weil das der Ort ist, von dem Brecht gedanklich seinen Ausgang nimmt. Brecht war nicht von Anfang an Kommunist, aber er war von Anfang an Antikapitalist. Er war nicht blind gegen Elend und Ausbeutung und er war empört über die Ungerechtigkeit, die er sah. Wie aber kann man diese Zustände ändern? An die Art der Beantwortung dieser Frage ist die Phasentheorie zu Brechts Schaffen geknüpft. Auch als sich in den 20er Jahren, wie Llanque schreibt, vermehrt Spuren einer Marxlektüre finden, so war Brecht doch noch kein Marxist zu dieser Zeit. Er stützte zunächst lediglich seine Kritik am Bürgertum mit Argumenten von Marx. Brechts Aufnahme marxistischer Gedanken, ohne dabei den Marxismus selbst zu übernehmen, finden wir in „Die Dreigroschenoper" und seine Beschäf-

---

82 Sokrates meinte hierzu, die Dichter würden zwar über die größten Dinge schreiben, aber aus Begeisterung und nicht aus Wissen heraus.
83 Auch in „Me-ti. Buch der Wendungen".

tigung mit dem Marxismus selbst, bereits als Marxist, wird wohl in „Die Maßnahme" am deutlichsten. Im Alter hielten dann wieder individualistische, anarchistische Elemente in sein Denken Einzug, wie ja in der Phasentheorie angedeutet.[84] Als Beispiel dafür kann u.a. „Der kaukasische Kreidekreis" herhalten. Damit wären die Stationen unserer kurzen Reise durch Brechts Schaffen festgelegt und wir können aufbrechen.

Die anarchistischen Tendenzen der „Dreigroschenoper" werden schon in der Umkehrung des Milieus von Helden und Schurken sichtbar. Dass die Verbrecher weniger große Verbrecher sind als die Bürger, ist ein Anzeichen dafür. Mehr noch aber ist es Anzeichen für die antibürgerliche Haltung Brechts. Aussagen der Art „Was ist ein Dietrich gegen die Aktie? Was ist ein Einbruch in eine Bank gegen die Gründung einer Bank? Was die Ermordung eines Mannes gegen die Anstellung eines Mannes?"[85] bilden hier eine klare Linie. Am deutlichsten wird der Einfluss Marxens dabei in Brechts wohl berühmtestem Satz: „Erst kommt das Fressen, dann die Moral."[86] Llanque schrieb hierzu:

> Das ist aber noch kein historischer Materialismus Marxscher Provenienz. Im gleichen Song wird klargestellt, dass die beklagenswerten Umstände Ergebnis menschlicher Praxis sind und damit veränderbar. Doch wodurch? Auch die Kapitalisten folgen aus dieser Sicht nur einem Systemzwang, da helfen ethische und religiöse Appelle nicht weit genug.[87]

In diesem Befund muss ich Llanque, so sehr ich mich in allem anderen auch auf ihn stütze, widersprechen. Es wird gerade darin sichtbar, wie Brecht sich Marx zuwendet. Nehmen wir die Ausführungen von Jan Knopf als Unterstützung her[88]. „Erst kommt das Fressen, dann die Moral" drückt nämlich eine Grundidee von Marx aus. Es ist die Idee, dass alle kulturellen und intellektuellen Leistungen des Menschen zur Voraussetzung haben, dass die Grundbedürfnisse gestillt sind. Engels drückte den Brecht'schen Satz in seiner Rede an Marx' Grab so aus:

> Wie Darwin das Gesetz der Entwicklung der organischen Natur, so entdeckte Marx das Entwicklungsgesetz der menschlichen Geschichte: die bisher unter ideologischen Überwucherungen verdeckte einfache Tatsache, dass die Menschen vor allen

---

84 Siehe Knopf: Brechthandbuch Bd. 4, S.
85 Brecht: Die Dreigroschoper. In: Stücke Bd. 2, S. 305.
86 Ebenda, S. 284.
87 Llanque: Individuum und Partei: Brecht und das politische Denken. In: Mayer: Der Philosoph Bertolt Brecht, S. 230.
88 Knopf: „... es kömmt darauf an sie zu verändern.". Marx' Theorie der Praxis bei Brecht. In: Mayer: Der Philosoph Bertolt Brecht.

Dingen zuerst essen, trinken, wohnen und sich kleiden müssen, ehe sie Politik, Wissenschaft, Kunst, Religion usw. treiben können.[89]

Dass die Darstellung der Missstände in der „Dreigroschenoper" nicht mit einer ethischen Anklage, sondern einer Entlarvung der Umstände, die sie erschaffen, einhergehen, ist demnach auch mit Marx gedacht. Der Prozess, in dem wir die Missstände machen, heißt Gesellschaft und der Verlauf dieses Prozesses heißt Geschichte.

> Nehmen wir noch die 12. These über Feuerbach hinzu, dann lassen sich erste Schlüsse ziehen. Sie lautet: „Die Philosophen haben die Welt nur verschieden *interpretiert*; es kömmt darauf an, sie zu verändern."[90] Ist erkannt, dass sich die gesellschaftlich-geschichtliche Welt in ständiger Veränderung befindet, diese Veränderungen aber von Menschen gemacht sind, aber eben auch die Menschen ‚machen', insofern sie ihre (im weitesten Sinn) Möglichkeiten prägen und bestimmen, dann kann Philosophie nicht mehr Weltanschauung sein, wie sie von den herkömmlichen Marxisten immer wieder beschrieben und begrifflich erfasst wurde, sondern *sie muss eine Theorie der (verändernden) Praxis werden.*[91]

Mit der Theorie der verändernden Praxis ist aber keineswegs eine Fibel zu praktischer Veränderung gemeint.

> Der Kommunismus ist nicht ein Zustand, der hergestellt werden soll, ein *Ideal*, wonach die Wirklichkeit sich zu richten habe. Wir nennen Kommunismus die *wirkliche* Bewegung, welche den jetzigen Zustand aufhebt. Die Bedingungen dieser Bewegung ergeben sich aus der jetzt bestehenden Voraussetzung.[92]

Damit hätten wir die Abstammung der Historisierung gefunden. In der „Dreigroschenoper" sind die Menschen noch von der Welt gemacht, in „Herr Puntila und sein Knecht Matti" ist Puntila bereits von der Welt überholt – die Praxis hat sich verändert.[93] Wenn das Gestern auf das Morgen trifft, kommt es notgedrungen zu Reibereien, sind doch auch die geistigen Produkte, der „Überbau", wenn man so will, Produkt der Epoche und im Wandel. So etabliert Brecht auch eine Ethik der Arbeiter als Gegenentwurf zur bürgerlichen Ethik. Doch ich gehe zu

---

89 Engels: Das Begräbnis von Karl Marx, In: Marx, Engels: Werke Bd. 19, S. 335. bzw. Knopf: „„... es kömmt darauf an sie zu verändern."". Marx' Theorie der Praxis bei Brecht. In: Mayer: Der Philosoph Bertolt Brecht, S. 158.
90 Marx: Die Frühschriften. S. 341.
91 Knopf: „„... es kömmt darauf an sie zu verändern."". Marx' Theorie der Praxis bei Brecht. In: Mayer: Der Philosoph Bertolt Brecht, S. 160f.
92 Marx: Die Frühschriften, S. 361. bzw. Knopf: „„... es kömmt darauf an sie zu verändern."". Marx' Theorie der Praxis bei Brecht. In: Mayer: Der Philosoph Bertolt Brecht, S. 161.
93 Siehe: Wagner: Herr-Knecht-Dialektik: Hegels Theorie und Brechts Praxis. In: Mayer: Der Philosoph Bertolt Brecht.

weit voraus. In der „Dreigroschenoper" spielen die Arbeiter noch keine Rolle, sondern nur das Verwerfen der bürgerlichen Ethik. Der Gegenentwurf fehlt noch, die Verbrecher handeln gleich, nur in kleinerem Maßstab.

Der nächste Meilenstein in Brechts philosophisch-politischer Entwicklung ist „Die Maßnahme". Zwischen „Die Maßnahme" und der „Dreigroschenoper" lag ein großer Schritt hin zum Kommunismus. In der Interpretation dieses Stückes gehen Llanque und Knopf dahingehend konform, dass es kein Kniefall vor der Kommunistischen Partei ist und nicht das Opfer Einzelner vor einem größeren Zweck rechtfertigen soll. Zunächst die Handlung: Einige Agitatoren aus Deutschland und Russland werden von der KP nach China entsandt, um dort die Revolution vorzubereiten. Ein junger, naiver Parteifunktionär schließt sich ihnen an und gefährdet mit seinem ideologischen Eifer die ganze Operation, bis sogar das Leben der Agitatoren selbst auf dem Spiel steht. Sie halten Gericht über ihren jungen Begleiter und richten ihn dann mit dessen Einverständnis hin, um doch noch erfolgreich sein zu können.

Es ist wenig verwunderlich, dass ausgerechnet diesem Stück vorgeworfen wird Ideologie zu betreiben. Knopf negiert das aber aufs Schärfste. Seine Darstellung von Marx mündet in einer Realdialektik, in der die Veränderung der Gesellschaft erst dann eintritt, wenn die nötigen Voraussetzungen dafür gegeben sind. Insofern ist der Kommunismus nicht ein Leitbild, anhand dessen der Einzelne die Gesellschaft formen soll, sondern die Konsequenz, die sich aus dem sich überlebenden Kapitalismus ergibt. Knopf liest „Die Maßnahme" als eine Ideologiekritik, die die Ideologie als schädlich und letztlich suizidal entlarvt.

Auch kommen die Agitatoren mit Lehrbüchern nach China und nicht, um handelnd einzugreifen. Auch diese Passivität, die ihr Begleiter in seinem ideologischen Überschwang nicht teilt, unterstützt Knopfs These. Es soll kein Umsturz organisiert werden, es sollen die Voraussetzungen geschaffen bzw. zu Bewusstsein gebracht werden, auf dass sich einer von selbst, d.h. als natürliche Konsequenz der bestehenden Umstände, vollzieht. Es ist nicht unwahrscheinlich, dass Brecht hier auch unterschwellig Kritik an der KPD übt, die sich in der Zeit der Weimarer Republik reichlich ungeschickt verhalten hat. Brecht war von jeher kein Anhänger der KP. Die Phase, während der er „Die Maßnahme" schrieb, ist genau die Zeit, zu der er die größte Nähe zu ihr hatte. Sollte er während dieser Zeit Kritik an ihr geübt haben, so doch nur wohlmeinende und eher an einzelnen Personen denn an der Sache selbst. Die Maßnahme enthält den Song „Lob der Partei" – zumindest in der ersten Fassung. Brecht dürfte also die Partei an sich nicht unbedingt zuwider gewesen sein. Gewisse Aspekte an ihr ließen ihn aber zweifeln. So wurde er auch niemals Mitglied. Ihn störte die autoritäre und bürokratische Struktur. Deshalb schwächte er dann auch in späteren Fassungen das „Lob der Partei" deutlich ab. Eine Kritik an einer bestimmten Art der Politik sollte aber nicht eine Kritik an der Politik im Allgemeinen sein, wie Llanque hervorhebt. Eine vereinnehmende, delegierende Politik mag nicht gut sein, vollständiger Rückzug aus der Politik aber ebenfalls nicht. Die Neufassung des Lobliedes trägt dem Rechnung. Fordert die erste Fassung noch unbedingten Gehorsam ein, so verlangt die zweite Fassung eine kritische Haltung.

Brechts Treue zur Partei, bei aller Kritik, ist insofern bemerkenswert, als Karl Korsch sein wichtigster Lehrer in Sachen Marxismus war. Der Philosoph wurde aus der KPD geworfen und lehnte jegliche parteiideologische Vereinnahmung Marx', speziell unter Stalin, entschieden ab. Er wollte, dass Marx als Philosoph gelesen werde statt als Dogma.

Der Kern von „Die Maßnahme" ist auch ein anderer als Ideologie(kritik) oder die KP. Es ging Brecht darum, politisch richtiges Verhalten zu lehren. Entscheidend ging es auch um das Verhältnis des Einzelnen zum Kollektiv. Diese Frage trat später wieder in den Hintergrund. Brecht, offenbar ernüchtert von der Großen Säuberung unter Stalin, dem Formalismusstreit und seiner Durchquerung der UdSSR, emigrierte in die USA. Dort schrieb er „Der kaukasische Kreidekreis". Seine Darstellung der KP darin fiel deutlich nüchterner aus. Brecht war nach wie vor Antikapitalist. In dem Stück geht es darum, wie Gerechtigkeit verwirklichbar ist. (Sie liegt nicht in kodifiziertem Recht begründet.) Dabei bezieht es sich, wie das davor aufgeführte Vorstück verdeutlicht, auf die Landaufteilung im Kaukasus. Die KP tritt darin als Schlichter auf zwischen Obstbauern, die einen Staudamm wollen, und Ziegenbauern, die ihre Weidefläche behalten wollen. Die Urteilsfindung erfolgt, wie Llanque hervorhebt, eher durch anarchische Selbstorganisation und eine zentrale Frage besteht darin, ob der Richter selbst gut sein muss, um Gerechtigkeit zu schaffen. Kollektiv gibt es hier keines mehr und der Schlichter wird von bewaffneten Militärs eingesetzt und verschwindet wieder nach getaner Arbeit. Seine Notwendigkeit ist begrenzt. Die Rolle und Bedeutung der KP ist also deutlich reduziert und die Meinung von ihr doch eher getrübt.

Zusammenfassend lässt sich sagen, dass Brecht von einer Ablehnung des Kapitalismus ausging und dann bei Marx eine starke Argumentation und tiefgreifende Analyse vorfand. Bei diesem Denken bediente er sich und übernahm mehr und mehr. Er sah in Marx' Werken eine Wissenschaft der Gesellschaft, wie er es im „Messingkauf" auch schrieb. Ihre Ereignisse waren demnach bindend und ihre Prognosen gültig. Diese Sicht des Marxismus als eine Wissenschaft vom Zusammenleben der Menschen und dessen Veränderung im Lauf der Geschichte brachten ihn in Distanz zu gänzlich unwissenschaftlicher Ideologie. Theoretisch müsste sich das Proletariat, wenn die Zeit gekommen ist, selbst befreien, ganz ohne Ideologie. Nun wurde das regulative Element institutionalisierter Revolution, sprich die KP, interessant. Es war eine Erscheinung der Zeit und ein Teil des Prozesses der Änderung. Dabei lief es aber Gefahr, nur zum Instrument (der Delegierung) der Vollstreckung von Idealen (oder Einzelinteressen) zu werden. Es bestand also die Gefahr einer Vereinnahmung durch Vordenker, die sich eine Gefolgschaft aufbauen, um dann ihre, nicht deren, Revolution zu betreiben und ihre, nicht deren, Ziele zu befördern. Auf diesem Wege wurde letztlich jede Revolution betrogen, d.h. einige betrogen in ihrem Verlauf viele. Gerade dies sollte die Partei nicht sein. Sie sollte Strukturen und Organisation bieten, die notwendig waren, insofern sie selbst Erscheinung der Historie ist. Alles, was von dieser Rolle abweicht, schadet letztlich der Sache. Mit den Elementen Historie und Partei kam die Frage nach Stellung des Einzelnen im Verhältnis zum Kollektiv auf. Brecht wandte sich schließlich vom Kollektiv, wohl auch unter dem Eindruck des Totalitarismus, ab. Es geht dann darum, wie ein Element, das selbst nicht gut sein muss, regulativ eingreift, um Gerechtigkeit sicherzustellen. In seinen Schriften zur Theatertheorie ist von diesen Gedanken nur wenig zu merken. Er wollte sein Theater zu einer Plattform dieser Wissenschaft vom Menschen und ihrem Zusammenleben machen. Das war die Zielsetzung. Die Inhalte werden auf der Plattform diskutiert. Die Idee der Historisierung, einem Marx'schen Residuum, ist in seinen theoretischen Schriften zwar präsent, aber die Behandlung von Detailfragen bleibt den Stücken vorbehalten.

Brecht und Wahrheit

Brechts Denken befasst sich mit Dramaturgie, Inszenierung, Geschichte und Ökonomie und im Bereich der Philosophie behandelt er in seinen Stücken Fragen der Sozial-, Rechts- und politischen Philosophie sowie der Ethik, wenn auch nicht mit philosophischen Mitteln. Epistemologie – die Disziplin des Konstruktiven Realismus und das Metier von dessen Verfremdung – hingegen beschäftigt Brecht nicht. Für ihn stellt sich nicht die Frage, was Wahrheit ist, für ihn ist sie evident. So schrieb er in „Fünf Schwierigkeiten beim Schreiben der Wahrheit":

Wenn von einem gesagt wird, er hat die Wahrheit gesagt, so haben zunächst einige oder viele oder einer etwas anderes gesagt, eine Lüge oder etwas Allgemeines, aber *er* hat die Wahrheit gesagt, etwas Praktisches, Tatsächliches, Unleugbares, das, um was es sich handelt.[94]

Die Schwierigkeiten bestehen hier nur noch darin, die richtigen Wahrheiten auszuwählen, sie den richtigen Leuten auf die richtige Weise, ohne dafür belangt zu werden, zu sagen, so man den Mut aufbringt. Dass die Auswahl von Wahrheiten

---

94 Brecht: Fünf Schwierigkeiten beim Schreiben der Wahrheit. In: ders.: Versuche. Heft 9, S. 88.

Kriterien voraussetzt, die sich ihrerseits auf eine Theorie stützen müssen, bedenkt er dabei nicht, sieht er sie bereits in anderen Büchern niedergeschrieben.[95]

Brechts Wahrheitstheorie beschränkt sich darauf, dass Wahrheit einfach (es gibt nur eine), simpel, objektiv, konkret und evident oder zumindest erlernbar ist. Diese Sichtweise wird nicht argumentiert, da seine Sorge dem Verbreiten bestimmter Wahrheiten zu einem bestimmten Zweck gilt. (Der Plural des Wortes „Wahrheit" bezieht sich hier auf wahre Aussagen, von denen es viele gibt und die es zu tätigen gilt. Die Wahrheit selbst gibt es nur einmal.)

Brecht und China

Sowohl der Konstruktive Realismus als auch das epische Theater weisen, trotz europäischer Geburtsorte, eine enge Bindung an die chinesische Kultur auf. Im CR ist dieses Verhältnis das eines Forschungsgebietes und somit eines Anwendungsgebietes für Verfremdung.

Für Brecht war die chinesische (wie auch die japanische) Kultur ein wichtiger Impulsgeber. Er begeisterte sich schon früh für fernöstliche Kulturen und beschäftigte sich intensiv mit ihnen. So fanden viele Mittel des fernöstlichen Theaters, vor allem des Nô-Spiels, Eingang in Brechts Stücke (z.B. „Der Jasager", „Die Maßnahme", „Der gute Mensch von Sezuan", „Der kaukasische Kreidekreis").

Auch verwendete Brecht gelegentlich China als Handlungsort für seine Stücke. Dabei ging es ihm aber immer um die Behandlung westlicher Thematiken. Das Setting ist nur ein exotischer Spiegel der eigenen Politik, wie das bereits häufiger in der Literaturgeschichte der Fall war. Jedoch übernahm Brecht auch Dramaturgie und Darstellungsmittel aus seinem Setting. So sind auch viele Techniken der Verfremdung dem ostasiatischen Theater entlehnt. Schon allein die Tatsache, dass Methoden einer fremden Tradition entstammen müssten, genügt, um einen V-Effekt zu erzielen, aber die Verfremdung reicht weitaus tiefer: Brecht schrieb nach seiner Begegnung mit dem chinesischen Schauspieler Mei Lan-Fang den berühmten Aufsatz „Verfremdung in der chinesischen Schauspielkunst". Es wird vermutet, dass dieser Text 1937 geschrieben wurde. Veröffentlicht wurde er jedoch erst 1954 und nur auszugsweise. Mei Lan-Fang begegnete Brecht 1935 während seiner Moskaureise. Das Wort „Verfremdung" verwendete Brecht erst von 1936 an, jedoch ist die Sache selbst, wie ich bereits dargelegt habe, deutlich älter. Das hob auch Brecht in seinem Aufsatz hervor: „Die Experimente des neuen deutschen Theaters entwickelten den V-Effekt

---

95 Ebenda, S. 89.

ganz und gar selbständig, es fand bisher keine Beeinflussung durch die asiatische Schauspielkunst statt."[96]

Zweifellos war die Reise als Ganzes prägend für Brecht, aber ebenso zweifellos gab es das Prinzip der Verfremdung schon vorher in Brechts Denken. Tschong Dae Kim schlägt vor, dass Brecht seine Ideen im Spiel Mei Lan-Fangs wiedererkannt haben könnte und ihm dies weiterhalf, seine eigenen geistigen Produkte besser zu verstehen.[97] Es ist nachweislich sehr viel Fernöstliches in der praktischen Umsetzung in Brechts Schaffen hineingeflossen. Insofern war dieser chinesische Theaterabend, den Brecht 1935 in Moskau besuchte, durchaus von immenser Bedeutung für die Weiterentwicklung des V-Effekts.

Den Höhepunkt von Brechts Beschäftigung mit China bildet wohl „Me-Ti. Buch der Wendungen". Es handelt sich dabei um ein vom Philosophen Mo-Di, dem I-Ging (bzw. I-ching oder Buch der Wandlungen)[98] und den Geschehnissen seiner Zeit inspiriertes Werk. Es ist eher ein Journal oder eine Art verfremdetes Tagebuch denn eine philosophische Abhandlung. Brecht nutzt darin China als Setting seiner Gedanken, wie schon eine Tabelle zu Beginn zeigt, in der Namen wie Marx, Lenin, Korsch, Feuchtwanger oder auch Hitler chinesische oder pseudochinesische Namen zugeordnet werden, mit denen sie im Verlauf der Aphorismen angesprochen werden. Dieses Werk ist, wie bereits gesagt, nicht im eigentlichen Sinn philosophisch zu nennen. Brecht verfremdet hier die politischen Geschehnisse seiner Zeit in chinesische Weisheitsliteratur. Er selbst sah es in erster Linie als Anleitung zum Handeln an und nannte es in einem Brief an Karl Korsch auch sein „Büchlein mit Verhaltenslehren"[99]. In diesem Buch bringt er seine Gedanken zu verschiedensten Themen, in erster Linie und vor allem aber Marxismus und Revolution zu Papier. Dabei gibt er jeoch keine argumentative Rechtfertigung für sein Denken. Auch eine Ordnung der in Aphorismen verfassten Gedanken ist schwer auszumachen und vermutlich nebensächlich. Das Interessante ist, dass Brecht sein Denken in einen anderen Kulturkreis verfremdet hat.

Philosophisch beschäftigte sich Brecht vor allem mit dem Taoismus. Er verband Marxismus und Taoismus in seinem Denken. So ist die Historisierung ebenso Kind der Marx'schen Philosophie wie des Taoismus. Da es für Brecht nur eine Wahrheit gibt, er also einen realistischen Wahrheitsbegriff hat, gibt es

---

96 Brecht: Verfremdung in der chinesischen Schauspielkunst, In: ders.: Schriften zum Theater Bd. 5, S. 178.
97 Kim: Bertolt Brecht und die Geisteswelt des Fernen Ostens, S. 111.
98 Siehe: Johnson: Nachwort, In: Brecht: Me-ti. Buch der Wendungen, S. 197f.
99 Brecht: Briefe, Nr. 304. bzw.: Johnson: Nachwort, In: Brecht: Me-ti. Buch der Wendungen, S. 198f.

für ihn nur die Möglichkeit einer Verbindung der Lehren. Da er kein Philosoph ist, versucht er das als Künstler. So verfasste Brecht etwa eine Legende von Lao Tse in Gedichtform[100] oder versuchte das „Kommunistische Manifest" in Hexameter umzudichten[101].

Den vollen Umfang der chinesischen Philosophie auf Brechts Denken zu rekonstruieren, wäre wohl an dieser Stelle zu umfangreich, weshalb ich mich darauf beschränken werde, den taoistischen Aspekt der Historisierung hervorzuheben. Dabei greife ich auf die bereits zitierte Arbeit von Heinrich Detering zurück.

Detering beschreibt die im „Daodejing" (Daodeching, Taoteking; Tao: Weg; Tê: Lebenskraft; King: kanonisches Buch)[102] dargestellte Philosophie als eine „mystisch, monistische Metaphysik und eine daraus abgeleitete, aus Prinzip prinzipienlose Ethik von situativer Geschmeidigkeit."[103] Den Materialisten Brecht interessierte wohl weniger die Metaphysik als die Ethik. Einem überzeugten Bürokratiegegner, der aus diesem Grund auch der UdSSR den Rücken gekehrt hat, steht gerade die prinzipienlose Ethik eher nahe als das Festgefahrene. Etwas davon spiegelt sich wohl auch im „Kaukasischen Kreidekreis" wieder.

Das Tao (Dao) ist ein ursprungs- und endloses Strömen. Diesem sollte der Mensch angemessen gegenüberstehen. Die entsprechende Haltung liegt im Wu-Wei. Jenes besteht im Nichthandeln und Nichtwiderstreben. Das Ganze wird in einem berühmten Bild verdeutlicht: Das Wasser, obgleich das Schwächste, bricht doch den Stein. Das Schwache triumphiert eben durch seine Schwäche über das Starke, das Weiche über das Harte. Erst vor diesem Hintergrund wird die Ideologielosigkeit von „Die Maßnahme" voll verständlich. Es geht beim Tao um die „weltverändernde Kraft des Flusses"[104], wie Detering schreibt. Dieser Kraft zu widerstreben, macht keinen Sinn, mit ihr zu gehen hingegen schon. Mit ihr zu gehen, führt zum Sieg.

Auch bei Marx finden wir gewordene Formen im Fluss der Bewegung. Und auch bei ihm geht es um das Verhalten der Menschen dem gegenüber. So ist eine Verknüpfung von materialistischer Dialektik und Taoismus an dieser Stelle möglich, wenn auch nicht zwingend. Brecht dachte wohl, wie es mir scheint, in eine solche Richtung, als er seine Historisierung entwickelte. Gerade seine Ideologiekritik und sein gespaltenes Verhältnis zur KP sind Indizien dafür. Er war

---

100 Brecht: Die Legende von der Entstehung des Buches Taoteking auf dem Weg des Laotse in die Emigration.
101 Siehe: Detering: Brechts Taoismus. In: Mayer: Der Philosoph Bertolt Brecht, S. 83.
102 Ebenda, S. 69.
103 Ebenda.
104 Ebenda, S. 70.

im Grunde kein Revolutionär, sondern jemand, der meinte, dem Wandel der Zeit entsprechend zu folgen. Deshalb standen in seinen Stücken und seiner Dramaturgie auch immer das Verstehen und Verständlichmachen dieses Wandels im Mittelpunkt. Und zugleich auch seine Erkenntnis, dass ein Wandel zum Guten nicht erkämpft werden kann, sondern der Weg dahin nur über das Wu-Wei führt, durch das sich der Wandel von selbst einstellt und die Schwachen die Starken durch den Fluss besiegen.

Ethik, Ästhetik und Narration im Konstruktiven Realismus

Nachdem ich nun versucht habe, Brechts Verhältnis zur Philosophie (in Bezug auf die Verfremdung) darzulegen, so werde ich nun, um die duale Form dieser Arbeit zu wahren, versuchen das Verhältnis des Konstruktiven Realismus zu Brechts Themen, also Ethik, Ästhetik und Narration, zu klären. Den Boden der Philosophie, den ich für unhintergehbar halte, da dahinter das Fragen endet, werde ich dabei nicht verlassen. Ich möchte vielmehr versuchen in Grundzügen einige Gedanken zu skizzieren, wie der CR mit diesen Bereichen umgehen bzw. sie auffassen könnte. Keineswegs aber will ich den Versuch unternehmen, eine Ethik oder Ästhetik des CR zu entwickeln, was zweifellos ein zu großes Unterfangen hier wäre. Es geht mir darum, diese Bereiche aus dem Blickwinkel des CR zu betrachten, nicht ihnen Inhalte zu geben.

Ethik

Das Hervorbringen von Handlungsanweisungen mittels theoretischer Konstrukte wird im CR Mikrowelt genannt. Insofern sind Ethiken im CR Mikrowelten, die auf besonders direkte Weise unser Handeln determinieren sollen. Gebildet werden diese Mikrowelten – mehr oder weniger – über Analysen unserer Lebenswelt. Demnach würde die Verfremdung bei der Analyse der Ethiken (jener Mikrowelten) hilfreich sein, sowohl dahingehend, uneingestandene Voraussetzungen offenzulegen, als auch beim Aufeinanderprallen verschiedener Ethiken zu vermitteln – vor allem im interkulturellen Bereich. Aber was hilft das schon im ethischen Diskurs selbst? Wenn die Realität, obzwar nur ein Konstrukt, so doch nicht hintergehbar ist, sind infolgedessen auch unsere Wertungen nicht bloß ein Hemd, das wir einfach wechseln können. Wir bewerten unwillkürlich andere Ethiken nach Maßstäben, die nicht die ihren sind.

Versuchen wir nun Gemeinsamkeiten und Konstanten unter den Voraussetzungen zu finden, vielleicht mit dem Hintergedanken der Konstruktion einer Weltethik, auf alle Fälle aber mit dem Ziel, das allgemeine human Gegebene zu ergründen, so wird uns die Verfremdung zwar als Methode gute Dienste leisten, das gesamte Unterfangen aber wird scheitern. Verhaltensweisen, und auch Muster zur Handlungsbeurteilung, können nachweislich an- und aberzogen werden. Deshalb ist es erstens – vor allem in einem Feld, das so stark theoriegeladen, d.h. in diesem Fall von voreingenommener Wertung die Beobachtungen verzerrenden Feld – unmöglich, mit Sicherheit zu sagen, was natürlich gegeben ist und was erlernt. Zweitens ist es hinfällig, da, wenn es nicht einmal mehr unterscheidbar ist, was woher stammt, der Unterschied in der Praxis irrelevant ist. Das Angeborene und das Erlernte sind offenbar gleich stark. Des Weiteren besteht bei einem solchen Unterfangen auch die Gefahr einer sehr schädlichen Verwechslung. Es könnten dabei die Anreize, etwas zu tun, die Impulse, die uns zur Tat bewegen, die ja durchaus biologisch gegeben sein können, aber auch gesellschaftlich und somit kulturell, mit dem verwechselt werden, worum es in der Ethik geht. In der Ethik geht es nämlich nicht um unsere Antriebe, etwas zu tun, sondern um die Gründe für die Entscheidung, ob wir diesen Antrieben nachgeben oder nicht. Um dieses Entscheiden philosophisch handhabbar zu machen, wird es mit dem Begriff „Wille" substantiviert. Der Wille braucht Gründe, nach denen er sich richten kann, und sobald es um Begründungen geht, ist es eine Angelegenheit der Vernunft. Wir sehen: Reduktionismus ist ein Irrweg.

Nehmen wir den Faden an anderer Stelle wieder auf. Die Welt ist für uns, laut CR, nicht außerhalb von Realität betrachtbar. Ethik gibt es nicht außerhalb von Mikrowelten und Moral nicht außerhalb von Lebenswelten. Daraus folgt, dass Ethik auf Diskurse angewiesen ist. Ohne die Diskurse gibt es keine Ethik und wenn die Diskurse einen finalen Endpunkt erreichen, dann ist das der Tod der Ethik, wie ein endgültiger Erfolg der Wissenschaften auch der Tod der Wissenschaft wäre. Indem wir nach dem Guten fragen, ermöglichen wir es erst. Es gibt nun zwei Arten, danach zu fragen. Um ehrlich zu sein, gibt es wohl unendlich viele, aber es besteht eine traditionelle Unterteilung in Ethik und Moral.

Die Moral stammt vom Wort „mores" – die Sitten – ab und bezeichnet die Sittlichkeit. Das Wissen, was sich gehört. Ethik hingegen ist die philosophische Reflexion darauf, also die argumentative Begründung und Herleitung dessen, was sich gehört.

Eine Ethik ist eine normative Mikrowelt, die, je nachdem wie sie selbst das sieht, Teil der Realität ist oder nicht. Auf alle Fälle soll sie Handlungsanweisungen begründen oder produzieren (was in der Ethik häufig dasselbe ist), die in der Lebenswelt verwirklicht werden sollen. Die Moral ist weniger argumentativ fundiert und eher kulturell verwurzelt. Insofern ist sie Teil der Lebenswelt. Bei ihr geht es weniger um Begründung und Herleitung als um akzeptierte Praxis. Ein Mittel, dieses kulturelle Wissen über gutes Handeln zu vermitteln, sind Geschichten.

Ästhetik

Das Feld der Ästhetik[105] scheint mir eine Mikrowelt zu sein, die als Reflex, aber nicht unbedingt Reflexion, auf die Lebenswelt gebildet wird, ohne dabei Teil der Realität zu sein. Die Ästhetik als philosophische Teildisziplin hingegen ist eine Mikrowelt, die als Reflexion auf die Mikrowelten des Feldes der Ästhetik gebildet wird und Teil der Realität ist. Mit Feld der Ästhetik meine ich hier Kunst oder das Feld der ästhetischen Wahrnehmung. Eine genaue Definition ist Sache der philosophischen Teildisziplin. Zu beiden Wortbedeutungen von Ästhetik gibt es jeweils mehrere Mikrowelten. Der Gedanke nur einer einzigen Ästhetik und einer Theorie der Ästhetik wäre auch der Philosophie des Konstruktivismus nicht angemessen und, wenn wir ehrlich sind, eine furchtbar öde Vorstellung. Im Folgenden werde ich nur über Ästhetik im Sinne von Kunst/Wahrnehmung/... reden und somit zwangsläufig Ästhetik im Sinne von Philosophie betreiben. Es geht mir hierbei weniger um das Empfinden. Eine Trennung von Verstand und Gefühl erscheint mir – wie auch Brecht – nicht haltbar. Besser ist es, von einem Erfreuen an einer Mikrowelt, die außerhalb der Realität liegt, letztlich aber doch noch einen Bezug zur Lebenswelt aufweist, zu sprechen. Diesen Bezug – und sei es ein negativer Bezug (siehe Sklovskij) – benötigt sie, um noch aussagefähig sein zu können. Vom Bezug zur Lebenswelt hängt nicht nur ab, ob das Kunstwerk (im weitesten Sinn) aussagefähig ist, also verstanden wird, sondern auch, ob es überhaupt als Kunst aufgefasst wird und nicht beispielsweise als Sauerei. Dazu müssen bestimmte Normen, die die Lebenswelt vorgibt, beachtet werden. Wird es nicht in einem für Kunst üblichen Rahmen präsentiert und erfüllt es nicht für die jeweilige Kunstrichtung übliche Normen, wird es nicht als Kunstwerk erkannt. Ist es so abstrakt, dass überhaupt kein Bezug zur Lebenswelt mehr besteht, was wirklich schwer ist, so ist es langweilig und nur noch interessant für Leute, die die Theorie der Ästhetik betreiben. Diese ganzen Normen sind kulturabhängig,

Was ich mit Rahmen der Präsentation meine, ist schnell erklärt. Ein abmontiertes Pissoir, das von betrunkenen Jugendlichen vor einem Hauseingang deponiert wird, ist Vandalismus. Wird es von einem anerkannten Künstler in einer Galerie ausgestellt, ist es Kunst. Graffiti sind beispielsweise ein Grenzfall. Bei Grenzfällen entscheiden häufig die Qualität und eine gewisse Hartnäckigkeit.

Was ich mit Normen, an die sich die Kunst zu halten hat, meine, möchte ich am Beispiel der Dramaturgie erklären.

---

105 Damit meine ich Kunst im weitesten Sinn und was als solche aufgefasst wird bzw. die Gegenstände der ästhetischen Wahrnehmung, also ein Gemälde, einen Blockbuster oder einen schönen Sonnenuntergang.

Narration

Eine Geschichte gehorcht in ihrer Dramaturgie, in der Struktur ihres Aufbaus, in bestimmten Wendungen in ihrer Erzählung, in der darin bestehenden Rollenverteilung, im Aufbau dieser Rollen und in ihrer Erzählweise bestimmten Regeln. Diese Regeln können mehr oder weniger streng sein. Bei Aristoteles und im klassischen Drama sowie im heutigen Hollywood sind sie eher strenger. Hier lässt sich auch eine Traditionslinie ausmachen. Ein Vergleich zwischen „Poetik" von Aristoteles und „Story" von Robert McKee würde zahlreiche Parallelen zutage fördern. In der Avantgarde und dem Independentfilm finden sich Abwege davon, die es mit den (für Autoren und Dramaturgen durchaus) klar festgelegten Regeln nicht so genau nehmen, ja sogar mit ihnen spielen.

Diese Regeln sind wir gewohnt. Weicht eine Erzählung davon ab, so verlangt uns das eine gewisse Konzentration ab, um ihr folgen zu können – was ja auch einer der Punkte Brechts ist. Diese Konventionen sind von dem Ort und der Zeit abhängig, sprich von der Lebenswelt. Man kann sie auch in anderen Arten von Kunst erkennen, aber bei Geschichten sind sie besonders ausgeprägt, wichtig und dadurch auch offensichtlich. Wir können zum Beispiel auf einen Blick erkennen, ob ein Stück von 870, 1770 oder 1970 stammt oder ob ein Film in den 1980ern oder den 2000ern, in Hollywood oder Bollywood gedreht wurde.

Eine Geschichte ist eine Mikrowelt im allerweitesten Sinn, die nicht Teil der Realität ist, aber in Rückbindung an die Lebenswelt entwickelt wurde, zum einen das Sujet, zum anderen die Art, wie sie konstruiert wurde, betreffend. Gerade an der Art, wie eine Geschichte konstruiert wurde, wird sie als Fiktion (also als außerhalb der Realität) gelesen. Erst dadurch erkennen wir sie als Kunstwerk. Nun gab es aber eine Zeit, da bestand unsere Realität aus Geschichten. Dann ist die Art, wie die Geschichte erzählt wird, das, was sie zur Realität macht. Erst durch das Befolgen strenger Regeln in Bezug auf Inhalt und Darbietung wird eine Erzählung zu einer kultischen Handlung. Die Unterschiede zwischen Mythos und Logos und den Übergang vom einen zum anderen kann ich hier nicht darstellen. Ich brauche wohl nicht erst zu erwähnen, dass die Kausalität des Logos eine andere ist als die Kausalität einer Narration. Es ist aber an dieser Stelle zumindest darauf hinzuweisen, dass Hegel in seinen „Vorlesungen über Ästhetik" die Kunst als Verfallsform des Religiösen sieht. Für den CR ist es jedenfalls sehr interessant, dass es Realitäten gibt, die durch Geschichten aufgebaut sind. Das Heraustreten dieser Geschichten aus der Realität – mitunter durch gegenteilige Beobachtung oder logische Widerlegung, was beides einen Wandel der Lebenswelt voraussetzt, um überhaupt möglich zu sein – ist dann eine Säkularisierung des Kultischen zum Künstlerischen.

Mit dem Wandel der Lebenswelt kommt es zu einer Aufwertung des Argumentes gegenüber der Narration. (Oder der Wandel besteht eben in dieser Aufwertung?) Damit ändert sich zugleich auch die Anspruchslage an die Geschichten. Das Argument hält in sie Einzug. Auch die Themen ändern sich und die Darstellung einer nichtnarrativen Kausalität in einer Geschichte wird interessant. Eben das war es auch, worauf Brecht abzielte. Die Säkularisierung hat in die Geschichten selbst Einzug gehalten. Man erkennt das auch sehr schön an der Terminologie. Das, was heute als Story bezeichnet wird, hieß bei Aristoteles noch Mythos.

Der Mythos hatte einen normativen Anspruch. Dieser ist bis heute in gewisser Weise geblieben. Die Ethik ist, wie ich bereits dargelegt habe, auf argumentierende Diskurse angewiesen, aber ebenso auch auf Moral und Moral ist eine Vorstellungen von richtigem Handeln, die kulturell präsent ist. Diese Präsenz lässt sich in Geschichten ausmachen. Ich würde sogar so weit gehen, zu sagen, dass Gut und Böse Begriffe der Dramaturgie sind.

IV. Verfremdung der Verfremdung

Verfremdung des CR im Kontext von Bertolt Brechts epischem Theater

Um die Verfremdung des CR überhaupt verfremden zu können, muss zunächst ihr Verfahren isoliert werden. In ihrem Fall ist das glücklicherweise bereits von Anfang an klar definiert:

Die Verfremdung im Konstruktiven Realismus ist im Grunde genommen nichts anderes als eine Form der Übersetzung, bei der eine Aussage (bzw. ein Aussagensystem) von einem Kontext in einen anderen – eben einen fremden – übertragen wird. Dies bringt zumeist ein bizarres Ergebnis hervor, mithilfe dessen dann die mitgedachten Voraussetzungen des einen Kontextes leichter identifiziert werden können.

Da Brecht ein Praktiker war, werde ich damit beginnen zu überprüfen, ob sich dieses Prinzip in seiner Praxis verwirklicht findet. Ich werde versuchen Brechts Verfremdungen mit der Verfremdung des CR nachzubauen. Um das Ganze übersichtlicher zu gestalten, verwende ich statt des Begriffes „Verfremdung" (des CR) die Umschreibung „Übertragung eines Zeichens oder einer Zeichenfolge von einem Kontext in einen anderen", „Übersetzung" oder „Spiel mit

Kontexten"[106]. Ich spreche hier von Zeichen, da Aussagen, Aussagensysteme oder Begriffe nicht all das abdecken, was im Theater involviert ist. Die Verfremdung würde allzu bald enden. Dieser Unterschied sei hier bereits als erste gefundene Voraussetzung vermerkt. Es geht beim Theater nicht nur um begriffliches Denken, sondern auch um den Umgang mit Zeichen.

Von einem Kontext in einen anderen übertragen können der Autor, die Regie und die Schauspieler. Der Autor überträgt durch (bzw. in den Bereichen) Handlung, Aufbau und Sprache. Eine Übertragung von einem Kontext in einen anderen kann etwa eine stilisierte Sprache sein, die nicht dem Genre des Stückes, sondern einem anderen entspricht. Dieses Verfahren wurde von Brecht in „Die heilige Johanna der Schlachthöfe" eingesetzt. Ähnlich verhält es sich auch mit Zitaten aus Klassikern. Es wird etwas von einem Kontext in einen anderen übertragen – von einem Drama in ein anderes. Bei Sprichwörtern, die dem Kontext angepasst wurden, sind bereits Änderungen so weit vorgenommen, dass sie den Voraussetzungen im neuen Kontext entsprechen. Das ist bereits weiter, als eine Übertragung von Kontext zu Kontext üblicherweise geht, da sie eben nicht Einpassung zum Ziel hat. Gerade durch die Änderungen wird hier aber auf die geänderten Voraussetzungen des neuen Zusammenhanges hingewiesen.

Noch gravierender sieht die Sache mit einander entgegenlaufenden Texten und Subtexten aus. Ein Subtext ist kein eigener Kontext. Das würde schlicht nicht funktionieren, da er abgekoppelt vom Text nicht existieren kann. Auch ist ein Subtext keine Deutungsebene. Er mag zwar welche eröffnen, aber er selbst ist keine. Es handelt sich schlicht um eine Aussage desselben Kontextes. Aber selbst wenn der Subtext mit viel interpretatorischem Geschick, und letztlich doch fehlerhaft, als ein eigener Kontext aufgefasst wird, so ist dessen Verhältnis zum Text nicht zwangsläufig das eines Widerspruches, wie Brecht es fordert. Darüber hinaus findet hier schlicht keine Übertragung statt, selbst wenn es zwei Kontexte geben würde. Das Gleiche gilt für eine dargestellte Diskrepanz zwischen Taten und Worten. Eine Übertragung vermag hier nicht zu leisten, was Brecht forderte.

Ein weiteres Mittel des Autors liegt im Aufbau des Werkes. Es wäre hier möglich, aus anderen dramaturgischen Traditionen oder Epochen Stilmittel zu übernehmen – etwa Chöre aus dem antiken Griechenland oder Songs aus Musical und Operette oder eher Kabarett und Volksstück. Man übersetzt Stilmittel unter Kontexten verschiedener Epochen und Traditionen. Dasselbe kann man auch mit Literaturgattungen machen und Erzähler einführen, wie bei einem Roman. Daher hat das epische Theater auch seinen Namen. Hingegen wurden

---

106 Wallner: Konstruktion der Realität, S. 94.

Sprünge zwischen den Szenen, also Brüche im Handlungsverlauf, von nirgends übertragen und es ist auch überhaupt nur ein Kontext beteiligt.

Was die Handlung anbelangt, so kann sie Erwartungen enttäuschen und einer verqueren Logik folgen. Diese Logik aber ist für Brecht die Logik der Realität (hier im Sinne des Alltagsbegriffes), wie er sie sieht. Die Erwartungen werden enttäuscht, weil eben nicht die Gesetze des Märchens, sondern die Gesetze der Realität angelegt werden. Eine Übertragung im weitesten Sinne liegt hier also vor.

Auf der Ebene des Autors geht der Verfremdung, wenn sie zu einer Übertragung von Zeichen(folgen) zwischen Kontexten wird, also einiges, aber nicht alles verloren. Sehen wir uns nun die Inszenierung an. Hier können Elemente und Darstellungsmittel anderer Traditionen und Epochen, etwa dem Nô-Spiel, übernommen werden, wie sich auch der Text bei anderen Traditionen und Epochen bedienen kann. Es können andere Kunstrichtungen, wie die Bildende Kunst, Einzug halten. Wie etwa surrealistische riesige Masken, die von den Schauspielern getragen werden. All das sind Übertragungen zwischen Kontexten. Schwerer, einen weiteren Kontext zu finden, ist es, wenn Bühnenbild und Kulisse plötzlich sehr abstrakt werden, also sich nur noch die notwendigsten Requisiten auf der Bühne befinden und alles andere weggelassen wird. Einfacher hingegen wird es, wenn man dabei technisch aus dem Vollen schöpft und andere Medien, wie etwa Filmprojektionen, mit einbezieht. Ein von Brecht gern gebrachtes Beispiel besteht darin, dass die Scheinwerfer offen angebracht werden sollen, um so die Illusion zu brechen. Dies ist jedoch keine Übertragung eines Zeichens, da die Scheinwerfer erst im Kontext der Inszenierung überhaupt zum Zeichen werden.

Für die Inszenierung gilt also dasselbe wie für den Text: Einiges bleibt, anderes nicht. Nicht so aber bei Brechts verfremdender Schauspielkunst. Würden wir hier annehmen, was ich nicht tue, dass Brecht hier die chinesische Schauspielkunst des Mei Lan-Fang in die europäische Guckkastenbühne übertragen würde, so hätten wir zwar, was wir suchen, aber es wäre nicht das, um das es Brecht geht. Das Sich-Überlagern von Rolle und Schauspieler, das „nur-zeigen-und-nicht-sein", die Distanz zum Dargestellten, aus der heraus eine Haltung ihm gegenüber eingenommen werden soll, läuft nicht darauf hinaus, dass etwas aus dem einen in den anderen übertragen wird. Sie existieren beide gleichzeitig nebeneinander. Die Übertragung von Aspekten aber bleibt aus. Damit fällt einer der Eckpfeiler von Brechts Theater.

Nicht jede Verfremdung Brechts ist also ein Spiel mit Kontexten im Sinne des CR. Doch genug der Praxis, wenden wir uns nun der Theorie zu. Brechts Verfremdung erfüllt bestimmte Aufgaben in seiner Theatertheorie. Versuchen wir herauszufinden, ob eine „Übertragung eines Zeichens oder einer Zeichenfolge von einem Kontext in einen anderen" das auch kann.

Dem Vertrauten soll seine Selbstverständlichkeit genommen werden. Es soll in einer Weise dargestellt werden, die es als fremd erscheinen lässt, damit es endlich erkannt wird. Vorerst ist es noch unerkannt, eben weil wir es gewohnt sind. Dazu muss zunächst einmal die Haltung des Publikums geändert werden. Es muss aus seiner Trance erwachen und sich nicht bloß berieseln lassen, sondern mitdenken. Der Verstand muss geweckt werden und das Mitfiebern mit dem Protagonisten unterbunden. Das Publikum soll ihn kritisch analysieren und nicht seine Nöte teilen. Kurz: Illusion und Einfühlung müssen gebrochen werden. Eine „Übertragung eines Zeichens oder einer Zeichenfolge von einem Kontext in einen anderen" allein vermag das noch nicht. Nur weil eine Übersetzung stattfindet, heißt das noch nicht, dass sie auch als solche auffällt[107]. Eine „Übertragung eines Zeichens oder einer Zeichenfolge von einem Kontext in einen anderen" ist nur dann gescheitert, wenn es nicht als solche erkannt wird, sondern für bare Münze genommen wird. Sie setzt also bereits eine gewisse Haltung voraus, um durchgespielt werden zu können. Nun aber soll sie eben diese Haltung erzeugen. Sie muss sich also ihre eigenen Voraussetzungen selbst schaffen. Ab hier wird es für den Logiker verdächtig, muss es aber nicht. Ein Spiel mit Kontexten kann bekanntermaßen durchaus aufrüttelnd seltsame Ergebnisse zeitigen. Mitunter wird es sogar gerade deshalb gespielt. Aber um zu wissen, was dabei herauskommt, muss es bereits durchgespielt worden sein. Man müsste also sein Theater aus bereits durchgespielten Spielen mit Kontexten montieren.

Sind die Zuschauer erst einmal verdutzt genug, kann ihre Aufmerksamkeit auf bestimmte Aspekte gelenkt werden. Auch das geht mittels einer „Übertragung eines Zeichens oder einer Zeichenfolge von einem Kontext in einen anderen" ganz gut – vor allem wenn das Zeichen oder die Zeichenfolge im neuen Kontext nicht dasselbe macht wie bisher, sondern beispielsweise nur noch Nonsens, d.h. wenn seine Bedeutung aufhört Sinn zu ergeben. Aber auch hier kann man vorher nicht sagen, ob das geschehen wird oder nicht und so müssen auch hier bereits bekannte Spiele mit Kontexten verwendet werden.

Durch das, was aufgezeigt wird, hat das Stück eine gewisse Aussage. Es werden Dinge zur Darstellung gebracht, die direkt vielleicht überhaupt nicht abbildbar wären – etwa Gedanken und Konzepte sowie deren Voraussetzungen, Ursache-Wirkungsverbindungen, die hinter den Ereignissen der Handlung stehen und auf die der Autor eigentlich hinauswill. Dazu kommen nur sehr bestimmte und wohl bekannte Spiele mit Kontexten in Frage, die sorgsam arrangiert werden müssen.

---

107 Siehe das Beispiel von Mommsens Staatsanwalt.

Die Frage hier ist nun, ob die Entstehung eines Theaterstückes auch tatsächlich so abläuft, dass Autor, Regie und das gesamte Ensemble samt Technik und Bühnenbild auf gut Glück mit Kontexten spielen und diese dann nach dem Geschmack von Autor und Regisseur ausgewählt und aneinandergefügt werden, bis sich daraus eine Handlung ergibt. Das wäre wohl nicht sehr produktiv. Wie es Brecht da geschafft hätte, so viel zu schreiben, ist fraglich. Liest man seine theoretischen Schriften, meint man fast, er würde die Spiele mit Kontexten erst entwickeln, wenn die Handlung schon steht, und dann gezielt setzen. So als wären ihm deren Ergebnisse von vornherein bekannt und er würde sie formen und gestalten, anstatt bloß so lange welche auszuprobieren, bis er ein passendes gefunden hat. Solche Versuche finden sich nicht in ausreichendem Ausmaß in seinen Notizen, wie die Anzahl an Verfremdungen in seinem Werk nahelegen würde.

Außerdem würde Brecht, würde er nach dem Trial-and-error-Verfahren Spiele mit Kontexten durchprobieren, bis er passende gefunden hätte, zahlreiche solche produzieren, die seiner Botschaft entgegenwirken oder sie zumindest nicht unterstützen. Sein Gedankengut ist genauso ein Kontext, mit dem man spielen kann. Möchte er seinem Anliegen, die Wahrheit zu schreiben, treu bleiben, müsste er auch diese dann aufnehmen. Ansonsten wäre er nichts anderes als ein Zensor, der alles unterdrückt, was seine Botschaft nicht unterstützt. Trotzdem sind seine Stücke in ihrer Botschaft sehr homogen.

Es liegt nahe, dass Brecht ein Mittel in einer Art eingesetzt hat, wie ein Spiel mit Kontexten nicht einsetzbar wäre. Aber das ist nur ein Indiz und kein Beweis. Ein Beweis kann aber geführt werden.

Dadurch, dass das Spiel mit Kontexten oder eine „Übertragung eines Zeichens oder einer Zeichenfolge von einem Kontext in einen anderen" ein so zentraler Teil des Stückes, ein Rohstoff desselben ist, ist es Teil des Kontextes des Stückes. Es ist ein Kunstmittel geworden, wie Sklovskij sagen würde.[108] Es wird etwas Fremdes in die eigene Mikrowelt einverleibt. Die Verfremdung überträgt nun nicht mehr von einem Kontext in einen anderen, sondern von einem anderen Kontext in den eigenen, u.a. um bestimmte Aussagen zu treffen. Das ist nicht mehr die Verfremdung des CR. Und ich bezweifle, dass das die Verfremdung Brechts ist, bedenken wir die Tatsache, dass auch mit diesem zur Kontextpiraterie verkommenen Spiel nicht alles, was Brecht als Verfremdung bezeichnet hat,

---

108 Generell scheine ich hier eher der Ostranenie als Brechts Verfremdung auf der Spur zu sein. Für Sklovskij wäre dieses Vorgehen nämlich deutlich weniger problematisch, da er nicht auf etwas Bestimmtes hinausmöchte, sondern einfach nur befremden um des Befremdens willen, versteht man Befremden als eine Manipulation der Wahrnehmung. Aber auch hier gibt es einen Unterschied. Es sollen nicht Dinge in einen Kontext aufgenommen werden, sondern aus der Realität hinaus. Die Richtung des Ganzen ist also genau entgegengesetzt. Es wird nicht einverleibt, sondern herausgerissen.

abbildbar ist und er eine sehr sonderbare Schreibweise gehabt haben müsste. Dass es im Zentrum seiner Verfremdung um einen Widerspruch geht, halte ich da schon für wahrscheinlicher, durch Stellen in seinen Schriften gestützt[109] und auch seiner Praxis angemessener. Aber unabhängig davon ist die Verfremdung des CR eindeutig nicht die Verfremdung Brechts.

Die Verfremdung Brechts im Konstruktiven Realismus

Brechts Verfahren isoliert darzustellen, fällt schon schwerer. Ich habe versucht es als das Treffen einander widersprechender Aussagen auf unterschiedlichen Textebenen, also gewissermaßen als das In-Szene-Setzen einer Negation, zu beschreiben. Über diese Negation soll Erkenntnis entstehen. Brecht spricht von einer „Negation der Negation"[110]. In der Philosophie heißt dieses Verfahren Dialektik und nicht Verfremdung. Würde ich aber hier stehen bleiben, so könnte man mir eine, im schlechten Sinne, zirkuläre Argumentation vorwerfen, da ich nur einen Unterschied beweise, den ich schon voraussetze. Außerdem wäre es viel zu kurz gegriffen, Brechts Verfremdung mit Dialektik gleichzusetzen.[111] Doch selbst wenn: Im CR haben wir mehrere Mikrowelten, Lebenswelten und sogar Realitäten. Die Dialektik würde nach einem Allgemeineren hinter all dem fragen. Das ist im CR aber nicht zugänglich.[112]

Lege ich die Betonung stattdessen auf das Setzen eines Widerspruches anstatt auf dessen Rolle in der Dialektik, so bekomme ich Schwierigkeiten mit dessen Gesetztsein. Ich setze nämlich das Ergebnis des Verfahrens bereits voraus. Der Widerspruch ist dann nicht mehr das Ergebnis, sondern ein Axiom. Damit drehe ich mich entweder im Kreis oder bleibe bei meinen Ausgangsbedingungen stehen. Der Widerspruch verliert aber seine Aussagekraft, da er nicht bewiesen wird.

---

109 Allen voran „Dialektik und Verfremdung".
110 Brecht: Neue Technik der Schauspielkunst, In.: ders.: Schriften zum Theater Bd. 3, S. 180ff.
111 Brecht fragt nicht nach dem Allgemeineren. Er will bestenfalls einen Mechanismus hinter Abläufen darstellen, nicht aber ihn ergründen. Er sieht ihn bereits als von anderen ergründet an. Strenggenommen ist auch seine Rede von einer „Negation der Negation" übertrieben, da er zwar eine Negation aufzeigt, diese aber nicht wieder negiert, sondern als Darstellungsmittel nutzt. Der Widerspruch selbst ist das, worauf er hinauswill. Die Erkenntnis des Widerspruches sieht er als ersten Schritt zu dessen Überwindung, die sich aber erst noch vollziehen muss.
112 Die Dialektik hat natürlich ihre Berechtigung im CR, aber sie kann nicht die Aufgaben der Verfremdung erfüllen.

Wenden wir uns also von der Dialektik ab und konzentrieren wir uns darauf, worin die Mechanik von Brechts Methode besteht. Reden wir davon, parallele Textebenen zu nutzen, um entweder mehr oder andere Aussagen treffen zu können, als im Satzsystem ansonsten formuliert wären. Damit stehen wir aber schnell vor einem Problem, denn nicht jede Mikrowelt ist ein (oder bedient sich eines) multitextuelles(n) Medium(s). In der Newton'schen Physik etwa gibt es keine parallelen Textebenen. Mathematik kann so etwas nicht. Außerdem geht es dem CR nicht darum, Aussagen innerhalb einer Mikrowelt zu treffen, er will die in einer Mikrowelt getroffenen Aussagen verstehen. Eine eigene Mikrowelt steht der Verfremdung im CR auch nicht zur Verfügung. Eine eigene Mikrowelt mittels Verfremdung zu bilden, ist, wie bereits gesagt, nicht ihr Verfahren.

Statt von Dialektik zu reden, könnte man auch einen Schritt zurückgehen und vom Hervorrufen von Befremden sprechen, dem eigentlichen Ziel der Sache. Das würde dann, übernehmen wir diese Ausdrucksweise, für einen Abschnitt aus dem ersten Kapitel in dem ich die Arten der Verfremdung des Konstruktiven Realismus aufraffe, Folgendes ergeben.

In „How to deal with Science if you care for other Cultures" zählt Wallner drei Arten, *Befremden hervorzurufen*, auf: die linguistische, die ontologische und die pragmatische *Art, Befremden hervorzurufen*.

Die linguistische *Art, Befremden hervorzurufen*, ist die *Art, Befremden hervorzurufen*, von der bisher die Rede war. Es ist der Übersetzungsvorgang, bei dem die Kontexte, in denen das übersetzte Aussagensystem absurd wird, betrachtet und so deren Voraussetzungen identifiziert werden.

Die ontologische *Art, Befremden hervorzurufen*, ist die Übertragung von der Methode einer Disziplin in eine andere. Auf diese Art kann das Methodeninventar erweitert werden oder es können, was wahrscheinlicher ist, bei einem Scheitern neue Einsichten über den untersuchten Gegenstand gewonnen werden (–und natürlich auch über die Methoden).

Die pragmatische *Art, Befremden hervorzurufen*, schließlich ist die Betrachtung der Wissenschaftler und ihrer Vorannahmen, die sozialen und kulturellen Kontexte, in denen sie stehen und die zwangsläufig ihr Denken beeinflussen.

Darüber hinaus bietet die *Art, Befremden hervorzurufen*, ein Mittel zur Kommunikation. Die Fachsprache einer Disziplin wird nur von einer sehr kleinen Elite gesprochen und ist für Laien unverständlich. Da Wissenschaft auf Förderungen durch die Gesellschaft angewiesen ist, kann es mitunter notwendig werden zu erklären, was man tut, indem man die eigenen Ergebnisse in der Alltagssprache darstellt. Das adäquat zu Stande zu bringen, ist keineswegs trivial. Aber auch Wissenschaftler untereinander haben häufig Schwierigkeiten, sich zu verständigen, wenn es zu interdisziplinärer oder gar interkultureller Zusammenarbeit kommt. Diese beiden letztgenannten Bereiche sind das Hauptanwendungsgebiet der *Art, Befremden hervorzurufen.*

Wir sehen, dass hier etwas nicht ganz stimmt. Befremden kann zwar das Ergebnis der Verfremdung des CR sein, ist aber nicht ihr Zweck.[113]

Auswertung der Verfremdungen

In jedem Fall sind die Verfremdungen nicht miteinander identisch. Brechts Verfremdung ist auf das Theater zugeschnitten. Dementsprechend ist sie nicht rein auf begriffliches Denken festgelegt. Ihr geht es um den Umgang mit Zeichen und nicht bloß um den Umgang mit Begriffen. Auch kann die Verfremdung Brechts Dinge erst zu Zeichen werden lassen, die ansonsten keine wären. Die Verfremdung des CR kann dies nicht. Das liegt mitunter daran, dass Brechts Verfremdung selbst schon in einem Kontext steht: dem Kontext des Stückes oder der Inszenierung, also dem Kontext eines Kunstwerkes. Im Falle Brechts ist es denkbar (und bei Sklovskij sogar geboten) dass der Kontext erst durch die Verfremdung gebildet wird. Im CR wäre das nicht lebensfähig. Das liegt eben an dem Umstand, dass es für die einen hier um die Wahrnehmung von Zeichen geht, während es sich im CR um das Verstehen von Begriffen dreht, wo Befremden nicht immer hilfreich sein muss, wie wir gesehen haben. Entsprechend geht es dem CR nicht darum zu befremden. Brecht will befremden, weil er den Status quo unserer Gesellschaft anprangern will. Er tut dies vor dem Hintergrund einer bestimmten Theorie, die er als korrekt ansieht und auf die er sich beruft. Er setzt dann seine Verfremdungen, ja er muss sie setzen, da sie sonst auch seine eigene Theorie befremden könnten, was er aber nicht einmal bedenkt. Mehr noch aber besteht das Problem, dass das Medium eine gewisse Planbarkeit und Setzbarkeit erfordert, um entsprechend produktiv sein zu können. Es ist nicht effizient, eine Geschichte aus einer Reihe von Einzelteilen aus einem stets nachzufüllenden Pool zu montieren. Sie muss erfunden werden, nicht zusammengebastelt. Im CR wäre eine solche Setzbarkeit nicht möglich, da er sonst inkonsistent, aussagelos oder zirkulär wäre. Es kann nichts vorwegnehmbar sein, da es kein Allgemeines gibt, von dem her etwas abgeleitet werden könnte. Die Verfremdung stellt im CR eben eine Methode dar, ohne ein Allgemeines auszu-

---

113 Würden wir das Verfahren der Ostranenie auf die Philosophie übertragen, dann hätten wir eine Mikrowelt, die maßgeblich durch Übertragung von Begriffen in einen extra so entstehenden Kontext gebildet wird. Das wäre dann eine Art Verfremdungsmetaphysik. Aber auch das nur bedingt, da sie in erster Linie Befremden über die Begriffe produzieren will, indem sie sie ihrem Umfeld, in dem sie einen Zweck erfüllen und eine Bedeutung haben, entreißt. Das ist aber nicht das, was die Verfremdung im CR leisten soll.

kommen. Brecht hingegen kennt noch eine einzige Wahrheit. Entsprechend ist es für ihn auch nicht zwingend, dass er mehrere Kontexte verwendet, denn im Endeffekt haben sie ja doch alle dieselbe Wahrheit hinter sich bzw. über dieselbe Wahrheit zu berichten.

Aus all dem Gesagten folgt auch, dass Brecht ohne Übertragung auskommen kann, da einerseits mehrere Kontexte nebeneinander innerhalb des übergeordneten Kontextes bestehen können oder aber überhaupt nur ein Kontext gegeben ist. Auch ist es möglich, dass eine Übersetzung schlicht nicht weit genug geht. Es geht darum, eine bestimmte Aussage zu machen und/oder/d.i. zu befremden. Dabei kann es nützlich werden, wenn die Verfremdung über die Übersetzung, die ja ohnehin nicht ihr Zentrum ist, hinausgeht. Das Zentrum in Brechts Verfremdung ist eine Negation, ein Widerspruch. Eben diese Dissonanz macht ihren Kern aus. Im CR ist eine Dissonanz immer Zufall, bei Brecht Pflicht. Im CR ist sie, so nützlich sie auch dort sein mag, nur Zufall, weil die Verfremdung dort eben nicht vorwegnehmbar ist und sich somit auch herausstellen kann, dass kein Widerspruch entsteht. Auch daraus kann man etwas lernen.

Zusammenfassend lässt sich sagen, dass die Unterschiede zwischen den Verfremdungen in den verschiedenen Wahrheitstheorien einerseits und den unterschiedlichen Feldern, in denen sie operieren, andererseits zurückgeführt werden können.

Zusammenfassung

Die hier behandelten Verfremdungen wurden beide aus einer Notwendigkeit heraus geboren. Sie sind Methoden zum Umgang mit – bzw. zur Lösung von – ganz bestimmten Problemen.

Die Verfremdung des Konstruktiven Realismus erfüllt die Aufgabe, trotz des Wegfalles einer einzigen verbindlichen Wahrheit eine Verbindlichkeit wissenschaftlicher Aussagen zu gewährleisten. Sie stellt insofern einen Versuch dar, den Instrumentalismus zu umschiffen. Da es nun nichts gibt, von dem aus alles hergeleitet und auf das alles zurückgeführt werden kann, bleibt uns nichts als verschiedenen Systeme, Wissen zu strukturieren, übrig, um damit zu operieren. Reduziert man ein solches System auf ein anderes, verliert man häufig das andere zugunsten des einen. Lässt man alles für sich stehen und alles gleichwertig sein, da es keine Vergleichskriterien im Sinne einer Wahrheit gibt, wird alles arbiträr. Insofern bleibt nur, den Gültigkeitsbereich von Aussagen festzustellen, um Wissenssysteme verstehen zu können. Ist dies getan, können wir sie auch besser und leichter einander gegenüberstellen. Wo vorher unter denselben Bedingungen noch Anarchie der Gleichwertlosigkeit oder Faschismus des Reduktionismus herrschten, sind nun offene Diskussionen zwischen geschlossenen Systemen möglich. Um aber so weit zu kommen, geht es nicht an, eine Reflexionsebene zu entwickeln und diese als übergeordnet anzunehmen. Das wäre nicht rechtfertigbar, bedenken wir, dass unendlich viele verschiedene solcher Reflexionsebenen konstruierbar sind. Wir sind auf die verschiedenen Wissenssysteme beschränkt und müssen demnach mit diesen operieren. Genau darin besteht die Verfremdung. Ihrer Struktur nach ist sie deshalb schon interdisziplinär oder gar interkulturell. Das sind auch ihre Hauptanwendungsgebiete, da sie einen gleichwertigen Diskurs auf dieser Ebene zwischen verschiedenen Wissenssystemen gewährleistet, ohne dabei in ein anderes Wissenssystem eintreten zu müssen.

Die Verfremdung Brechts will etwas anderes. Brecht war zwar kein Philosoph, aber er beschäftigte sich als Schriftsteller mit Problemen der Philosophie. Dabei bezog er eine bestimmte philosophische Position, ohne diese jemals argumentativ aufzubauen. Es ist einfach sein Blickwinkel auf die jeweilige Thematik des Werkes. Wobei aber anzumerken ist, dass die Thematik dieser Sichtweise gemäß ausgewählt wird und die Sichtweise selbst häufig auch Thema ist. Zunächst war Brecht nur Antikapitalist. Bei seiner Kritik am Kapitalismus bediente er sich bei den Ideen von Karl Marx. Je mehr er sich damit beschäftigte, umso näher rückte Brecht dem Kommunismus. Er verband ihn aber zugleich mit taoistischem Gedankengut. Diese Kombination ermöglicht es ihm, einem ideologischen Dogmatismus zu entgehen, und führt zur Entstehung einer Idee. Aus Marx' Konzeption vom Lauf der Geschichte als sich selbst überlebende Zustände und dem taoistischen Konzept des Flusses, bei dem das Schwache zum Starken wird und die Untätigkeit zu einem Pfad zum Sieg, entwickelt Brecht ein politisches Denken, das ganz ohne Ideologie auskommt, ja sie als schädlich für das Erreichen der eigenen Ziele auffasst. Es läuft im Grunde genommen auf folgende Pointe hinaus: Die Menschen sind in ihrem Handeln von der Welt, in der sie leben, beeinflusst. Die Welt, in der sie leben, ist das Produkt der Geschichte. Die Geschichte besteht im Handeln von Menschen. Entsprechend können wir die Welt auch verändern mit unserem Handeln. Aber wenn sich die Welt nicht ändert, kann sich auch unser Handeln nicht ändern. Ändert sich die Gesellschaft, verlieren bestimmte Handlungsmuster ihren Platz. Da die ganze Geschichte sich in diesem Fluss befindet, gilt es nun, als Erstes zu erkennen, dass es diesen Fluss gibt. Das ist das Projekt von Brechts Historisierung. Die Welt war einmal anders und sie wird sich auch weiterhin ändern. Das muss auch das Theater begreifen. In der dramatischen Kunst gab und gibt es eine Tendenz zum Anachronismus. Man fasst den Status quo als ewig gültig auf. Brechts Theater hat es sich nun zur Aufgabe gemacht, eben das nicht zu tun, sondern Historisierung zu betreiben.

Dazu muss aber das Publikum aufmerksamer werden und sich nicht bloß vom Gebotenen berieseln lassen und mit dem Geschehen und den Protagonisten mitfiebern, sondern stattdessen mit den Gründen für die Ereignisse mitdenken. Einfühlung und Illusion müssen also gebrochen und das Publikum in eine bestimmte Betrachtungshaltung gedrängt werden. In dieser Haltung kann man sie dann auf bestimmte Dinge hinweisen und bestimmte Ideen und Zusammenhänge darstellen, die ansonsten nicht auf eine Guckkastenbühne passen würden. Das ist die Aufgabe der Verfremdung. Sie soll die Zuschauer verwundern, zunächst einfach nur, um sie zum Denken anzuregen, und dann, um ihrem Denken Inhalte zu geben, die es längst schon durch Gewöhnung vergessen oder immer schon übersehen hat. Die Verwunderung wird erzielt, indem ein Widerspruch auf parallelen Textebenen gesetzt wird. Zumindest war dies das Ergebnis meiner Überlegungen, das auch durch die Praxis und Aussagen Brechts gestützt ist. Diese Verfremdung ist selbst unter dem Aspekt der Historisierung zu sehen. Brecht meint, die Menschheit sei im wissenschaftlichen Zeitalter angekommen und benötige ein wissenschaftliches Theater. Der Widerspruch kommt auch durch die Dialektik, die Brecht von Hegel und Marx übernommen hat, mit in sein Denken und seine Verfremdung, aber nicht jede Verfremdung der Literatur weist ihn auf. Er ist ein Spezifikum von Brechts Verfremdung des wissenschaftlichen Theaters. Im Mysterienspiel des Mittelalters beispielsweise wurden zwar Figuren zu Allegorien verfremdet, aber da kam in der parallelen Textebene anstatt des Widerspruches ein mystischer Bedeutungshorizont hinzu.[114] Das wäre im wissenschaftlichen Zeitalter nicht mehr zeitgemäß.

Damit wäre ich auch schon bei einem weiteren Punkt: Die Verfremdungen arbeiten nicht nur an unterschiedlichen Problemen in unterschiedlichen Feldern, auch ihre Methode ist dabei eine ganz andere. Die Verfremdung des CR ist eine Übersetzung eines Satzsystemes von einem Kontext in einen anderen. Sie benötigt demnach mindestens zwei verschiedene Kontexte. Die Verfremdung Brechts hingegen ist, wie gesagt, das Treffen einander widersprechender Aussagen auf parallelen Textebenen. Sie benötigt den Widerspruch, aber keine verschiedenen Kontexte.

Ein weiterer zentraler Unterschied besteht in der Absicht, aus der heraus verfremdet wird. Brecht gebraucht die Verfremdung als ein Mittel zur Erkenntnisvermittlung. Er möchte durch sie bestimmte Erkenntnisse in anderen reproduzieren. Demnach ist sie ein Argumentationsmittel. Sie selbst weist sich auch

---

114 Eine Verfremdung im Sinne des CR wäre es aber auch nicht, da nicht ein Satzsystem von einem Kontext in einen anderen übersetzt wird. In dieser mystischen Verfremdung wird ein Deutungs- und Bedeutungshorizont einfach hinzugefügt, ohne dass dabei eine Übersetzung vorliegen würde. Es hat eher die Struktur einer Aufladung.

immer als solches aus und ist insofern kein Manipulationsmittel, aber doch weit davon entfernt, neutral zu sein. Die Verfremdung des CR zielt im Gegensatz dazu nicht auf ein bestimmtes Ergebnis, eine bestimmte Argumentation ab. Sie sucht nicht das Richtige, sondern versucht zu ergründen, für welchen Bereich und unter welchen Bedingungen etwas gilt und was es – meist ein System formaler Aussagen – bedeutet. Sie ist ein Mittel, um verstehen zu helfen.

In diesem Unterschied zeigt sich auch sehr schön, dass Brecht Realist ist in dem Sinne, dass er nur eine Wahrheit annimmt, die auch erkennbar ist und die er vermitteln möchte[115], während der CR diesen Gedanken aufgegeben hat und nun ein Mittel braucht, Verbindlichkeit und Verstehen formaler Aussagensysteme wissenschaftlicher Theorien zu befördern.

Das sieht man auch im Umgang von Brecht und Wallner mit China. Für Brecht ist China nämlich eine Inspirationsquelle, bei der er sich ausgiebig bedient. Für Wallner hingegen ist es eine andere Lebenswelt mit einigen anderen Mikrowelten, die zu verstehen, bevor sie verschwinden, die Verfremdung helfen kann.

Neben all diesen Unterschieden gibt es aber auch noch zwei große Gemeinsamkeiten unter den Verfremdungen. Die erste besteht in der Historisierung. Auch wenn im CR das Wort nicht gebraucht wird – zu Recht nicht gebraucht, steht es doch im Kontext einer völlig anderen Position. Sieht man aber von Brechts marxistisch-taoistischem Hintergrund ab, so findet man einen Grundgedanken, der dem CR nicht fremd ist. Es ist ein Verfahren, Wahrheiten einer Lebenswelt als Voraussetzungen zu entlarven, die historisch gewachsen sind und einst anders waren und auch anders sein können. Brecht geht es dabei eher um ein mögliches Anderssein der eigenen Lebenswelt und Wallner eher um ein Andersein anderer Lebenswelten – um Interkulturalität. Auch ist der CR eher an der Organisation von Wissen interessiert, während Brecht sich mit der Organisation von Gesellschaft beschäftigt. Aber abgesehen von den Feldern der Anwendung besteht kein Unterschied im Prinzip der Historisierung. Den Axiomen des eigenen Denkens wird der Anschein, allgemeingültige Wahrheit zu sein, genommen. In diesem aufklärerischen Unterfangen sind die Verfremdungen einander gleich.

---

115 Wobei hier anzumerken ist, dass die Weltrevolution und deren Gelingen für Brecht keine ausgemachte Sache ist, sondern nur eine Möglichkeit, in einer besseren Welt zu leben, die es zu realisieren gilt. Dazu muss zuerst ihre Möglichkeit erkannt werden. Es muss sich unter den Betroffenen die Erkenntnis durchsetzen, dass es so ist, wie es ist, aber nicht so sein muss, sondern auch anders sein kann. Denn damit die Welt auch anders wird, bedarf es der passiven Teilnahme aller, damit sich die Zustände von selbst ändern können, so dass man nur passiv teilnehmen muss, um etwas aktiv zu erreichen. Es gilt zu bewirken, dass die Situation von selbst umschlägt.

Schließlich habe ich die Verfremdungen verfremdet, um zu überprüfen, ob sie auseinander herleitbar sind. Das Ergebnis fiel negativ aus. Die Verfremdungen sind weder identisch noch auseinander ableitbar. Die Gründe dafür sehe ich in einem unterschiedlichen Wahrheitsverständnis und einem unterschiedlichen Anwendungsgebiet.

Brechts Verfremdung findet in der Kunst Anwendung, genauer gesagt in der Literatur und im Theater. In diesen Bereichen ist Multitextualität so gut wie immer gegeben. Entsprechend operiert Brecht auch damit. Darüber hinaus bildet das jeweilige Werk immer den Kontext, innerhalb dessen operiert wird. Die Verfremdung, auch wenn sie mit Kontexten spielen mag, verlässt selbst nicht den Kontext des Werkes, d.h. sie ist Teil davon. Der CR beschäftigt sich mit Epistemologie, Wissenschaftstheorie und Interkultureller Philosophie (in den Bereichen Epistemologie und Wissenschaftstheorie). Entsprechend wurde er entwickelt, um auch mit formalen Systemen, die aus einer Reihe mathematischer Gleichungen bestehen, umgehen zu können. Diese sind aber eher selten multitextuell. Vom Vorhandensein mehrerer Textebenen kann die Verfremdung des CR also nicht ausgehen, geschweige denn davon abhängen.

Ein weiterer Unterschied hier ist auch, dass Philosophie mit Begriffen und Kunst mit Zeichen umgeht. Ein Zeichen kann etwas viel Einfacheres als ein Begriff sein. Der Begriff ist nur ein Sonderfall von Zeichen. Sowohl Zeichen als auch Begriffe erhalten ihre Bedeutung aus der Art, wie sie verwendet werden. Aber während ein Begriff geprägt werden muss und dann immer noch ein Begriff ist, wenn er falsch verwendet wird, so kann so ziemlich alles, indem es entsprechend verwendet und aufgefasst wird, zu einem Zeichen werden und danach wieder aufhören, ein Zeichen zu sein. Wird also ein solches improvisiertes Zeichen in einem anderen Kontext verwendet, hört es auf, ein Zeichen zu sein. Wird ein Begriff in einem anderen Kontext verwendet – also falsch gebraucht –, so hat er noch immer eine Bedeutung, aber diese hat aufgehört Sinn zu ergeben.

Ein weiterer Aspekt von Kunst ist die Tatsache, dass Werke geschaffen werden müssen. Um dies effizient tun zu können, müssen Verfremdungen planbar und (in Ermangelung eines besseren Wortes) als Stilmittel einsetzbar – d.h. setzbar – sein. Im CR steht einer solchen Praxis das Wahrheitsverständnis im Weg. Dadurch, dass die Wirklichkeit nicht erkennbar ist und Wahrheit nicht zugänglich, ist demnach auch kein höheres Allgemeines verfügbar, aus dem das Ergebnis der Verfremdungen gefolgert werden könnte. Es ist nicht sinnvoll möglich, Verfremdungen zu setzen. Sie wären ohne jegliche Aussagekraft, da sie nur wiedergeben, was ihnen vorgegeben, also gesetzt, wird. Brechts Wahrheitsverständnis ist deutlich einfacher. Für ihn gibt es eine, und nur eine, Wahrheit, die erkennbar ist. Dementsprechend spielen die verschiedenen Kontexte bei ihm auch eine sehr untergeordnete Rolle. Im CR hingegen sind die Kontexte

Aussagensysteme, deren Gültigkeitsbereiche nicht feststehen. Genau darin liegt der Kern der Verfremdung des CR. Sie soll hier als Reflexionsmittel dienen. Auf den Punkt gebracht ließe sich sagen, dass es um das Verstehen von Aussagen geht. Im Theater werden Aussagen gemacht. Die Verfremdung ist dort ein Ausdrucksmittel, was sie im CR nicht ist und nicht sein kann, darf und soll, da das die argumentative Stringenz gefährden würde. Entsprechend sind die Verfremdungen auch anders gestaltet – und zwar so weit anders, dass die eine die Aufgaben der anderen nicht erfüllen könnte. Die Verfremdungen sind verschieden. Wie aber stehen sie zueinander?

Zweifellos steckt mehr Gemeinsames hinter den Verfremdungen als bloß eine zufällige Namensgleichheit. Es ist dies vielleicht der Gedanke, dass wir etwas Fremdes anders betrachten als etwas Bekanntes. Das Bekannte ist bereits katalogisiert und eingeordnet in eine bestimmte Schublade unseres Denkens. Das Fremde hingegen muss erst noch begriffen werden. Wenn wir also etwas mit einem Blick abseits festgefahrener Kategorisierungen betrachten wollen, was ja mitunter notwendig werden kann, will man sich in diesem Bereich nicht ständig im Kreis von bereits Bekanntem drehen. Deshalb ist es gelegentlich notwendig, das Bekannte wieder fremd werden zu lassen. Aber hier endet auch schon die Gemeinsamkeit. Die Methoden, dies zu erreichen, sind bereits sehr unterschiedlich, auch wenn sie bestimmte Aspekte teilen. Das Gleiche gilt für die Absicht, aus der heraus verfremdet wird, oder die Art der angestrebten neuen Betrachtungsweise (von deren Funktion ganz zu schweigen). Nichtsdestotrotz finden wir immer wieder Gemeinsamkeiten oder Ähnlichkeiten unter den Verfremdungen. Es gibt sogar bestimmte Gruppen von Fällen, die identisch sind, trotz der unterschiedlichen Methoden.

Aber vielleicht war ich auch zu vorschnell mit meiner Beschreibung der Gemeinsamkeiten. Das Wort „Blick" hat in unterschiedlichen Kontexten eine ganz andere Bedeutung. Gerade dieses Wort als etwas Gemeinsames hervorzuheben, ist demnach doch prekär. Außerdem gibt es noch eine Verfremdung in der Musik, auf die selbst dieser dehnbare Begriff nicht mehr passt. Spricht man von Wahrnehmung, fehlt das eine Mal das Verständnis, und spricht man von Verständnis, so würde es das andere Mal doch eigentlich um Wahrnehmung gehen. Und was hat es mit den Kategorisierungen auf sich? Im CR gibt es kein Abseits davon, wenn man Kategorisierungen mit Mikrowelten, Lebenswelten oder Realitäten gleichsetzt. Setzt man es nicht gleich, wird die Kategorie für die Verfremdung des CR unbedeutend. Und will Brecht wirklich von der Kategorisierung weggehen oder doch eher dahinterblicken oder überhaupt darauf hinweisen, dass hier eine Kategorisierung vorliegt, oder mal das eine, mal das andere? Und geht es dem CR tatsächlich immer nur um das Kategorisierte oder auch um die Kategorisierung? Was beides nur möglich ist, wenn die oben genannte

Gleichsetzung besteht, die dann aber für Brecht nicht übernommen werden könnte. Und wie sieht es dann erst mit Musik und Kategorien aus? Wie definiert man dort bekannt und fremd? Oder um eine noch gravierendere Frage zu stellen: Macht die Verfremdung des CR überhaupt etwas fremd? Nein, sie setzt etwas Bekanntes in einen bekannten Kontext, in dem es aber ein Fremdkörper ist. Uns gegenüber aber macht sie nichts fremd. Und macht die Verfremdung Brechts überhaupt immer etwas fremd? Was macht ein offen angebrachter Scheinwerfer fremd? Ist überhaupt die Fremdheit eines fremden Kontextes vergleichbar mit der Fremdartigkeit des Befremdens?

Meine Beschreibung einer Gemeinsamkeit ist wohl falsch. Eine treffendere Beschreibung müsste lauten: Den Verfremdungen ist gemeinsam, dass sie mit irgendetwas irgendetwas machen oder mit etwas anderem etwas machen, was dann auf dieses Irgendetwas irgendwie zurückfällt, so dass es in der einen oder anderen oder sonst einer Art und Weise etwas mit fremd zu tun hat oder zu tun bekommt oder auch nicht. Irgendwie kann ich mich des Eindruckes nicht erwehren, dass diese Beschreibung wertlos ist.

Ich vermute, es gibt keinen gemeinsamen Kern aller Verfremdungen. Dennoch sind alles Verfremdungen. Die passenden Worte, dies zu erklären, hat Ludwig Wittgenstein gefunden, als er anhand des Beispieles von Spielen das Verhältnis von Sprachspielen zueinander beschrieb und dabei die Annahme eines gemeinsamen Kernes der Sprache zurückwies.

> Sag nicht: „Es muss ihnen etwas gemeinsam sein, sonst hießen sie nicht ‚Spiele'"– sondern *schau*, ob ihnen allen etwas gemeinsam ist. – Denn, wenn du sie anschaust, wirst du nicht etwas sehen, was *allen* gemeinsam wäre, aber du wirst Ähnlichkeiten, Verwandtschaften, sehen, und zwar eine ganze Reihe.[116]

> Ich kann diese Ähnlichkeiten nicht besser charakterisieren, als durch das Wort „Familienähnlichkeiten"; denn so übergreifen und kreuzen sich die verschiedenen Ähnlichkeiten, die zwischen den Gliedern einer Familie bestehen: Wuchs, Gesichtszüge, Augenfarbe, Gang, Temperament, etc. etc. – Und ich werde sagen: die „Spiele" bilden eine Familie.[117]

Ich denke, dass es sich mit den Verfremdungen ebenso verhält. Um das nachzuweisen, sind aber zwei Verfremdungen zu wenig. Im dritten Kapitel habe ich die Ostranenie kurz dargestellt. Nehmen wir sie hinzu, so kann ich illustrieren, was es mit der Familienähnlichkeit der Verfremdungen auf sich hat. Zwischen diesen drei Arten von Verfremdung gibt es viele Berührungspunkte, aber keine, die in allen dreien vorkommen.

---

116 Wittgenstein: Philosophische Untersuchungen, §66.
117 Ebenda, §67.

Der Verfremdung des CR und der Brechts geht es beiden um Erkenntnis, der Ostranenie aber um das Fühlen. Entsprechend zielen die Verfremdungen Brechts und des CR beide auf die Voraussetzungen und Bedingungen hinter ihren Objekten ab, die Ostranenie nicht. Die Ostranenie und die Verfremdung des CR entnehmen ihre Objekte beide aus ihrem angestammten Kontext. Brechts Verfremdung ist hingegen nicht auf Kontextwechsel angewiesen. Die Ostranenie und die Verfremdung Brechts streben beide in gewisser Weise eine veränderte Wahrnehmung an. Und beide operieren innerhalb eines eigenen Kontextes, der mitunter maßgeblich durch Verfremdung gebildet wird. Die Verfremdung des CR tut nichts davon. Sie ist auch nicht setzbar. Die Ostranenie und Brechts Verfremdung hingegen müssen beide setzbar sein, um sinnvoll einsetzbar sein zu können. Die Verfremdung Brechts und die Ostranenie entstammen der Literatur, die Verfremdung des CR der Philosophie etc. etc.

Nähmen wir noch die anderen Verfremdungen aus Musik, Theologie usw. hinzu, so ließe sich dieses Spiel noch deutlich weitertreiben. Aber das ist nicht mehr Aufgabe dieser Arbeit. Der Vergleich der Verfremdung Brechts mit der Verfremdung des CR endet hier.

Literaturverzeichnis

Aristoteles: Poetik. Stuttgart: Philipp Reclam Jr., 2003.
Auerbach, Berthold: Neues Leben. 3Bde. Mannheim: Verlag von Friedrich Bassermann, 1852.
Brecht, Bertolt: Die Legende von der Entstehung des Buches Taoteking auf dem Weg des Laotse in die Emigration. In: ders.: Ausgewählte Werke Bd. 3. Frankfurt am Main: Suhrkamp, 1997.
Brecht, Bertolt: Fünf Schwierigkeiten beim Schreiben der Wahrheit. In: ders.: Versuche 9. Frankfurt am Main: Suhrkamp, 1950.
Brecht, Bertolt: Me-ti. Buch der Wendungen. Fragment. Zusammengestellt und mit einem Nachwort versehen von Uwe Johnston. Frankfurt am Main: Suhrkamp, 1983.
Brecht, Bertolt: Schriften zum Theater. 7 Bde. Frankfurt am Main: Suhrkamp, 1963.
Brecht, Bertolt: Stücke. 10 Bde. Darmstadt: Wissenschaftliche Buchgesellschaft, 1998.
Brecht, Bertolt: Theaterarbeit, Frankfurt am Main: Suhrkamp, 1994.
Detering, Heinrich: Brechts Taoismus. In: Mayer, Mathias: Der Philosoph Bertolt Brecht. Knopf, Jan und Hillesheim, Jürgen (Hrsg.): Der Neue Brecht. Bd. 8. Würzburg: Verlag Königshaus und Neuburg, 2011.

Engels, Friedrich: Das Begräbnis von Karl Marx, In: Marx, Karl u. Engels, Friedrich: Werke. Bd. 19. Berlin: Dietz, 1972.

Feynman, Richard P.: Surely you're joking, Mr. Feynman. Adventures of a curious character. New York: W. W. Norton, 1985.

Greiner, Kurt: Therapie der Wissenschaft. Eine Einführung in die Methodik des Konstruktiven Realismus. Wallner, Friedrich G. (Hrsg.): Culture an Knowledge Vol. 2. Frankfurt am Main: Peter Lang, 2005.

Greiner, Kurt, Gostentschig, Markus und Wallner, Friedrich G.: Verfremdung – Strangification. Multidisziplinäre Beispiele der Anwendung und Fruchtbarkeit einer epistemologischen Methode. Wallner, Friedrich G. (Hrsg.): Culture an Knowledge Vol. 5. Frankfurt am Main: Peter Lang, 2006.

Grimm, Rheinhold: Verfremdung. Beiträge zu Wesen und Ursprung eines Begriffs. In: Helmers, Hermann (Hrsg.): Verfremdung in der Literatur. Darmstadt: Wissenschaftliche Buchgesellschaft, 1984.

Günther, Hans: Verfremdung: Brecht und Sklovskij, In: Frank, Susi K.; Greber, Erika; Schahadat, Schamma; Smirnov, Igor (Hrsg.): Gedächtnis und Phantasma. Festschrift für Renate Lachmann. Rheder, Peter; Smirnov, Igor (Hrsg): Die Welt der Slaven. Bd 13. München: Verlag Otto Sagner, 2001.

Hansen-Löve: Der russische Formalismus. Methodologische Rekonstruktion seiner Entwicklung aus dem Prinzip der Verfremdung. Wien, Verlag der österreichischen Akademie der Wissenschaften, 1996.

Helmers, Hermann: Verfremdung als poetische Kategorie. In: ders. (Hrsg): Verfremdung in der Literatur. Darmstadt: Wissenschaftliche Buchgesellschaft, 1984.

Knopf, Jan: Brecht-Handbuch. Stuttgart: Metzler, 1980.

Knopf, Jan: „... es kömmt darauf an sie zu verändern.". Marx' Theorie der Praxis bei Brecht. In: Mayer, Mathias: Der Philosoph Bertolt Brecht. Knopf, Jan und Hillesheim, Jürgen (Hrsg.): Der Neue Brecht. Bd. 8. Würzburg: Verlag Königshaus und Neuburg, 2011.

Kuhn, Thomas S.: Die Struktur Wissenschaftlicher Revolutionen, Frankfurt am Main: Suhrkamp, 1983.

Laozi: Daodejing. Das Buch vom Weg und seiner Wirkung. Stuttgart: Reclam, 2009.

Lachmann, Renate: Die Verfremdung und das neue Sehen bei Victor Sklovskij. In: Helmers, Hermann: Verfremdung in der Literatur. Darmstadt: Wissenschaftliche Buchgesellschaft, 1984.

Llanque, Marcus: Individuum und Partei: Brecht und das politische Denken. In: Mayer, Mathias: Der Philosoph Bertolt Brecht. Knopf, Jan und Hillesheim, Jürgen (Hrsg.): Der Neue Brecht. Bd. 8. Würzburg: Verlag Königshaus und Neuburg, 2011.

Marx, Karl: Die Frühschriften. Stuttgart: Kröner, 1971.

Mayer, Mathias: Der Philosoph Bertolt Brecht. Knopf, Jan und Hillesheim, Jürgen (Hrsg.): Der Neue Brecht. Bd. 8. Würzburg: Verlag Königshaus und Neuburg, 2011.
McKee, Robert: Story. New York: Harper Collins, 1997.
Mittenzwei: Verfremdung. Eine dialektische Methode zum Aufbau einer Figur, In: Helmers (Hrsg.): Verfremdung in der Literatur. Darmstadt: Wissenschaftliche Buchgesellschaft, 1984.
Mo Di, Forke, Alfred: Mê Ti des Sozialethikers und seiner Schüler philosophische Werke zum ersten Male vollständig übersetzt, mit ausführlicher Einleitung, erläuternden und textkritischen Erklärungen versehen von Alfred Forke. Berlin: Komm. Verl. der Vereinigung Wiss. Verl., 1922.
Mommsen, Theodor: Römische Geschichte. Darmstadt: Wissenschaftliche Buchgesellschaft, 2010
Nietzsche, Friedrich: Die Geburt der Tragödie. In: ders.: KSA 1. München, Berlin, New York: dtv, de Gruyter, 1999.
Pawlik, Lucas: Zurück in die Zukunft. Vergangenheit, Gegenwart und Zukunft der Verfremdung, In: Greiner, Kurt; Gostentschnig, Martin und Wallner Friedrich G. (Hrsg.): Verfremdung – Strangification. Multidisziplinäre Beispiele der Anwendung und Fruchtbarkeit einer epistemologischen Methode. Frankfurt am Main: Peter Lang Verlag, 2006.
Pietschmann, Herbert, Wallner, Fritz G.: Gespräche über den Konstruktiven Realismus. Wallner, Fritz G.: Cognitive Science 6. Wien: WUV-Univ.-Verl., 1995.
Rülicke-Weiler: Verfremdung als Kunstmittel der materialistischen Dialektik: Parteilichkeit als Ausgangspunkt der Verfremdung, In: Helmers (Hrsg.)·Verfremdung in der Literatur. Darmstadt: Wissenschaftliche Buchgesellschaft, 1984.
Steinweg, Reiner (Hrsg): Brechts Modell der Lehrstücke. Zeugnisse, Diskussion, Erfahrungen. Frankfurt am Main: Suhrkamp, 1976.
Sklovskij, Victor: Kunst als Kunstgriff. In: Helmers, Hermann: Verfremdung in der Literatur.
Steinweg, Reiner: Das Lehrstück. Stuttgart: Metzler, 1972.
Svetlikova, Ilona: The russian formalists notion of ‚ostranenie' [strangeification] and its psychological background. In: Greiner, Kurt; Gostentschnig, Martin und Wallner Friedrich G. (Hrsg.): Verfremdung – Strangification. Multidisziplinäre Beispiele der Anwendung und Fruchtbarkeit einer epistemologischen Methode. Frankfurt am Main: Peter Lang Verlag, 2006.
Thomson, Peter u. Sacks, Glendyr (Hrsg.): The Cambridge Companion to Brecht. Second Edition. Cambridge: Cambridge University Press, 2006.
Wagner: Herr-Knecht-Dialektik: Hegels Theorie und Brechts Praxis. In: Mayer, Mathias: Der Philosoph Bertolt Brecht. Knopf, Jan und Hillesheim, Jür-

gen (Hrsg.): Der Neue Brecht. Bd. 8. Würzburg: Verlag Königshaus und Neuburg, 2011.
Wallner, Fritz: Acht Vorlesungen über den Konstruktiven Realsimus. Ders.: Cognitive Science Wien 1. Wien: WUV-Univ.-Verl., 1992.
Wallner, Fritz G.: Constructive Realism. Ders. (Hrsg.): Philosophica 11. Wien: Braumüller, 1994.
Wallner, Fritz G.: How to deal with science if you care for other cultures. Constructive Realism in the intercultural world. Ders. (Hrsg.): Philosophica 15. Wien: Braumüller, 1997.
Wallner, Fritz: Konstruktion der Realität. Von Wittgenstein zum Konstruktiven Realismus. Ders. (Hrsg.): Cognitive Science 3. Wien: WUV-Univ.-Verl., 1992.
Wallner, Fritz G. (Hrsg.): Konstruktion und Verfremdung. von der Wirklichkeit zur Realität; Symposium am Josef-Matthias-Hauer-Konservatorium der Stadt Wiener Neustadt (15. - 17. Juni 1998). Ders.: Philosophica 16. Wien: Braumüller, 1999.
Wallner, Friedrich G.: Systemanalyse als Wissenschaftstheorie II. Kulturalismus als Perspektive der Philosophie im 21. Jahrhundert. Friedrich G. (Hrsg.): Culture an Knowledge Vol. 12. Frankfurt am Main: Peter Lang, 2010.
Wallner, Friedrich G.: Systemanalyse als Wissenschaftstheorie III. Das Vorhaben einer kulturorientierten Wissenschaftstheorie in der Gegenwart. Friedrich G. (Hrsg.): Culture an Knowledge Vol. 16. Frankfurt am Main: Peter Lang, 2011.
Wallner, Fritz: Die Verwandlung der Wissenschaft. Vorlesungen zur Jahrtausendwende. Wallner, Fritz (Hrsg.): Constructiviana 1. Hamburg. Verlag Dr. Kovac, 2002.
Wallner, Fritz G.: Wissenschaft in Reflexion. Wallner, Fritz G. (Hrsg.): Philosophica 10. Wien: Braumüller, 1992.
Wang, Mei-Ling L.: Chinesische Elemente in Bertolt Brechts „Me-ti. Buch der Wendungen". Frankfurt am Main: Lang, 1990.
Wimmer, Franz M.: Interkulturelle Philosophie. Wien: WUV, 2004.
Wittgenstein, Ludwig: Philosophische Untersuchungen. Frankfurt am Main. Suhrkamp, 2003.

Andreas Schulz

Radikaler Konstruktivismus und Konstruktiver Realismus

Eine Gegenüberstellung der epistemologischen Positionen von Glasersfeld und Wallner

Einleitung

Die Bezeichnung „Konstruktivismus" steht allgemein für diejenigen epistemologischen Positionen, welche die konstituierende Leistung des Erkenntnissubjekts im Erkenntnisprozess betonen und eine realistische bzw. korrespondenztheoretische Auffassung von Wissen und Wahrheit kritisieren. Diese prinzipielle Gemeinsamkeit aller konstruktivistischen Positionen darf jedoch nicht über die diversen Unterschiede hinwegtäuschen.

Im vorliegenden Beitrag wird der Konstruktive Realismus von Friedrich Wallner dem Radikalen Konstruktivismus von Ernst von Glasersfeld gegenübergestellt, um die Gemeinsamkeiten und Unterschiede dieser aktuellen konstruktivistischen Positionen sichtbar zu machen.

In einer gegenüberstellenden Darstellung und Diskussion von Radikalem Konstruktivismus und Konstruktivem Realismus sollen folgende Fragen erörtert werden: In welchen Aspekten stimmen Glasersfelds Radikaler Konstruktivismus und Wallners Konstruktiver Realismus überein? In welcher Hinsicht ist der Radikale Konstruktivismus „radikaler" als der Konstruktive Realismus? Und in welchen Punkten geht der Konstruktive Realismus über den Radikalen Konstruktivismus hinaus? D.h. welche Auffassungen des Radikalen Konstruktivismus sind aus konstruktiv-realistischer Sicht ungenügend?

Nach einer ersten einleitenden Charakterisierung von Radikalem Konstruktivismus und Konstruktivem Realismus werden die ontologischen Annahmen der beiden Positionen verglichen und die angebotenen Modelle der Beziehung von Wissen und Wirklichkeit diskutiert. Im Anschluss werden die vorgeschlagenen Ersatzlösungen für das traditionelle Wahrheitsverständnis behandelt. In einem nächsten Schritt geht es um die Gemeinsamkeiten und Unterschiede in der Bestimmung von Wissen, in der Unterscheidung von alltäglichem und wissenschaftlichem Wissen sowie in der Bestimmung der Verbindlichkeit von Wissen. Die darauffolgende Gegenüberstellung zeigt, welche der beiden Positionen eine Methodologie für die Wissenschaftspraxis vorlegen kann. Eine Zusammenfassung stellt die Gemeinsamkeiten und Unterschiede der beiden Epistemologien nochmals prägnant dar.

1 Einleitende Charakterisierung von Radikalem Konstruktivismus und Konstruktivem Realismus

1.1 Glasersfelds Radikaler Konstruktivismus – konstruktivistische Wissenstheorie über den Aufbau unseres Wissens

Der Radikale Konstruktivismus ist eine Wissenstheorie, die Wissen nicht als eine wahrheitsgetreue Repräsentation einer Welt an sich betrachtet, sondern als ein Werkzeug zur Erreichung von selbstgesetzten Zielen innerhalb der uns zugänglichen Erfahrungswelt.[1]

Er versucht eine Antwort auf die Frage zu geben, wie es ohne einen direkten Zugang zu einer Welt an sich zum Aufbau einer relativ stabilen und verlässlichen Welt kommen kann bzw. wie der Aufbau rationalen Wissens vor sich geht. Und zwar erscheint uns nach dem Radikalen Konstruktivismus die Welt, die wir erleben, gerade deshalb als relativ stabil, weil sie von uns selber konstruiert wird.[2]

Der Radikale Konstruktivismus ist nach Glasersfeld eine „bescheidene, pragmatische Wissenstheorie, die keinerlei metaphysische Behauptungen macht, und sich zu zeigen bemüht, daß wir auch ohne ontologische Voraussetzungen eine relativ konstante Erlebenswelt aufbauen können."[3]

Glasersfeld nennt zwei Grundprinzipien des Radikalen Konstruktivismus:
1. „Wissen wird vom denkenden Subjekt nicht passiv aufgenommen, sondern aktiv aufgebaut."
2. „Die Funktion der Kognition ist adaptiv und dient der Organisation der Erfahrungswelt, nicht der Entdeckung der ontologischen Realität."[4]

---

1   vgl. von Glasersfeld 1998, 21
2   vgl. von Glasersfeld 1981, 26 ff.; 1996b 21
3   von Glasersfeld 1998, 12
4   von Glasersfeld 1996a, 48

Der Radikale Konstruktivismus wendet sich gegen zwei Seiten. Einerseits gegen einen erkenntnistheoretischen Realismus, nach dem behauptet wird, die Wahrheit im Sinne einer Korrespondenz könne gefunden werden und werde auch immer wieder gefunden. Andererseits überwindet der Radikale Konstruktivismus auch die Skepsis, die immer die Möglichkeit eines verbindlichen Wissens verneint und damit die Vernunft herabgewürdigt hat. An der Skepsis kritisiert Glasersfeld, dass sie sich nie darum bemüht hat, über die bloße Demonstration der Unmöglichkeit objektiver Erkenntnis hinauszukommen. Stattdessen kommt der Radikale Konstruktivismus zu einem neuen Verständnis von Wissen, welches das traditionelle, überanspruchsvolle Verständnis ablöst, das Realismus und Skeptizismus teilen - wobei es der eine für realisierbar, der andere für nicht realisierbar hält.[5]

Das *Radikale* am Radikalen Konstruktivismus charakterisiert Glasersfeld folgendermaßen:

> Der radikale Konstruktivismus ist also vor allem deswegen *radikal*, weil er mit der Konvention bricht und eine Erkenntnistheorie entwickelt, in der die Erkenntnis nicht mehr eine ‚objektive', ontologische Wirklichkeit betrifft, sondern ausschließlich die Ordnung und Organisation von Erfahrungen in der Welt unseres Erlebens.[6]

Mit dem Begriff des Wissens werden auch die Begriffe der Wahrheit, der Kommunikation und des Verstehens radikal verändert und damit die traditionelle Erkenntnistheorie aufgegeben.[7]

Der Radikale Konstruktivismus ist eine „Genetische Epistemologie", da er auf empirischem Weg untersucht, wie der Intellekt aus dem Fluss des Erlebens eine einigermaßen dauerhafte und regelmäßige Welt konstruiert.[8]

1.2 Wallners Konstruktiver Realismus - konstruktivistische Epistemologie als Anleitung zum verstehenden Umgang mit Wissenschaft

Der Konstruktive Realismus ist eine Wissenschaftstheorie (Epistemologie), die sich einerseits (im Sinne der allgemeinen konstruktivistischen Auffassung) verabschiedet von der naiven Vorstellung einer direkten, unmittelbaren Erkenntnis der Wirklichkeit; die sich aber andererseits (in Abgrenzung von etwa dem Radikalen Konstruktivismus) gegen eine rein instrumentalistische Auffassung von

---

5 vgl. von Glasersfeld 1992a, 31; 1992b, 93
6 von Glasersfeld 1981, 23
7 vgl. von Glasersfeld 1996a, 50 f.
8 vgl. von Glasersfeld 1981, 30

Erkenntnis wendet und den klassisch-europäischen Erkenntnisbegriff in modifizierter Form beizubehalten versucht.[9]

Wie der Radikale Konstruktivismus wendet sich der Konstruktive Realismus gegen zwei Seiten: einerseits gegen den erkenntnistheoretischen Realismus mit seiner Idee einer objektiven Erkenntnis und andererseits gegen den Skeptizismus, der die Idee der Erkenntnis als Illusion betrachtet und aufgibt. An beiden kritisiert der Konstruktive Realismus das Streben nach einem unerreichbaren, absoluten Ideal. Ihm geht es stattdessen darum, unter Berücksichtigung der Einsicht, dass Erkenntnis nicht begründbar ist, dennoch Erkenntnis als Erkenntnis auszuweisen, d.h. zu zeigen, was Erkenntnis im Unterschied zu Nicht-Erkenntnis ist, sie also von anderen Phänomenen des geistigen Lebens (von anderen Konstruktionen) zu unterscheiden.[10]

Seine primäre Funktion sieht der konstruktive Realismus in einer „epistemologischen Serviceleistung an die Wissenschaft"[11], d.h. er will den Wissenschaftern das „Handwerkszeug" anbieten, womit diese ihre wissenschaftlichen Handlungen und deren Resultate reflektieren können. Das Ziel ist „das Selbstverstehen der wissenschaftlichen Tätigen"[12].[13]

Dabei versteht sich der Konstruktive Realismus nicht als Lehre, „sondern als eine Tätigkeit des In-Beziehung-Setzens von Informationen, die normalerweise nicht zueinander in Beziehung stehen"[14]. D.h. der Konstruktive Realismus vermehrt mit seiner Tätigkeit nicht das Wissen über die Welt, sondern führt zu einem Wissen über die Handhabung von Informationen.[15]

Der scheinbar paradoxe Name „Konstruktiver Realismus" soll zum Ausdruck bringen, dass einerseits jedes Wissen und jeder von uns untersuchte Gegenstand eine Konstruktion ist, dass aber andererseits jede Konstruktion nichtfiktiv, sondern real ist.[16]

Der Ausdruck „Realismus" darf nicht missverstanden werden als ein erkenntnistheoretischer Realismus, nach dem die wirkliche Welt erkannt werden kann. Es wird zwar eine gegebene Welt vorausgesetzt (siehe Kap. 5), „Realismus" drückt im Konstruktiven Realismus aber vielmehr aus, dass unser Wissen

---

9   vgl. Wallner 1990, 73; Greiner 2005, 40
10 vgl. Pietschmann 1995, 40; Wallner 2002a, 175 f.
11 Greiner 2005, 58
12 Wallner 1993, 16
13 vgl. Greiner 2005, 58
14 Wallner 1990, 59
15 vgl. ebda.
16 vgl. Wallner 1997a, 7

eine nicht-fiktive, eine reale Welt bildet, welche die vorausgesetzte, die gegebene Welt gewissermaßen ersetzt.[17]

Wallner erläutert die im Titel „Konstruktiver Realismus" zum Ausdruck kommende Auffassung folgendermaßen:

> At first "Constructive Realism" seems to be a paradoxical term. Constructions are usually not understood as real and reality contradicts construction. Reality is grasped as given, and since constructions depend on human constructors they are the contrary to the given. However, this contradiction in terms covers two aspects of science. On the one hand, science depends on constructions; more pointedly, scientific theories are constructs. On the other hand, these sciencentific constructions are not illusionary, these constructions change the world and are hence potentially dangerous. This is a proof of their quality of reality.[18]

Als die drei Hauptcharakteristika des Konstruktiven Realismus nennt Wallner:[19]
1. Der Konstruktive Realismus ist „weder normativ noch deskriptiv, sondern *kooperativ*; die Zusammenarbeit zwischen Wissenschaftstheorie und beforschter Wissenschaft bzw. betroffenem Wissenschaftler ist für den Konstruktiven Realismus unverzichtbar."[20]
2. Der Konstruktive Realismus wendet den von ihm vorausgesetzten Wissenschaftsbegriff auf sich selbst an.
3. Allgemeine Verfahren und formale Methoden sind nur sekundäre Hilfen bzw. vorläufige Ergebnisse.

1.3 Radikaler Konstruktivismus und Konstruktiver Realismus – ein erster Vergleich

Die beiden Theorien unterscheiden sich bereits in ihrer Art und Zielsetzung. Glasersfeld entwickelt hauptsächlich ein konstruktivistisches Modell für den Aufbau von Wissen und trägt damit auch zu einem nicht-naiven Selbstverständnis der Wissenschaft bei, vor allem durch seine ausführliche Theorie der die Wahrheit ersetzenden Viabilität. Glasersfelds Radikaler Konstruktivismus ist in erster Linie Erkenntnistheorie – oder nach seiner bevorzugten Terminologie – Wissenstheorie. Was seine Wissenschaftstheorie betrifft, gibt er den Wissenschaftern nur spärliche Hinweise zur Interpretation ihres Tuns und ihrer Produkte. Eine methodologische Anleitung für das Generieren von verbindlichem Wissen bleibt aber aus.

---

17 vgl. Wallner 2002b, 71
18 Wallner 2005, 30
19 vgl. Wallner 1993, 22 f.
20 ders., 22

Wallner hingegen geht es gar nicht so sehr um den Aufbau unseres Wissens, also um Erkenntnistheorie, sondern um die Reflexion der Tätigkeit des wissenschaftlichen „Wissenschaffens" und dabei insbesondere um eine Anleitung der Wissenschafter zu einem Verständnis dessen, was sie tun.

Er bietet mit der Methode der Verfremdung ein methodologisches Handwerkszeug, womit seine Theorie eine auch für die Praxis - und nicht nur für die Interpretation - relevante Wissenschaftstheorie ist (vgl. Kap 8).

Für Glasersfeld ist das Radikale am Radikalen Konstruktivismus, dass Erkenntnis nicht die objektive Welt betrifft, sondern ausschließlich der Ordnung und Organisation der Erfahrungen in unserer Erlebenswelt dient. Auch für Wallner spiegelt Erkenntnis nicht die objektive Welt wider, dennoch würde er nicht sagen, dass sie die Welt nicht betrifft. Wallner möchte den Gedanken der Einsicht nicht aufgeben, auch wenn wir die Welt immer nur nach der Art unserer Konstrukte verstehen können. Der Konstruktive Realismus versteht unter Erkenntnis zwar auch aber nicht nur die Ordnung von Erfahrungen. Das ist der instrumentale Ansatz, den Wallner ergänzt durch die Einsichtsdimension, in der es um eine Einsicht in das eigene Wissen geht.

2 Ontologische Annahmen – die in der Beziehung von Wissen und Welt angenommenen Entitäten

2.1 Die ontologischen Annahmen des Radikalen Konstruktivismus

2.1.1 Erkenntnistheoretischer Anti-Realismus, aber kein Solipsismus

Um dem Dilemma des Realismus zu entgehen schlägt von Glasersfeld mit dem Radikalen Konstruktivismus eine Theorie des Wissens vor, die keinerlei ontologische Ansprüche erhebt, d.h. Wissen einzig und allein auf die Erlebenswelt bezieht und nicht auf eine vom Wissenden unabhängige Realität.[21]

Dennoch ist der Radikale Konstruktivismus kein Solipsismus, denn die Existenz einer ontischen Realität jenseits der menschlichen Erfahrung wird sehr wohl angenommen. Und zwar aus zwei Gründen:
1. Auch wenn Wissen als Konstruktion und nicht als Repräsentation bestimmt wird, so kann ein wissender Organismus nicht jede beliebige Realität konstruieren, die er möchte, denn es gibt „gewisse einschränkende Bedingungen

---

21 vgl. von Glasersfeld 1995, 35

für alle Konstruktionen".[22] In unserer Erlebenswelt sind Dinge, Vorgänge, Zustände und Verhältnisse keineswegs immer so, wie wir sie haben möchten.[23] Und wir sind intuitiv davon überzeugt, dass wir uns diese Hindernisse, auf die wir treffen, nicht absichtlich selbst in den Weg stellen.[24]

2. Wir brauchen die Fiktion (d.h. eine Annahme, die nicht wie eine Hypothese an der Erfahrung überprüfbar ist)[25] von einer Realität an sich, also einer Welt, die stabil an sich existiert, wenn wir mit anderen Subjekten umgehen und zusammenarbeiten möchten.[26]

Der Radikale Konstruktivismus ist somit als ein *ontologischer Realismus* und ein *erkenntnistheoretischer Anti-Realismus* zu bestimmten (vgl. Kap. 3), da einerseits die Existenz einer unabhängig von uns existierenden Realität zwar angenommen, andererseits ihre Erkennbarkeit jedoch ausgeschlossen wird.

2.1.2 Zwei-Welten-Ontologie: Wirklichkeit und Realität

Glasersfeld plädiert daher für eine Zwei-Welten-Ontologie folgender Art: Er unterscheidet zwei Weltbereiche und zwar den unserer Konstruktionen (die *„Wirklichkeit"*) und den der vorausgesetzten Welt an sich (die *„Realität"*). Unter „Wirklichkeit" versteht er die „Welt des Erlebens", die Umwelt, „die man sich selbst […] aus dem eigenen Wirken und Merken aufbaut", die von uns konstruierte Welt. „Realität" hingegen ist diejenige Welt an sich, „von der man annimmt, daß sie dahinter liegt und von der die Philosophen immer noch träumen, obschon die Skeptiker unentwegt gezeigt haben, daß man über sie nichts sagen kann".[27]

2.1.3 Die Realität als die gegen-ständige ontische Welt

Im Sinne der Erfahrung der von außen kommenden Hindernisse bestimmt von Glasersfeld die *Realität* bzw. ontische Welt als die „Welt der objektiven Hindernisse"[28], die wir aber immer nur nach der Art unserer Wirklichkeit erfahren können:

> Die ontische Welt beginnt ja eben dort, wo das, was wir als Handeln erleben, behindert wird oder scheitert. Der Handelnde neigt freilich stets dazu, den Widerstand,

---

22   von Glasersfeld 1987, 107
23   vgl. von Glasersfeld 1985, 18
24   vgl. von Glasersfeld 1981, 37
25   vgl. von Glaserfeld 1997, 323 f.
26   vgl. von Glasersfeld 1998, 55
27   von Glasersfeld 1995, 42
28   von Glasersfeld, 1985, 19

der sein Handeln behindert oder vereitelt, als selbständigen ‚Gegenstand' zu deuten und zu beschreiben; doch was er da deutet und beschreibt, sind stets Phasen seines eigenen Handelns, und die Begriffe, die er zur Deutung oder Beschreibung verwendet, sind Begriffe, die ausschließlich im Laufe seines Erlebens und Handelns aufgebaut wurden und deren Bestandteile nirgends anders als in der eigenen Erlebenswelt gefunden und geformt werden konnten. Die Welt der objektiven Schranken, zwischen denen wir handeln, erleben und zuweilen unsere Ziele erreichen, bleibt grundsätzlich unzugänglich und unbeschreibbar.[29]

Diese Unerkennbarkeit der Realität bringt Glasersfeld auch in der „black box"-Metapher zum Ausdruck. Er beschreibt die Realität als einen „schwarzen Kasten", von dem wir nur die eingehenden und ausgehenden Signale kennen, nicht aber sein Innenleben:

> Alles, was wir wahrnehmen, ist aus Signalen unseres Erfahrungsbereiches aufgebaut. Es steht uns natürlich frei, diese Signale als Produkte irgendwelcher außerhalb liegender Ursachen anzusehen. Da wir aber keine Möglichkeit haben, uns diesen hypothetischen Ursachen zu nähern oder sie zu ‚beobachten', *es sei denn in ihren Auswirkungen*, finden wir uns in der gleichen Beziehung zu diesem ‚Außen', in der sich die ersten Kybernetiker mit Bezug auf lebende Organismen fanden, d.h. wir stehen vor einem ‚schwarzen Kasten' (black box). Wir können nur den ‚Output' dieses schwarzen Kastens beobachten und festhalten (in diesem Falle die ‚Sinnesdaten', die Signale diesseits *unserer* Schnittstelle), und wir können ebenso den ‚Input' des schwarzen Kastens beobachten und aufzeichnen (in diesem Fall ‚propriozeptive Daten' und ‚Rückkopplungssignale', wiederum diesseits *unserer* Schnittstelle). ‚Input' und ‚Output' sind neuronale Signale, und sobald wir diese Differenzierung getroffen haben, können wir rekurrente Koordinationen und mehr oder minder verläßliche Abhängigkeiten zwischen beiden feststellen. Auf dieser Basis von Input-Output-Beziehungen können wir hernach eine ‚Außenwelt' sowie unsere jeweiligen ‚Selbst'-Bilder konstruieren.[30]

2.1.4 Die Wirklichkeit als die Welt unseres Erlebens und Wissens

Die *Wirklichkeit* ist für Glasersfeld unsere „Lebens- und Erfahrungswelt"[31], „die Welt in der wir leben" und die einzige Welt, zu der wir „*tat*sächlich", d.h. durch Wahrnehmen und Handeln Zugang haben.[32] Sie ist das relativ dauerhafte Ergebnis der Organisation und Strukturierung des Outputs des „schwarzen Kastens Realität", also des ungeordneten Stroms unserer Erlebnisse.
Glasersfeld bestimmt die Wirklichkeit genauer als:

---

29 ebda.
30 von Glasersfeld 1987, 108
31 von Glasersfeld 1994, 33
32 von Glasersfeld 1997, 51

[...] ein Netzwerk von Begriffen, die sich in der bisherigen Erfahrung des Erlebenden als angemessen, brauchbar oder ‚viabel' erwiesen haben, und zwar dadurch, daß sie wiederholt zur erfolgreichen Überwindung von Hindernissen oder zur begrifflichen ‚Assimilation' von Erfahrungskomplexen gedient haben.[33]

Diese Erfahrungswirklichkeit ist uns nicht einfach auf einmal gegeben, sondern wir bauen sie Stück für Stück auf, sodass sie uns rückblickend wie eine Aufschichtung von Ebenen erscheint.[34] Dieser Aufbau geht nach Glasersfeld induktiv vor sich, d.h. dass wir Begriffe, Vorstellungen und Handlungsweisen versuchsweise bilden und jene, die funktionieren, beibehalten.[35]

An anderer Stelle beschreibt Glasersfeld die Wirklichkeit auch als den „Spielraum [...], den die Realität unserem Tun und Denken zugesteht"[36], also als den Spielraum zwischen den Hindernissen der Realität.

3.1.5 Das Wissen als möglicher Weg

Unser *Wissen* von der Welt ist kein Wissen von der Realität an sich, sondern von unserer Wirklichkeit bzw. selbst ein Teil unserer Wirklichkeit, der sich dadurch auszeichnen muss, dass er zu dieser Wirklichkeit passt (siehe Kap. 6).

Von Glasersfeld bestimmt Wissen im Zusammenhang mit der Realität bzw. der „Welt der objektiven Hindernisse" als „stets nur einen möglichen Weg, um zwischen den ‚Gegenständen' durchzukommen". D.h. der Besitz eines befriedigenden Weges, Wirklichkeit zu erklären und zu verstehen, schließt nie aus, dass andere befriedigende Wege gefunden werden können.[37]

2.2 Die ontologischen Annahmen des Konstruktiven Realismus:

2.2.1 Drei-Welten-Ontologie: Realität – Lebenswelt - Wirklichkeit

Auch der Konstruktive Realismus unterscheidet ähnlich wie der Radikale Konstruktivismus zunächst zwei Weltbereiche, nämlich „Realität" und „Wirklichkeit", wobei die Namen verglichen mit dem Radikalen Konstruktivismus eine umgekehrte Bedeutung haben. Die „Realität" steht für die von uns konstruierte Erkenntniswelt und die „Wirklichkeit" für die vorgegebene, von uns nicht erkennbare Welt.

---

33 ders., 47
34 von Glasersfeld 1996a, 194
35 vgl. von Glasersfeld 1997, 52
36 von Glasersfeld 2000, 141
37 von Glasersfeld 1985, 20

Dazu kommt beim Konstruktiven Realismus aber noch ein dritter Weltbereich, nämlich die „Lebenswelt", die zwar auch konstruiert ist, aber als gegebene, kulturell bestimmte Basis für unsere Realitätskonstruktionen dient.

Doch schon, wenn man die zwei Weltbereiche „Realität" und „Wirklichkeit" ohne den dritten Weltbereich „Lebenswelt" betrachtet, zeigt sich, dass bei diesen Bestimmungen durchaus nicht das Gleiche gemeint ist wie im Radikalen Konstruktivismus.

2.2.2 Nicht-Erkennbarkeit der Wirklichkeit aber kein Solipsismus

Zunächst wird wie im Radikalen Konstruktivismus das realistische Subjekt-Objekt-Modell der Erkenntnis, nach dem für das Subjekt eine Repräsentation eines von ihm unabhängigen Objekts möglich sein soll, aufgegeben. Dieser erkenntnistheoretische Anti-Realismus hat aber, wie im Radikalen Konstruktivismus, nichts mit einem ontologischen Anti-Realismus oder Solipsismus zu tun. Die Existenz einer Welt wird sehr wohl angenommen und zwar, weil es keinen begründeten Zweifel daran gibt:

> [...] es ist die natürlichere These, daß es so etwas gibt, wie eine Welt, mit der zusammen wir leben. Jeder, der das Gegenteil behauptet, hätte die Beweislast: sodaß die Annahme, daß es eine Umwelt gibt, in der wir leben, zwar keine gesicherte Annahme ist, aber eine Annahme, deren Bezweiflung sich nicht lohnt, deren Bezweiflung nicht begründet ist; an der es keinen begründeten Zweifel gibt. Andererseits gibt es aber auch kein Argument dafür, daß das, was wir dann als Umwelt *erkennen*, daß das übereinstimmen muß mit der Umwelt, mit der wir leben.[38]

2.2.3 Die Wirklichkeit als gegebene Welt, in der wir leben

Diese Umwelt, in der wir leben, ist im Konstruktiven Realismus die „Wirklichkeit", wobei mit der Wortwahl zum Ausdruck kommen soll, dass das der Weltbereich ist, der von sich aus „wirkt".[39]

Wallner bestimmt die Wirklichkeit in einem – wie er sagt - ersten „naiven" aber auch „plausiblen" Anlauf als:

> [...] dasjenige, was gegeben ist, was dem menschlichen Bewußtsein in irgendeinem Sinn gegenübersteht, als etwas, worauf man sich richtet, als etwas, das Gegenstand ist, aber auch als etwas, das dem menschlichen Leben Halt gibt, das es ermöglicht, das es begrenzt, einschränkt.[40]

---

38 Wallner 1990, 83
39 vgl. ders., 93
40 ders., 16

Es handelt sich bei der Wirklichkeit um die sinnvollerweise *vorausgesetzte Welt*, die es ohne uns Menschen gibt, um die Welt jenseits unserer Erkenntnisaktionen, die nicht von uns in unserer Erkenntnis erzeugt wird.[41]

In und mit dieser Welt leben wir, es ist unsere *biologische Umwelt*, in dem Sinn, dass sie unser Leben überhaupt ermöglicht, aber auch einschränkt. Wir sind von der Wirklichkeit abhängig, wir könnten ohne sie nicht leben.[42]

Die Wirklichkeit als solche ist *nicht erkennbar*. Da wir nach dem Argument des Quantensprungs unsere eigenen Erkenntnisstrukturen nicht verlassen können, kann man nicht sagen, dass die Wirklichkeit bestimmte Strukturen hätte. Genauso wenig wie sie bewiesen werden kann, kann sie erkannt werden.[43] Allerdings „berühren" wir sie nach Wallner „im bloßen Vollzug biologischer Abläufe in unserem Körper".[44]

Wallners Begriff der Wirklichkeit ist aber nicht im Sinne des Kantischen „Dings an sich" zu verstehen. Wallner verabschiedet die Unterscheidung von einer Welt an sich und einer Welt für uns.[45] Wirklichkeit ist kein abstraktes, von uns unabhängiges „X", an die wir einfach nicht heran können, aber gerne wollten, sondern die biologische Welt, in und mit der wir leben:

> Diese Unterscheidung [zwischen Wirklichkeit und Realität] ist nicht im kantischen Sinne misszuverstehen, dass die Wirklichkeit das Ding an sich und die Realität die Systematisierung der Erscheinungen meint. Die Wirklichkeit ist die Welt, mit der wir leben, die Welt unserer Lebensvollzüge im weitesten Sinn, und die Realität ist die Welt unserer Erkenntnis. Die Wirklichkeit ist keine Steigerung der Realität in dem Sinn, wie man es mit Kant sagen könnte, dass Realität sozusagen ein Versuch ist, an die Wirklichkeit heranzukommen, aber eben nur ein Versuch. Die Unterscheidung zwischen Wirklichkeit und Realität ist eine methodologische Unterscheidung. Die Realität ist eben Ausdruck des Erkenntniswillens des Menschen, die Wirklichkeit ist Ausdruck der Lebensvollzüge.[46]

Die Wirklichkeit ist aber auch nicht ohne jede erkenntnismäßige Beziehung zu unserer Erkenntniswelt (also der Realität), denn wir und die anderen Lebewesen bekommen von der Wirklichkeit *„Deformationen"* zugefügt, die wir dann verarbeiten. Erkenntnis wird als „Deformationsverarbeitung" verstanden.[47]

---

41   vgl. Pietschmann 1995, 10; Wallner 1990, 69 f.; ders. 1993, 20
42   vgl. Wallner 1990, 16 f., 69 f.
43   vgl. Greiner 2005, 62
44   Wallner 1990, 70 f.
45   vgl. Wallner 2002a, 141 f.
46   Wallner 1990, 141 f.
47   ders., 45

2.2.4 Die Realität als die Welt unserer wissenschaftlichen Erkenntnis

Von dieser biologischen Wirklichkeit unterscheidet Wallner nun die „Realität", d.i. die Welt unserer (wissenschaftlichen) Erkenntnis.[48]

Die Realität wird von uns durch unsere Erkenntnis konstruiert und würde somit anders als die Wirklichkeit ohne uns nicht existieren.[49] Sie ergibt sich aus der Verarbeitung der von der Wirklichkeit kommenden Deformationen und ist „[...] *die Weise, sich die Wirklichkeit zum Gegenstand zu machen.*".[50]

Ursprünglich hat Wallner die Realität als die Welt unserer Konstruktionen überhaupt bestimmt, also auch als jene unserer alltäglichen Vorstellungen:

> *Realität* als künstliche Welt ist jene der wissenschaftlich technischen Konstruktionen, aber auch all jener Bilder, die wir uns im Alltag machen. Sie ist eine Welt aus Bildern, Maschinen und Naturgesetzen.[51]

Später versteht er darunter nur mehr unsere wissenschaftlichen Konstruktionen, da das Alltägliche dem Weltbereich „Lebenswelt" zugeordnet wird (siehe unten) und bezeichnet Realität als die „Summe der wissenschaftlichen Konstrukte".[52]

Während wir ohne Wirklichkeit nicht leben können, weil sie ja die Welt ist, in und mit der wir leben, zeigt sich die Konstruktivität der Realität darin, dass wir ohne sie leben könnten, wie das im Zustand der Bewusstlosigkeit der Fall ist. Und die Realität bleibt in gewissem Sinne von der Wirklichkeit abhängig, denn ohne Wirklichkeit gäbe es gar nicht die Möglichkeit, sich Bilder, sprich Realität zu machen. Wo es aber zu Realität kommt, ersetzt sie quasi die Wirklichkeit.[53]

Wissenschaftliche Aussagen sind somit keine Abbildungen der Wirklichkeit, sondern Konstruktionen von neuen Wirklichkeiten, eben von Realität Wissenschaftliche Aussagen (Realität) sind nach der Wirklichkeit und der Lebenswelt (d.i. unsere kulturell vorgegebene Welt, siehe unten) so etwas wie eine „dritte Natur".[54]

2.2.5 Die Lebenswelt als die kulturell vorgegebene Welt

Abgesehen von Realität und Wirklichkeit nimmt der Konstruktive Realismus noch einen dritten, quasi dazwischenliegenden Weltbereich an, der in gewissem

---

48 vgl. Wallner 1990, 16 f.
49 vgl. Wallner 1990, 69; 1993, 20
50 Wallner 1990, 46
51 ders., 70
52 Pietschmann 1995, 25
53 vgl. Wallner 1990, 70 f.
54 vgl. Pietschmann 1995, 10

Sinn zwar auch konstruiert ist, den wir aber so nehmen, als ob er gegeben wäre: die „Lebenswelt".[55]

Die Lebenswelt ist „jene Welt, mit der wir uns im Alltag auseinandersetzen"[56], „innerhalb welcher der Mensch sein Leben gestaltet"[57] und - insofern jede Kultur ihre Lebenswelt hat – die „Welt der kulturrelativen Selbstverständlichkeit"[58].

Lebenswelten sind zwar auch erfundene Welten, aber im Unterschied zu den wissenschaftlichen Welten (Realität) werden sie weniger willkürlich, sondern im Laufe einer Kulturentwicklung erfunden.[59]

Greiner beschreibt die Lebenswelt folgendermaßen:

> Die konstruktiv-realistisch verstandene ‚Lebenswelt', mit der wir uns im Alltag auseinandersetzen, ist zwar einerseits für uns so selbstverständlich, als ob sie definitiv gegeben wäre, sie muss andererseits aber auch in dem Sinn als ‚konstruiert' aufgefasst werden, als sich ja die Koexistenz heterogener kultureller Lebenswelten gerade nicht leugnen lässt. So gesehen sind ‚Lebenswelten' kulturspezifisch entwickelte und tradierte Systeme von Überzeugungen und Regeln, die sich als sinnvoll und nützlich erweisen, weil sie sich über mehr oder weniger lange Zeiträume hinweg funktionell bewährt haben (Viabilitätsfaktor). In dieser instrumentellen Hinsicht steuern lebensweltliche ‚Regelsysteme' sodann eine Vielzahl von Handlungs- und Verhaltensweisen im Alltag, minimieren damit den Entscheidungsdruck in lebensweltlichen Situationen und determinieren nicht zuletzt eben das – mehr oder weniger nuancierte – kulturrelative ‚Wissen von der Welt', was sich schließlich auch auf die mikroweltlichen Vorüberzeugungen davon auswirken muss, wie jetzt die Struktur eines bestimmten Forschungsgegenstandes vernünftigerweise eigentlich nur aussehen kann.[60]

Daraus geht hervor, dass die Lebenswelten nicht von einzelnen Subjekten konstruiert werden, sondern von den in einer Kultur zusammengebundenen Subjekten. Der Einzelne wächst in sie hinein und hat meist nur geringfügige Möglichkeiten, sie zu verändern. Durch die schnell entstehende Vertrautheit, neigen wir aber dazu, die Sinnsetzungen unserer Lebenswelt als „vorgegebene, den Dingen selbst inhärente Bestimmungen" anzusehen.[61]

---

55 vgl. Wallner 2002a, 207
56 ebda.
57 Pietschmann 1995, 10
58 Greiner 2005, 71
59 vgl. Wallner 2002a, 209
60 Greiner 2005, 70
61 Wallner 1995, 19 f.

Die Lebenswelt ist also nicht die individuell-subjektive Welt des Erlebens des Einzelnen, sondern vielmehr die kulturell-kollektive Voraussetzung dafür.[62]

Die Lebenswelten sind oft die Quelle für wissenschaftliche Konstruktionen und auch wenn sich diese mitunter weit von den lebensweltlichen Auffassungen entfernen, bleiben sie als „Fortbildungen und Transformationen" auf sie bezogen.[63] Insofern können Lebenswelten als „primäre Sinnstiftungen" verstanden werden, die Wissenschaften als „sekundäre Sinnstiftungen".[64]

Die Lebenswelten sind darüber hinaus auch eine Instanz der Rückbeziehung von wissenschaftlichen Theorien. Das Verhältnis zwischen Lebenswelt und Realität ist also ein wechselseitiges: „[...] die kulturspezifische ‚Lebenswelt' prägt nicht nur die wissenschaftliche ‚Realität', sondern die wissenschaftliche ‚Realität' prägt vice versa auch die kulturspezifische ‚Lebenswelt'".[65]

Die Realität ist im Grunde auch als eine spezielle, nämlich systematisch aufgebaute und wissenschaftlich begründete Lebenswelt aufzufassen.[66]

2.2.6 Die Mikrowelten als die einzelnen wissenschaftlichen Konstruktionen

Im Konstruktiven Realismus werden darüber hinaus einzelne wissenschaftliche Konstruktionen innerhalb der Realität unterschieden. Wallner nennt diese Teile der Realität „Mikrowelten", weil sie nur eine eingeschränkte Anzahl von Eigenschaften aufweisen.[67] Durch die Mikrowelten-Theorie wird es nun möglich, verschiedene wissenschaftliche Konzeptualisierungen zu unterscheiden.[68]

Genauer werden „Mikrowelten" im Konstruktiven Realismus bestimmt als „frei erfundene, in sich widerspruchsfreie Satzsysteme, deren Aufgabe es ist, die wissenschaftlichen Daten in je spezifischer Weise zu strukturieren".[69] Es sind keine bloßen Beschreibungen der Lebenswelt, sondern „idealisierte Konstruktionen"[70], die als Teil der Realität Aspekte der Wirklichkeit „ersetzen".[71] Damit sie als Erkenntnis gelten können, reicht es nicht, dass sie technisch funktionieren

---

62 vgl. Wallner 2002a, 207
63 Wallner 1995, 26
64 ders., 20
65 Greiner 2005, 71
66 vgl. Wallner 2002a, 139
67 vgl. ders., 211
68 vgl. ders., 203
69 Pietschmann 1995, 25
70 ders., 27
71 vgl. Wallner 2002a, 207 f.

(d.h. helfen, spezifische wissenschaftliche Ziele zu erreichen), sondern sie müssen darüber hinaus einen unmittelbaren Einfluss auf unsere Lebenswelt haben.[72]

Beispiele für verschiedene Mikrowelten sind aus dem Bereich der Physik etwa die Welt der fallenden Dinge bzw. die Welt der Bewegung nach Newton und die Welt der Bewegung nach Aristoteles.[73]

Die Naturwissenschaften liefern also nach Wallner kein strukturelles Abbild der Welt, sondern produzieren eine Reihe von Mikrowelten. Und das geschieht folgendermaßen: Zunächst wird ihre Struktur von den Wissenschaftern frei erfunden, muss jedoch bestimmten zuvor festgelegten Kriterien genügen. Danach geht es darum, Daten zu finden, die diesen Kriterien entsprechen. Das Resultat ist eine neue Mikrowelt.[74]

Oft wird in einem nächsten Schritt versucht, mehrere Mikrowelten zu einer größeren zusammenzubauen. Meistens bleibt es aber bei einem Nebeneinander-Bestehen der verschiedenen Mikrowelten derart, dass die kleineren Mikrowelten nicht direkt aus den größeren ableitbar, sondern nur widerspruchslos vereinbar mit ihnen sind.[75]

2.3 Die Ontologien von Radikalem Konstruktivismus und Konstruktivem Realismus im Vergleich

2.3.1 Die Unmöglichkeit einer Wissenstheorie ohne Ontologie - Kritik an Glasersfelds Ontologie-Leugnung

Glasersfeld will mit seinem Radikalen Konstruktivismus eine Wissenstheorie ohne Ontologie anbieten. Das bezieht sich jedoch nur auf seine grundsätzliche These, dass wir prinzipiell nicht in der Lage sind, mit unserem Wissen etwas über die Realität an sich auszusagen, dass also Wissen Konstruktion ist und daher der Aufbau des Wissens völlig Wirklichkeits-intern vor sich geht. Er hält eine Ontologie, als Lehre vom an sich Seienden, für unmöglich. Allerdings hat er auch nichts einzuwenden gegen Ontologien und Weltanschauungen, die sich nur als Konstruktionen verstehen und nicht den Anspruch erheben, die Realität an sich zu beschreiben:

> Die Götterwelt der Griechen, die Kosmologien unserer Religionen und der Wissenschaft sowie sämtliche metaphysische Systeme sind Fiktionen, die für unsere Vorstellung von der Erlebenswelt und unser Handeln in ihr zuweilen fördernd und zu-

---

72 vgl. Pietschmann 1995, 25
73 vgl. Wallner 2002a, 203
74 vgl. Wallner 1993, 24
75 vgl. Pietschmann 1995, 31 f.

weilen hindernd gewesen sind. Die Fiktion ontischer Realitäten ist an sich harmlos – solange sie nicht als wahre Erkenntnis hingestellt werden.[76]

Um eine „Minimal-Ontologie" kommt auf alle Fälle auch er nicht herum, da er ja immerhin zwischen Realität und Wirklichkeit unterscheidet, sowie die Unerkennbarkeit der Realität behauptet.

Für ihn ist das aber wohl keine Ontologie im eigentlichen Sinn, da er damit nichts objektives auszusagen vorgibt, sondern die zwei Weltbereiche nur als notwendige heuristische Fiktionen annimmt.

Wallner hingegen gesteht frei ein, dass man ohne Ontologie nicht auskommt und nennt seine Annahmen daher explizit ontologisch. Meines Erachtens ist das die reflektiertere und redlichere Art, seine eigenen Voraussetzungen zu kategorisieren.

Außerdem bezeichnet Glasersfeld die realistische Auffassung, dass das Funktionieren unseres Wissens in der Erlebenswelt der Beleg für seine ontologische Wahrheit sei, als einen metaphysischen Glauben, denn man könne es eben nicht beweisen.[77] Doch widerlegen kann man es ja nun auch nicht. Die konstruktivistische Auffassung beruht somit selbst eigentlich genauso auch auf einem metaphysischen Glauben, wenngleich dieser mit dem Weglassen der erkenntnisrealistischen These eines objektiven Wissens eine vernünftige Bescheidenheit an den Tag legt und damit den Vorteil hat, keine Ansprüche zu stellen, die prinzipiell problematisch und nicht einholbar sind.

2.3.2 In welcher Welt wir leben - Kritik an Glasersfelds Realitätsbegriff

Für Glasersfeld ist die „Wirklichkeit" die Welt unserer Konstrukte, unseres Wissens und unserer Erfahrung. Es ist für ihn die „Welt, in der wir leben", weil sie die einzige ist, zu der wir Zugang haben. Doch was heißt das, dass wir in unseren eigenen Konstruktionen leben? Natürlich kann man sagen, jeder lebt in seiner eigenen Welt oder die Menschen leben in der Welt ihrer jeweiligen Kultur. Doch leben wir nicht vor allem auch in der vorausgesetzten ontischen Welt, also der „Realität" (nach Glasersfelds Terminologie!)? Denn wenn wir dort nicht leben, wo haben wir dann unsere Lebensgrundlage und wozu nehmen wir dann eine ontische Realität noch an? Nur weil wir diese ontische Welt nicht erkennen können, kann man nicht sagen, dass wir nicht in ihr leben. In der Bestimmung der Realität als der „Welt der objektiven Hindernisse" scheint Glasersfeld diesen Aspekt des Lebens in der ontischen Welt schon ein wenig zu berücksichtigen,

---

76 von Glasersfeld 1995, 44
77 von Glasersfeld 1996a, 323

dennoch bleibt seine Charakterisierung der ontischen Welt zu abstrakt. Die ontische Welt verkommt wie Kants „Ding an sich", das sie zum Vorbild hat, zu einem von uns völlig abgeschnittenen, ominösen X, einem Unding, über das man überhaupt nichts mehr sagen darf. Natürlich können wir die ontische Welt nicht erkennen und natürlich können wir trotzdem – wie Wallner dies tut – annehmen, dass sie unsere Lebensgrundlage und der Ort unserer Lebensvollzüge ist.

2.3.3 „Alles ist Konstruktion" besagt nichts – Kritik an Glasersfelds undifferenziertem Wirklichkeitsbegriff

Glasersfelds Zwei-Welten-Ontologie ist - was die Seite unserer konstruierten Wirklichkeit anlangt - auf verwirrende Art undifferenziert. Glasersfeld spricht statt von „Wirklichkeit" auch von „Lebenswelt" oder meistens von „Erfahrungswelt" bzw. „Erlebenswelt" und dann auch noch von „Wissen", wobei er auch nicht zwischen alltäglichem und wissenschaftlichen Wissen unterscheidet. Das Wissen bestimmt er als „Hilfsmittel zur Lösung von Problemen in der diesseitigen Erlebniswelt"[78], und die Erlebenswelt als zugrundeliegenden Prüfstein für das Wissen. Da er aber zudem auf der Seite unserer Wirklichkeit alles für Konstruktion hält, müsste er eigentlich zwei Arten der Konstruktion unterscheiden, die grundlegende, primäre Konstruktion der Erlebenswelt, die allererst Struktur und Ordnung in den „Fluss" der Erlebnisse bringt, und die Konstruktionen unseres Wissens als Versuche, die Eindrücke der Erlebenswelt zu erklären und zu verstehen. Eine solche Unterscheidung findet sich aber bei Glasersfeld nicht ausdrücklich, weshalb vom Radikalen Konstruktivismus die unbefriedigend pauschale Auffassung zurückbleibt, alles sei Konstruktion.

Eine klärende Differenzierung wird hier bei Wallner mit der expliziten Einführung einer dritten Welt- bzw. Wirklichkeitsdimension geleistet, nämlich der „Lebenswelt". Diese wird zwar auch als konstruiert angesehen, aber insofern sie an eine Kultur gebunden ist und als die Welt unseres Alltags die Basis für wissenschaftliche Konstruktionen darstellt, hat sie für uns mehr den Charakter einer vorgegebenen Welt. Die Idee der Lebenswelt sorgt dafür, dass nicht schlechthin alles, was wir erleben und wissen, als gleichermaßen konstruiert aufgefasst wird, was sehr gut vereinbar ist mit der intuitiven Unterscheidung einer vorgegebenen Erfahrungswelt und des wissenschaftlichen Wissens.

---

78 von Glasersfeld 1985, 6

2.3.4 Es ist nicht alles Konstruktion, manches ist auch Konstitution

Bei Glasersfeld bekommt man den Eindruck, alles was wir erfahren, sei gleichermaßen konstruiert. Wallner ergänzt, dass unseren wissenschaftlichen Konstruktionen die ursprünglicheren kulturellen Konstruktionen zugrunde liegen, die schon mehr als Vorgegebenes anzusehen sind.

Es stellt sich aber die Frage, ob der Begriff „Konstruktion" geeignet ist, alle Aspekte unserer Erfahrung und unseres Wissens zu erklären. Unter „Konstruktion" verstehe ich nämlich in Übereinstimmung mit Wallner eine mehr oder weniger bewusste, zumindest aber vom einzelnen Subjekt oder von vergemeinschafteten Subjekten selbst verursachte Vorstellungsbildung. Es macht eigentlich wenig Sinn, z.B. die Art, wie unser Nervensystem aus einzelnen Nervenimpulsen einen einheitlichen Eindruck schafft, oder aber unsere raumzeitliche Form der Wahrnehmung als „Konstruktionen" zu bezeichnen, denn darauf haben wir als individuelle und konkrete empirische Subjekte kaum Einfluss. Solche und ähnliche vorgegebene Bedingungen der Erfahrung und des Wissens nennt man besser „Konstitutionen". Darunter fallen vor allem auch die als biologisch zu bezeichnenden Voraussetzungen unserer Erkenntnis, die wir wohl zum Teil mit den Tieren gemein haben.

Nur Wallner berücksichtigt diese Unterschiede. Bei Glasersfeld sind einfach all unsere Vorstellungen Konstruktionen.

2.3.5 Die individuell-subjektiven Konstruktionen

Für Glasersfeld sind die Konstruktionen unserer Wirklichkeit stark individuell-subjektiv. Wir leben alle in unserer eigenen Vorstellungswelt, eine genaue Übereinstimmung zwischen unseren Vorstellungen liegt nach Glasersfeld wohl kaum vor, aber aufgrund unserer Sozialisierung ist davon auszugehen, dass unsere Vorstellungen zumindest ähnlich sind und zueinander passen. Kollektives, intersubjektives Wissen entsteht dann vor allem in einem nächsten Schritt durch die Wissenschaft.

Wallner andererseits erwähnt das Individuell-Subjektive nur kurz und führt die Lebenswelt als kulturelle Grundlage dafür an. An diesem Punkt könnte man die beiden Ansätze verbinden und das Wallnersche System noch ausbauen mit so etwas wie „Lebensweltmikrowelten", den individuell-subjektiven Varianten der Lebenswelt.

3 Die Verabschiedung des traditionellen Wahrheitsbegriffs

3.1 Die Verabschiedung des traditionellen Wahrheitsbegriffs im Radikalen Konstruktivismus

3.1.1 Viabilität ersetzt die traditionelle Wahrheit

Von Glasersfeld schlägt zur Überwindung des Dilemmas des Realismus eine radikale Umgestaltung der Beziehung zwischen Wissen und Realität vor. Wie in den obigen Kapiteln ausgeführt, unterscheidet er zwischen Wirklichkeit und Realität und hält letztere für unerkennbar. Wahrnehmung und Erkenntnis bestimmt er als konstruktive und nicht als abbildende Tätigkeiten. Somit wird der traditionelle korrespondenztheoretische Wahrheitsbegriff, nach dem Wahrheit in einer Übereinstimmung oder Annäherung an die Realität an sich besteht, aufgegeben:

> Wahrheit im Sinne einer Korrespondenz mit der Realität ist ausgeschlossen, denn von der Wahrheit verlangt man ja, daß sie objektiv sei und eine Welt beschreibe oder darstelle, wie sie ‚an sich' ist, das heißt, bevor der Beobachter sie durch den Erkenntnisapparat wahrgenommen und begriffen hat.[79]

Genau das aber ist gemäß dem Dilemma des Realismus eben nicht möglich. Doch wenn ein Vergleich unseres Wissens mit einer äußeren Welt nicht möglich ist, wodurch erhält es dann seine Rechtfertigung? Und wie ist denn stattdessen die Beziehung zwischen unserem Wissen, also den Ergebnissen der konstruktiven Tätigkeit, und der ontischen Welt bzw. Realität zu bestimmen?

Hier führt Glasersfeld den Begriff der „Viabilität" ein, mit dem er einerseits den traditionellen korrespondenztheoretischen Begriff der Wahrheit ersetzt und andererseits einen Ausweg aus dem Solipsismus schaffen möchte, nach dem nur das als existierend angenommen wird, was wir uns vorstellen.[80]

Der Begriff der Viabilität bietet eine Rechtfertigung, die sich nicht auf einen positiven Vergleich mit der Realität an sich beruft. Die Viabilität von Begriffen, Theorien, Weltbildern besteht nach Glasersfeld in ihrer Gangbarkeit, Brauchbarkeit, Kompatibilität, wiederholter Anwendbarkeit, ihres Funktionierens bzw. in ihrem Passen für unsere Erlebenswelt. Wobei dieses Passen für Glasersfeld keineswegs bedeutet, dass eine Repräsentation der Realität an sich vorliegt, sondern nur, dass die Konstruktionen nicht mit den Beschränkungen oder Hindernissen der ontischen Welt in Konflikt geraten:[81]

---

79 von Glaserfeld 1995, 37
80 vgl. von Glasersfeld 1985, 18
81 vgl. von Glasersfeld 1985, 9, 18; 1998, 30

Man könnte meinen, daß zum Beispiel eine Theorie, von der man sagen kann, das sie in die objektive Welt *paßt*, zwar nicht ein genaues Abbild sein muß, aber doch, eben da sie *paßt*, die Struktur dieser Welt in gewissem Sinn widerspiegelt. Das ist nun aber ein Trugschluß, denn das Urteil, daß eine Theorie *paßt*, beruht in der Praxis einzig und allein darauf, daß sie bisher nicht gescheitert ist.[82]

3.1.2 Viabilität und Evolutionstheorie

Glasersfeld entwickelt diesen Begriff der Viabilität unseres Wissens in Anlehnung an die biologische Evolutionstheorie und den Begriff der Anpassung. Auch auf der biologischen Ebene gibt es eine Viabilität, nämlich die Überlebensfähigkeit eines Lebewesens, d.i. die Fähigkeit, „innerhalb der Bedingungen und trotz der Hindernisse zu überleben, welche die Umwelt oder ‚Wirklichkeit' dem Organismus als Schranken in den Weg stellt"[83]. Wie der Organismus aber das Überleben erreicht, ist nach Glasersfeld völlig gleichgültig und wird nicht von der Umwelt bestimmt, sondern unterliegt den zufälligen Variationen des Vererbungsmechanismus.[84]

Denn die „natürliche Auslese" funktioniert negativ, sie liest nicht das Widerstandsfähigste oder Tüchtigste aus, sondern lässt einen gewissen Überlebensspielraum[85] und lässt nur das aussterben, was den „einschränkenden Bedingungen"[86] *nicht* standhält.[87]

Unter „Anpassung" ist somit keineswegs eine Annäherung an eine Außenwelt, sondern lediglich die Verbesserung des Gleichgewichts des Organismus in Bezug auf die erfahrenen Beschränkungen zu verstehen.[88] Angepasst sein heißt nach Glasersfeld letztlich nur, die Fähigkeit zum Überleben besitzen, und zwar gleichgültig, mit welchen Mitteln oder Formen das erzielt wird:[89]

> Wenn wir sagen, daß ein Organismus an eine Umwelt angepaßt ist, dann sagen wir nicht weniger und nicht mehr, als daß der Organismus überlebt hat und daher ein ‚überlebensfähiger', ein ‚viabler' Organismus ist. Mit anderen Worten, der Organismus ist so ausgestattet, daß er von den einschränkenden Bedingungen der Umwelt *noch nicht* umgebracht werden konnte.[90]

---

82 von Glasersfeld 1991, 25
83 von Glasersfeld 1985, 14
84 vgl. ebda.
85 vgl. von Glasersfeld 1996c, 20
86 von Glasersfeld 1987, 136
87 vgl. von Glasersfeld 1981, 21
88 vgl. von Glasersfeld 1996, 114
89 vgl. von Glasersfeld 2001, 58
90 von Glasersfeld 1987, 135

Gegen die Evolutionäre Erkenntnistheorie gerichtet, die für Glasersfeld den Begriff der Anpassung überdehnt, weil sie ihn im Sinne eine Annäherung interpretiert, meint Glasersfeld:[91]

> Die Mittel und Wege, die sie [die Lebewesen] entwickelt haben, um den Hindernissen und Bedrohungen auszuweichen, können nicht als Spiegelungen von Eigenschaften der Umwelt angesehen werden. Ein Organismus, der überlebt hat, kann aus dieser Tatsache nur ableiten, daß er von den zahllosen Überlebensmöglichkeiten, die mit den Umweltbedingungen *nicht* konfligieren, *eine* gefunden hat, kurz, daß er noch *viabel* ist.[92]

Somit ist der einzige mögliche Hinweis auf die „wirkliche" Struktur der Umwelt ein negativer und kommt von den Organismen und den Arten, die ausgelöscht worden sind. Denn die überlebenden Lebewesen zeigen lediglich eine Auswahl von Lösungen aus einer „unendlichen Anzahl potentieller Lösungen, die alle gleichermaßen viabel sein könnten".[93]

3.1.3 Die indirekte Beziehung zwischen Wissen und Realität: Passen und Scheitern

Eine vergleichbare Beziehung der Viabilität, wie sie auf biologischer Ebene zwischen den Lebewesen und der Umwelt vorliegt, besteht für Glasersfeld nun auch zwischen dem Wissen, also unseren kognitiven Konstrukten, und der ontischen Realität der Welt:[94]

> Wie die physischen Strukturen, die sich in der biologischen Evolution herausgebildet haben, müssen sich die Konzepte und das Bild der Erfahrungswelt, die ein kognizierendes Individuum konstruiert, bei der Aufrechterhaltung des Gleichgewichts des Individuums als *viabel* erweisen. Darum besteht die Funktion der kognitiven Fähigkeiten nicht darin, ein ‚wahres' Bild einer unabhängigen *objektiven* Welt zu erzeugen, sondern vielmehr darin, eine lebbare Organisation der Welt, so wie sie erfahren wird, aufzubauen.[95]

Von unserem Wissen, also den von uns konstruierten Ideen, Hypothesen, Modellen und Theorien kann man damit nicht sagen, dass sie stimmen, sondern nur, dass sie passen; nicht dass sie wahr, sondern nur dass sie viabel sind, d.h. „daß sie von der Erfahrung nicht kaputtgemacht werden". Aus dem Überdauern von

---

91   von Glasersfeld 1992b, 94
92   ebda.
93   von Glasersfeld 1987, 140
94   vgl. ebda.
95   von Glasersfeld 1992a, 28

Theorien folgt keineswegs, dass sie Strukturen der ontischen Realität richtig wiedergeben.[96]

> Wenn nun so eine kognitive Struktur etwa bis heute standgehalten hat, so beweist das nicht mehr und nicht weniger als eben, daß sie unter den Umständen, die wir erlebt und dadurch bestimmt haben, das geleistet hat, was wir von ihr erwarteten. Logisch betrachtet, heißt das aber keineswegs, daß wir nun wissen, wie die objektive Welt beschaffen ist; es heißt lediglich, daß wir *einen* gangbaren Weg zu einem Ziel wissen, das wir unter von uns bestimmten Umständen in unserer Erlebenswelt gewählt haben. Es sagt uns nichts – und kann uns nichts darüber sagen - wieviele andere Wege es da geben mag und wie das Erlebnis, das wir als Ziel betrachten, mit einer Welt jenseits unserer Erfahrung zusammenhängt. Was wir von jener ‚absoluten Wirklichkeit' erleben, sind bestenfalls ihre Schranken [..].[97]

Daraus, dass sich z.B. die Begriffe Raum und Zeit bewährt haben, folgt nicht, dass sie den Strukturen der ontischen Welt entsprechen.[98]

Ob nun ein Wissen passt, ist von den Zielen abhängig, die wir uns jeweils setzen.[99] Diese Ziele sind allgemein Erklärung, Vorhersage, Kontrolle und Steuerung von Erlebnissen.[100] Außerhalb der jeweiligen Zielsetzung kann die Viabilität nicht verallgemeinert werden.[101]

Wobei in verschiedenen Kontexten verschiedene Konstruktionen viabel sind. Die Physik Newtons z.B. ist im Bereich der Alltagserfahrungen für unsere Zwecke vollkommen viabel, nicht jedoch im Kontext aktueller Naturwissenschaft.[102]

Nur dort wo unsere Konstruktionen scheitern, wo wir auf Hindernisse stoßen, also nur durch negatives Feedback, macht sich die „wirkliche" Welt bemerkbar. Aber auch da können wir sie nicht erkennen, da wir das Scheitern immer nur in den Begriffen unserer scheiternden Konstruktionen beschreiben und erklären können.[103] Zudem muss das Scheitern nicht an der „wirklichen" Welt liegen, sondern kann auch von einem Problem oder Widerspruch innerhalb der Konstruktion verursacht sein. Genau genommen können wir also nicht einmal wissen, ob die erfahrenen Hindernisse aus einer Welt jenseits unseres Erlebens stammen. Die Erfahrung des Scheiterns sagt uns nicht mehr, als dass die angewandte Konstruktion in dem Kontext nicht funktioniert hat. Und wenn eine

---

96   vgl. von Glasersfeld 1987, 136
97   von Glasersfeld 1981, 22 f.
98   vgl. von Glasersfeld 1992b, 94
99   von Glasersfeld 2000, 139
100   vgl, von Glasersfeld 1981, 21
101   von Glasersfeld 1998, 95
102   vgl. von Glasersfeld 1987, 141
103   vgl. von Glaserfeld 1981, 37

Konstruktion erfolgreich ist, so kann daraus, wie gesagt, keine Schussfolgerung über die reale Welt abgeleitet werden, denn zahlreiche ganz andere Konstruktionen könnten ja genauso gut funktioniert haben.[104] Unsere Konstruktionen sind quasi wie Schlüssel, die Realität an sich wie das Schloss: „Ein Schlüssel ‚paßt', wenn er das Schloß aufsperrt. Das Passen beschreibt die Fähigkeit des Schlüssels, nicht aber das Schloß.".[105]

3.1.4 Die Metapher des Waldläufers

Diese unsere Erkenntnislage, dass wir prinzipiell keinen direkten Zugang zur Realität an sich haben, sondern nur einen indirekten über ihr negatives Feedback, beschreibt von Glasersfeld in der Metapher des blinden Waldläufers:

> Ein blinder Wanderer, der den Fluß jenseits eines nicht allzu dichten Waldes erreichen möchte, kann zwischen den Bäumen viele Wege finden, die ihn an sein Ziel bringen. Selbst wenn er tausendmal liefe und alle die gewählten Wege in seinem Gedächtnis aufzeichnete, hätte er nicht ein Bild des Waldes, sondern ein Netz von Wegen, die zu dem gewünschten Ziel führen, eben weil sie die Bäume des Waldes erfolgreich vermeiden. Aus der Perspektive des Wanderers betrachtet, dessen einzige Erfahrung im Gehen und zeitweiligen Anstoßen besteht, wäre dieses Netz nicht mehr und nicht weniger als eine Darstellung der bisher verwirklichten Möglichkeiten, an den Fluß zu gelangen. Angenommen der Wald verändert sich nicht zu schnell, so zeigt das Netz dem Waldläufer, wo er laufen kann; doch von den Hindernissen, zwischen denen alle diese erfolgreichen Wege liegen, sagt es ihm nichts, als daß sie eben sein Laufen hier und dort behindert haben. In diesem Sinn ‚paßt' das Netz in den ‚wirklichen' Wald, doch die Umwelt, die der blinde Wanderer erlebt, enthält weder Wald noch Bäume, wie ein außenstehender Beobachter sie sehen könnte. Sie besteht lediglich aus Schritten, die der Wanderer erfolgreich gemacht hat, und Schritten, die von Hindernissen vereitelt wurden.[106]

Glasersfeld setzt damit fort, wie der blinde Läufer den Wald nur indirekt zu erleben bekommt:

> Der ‚Wald' beginnt für den blinden Läufer, wo sein Laufen behindert oder vereitelt wird. Er erlebt den Wald sozusagen als die Gesamtheit jener Stellen eines Erlebensgebiets, die nicht begehbar sind, weil seinem Gehen da ein Hindernis entgegensteht (daher die ursprüngliche und durchaus buchstäbliche Bedeutung des Wortes ‚Gegenstand'). Solange Gehen die einzige Erfahrensdimension des Waldläufers ist, kann er Bäume, Steine, Wald, Boden und worauf er sonst stoßen mag, überhaupt nicht anders begreifen und beschreiben als in Ausdrücken des Widerstandes, des Gehemmtwerdens, des Scheiterns. Seine Erfahrung und die Kenntnis, die er aus ihr

---

104 vgl. von Glasersfeld 1996a, 129 f.
105 von Glasersfeld 1981, 20
106 von Glasersfeld 1985, 9

gewonnen hat, befähigen ihn zwar, immer sicherer, glatter, und somit ‚besser' zu laufen, vermitteln ihm aber in keiner Weise ein Bild der Gegenstände, die seinem Laufen Schranken setzen.[107]

Setzt man nun für den blinden Waldläufer das erkennende Subjekt, für den Wald die Realität an sich und für das Wegenetz die Wirklichkeit oder Erlebenswelt ein, dann hat man die Lage, in der wir uns befinden, wenn wir erkennen (und handeln).

Was uns die Sinnesorgane liefern, also die Sinneseindrücke, sind nach Glasersfeld niemals die Eigenschaften der ontischen Welt. Sie melden uns stets nur ein „Anstoßen" an die „Hindernissse" der ontischen Welt. Die Sinnesqualitäten resultieren völlig aus der Art und Weise, wie wir die Sinnessignale interpretieren:[108]

> Wie der blinde Wanderer seine Vorstellung von der Umwelt nur aus den Endpunkten aufbauen konnte, die seine Bewegungsfreiheit beschränken, so bauen wir unser ‚Weltbild' aus Signalen auf, deren Ursprung wir uns ebenfalls nur in Berührungen mit Hindernissen der Umwelt vorstellen können. Wie diese Signale dann zu ‚Gegenständen' verbunden werden, hängt keineswegs nur davon ab, welche Signale unsere Sinnesorgane eben erzeugen. Im Gegenteil, eine genauere Untersuchung, sei sie introspektiv oder experimentell, zeigt, daß wir nie alle vorhandenen Signale verwenden, sondern durch unsere Aufmerksamkeit stets eine relativ kleine Anzahl auswählen und diese Auswahl zudem durch die Vergegenwärtigung erinnerter Wahrnehmungen (die im Augenblick nicht von Sinnesorganen spontan erzeugt werden) je nach Bedarf ergänzen. Der ‚Bedarf' wird dabei durch den Zusammenhang des Handelns bestimmt, in dem wir uns gerade befinden; und dieser jeweilige Zusammenhang erfordert nie, daß wir die ‚Umwelt' so sehen, wie sie ‚in Wirklichkeit' ist (was wir ja ohnedies nicht könnten), sondern verlangt nur, daß das, was wir wahrnehmen, uns zu erfolgreichem Handeln befähigt.[109]

3.1.5 Die zwei Arten der Viabilität

Von Glasersfeld unterscheidet in Anlehnung an Piagets Theorie der Kognition zwei Arten der Viabilität. Das ist einerseits die Viabilität als Lebensfähigkeit aufgrund von Handlungsschemas auf der sensomotorischen Ebene, andererseits die Viabilität als mentales Gleichgewicht durch Begriffe und Begriffsstrukturen auf der Ebene des Denkens:[110]

> Auf der sensomotorischen Ebene dienen viable Handlungsschemas dazu, den Organismen in der Interaktion mit ihrer Erfahrungswelt bestimmte Ziele erreichen zu hel-

---

107 von Glasersfeld 1985, 10
108 vgl. ders., 11
109 ebda.
110 von Glasersfeld 2001, 58

fen – sensorisches Gleichgewicht und Überleben. Auf der Ebene der reflexiven Abstraktion jedoch ermöglichen operative Schemas, daß die Organismen ein relativ kohärentes begriffliches Netzwerk von Strukturen aufbauen, die jene Handlungsverläufe und Denkprozesse widerspiegeln, die sich soweit als viabel erwiesen haben. Die Viabilität von Begriffen auf dieser höheren und umfassenderen Ebene der Abstraktion wird nicht an ihrem praktischen Wert gemessen, sondern an dem Grad ihrer widerspruchs- und reibungslosen Einpassung in das größtmögliche begriffliche Netzwerk.[111]

Das heißt, dort, wo es um rationales Wissen im engeren Sinn geht, bezieht sich die Viabilität und Passung offenbar vor allem auf ein Begriffssystem und besteht in der Kohärenz:

> Um lebensfähig zu sein, sollte ein neuer Gedanke so in das bestehende Schema von Begriffsstrukturen passen, daß keine Widersprüche entstehen. Wenn es zu Widersprüchen kommt, müssen entweder der neue Gedanke oder die alten Strukturen verändert werden.[112]

Glasersfeld verweist denn auch selbst explizit auf den Aspekt der Kohärenz:

> Das erste und wesentlichste Kriterium der Viabilität auf dieser zweiten Ebene ist in der Tat analog dem, was Philosophen die Kohärenztheorie der Wahrheit genannt haben, denn Kohärenz bedeutet nichts anderes als begriffliche Kompatibilität. Und ebenso wie bei wissenschaftlichen oder philosophischen Modellen können auch in konstruktivistischer Sicht zusätzliche Kriterien, zum Beispiel Praktikabilität, Sparsamkeit, Einfachheit oder das, was die Mathematiker ‚Eleganz' nennen, angelegt werden, um zwischen Modellen oder Theorien zu wählen, die in denselben Umständen gleichermaßen viabel sind.[113]

Mit der Unterscheidung der Viabilität auf der sensomotorischen und der mentalen Ebene unterscheidet Glasersfeld auch zwei Arten der Instrumentalität in seiner Theorie:

> Die erste Art der Instrumentalität ließe sich als utilitaristisch bezeichnen (von der Art, wie sie die Philosophen seit jeher verachtet haben), die zweite, die sich auf die begriffliche Kohärenz bezieht, ist streng wissenstheoretischer Art und sollte daher von erheblichem Interesse für die Philosophie sein.[114]

Dass es Glasersfeld aber nicht nur um eine Kohärenz von Begriffen geht, sondern auch um eine Kohärenz von Wissen und Erlebenswelt, also um den Zusammenhang, der traditionellerweise als Korrespondenz gefasst wurde, kommt in folgender Passage zum Ausdruck:

---

111 von Glasersfeld 1996a, 122
112 von Glasersfeld 1999, 50
113 von Glasersfeld 1996a, 122
114 von Glasersfeld 1996a, 122

Im Bereich der Natur ist ihre Viabilität [der begrifflichen Elemente und Strukturen] ein *empirisches* Problem, durchaus im Sinne der empiristischen Philosophen. Auf der begrifflichen Ebene wiederum ist Viabilität ein Problem der logischen Kohärenz im Sinne des *Rationalismus*.[115]

3.2 Die Verabschiedung des traditionellen Wahrheitsbegriffs im Konstruktiven Realismus

3.2.1 Wallners Kritik an der Adäquationstheorie, der Kohärenztheorie und der Konsensustheorie der Wahrheit

Nach Wallner führen alle drei klassischen Wahrheitstheorien, also die Adäquationstheorie (oft auch Korrespondenztheorie genannt), die Kohärenztheorie und die Konsensustheorie nicht zu einem zufriedenstellenden Verständnis von Wahrheit, sondern verschleiern nur den Umstand, dass uns der Begriff der Wahrheit unklar ist.[116]

Nach der *Adäquationstheorie*, die auf Aristoteles zurückgeht und durch Tarski im 20. Jahrhundert eine Neuauflage erhalten hat, besteht Wahrheit in der Übereinstimmung einer Aussage mit der Wirklichkeit. Nach Wallner hat man es hier mit dem Problem zu tun, wie denn seinsmäßig völlig verschiedene Entitäten, eben eine Aussage und ein Sachverhalt, also eine Ansammlung von sprachlichen Symbolen und eine Ansammlung von z.B. Atomen, übereinstimmen können. Wenn man aber annimmt, dass diese verschiedenen Ebenen nicht direkt in Verbindung zu bringen sind, sondern nur durch die Einführung einer dritten Ebene, die sowohl Aussagenstruktur als auch Sachverhaltsstruktur hat, so verschiebt sich laut Wallner nur das Problem.

Nach der *Kohärenztheorie* liegt Wahrheit dann vor, wenn ein Satzsystem in sich widerspruchsfrei ist. Es werden dabei also nur Sätze mit Sätzen verglichen. Ein Problem dieser Theorie ist nach Wallner, dass für diesen Vergleich unhinterfragte logische Strukturen, vor allem die Geltung des Satzes vom Widerspruch, vorausgesetzt werden müssen. Ein anderes Problem besteht darin, dass die Kohärenztheorie nicht geeignet ist, gut erfundene Science Fiction oder Märchen von wissenschaftlichen Satzsystemen zu unterscheiden, wobei man ja ersteren eher weniger Wahrheit zusprechen wird. Nach Wallner ist die Kohärenztheorie nur ein „Vorschlag, Sprache zu gebrauchen".[117]

Nach der *Konsensustheorie* liegt Wahrheit dann vor, „wenn alle Sprecher einer Sprachgemeinschaft übereinstimmen". Das aber führt zu folgenden Prob-

---

115 von Glasersfeld 1992b, 96
116 vgl. Wallner 1990, 51 f.
117 Wallner 1990, 51 f.

lemen: Fasst man die Sprachgemeinschaft als abzählbare Anzahl von Personen, hat ihre Übereinstimmung eigentlich nur Abstimmungscharakter. Versteht man unter Sprachgemeinschaft die Menge aller sprechenden Menschen, so kann man realiter nie zu einer Übereinstimmung kommen. Verlangt man hingegen bloß eine prinzipielle Übereinstimmung, dann erhält man wieder nur eine allgemeine Vorschrift für den Sprachgebrauch, aber keine Bestimmung von Wahrheit, nämlich die Vorschrift: „Sprich so, daß es jedem sprechenden Menschen verständlich ist und er dir zustimmen kann."[118].

3.2.2 Das Funktionieren von Zusammenhängen ersetzt die traditionelle Wahrheit

Wenn Wissen und Wissenschaft gemäß der allgemeinen konstruktivistischen Auffassung nicht als eine Beschreibung der Welt verstanden werden, ist klar, dass die Korrespondenz-bzw. Adäquationstheorie der Wahrheit nicht mehr in Frage kommt. Aber was ist unter Wahrheit zu verstehen, nachdem Wallner auch die beiden anderen Theorien – Kohärenztheorie und Konsenstheorie – kritisiert hat?

In seinen früheren Schriften versteht Wallner Wahrheit korrespondenztheoretisch und beseitigt diesen problematischen Begriff der Wahrheit überhaupt aus der Wissenschaft, da die Wahrheitsfrage in der praktischen Arbeit der Naturwissenschafter kaum von Bedeutung sei[119] und Wissenschaft überhaupt nicht zu Wahrheit führen könne, sondern bestenfalls zu Verständnis.[120] An die Stelle der korrespondenztheoretischen Wahrheit tritt die instrumentale Dimension der Wissenschaft:

> Sätze oder Satzsysteme sind Strukturierungen von Phänomenen, da kommt keine Wahrheit vor. Es gibt bessere und schlechtere, unendlich viele verschiedene Strukturierungen, aber es gibt keine Wahrheit.[121]

So macht es z.B. für Wallner seit der Relativitätstheorie überhaupt keinen Sinn zu fragen, ob es nun wahr ist, dass die Erde oder dass die Sonne der Mittelpunkt ist:

> Das ist eine reine Frage der Beschreibung, des Standpunktes, des Beobachtens. Die Behauptung, dass das ptolemäische Weltbild ein irriges und das kopernikanische das

---

118 ders., 52
119 vgl. Pietschmann 1995, 15
120 vgl. Wallner 1997a, 59
121 Wallner 2002a, 125

wahre ist, lässt sich in dieser Weise nicht vertreten. Gewisse Ziele lassen sich jedoch mit dem ptolemäischen Weltbild nicht erreichen.[122]

In seinen späteren Schriften ändert sich Wallners Auffassung von der Wahrheit. Wahrheit wird nun nicht mehr als die im Sinne des Konstruktivismus unmögliche Korrespondenz-Wahrheit verstanden (und verworfen), sondern als ein Attribut, das einem Satz in Relation zur konstruierten Realität zukommt, das also keine Beziehung zur gegebene Wirklichkeit ausdrückt, sondern nur eine solche innerhalb des Bereichs der Konstruktion. Die Wahrheit eines Satzes besteht somit eben nicht in einer Korrespondenz mit der gegebenen Welt oder Wirklichkeit – das wäre die traditionelle korrespondenztheoretische Wahrheitsauffassung – sondern darin, dass er *funktioniert* im Hinblick auf eine konstruierte Welt bzw. Mikrowelt. Wissenschaftliche Satzsysteme beschreiben nicht die Wirklichkeit, sondern künstliche Weltkonstrukte (Mikrowelten). Wenn die Satzsysteme zusammenpassen mit den Weltkonstrukten bzw. Mikrowelten, sind sie in Hinblick auf diese Weltkonstrukte „wahr".[123]

Die Idee der Wahrheit wird nicht aufgegeben, sondern Wahrheit wird als das *„Funktionieren von Zusammenhängen"*[124] innerhalb des Bereichs der Konstruktionen gefasst.

3.2.3 Die vielen kontext-relativen Wahrheiten anstelle der einen absoluten Wahrheit

Während Wallner es früher für unzulässig hielt, den Begriff der Wahrheit zu relativieren und ihn daher aufgab[125], führt seine spätere Auffassung von Wahrheit als Funktionieren genau dazu, dass es viele Wahrheiten gibt. Entscheidend ist nun aber, dass man angeben kann und muss unter welchen Bedingungen man etwas für wahr hält. Denn Wahrheit bezieht sich immer auf einen bestimmten Kontext.[126] Der Gedanke einer absoluten Wahrheit, einer Wahrheit in allen möglichen Welten wird als unüberprüfbar aufgegeben:

> [...] wenn man einen universellen und notwendigen Anspruch an ein Satzsystem stellt, so ist der Anspruch der Wahrheit nicht mehr überprüfbar. Und das ist ein logischer Mißbrauch des Anspruches der Wahrheit – jahrhundertelang getrieben. [...] Man kann nicht einfach sagen: Das ist wahr, unter allen Bedingungen. Dann wird der Wahrheitsbegriff sinnlos und er wird mißbraucht. Wahr ist ein relativer Begriff.

---

122   ders., 19
123   vgl. Wallner 2002b, 82
124   Pietschmann 1995, 16 f.
125   vgl. Pietschmann 1995, 28
126   vgl. Wallner 2005, 55

> Von Wahrheit kann man nur dann sprechen, wenn man die Bedingungen der Wahrheit angibt.[127]

Im Alltag sind laut Wallner die Bedingungen der Wahrheit normalerweise klar und die Verwendung des Prädikats „wahr" meist problemlos. Ob es z.B. wahr ist, dass ich gestern im Kino war, kann man leicht überprüfen, weil man weiß was ein Kino ist und dass es dazu gehört einen Film anzusehen, wenn man in ein Kino geht usw.[128] Aber in der Wissenschaft sind die Bedingungen weniger offensichtlich.[129]

Wahrheit ist mit anderen Worten immer *lokale* oder *relative* Wahrheit. Um wissenschaftliche Konstrukte auf ihre Wahrheit hin zu untersuchen, muss man daher ihren Kontext – und das heißt vor allem die Kultur, der sie entspringen – berücksichtigen.[130] So können Sätze unter den Bedingungen der europäischen Kultur wahr sein und genauso Sätze unter den Bedingungen der chinesischen Kultur.[131]

Das sei allerdings kein Wahrheits-Relativismus im schlechten Sinne des Wortes. Ein solcher werde nach Wallner eben dadurch überwunden, dass man die Bedingungen der jeweiligen Wahrheit kennt. Wissen ist immer bezogen auf bestimmte Voraussetzungen. Entscheidend ist, sie zu kennen.[132]

Anders als früher behält Wallner also den Begriff der Wahrheit bei, gibt aber die Vorstellung einer absoluten Wahrheit auf, indem er Wahrheit auf einen Kontext bezieht.[133]

3.2.4 Die indirekte Beziehung zwischen Wissen und Wirklichkeit: Funktionieren und Versagen

Mit der Verabschiedung der korrespondenztheoretischen Wahrheitstheorie wird aber nicht jeder erkenntnismäßige Zusammenhang unseres Wissens zur Wirklichkeit aufgegeben. Auch wenn wissenschaftliche Sätze die Welt nicht beschreiben, sagen sie dennoch etwas über sie aus. Wallner schreibt: „Es ist zwar nicht möglich, einen direkten Zugang zur ersten Natur zu erlangen, sie kann sich jedoch durch Widersprüche zu unseren Konstruktionen indirekt bemerkbar machen."[134] So kann es in der Naturwissenschaft zum Versagen der experimentel-

---

127 Wallner 1997b, 24 f.
128 vgl. Wallner 2005, 55
129 vgl. ders., 20
130 vgl. ders., 55 f.
131 vgl. ders., 107
132 vgl. ders., 121 f.
133 vgl. Wallner 2005, 55
134 Pietschmann 1995, 10; 2002, 80

len Voraussagen kommen. Zur Rechtfertigung unseres Wissens dient also keineswegs nur die in der Kommunikation erzielte Übereinstimmung:

> Der Einwand traditioneller Wissenschaftstheorie, welcher an dieser Stelle kommen könnte, daß wir nämlich in diesem Fall die Wahrheit auf die Kommunikation und nicht auf die Wirklichkeit bezögen, greift unserer Meinung nach zu kurz. Tatsächlich ist in keinem Fall wissenschaftlicher Arbeit Wirklichkeit als solche gegeben, sondern es sind immer nur Daten der Wirklichkeit, welche kommunikativ aufgearbeitet wurden. So ergibt sich bei näherem Überlegen, daß auch in der Praxis der überkommenen Wissenschaft die Entscheidungen über Theorien kommunikativ motiviert sind und sich nicht aus den Tatbeständen der Natur in irgendeiner Weise ableiten lassen. Trotzdem aber sind Tatbestände der Natur nicht völlig in unsere Hand gegeben, weil sie sich eben im Falle von Unstimmigkeiten der konstruierten Wirklichkeit durch Widersprüche (Versagen experimenteller Voraussagen u. dgl.) bemerkbar machen können.[135]

Bei der empirischen Überprüfung von theoretischen Konstrukten werden genau genommen zwei verschiedene Konstrukte miteinander verglichen. Die Beziehung zur Wirklichkeit bleibt aber als eine indirekte erhalten. Empirische Überprüfung ist eine indirekte Überprüfung. Wenn wir zwei verschiedene Konstrukte vergleichen, dann „verlassen" wir die Realität und überprüfen, inwieweit diese Realität jenseits der Zusammenhänge unserer Konstruktionen durchhält.[136]

An einer Stelle geht Wallner aber trotzdem so weit zu sagen, dass die in einer Mikrowelt dargestellten Zusammenhänge in gewisser Weise die Struktur der Wirklichkeit „zeigen" und er spricht metaphorisch von einer „Berührung" zwischen dem wissenschaftlichen Aussagensystem und der Wirklichkeit.[137]

Wie bei Glasersfeld sind unsere Theorien also als Möglichkeiten anzusehen, die in unserer bisherigen Erfahrung funktioniert haben, was heißt, dass sie von der Wirklichkeit noch nicht widerlegt wurden.

Ein zweiter Punkt der Beziehung zwischen Wissen und Wirklichkeit, der bei Glasersfeld ganz ausgeblendet wird, ist bei Wallner jener der „Deformationen", die Lebewesen von der Wirklichkeit zugefügt bekommen und zu Erkenntnis verarbeiten.[138] Es wird also sinnvollerweise von einem gewissen Basismaterial ausgegangen, welches das Lebewesen nicht selbst erzeugt, sondern als ein Vorgegebenes verarbeitet.

---

135 Pietschmann 1995, 11
136 vgl. Wallner 1997a, 47
137 vgl. Wallner 1997a, 46
138 vgl. Wallner 1990, 45 f.

3.3 Vergleich, Kritik und offene Fragen

3.3.1 Glasersfelds Begriff der Viabilität ist auch auf Wallners Überlegungen anwendbar

Wallner spricht zwar nirgends von „Viabilität" und bezieht sich auch nicht ausdrücklich auf Glasersfeld in dem Punkt des Wahrheitsersatzes, seine Überlegungen lassen sich aber durchaus unter den Begriff der Glasersfeld'schen Viabilität bringen. Wallners Konzept der „funktionierenden Zusammenhänge" entspricht Glasersfelds Idee der „funktionalen Passung" bzw. eben der Viabilität.

3.3.2 Konstruktivistische Passung und realistische Repräsentation

Wenn insbesondere Glasersfeld gegen einen erkenntnistheoretischen Realismus und dessen Konzept der Repräsentation spricht, setzt er dies stillschweigend mit der Idee der Übereinstimmung von Wissen und Realität gleich. Er interpretiert den Begriff der Repräsentation so, dass er als naive Vorstellung erscheint, um ihn dann achtlos wegzuwerfen. Dabei wäre es durchaus möglich, die Begriffe des Passens und der Repräsentation zu synthetisieren. Denn ist ein passendes Wissen nicht auch eine Art von Repräsentation? Bzw. ist Repräsentation nicht durchaus als Konstruktion zu verstehen?

3.3.3 Zu welcher Welt ist unser Wissen viabel?

Es ist fraglich, zwischen welchen Erlebens- bzw. Weltdimensionen Glasersfeld und Wallner die Beziehung der Viabilität bzw. des Funktionierens ansetzen. Glasersfeld spricht einmal von einer Viabilität unseres Wissens in Bezug auf unsere Erfahrungswelt, „weil sie die einzige Welt ist, die uns angeht"[139], ein andermal davon, dass Viabilität die Beziehung ist, die unsere kognitiven Konstrukte mit der ontologischen Realität der Welt verknüpft.[140] Also wozu soll nun unser Wissen passen, in die Erlebenswelt oder in die Realität an sich? Dass unser Wissen in die Erlebenswirklichkeit passen muss, ist eigentlich trivial. Es geht doch vielmehr um die Frage, ob es nicht damit darüber hinaus in die Realität an sich passen muss.

Die Unklarheit scheint darauf zurückzuführen zu sein, dass vor allem Glasersfeld einerseits jegliche ontologische Aussage vermeiden will, d.h. für seine Theorie des Wissens nicht von der Annahme einer vom Wissenden unabhängigen Realität ausgeht[141], er andererseits aber beim Thema der Beziehung zwi-

---

139 von Glasersfeld 1999, 58
140 von Glasersfeld 1987, 135 f.
141 vgl. von Glasersfeld 1995, 35

schen Wissen und Realität nicht um eben diese ontologische Annahme herumkommt.

Als anwendbares Kriterium kann sich die Viabilität nur auf unsere Erlebenswelt beziehen, da diese die einzige ist, zu der wir Zugang haben. Darüber hinaus wird im Sinne einer ontologischen Annahme die Viabilität auch in Bezug auf die nicht erkennbare Realität an sich angenommen, letztlich um einem Solipsismus zu entgehen.

Damit aber stehen wir vor dem Problem der Beziehung zwischen Wissen und Erlebenswelt oder Wirklichkeit auf der einen Seite und Realität an sich auf der anderen Seite. Dieses Problem kann man in ähnlicher Form schon bei Kant finden, der ja zwischen Ding an sich und phänomenaler Welt letztlich so etwas wie eine kausale Beziehung ansetzen muss, obwohl er das gemäß seiner eigenen Theorie der Erfahrungsimmanenz der Kausalitätskategorie nicht dürfte.

Glasersfeld versucht diesem Problem beizukommen, indem er versucht, mit einem Minimum an ontologischen Annahmen auszukommen. Nach ihm ist zwar eine Viabilität zwischen Wissen und Wirklichkeit einerseits und der Realität an sich andererseits anzunehmen bzw. zu glauben, aber in keinster Weise nachzuweisen. Auch Wallner versucht die Annahmen über die Beziehung zwischen Wissen und Welt als heuristische Annahmen zu verstehen.

3.3.4 Beim Nachweis von Viabilität sind wir auf Kohärenz angewiesen

Was aber heißt es für die Wissens-Praxis, dass unser Wissen in die Erfahrungswelt passen muss, dass die Erlebenswelt der Prüfstein für unsere Ideen ist,[142] wenn man bedenkt, dass unsere Erfahrungswelt ja selbst eine Konstruktion ist und die Realität nicht widerspiegelt? Das Kriterium der Viabilität ist im Bereich des rationalen Wissens dann letztlich nichts anderes als eine Kohärenz, und zwar eine Kohärenz zwischen einer fraglichen Konstruktion (dem Wissen) und einer momentan nicht weiter in Frage gestellten fundamentaleren Konstruktion (der Erlebenswelt bzw. Lebenswelt).

Ist Viabilität dann nur ein neuer Name für Kohärenz, nur dass er die durchaus vernünftige ontologische Annahme einer Beziehung des Passens bzw. Scheiterns zwischen Wissen und Realität an sich annimmt, oder ist sie eine neuartige Verbindung von Korrespondenz und Kohärenz? Ich tendiere – was die Theorie der Viabilität anlangt - zu letzterer Interpretation, weil ja trotz aller Verneinung einer Repräsentation das negative Feedback der Realität an sich über ihre Hindernisse angenommen wird. Die Theorie der Viabilität ist somit eine auf die in-

---

142 vgl. von Glasersfeld 1981, 21

direkte Beziehung eingeschränkte Korrespondenztheorie. Aber das wichtigste Kriterium zum Nachweis des Vorliegens von Viabiliät ist letztlich die Kohärenz.

Dabei kommen im Konstruktivismus implizit eigentlich zwei Arten der Kohärenz vor: einerseits jene innerhalb eines Systems von Begriffen und andererseits jene zwischen einem Begriffssystem und der Erlebenswelt bzw. Lebenswelt, wobei diese zweite Art der Kohärenz die klassische Korrespondenz ersetzt. Leider werden diese beiden Arten der Kohärenz nicht unterschieden.

In der Praxis hat man daher bei der Viabilitätstheorie mit den gleichen Problemen zu kämpfen, wie die einfache Kohärenztheorie. Wie ist z.B. ein gut erfundenes Märchen von einer wissenschaftlichen Theorie zu unterscheiden? Oder: Welche Elemente sind jeweils zu modifizieren oder aufzugeben, der kleinere Wissensbereich oder das größere Wissensnetz, also z.B. die neu aufgetauchte widersprechende Erfahrung oder die Theorie?

3.3.5 Beim Nachweis von Viabilität sind wir auf Konsens angewiesen

Nach Glasersfeld ist Viabilität relativ, d.h. eine Konstruktion kann je nach angestrebtem Ziel und je nach Kontext viabel oder nicht viabel sein und darüber hinaus können verschiedene alternative Konstruktionen im selben Kontext bzw. für das selbe Ziel ähnlich viabel sein. Das hat einerseits den Vorteil der Offenheit und den des leichteren Umgangs mit dem Scheitern:

> Man ist sich stets der Tatsache bewußt, daß es für das Problem auch andere Lösungen gibt, und daß andere Lösungen besser sein können. Man glaubt nicht an die Notwendigkeit, die eigene Lösung als die einzig richtige zu betrachten." „Es ist nicht nötig so zu reden, als wäre die Wahrheit gefunden und sei absolut sicher. Dann ist es viel leichter herauszufinden, daß man sich geirrt hat, das ist dann nicht so tragisch.[143]

Die Frage ist nur, wie stellt man im Zweifelsfall fest, welche Konstruktion die viablere ist?

Woher sollen wir wissen, dass ein theoretisches Konzept für ein Ziel oder in einem Kontext brauchbarer ist als ein anderes?[144]

Viabilität ist zudem etwas Subjektives. Was für den einen viabel ist, ist es für den anderen keineswegs. Hier muss jedes betroffene Subjekt selbst entscheiden.[145]

In der Wissenschaft ist nach Glasersfeld ein wichtiger Weg zur Feststellung von Viabilität der Konsens: „Wir müssen uns untereinander, in welcher Gruppe

---

143 von Glasersfeld 1998, 62
144 vgl. ders., 63
145 vgl. ders., 91

wir auch immer zusammenleben, einigen, was für uns viabel ist. Das ist sicher nicht a priori feststellbar, das muss immer wieder festgestellt werden [...].".[146]

Durch die immer bestehende Möglichkeit, dass eine gängige Konstruktion durch eine andere viablere abgelöst wird, sind wir herausgefordert, die Konstrukte immer wieder zu überprüfen, und zwar immer auch in einer sozialen Konstellation.[147]

In der Praxis ist man also beim Nachweis von Viabilität auf das Kriterium Konsens angewiesen. Letztlich müssen wir uns einigen, was für uns viabel sein soll. Damit hat die Viabilitätstheorie in der Praxis auch mit den gleichen Problemen zu kämpfen wie die Konsensustheorie. Wer z.B. hat bei der Entscheidung über die Viabilität mitzureden? Entscheidet eine reale Gruppe von Menschen? Dann hat Konsens nur Abstimmungscharakter. Wenn dem Konsensgedanken aber eine ideale Gruppe zugrunde liegt, dann ist ein Konsens in der Praxis nicht zu erzielen.

Ein Problem, das Glasersfeld anspricht, ist, dass das Scheitern von Theorien ja in den seltensten Fällen von den Machern bzw. Vertretern dieser Theorien behauptet wird, sondern von den jeweiligen Kritikern. Und wenn Probleme auftreten, wird gerne den Vertretern der jeweils anderen Theorie vorgeworfen, dass ihre Auffassungen „an der Realität" gescheitert sind.[148]

3.3.6 Was ist Wahrheit im Konstruktiven Realismus?

Wallner kritisiert alle drei traditionellen Wahrheitstheorien – Korrespondenztheorie, Kohärenztheorie und Konsenstheorie –, übersieht aber, dass wir letztlich doch auf alle in irgendeiner Modifikation – und wenn nicht als Definition, dann als Kriterium - angewiesen sind. Wie es scheint, leben auch alle drei Wahrheitstheorien in überarbeiteter Form im Konstruktiven Realismus fort. Die Korrespondenz findet sich als negativer, indirekter Zusammenhang zwischen Mikrowelt und Wirklichkeit, da die Wirklichkeit sich „meldet", wenn ein Satzsystem nicht funktioniert. Die Kohärenz liegt vor innerhalb einer Mikrowelt, vor allem als der Zusammenhang zwischen den Voraussetzungen und den Sätzen einer Mikrowelt, aber auch im vermeintlichen Vergleich von Sätzen mit der Welt, in dem ja nach der konstruktivistischen Überlegung nur zwei verschiedene Konstruktionen miteinander verglichen werden. Und der Konsens kommt vor in der interdisziplinären Verbundenheit verschiedener Satzsysteme und bei der Wahl von konkurrierenden Theorien.

---

146 von Glasersfeld 1998, 74
147 vgl. ders., 93
148 vgl. ders., 59

Nach meiner Interpretation ist das aber kein Vorwurf, denn nach meinem Verständnis entkommen wir wie gesagt den drei klassischen Vorschlägen zur Wahrheit gar nicht. Was im Konstruktiven Realismus allerdings fehlt, ist eine explizite Bestimmung von Wahrheit.

4 Wissen, Wissenschaft und Verbindlichkeit

4.1 Wissen, Wissenschaft und Verbindlichkeit im Radikalen Konstruktivismus

4.1.1 Instrumentalismus des Wissens und der Wissenschaft

Wissen steht für Glasersfeld für die möglichen Wege des Denkens und Handelns,[149] d.h. für diejenigen, „die sich in der Erfahrungswelt des Handelnden und Denkenden bewähren".[150]

Wissen dient dazu, angesichts der „Perturbationen" vorübergehendes Gleichgewicht zu schaffen und zu erhalten[151] und „uns zu befähigen, in unserer Erlebenswelt zu handeln und Ziele zu erreichen".[152] Wissen wird verstanden als „ein Mittel, zu Zielen zu gelangen, die der Erlebende sich jeweils selber wählt"[153].

Somit ist Glasersfelds Theorie des Wissens eine instrumentalistische. Wissen wird im Sinne der Viabilität primär nach dem Kriterium des Erfolgs bewertet, wobei Erfolg darin besteht, ein gesetztes Ziel zu erreichen und trotz Perturbationen ein inneres Gleichgewicht zu erreichen, zu erhalten und auszuweiten.[154]

Da Wissen nur dazu dient, so gut wie möglich Kontrolle über unsere Erlebenswelt zu gewinnen, aber nicht, die von uns unabhängige Realität zu beschreiben, ist Wissen für Glasersfeld immer nur „Wissen wie" und nicht „Wissen was".[155]

Genauso wie Wissen im Allgemeinen bestimmt Glasersfeld auch wissenschaftliches Wissen als instrumental. Theorien und Erfindungen sind „Hilfsmit-

---

149 vgl. von Glasersfeld 1994, 36
150 von Glasersfeld 2000, 140 f.
151 vgl. von Glasersfeld 2001, 61
152 von Glasersfeld 1991, 24
153 von Glasersfeld 1985, 6
154 vgl. von Glasersfeld 1996a, 130
155 vgl. von Glasersfeld 1985, 5

tel zur Lösung von Problemen in der diesseitigen Erlebenswelt"[156] und haben nichts damit zu tun, wie die Welt in Wirklichkeit beschaffen ist:

> Die Wissenschaft hat die Aufgabe – ich sage nicht, uns das Leben bequem zu machen, aber uns in die Lage zu versetzen, innerhalb der Erfahrungswelt, soweit es im Augenblick möglich erscheint, Vorhersagen zu machen; und zwar in dem Sinn, daß wir unangenehme Erlebnisse vermeiden und angenehme vielleicht hervorbringen können. Die Wissenschaft ist doch rein instrumental.[157]

Als Beispiel dafür nennt Glasersfeld, dass die Mondlandung nach den Gleichungen Newtons und nicht nach denen Einsteins berechnet wurde. Newtons veraltete Gleichungen bringen zwar ungenauere Ergebnisse, sind aber viel schneller zu verwenden und daher für eine Steuerung in Echtzeit besser geeignet. Von zwei unvereinbaren Theorien hat man also diejenige benutzt, die für den jeweiligen Zweck nützlicher ist. Keine der beiden ist aber als ontologisch „wahr" zu bezeichnen.[158]

4.1.2 Wissenschaftliches Wissen unterscheidet sich nicht prinzipiell sondern nur graduell von alltäglichem Wissen

Auch für das wissenschaftliche Wissen gilt das demokratische Prinzip bzw. das Prinzip des Konsenses, d.h. wenn keiner eine weitere Verbesserung eines Wissens vorschlagen kann, gilt es vorläufig als viabel.[159]

Von Glasersfeld macht damit keinen prinzipiellen, sondern offenbar nur einen graduellen Unterschied zwischen wissenschaftlichem und nicht-wissenschaftlichem Wissen:

> Wissenschaftliches Wissen wird als verläßlicher angesehen als unser Alltagswissen, nicht weil es auf irgendeine besondere Art aufgebaut wäre, sondern weil es in expliziter und wiederholbarer Weise zustande kommt.[160]

Einen Unterschied macht Glasersfeld allerdings hinsichtlich der Nützlichkeit:

> Auf der Ebene des alltäglichen Handelns muß unser Wissen für uns nützlich sein, muß uns auf verläßliche Weise unsere Ziele erreichen helfen. Auf der Ebene der Wissenschaft jedoch scheint Nützlichkeit von keinem besonderen Wert. Der Wissenschaftler sucht nach Konsistenz, nach kompatiblen Theorien und Modellen, und letztendlich nach einer einheitlichen und homogenen Erklärung der Erfahrung aller Ebenen.[161]

---

156 ders., 6
157 von Glasersfeld 1996a, 330
158 vgl. ders., 330 f.
159 vgl. ders., 198
160 ders., 193
161 von Glasersfeld 1987, 141

Damit verweist Glaserfeld wieder auf die zwei Arten der Instrumentalität (siehe Kap. 6). D.h. obwohl Glasersfeld sowohl alltägliches als auch wissenschaftliches Wissen als instrumental bestimmt, kennzeichnet er die Instrumentalität der Wissenschaft als eine nicht-utilitaristische, bei der es nicht um die handelnde Interaktion mit der Erfahrungswelt, sondern um begriffliche Kohärenz geht.

4.1.3 Wiederholbarkeit und Intersubjektivität als Kriterien der Verbindlichkeit

Nach Glasersfeld bedeutet objektive Erkenntnis traditionellerweise „ein Objekt so kennen, wie es wäre, bevor es in dem Erlebensbereich eines erkennenden Subjekts erscheint"[162] Und mit Heinz von Foerster sagt er: „Objektivität ist die Illusion, daß Beobachtungen ohne einen Beobachter gemacht werden können."[163]. Ein Hinweis darauf, dass ein bestimmtes erfolgreiches Wissen nie als das objektiv richtige oder wahre bezeichnet werden kann, ist, dass es immer andere befriedigende Denkmöglichkeiten geben kann.[164]

Wenn man somit die Möglichkeit eines objektiven Wissens über die Realität aufgibt und Wissen rein instrumental bestimmt, stellt sich die Frage, wie man ohne eine „externe" Prüfungsinstanz Wissen von bloßer Meinung und Illusion unterscheiden kann, wie also Wissen jene Verbindlichkeit erhält, die man früher für Objektivität gehalten hat.

Die Antwort des Radikalen Konstruktivismus bleibt innerhalb der Grenzen des Phänomenalen. Auf der Ebene der Wahrnehmung[165] des einzelnen Subjekts sind zunächst die *Wiederholbarkeit* und die *Bestätigung durch eine andere Sinnesmodalität* ein Kriterium für die Verlässlichkeit von Vorstellungen:

> [...] Wiederholung ist der grundlegende Baustein der erlebten Wirklichkeit. Je nachdem, was da als wiederholt erlebt wird, bilden sich Stufen der Wirklichkeit. Ein Farbfleck, der nur als momentaner Eindruck in meinem Blickfeld erscheint und sich nicht mehr sehen läßt, wird zumeist als visuelle Fehlleistung oder Illusion verworfen und nicht als ‚wirklich' registriert. Läßt er sich jedoch wiederholen, so gewinnt er Realität, und wenn der visuelle Eindruck sich gar mit einem Eindruck anderer Art, z.B. des Tastsinns oder des Gehörs, koordinieren und koordiniert wiederholen lässt, dann werde ich dieses kombinierte Erlebnis wohl oder übel als Wirklichkeit buchen. Je verläßlicher die Wiederholung so eines Erlebnisses sich heraufbeschwören läßt, um so solider wird der Eindruck seiner Wirklichkeit.[166]

---

162 von Glasersfeld 1985, 19
163 von Glasersfeld 1991, 17
164 von Glasersfeld 1985, 20
165 Glasersfeld spricht hier und im Folgenden zwar nur von Wahrnehmungen, letztlich muss es ihm aber um alle Stufen des Wissens gehen.
166 von Glasersfeld 1985, 20

Das andere Kriterium für die Verlässlichkeit unseres Wissens ist die *Intersubjektivität*, welche die traditionelle Objektivität ersetzt. Dabei gehen wir durch die „bekräftigende Unterstützung anderer denkender und erkennender Subjekte"[167] über die individuelle Ebene hinaus und gelangen so zu der höchsten für uns erreichbaren Zuverlässigkeit unseres Wissens:

> Was wir zumeist als ‚objektive' Wirklichkeit betrachten, entsteht in der Regel dadurch, daß unser eigenes Erleben von anderen bestätigt wird. Dinge, die nicht nur von uns, sondern auch von anderen wahrgenommen werden, gelten ganz allgemein, d.h. im Alltagsleben wie auch in der Epistemologie, als real. Intersubjektive Wiederholung von Erlebnissen liefert die sicherste Garantie der ‚objektiven' Wirklichkeit. Man könnte sagen, das herkömmliche Weltbild ist durch und durch auf das demokratische Prinzip gegründet.[168]

Die anderen Subjekte sind zwar gemäß der konstruktivistischen Theorie selbst auch Konstrukte des individuellen Subjekts, können aber dennoch eine Bekräftigung des Wissens des konstruierenden Subjekts leisten.[169]

Und zwar konstruieren wir nach dem Vorbild von Modellen unserer selbst und unserer eigenen Fähigkeiten Modelle von anderen. Wenn sich unsere Vorstellungen und Konstrukte auch in diesen Modellen der anderen als viabel erweisen, gewinnen sie intersubjektive Gültigkeit. Dazu müssen sie einerseits in der sprachlichen Interaktion mit anderen bestätigt werden und sich andererseits für die Vorhersage und Interpretation der Handlungen anderer eignen. Es muss sich mit anderen Worten aus dem, was die anderen sagen und tun, interpretieren lassen, dass sie die gleiche Denkweise verwenden wie wir selber. Neben der Viabilität im Kontext des eigenen Ordnens und Organisierens von Erlebnissen, sprich in der eigenen Erlebenswelt, erhalten wir dadurch eine weitere, höhere Viabilität im Kontext des Modells, das wir uns von den anderen aufgebaut haben.[170]

Diese - die traditionelle Objektivität ersetzende - Viabilität nennt Glasersfeld „Viabilität zweiter Ordnung":

> Offensichtlich spielt diese Viabilität zweiter Ordnung, von der wir mit gewisser Berechtigung behaupten können, daß sie über den Bereich unserer individuellen Erfahrung hinaus in den der anderen Menschen hineinreicht, eine wichtige Rolle in der Stabilisierung und Festigung unserer Erfahrungswirklichkeit. Sie hilft uns jene Ebene der Intersubjektivität zu schaffen, auf der wir zu dem Glauben gelangen, daß Begriffe, Handlungsschemas, Ziele und schließlich auch Gefühle und Gemütsbewegungen mit anderen geteilt werden und daher ‚realer' sind als alles, das nur von ei-

---

167 von Glasersfeld 1996a, 196
168 von Glasersfeld 1985, 21
169 vgl. von Glasersfeld 1996a, 196
170 vgl. von Glasersfeld 1985, 23 f. und 1998, 67

nem selbst erlebt wird. Das ist die Ebene, auf der wir uns berechtigt fühlen, von ‚bestätigten Tatsachen', von ‚Gesellschaft', von ‚sozialer Interaktion' und von ‚gemeinsamem Wissen' zu sprechen.[171]

4.2 Wissen, Wissenschaft und Verbindlichkeit im Konstruktiven Realismus

4.2.1 Wissen heißt auch Verstehen – der traditionelle Erkenntnisanspruch sollte nicht aufgegeben werden

Nach Wallner greift eine rein instrumentale Auffassung von Wissen und Wissenschaft zu kurz. Wenn man sagt, dass Wissen und Wissenschaft eigentlich nur dazu dienen, bestimmte Probleme zu lösen und dass sie damit eigentlich nur auf die Erhaltung des Lebens, des Lebensstandards oder der Gesellschaft etc. abzielen, gibt man nach Wallner den traditionellen Anspruch auf, mit Wissen und Wissenschaft ein *Verständnis* der Natur zu erlangen.[172]

Reduziert man Wissenschaft auf das rein Instrumentale und entfernt damit den traditionellen Erkenntnisanspruch aus der Wissenschaft, so besteht nach Wallner die Gefahr, dass andere, weniger geeignete Instanzen das Erkenntnisbedürfnis des Menschen - das ja trotzdem bestehen bleibt - zu befriedigen versuchen. Instanzen wie Religionen, Sekten und Ideologien sind hierbei aber als unseriöser als Wissenschaft einzustufen, da sie gewöhnlich nichts unternehmen, um Erkenntnis als Erkenntnis auszuweisen.[173]

Wallner schlägt daher einen Begriff von Erkenntnis vor, der über die instrumentale Dimension hinausgeht und die traditionelle Verstehensdimension berücksichtigt, ohne in die Falle der überzogenen Ansprüche zu tappen, die traditionell mit Erkenntnis verbunden wurden:

> Der Erkenntnisanspruch in der Wissenschaft soll also beibehalten werden, allerdings nicht in der traditionellen Weise. Wir suchen nach einer Möglichkeit zu zeigen, in welchem Sinn Wissenschaft zu Erkenntnis führt, wissen aber, dass die traditionellen Angebote der Erkenntnistheorie nicht halten. Man kann natürlich so tun, als ob die instrumentalistische Ebene der Wissenschaft bereits Erkenntnis wäre. Man kann auch behaupten, dass auch Würmer Erkenntnis haben, weil sie wissen, wohin sie kriechen müssen - das wäre dann evolutionäre Erkenntnistheorie. Bei derartigen Reduktionen mutiert alles zu Erkenntnis. Aber das ist dann die Auflösung des Erkenntnisbegriffes.[174]

---

171 von Glasersfeld 1996a, 197 f.
172 vgl. Wallner 1990, 25
173 vgl. Wallner 2002a, 194
174 ders., 194 f.

Der Konstruktive Realismus vertritt nun die These, dass von wissenschaftlicher Erkenntnis nur dann zu sprechen ist, wenn über den funktionalen bzw. instrumentalen Aspekt eines Satzsystems hinaus auch eine *Reflexion* bzw. *Deutung* und damit ein *Verstehen* des Satzsystems stattfindet.[175] Wallner versteht Wissen somit nicht als „bloße Anweisung, etwas zu tun", nicht als etwas, das uns sagt, „wie etwas funktioniert". Vielmehr ist ein wesentliches Merkmal von Wissen der Selbstbezug, die Selbstreflexion.[176] Wallner schreibt:

> Die Deutung ist ein unverzichtbares Element der Wissenschaft, sonst degeneriert die Wissenschaft zu technologischer Instrumentalisierung. Deutung ist das Kriterium, das Wissenschaft von Technologie unterscheidet.[177]

Dieses Verstehen ersetzt übrigens für Wallner die traditionelle Legitimation, die als unerreichbar aufgegeben werden muss.[178]

4.2.2 Die zwei Ebenen der Wissenschaft: Instrumentalismus und Deutung

Der Konstruktive Realismus unterscheidet somit zwei Ebenen der Wissenschaft. Die *instrumentalistische Ebene*, nach der ein Wissenssystem nichts weiter als funktionieren soll, und die *Deutungsebene*, auf der ein über das Funktionieren hinausgehendes Verständnis erzielt wird. Wissenschaftliches Wissen entsteht daher aus einer Kombination von *Konstruktion* und *Interpretation*.[179]

So stellt der Konstruktive Realismus nicht die Bedeutsamkeit des Funktionierens von Technologien, also der instrumentalistischen Ebene der Wissenschaft, in Frage, aber bringt darüber hinaus die Überzeugung zum Ausdruck, dass unter „Erkenntnis" mehr als bloß Funktionalität zu verstehen ist:

> Technologien tun das, was in sie hineingelegt wird, sie ersetzen Aspekte der Natur, sind oft hilfreich, aber bringen keine Einsicht. Wenn die Natur durch einen künstlichen Apparat ersetzt wird, kann ich nicht behaupten, dass ich die Natur erkenne.[180]

Auf der instrumentalistischen Ebene entwickelt die Wissenschaft Satzsysteme, mit denen wir bestimmte Datenmengen regulieren und handhaben können. Es sind Konstrukte, die wie Regeln auf bestimmte Situationen im technischen Sinne angewendet werden können.[181]

---

175 vgl. Wallner 1995, 7
176 Wallner 1990, 75
177 Wallner 2002a, 137
178 vgl. ders., 96
179 vgl. Wallner 2002b, 110
180 Wallner 2002a, 124 f.
181 vgl. Wallner 2002a, 200; Pietschmann 1995, 17 f.

Anders als der Radikale Konstruktivismus möchte der Konstruktive Realismus aber nicht jede Konstruktion als Wissen verstehen:

> The difference between *Radical Constructivism* and *Constructive Realism* is that *Radical Constructivism* just underlines the procedures of constructing knowledge, but does not discuss in which sense this construction is knowledge. One can ask these two questions: 'Is knowledge construction?' and 'Which type of construction is knowledge?'.[182]

Das Herstellen von funktionierenden Konstrukten und deren Anwendung ist nach Wallner zwar die Voraussetzung von (wissenschaftlichem) Wissen aber noch nicht Wissen selbst.[183] Ein Wissenschafter muss darüber hinaus seine Konstrukte verstehen, damit man von Wissen sprechen kann. Mit der geforderten Verstehensdimension erhält Wissen einen hermeneutischen Aspekt.[184]

Die Verstehensdimension wird nach Wallner durch die Methode der *Verfremdung* erreicht, d.h. durch das Übersetzen von Wissen in andere Kontexte, wie in den lebensweltlichen Kontext oder in einen disziplinfremden Kontext oder in die Kontexte anderer Kulturen (siehe Kap. 9). Wenn wir also ein technisch-funktionales Wissenssystem verfremden, erhalten wir Einsichten, die über das Funktionieren hinausgehen. So werden die *Voraussetzungen* der technischen Konstruktionen sichtbar, ihre *Methoden*, ihre möglichen *Anwendungen* und *Grenzen* sowie ihre *Folgen* für das menschliche Verhalten, die Gesellschaft und die Natur. Genau das aber ist es, was nach Wallner für „Erkenntnis" unabdingbar ist:[185]

> Ihr Erkenntnisanspruch [von Satzsystemen] kommt aber erst dadurch zustande, dass man diese Satzsysteme dadurch der Reflexion aussetzt, dass man sie in einen fremden Kontext setzt. Wenn sichtbar gemacht wird, was bei der Erfindung, bei der Einführung der Satzsysteme vorausgesetzt wurde […], wenn wir damit die impliziten und verborgenen Vorannahmen des wissenschaftlichen Handelns aufdecken, dann erlangen wir Erkenntnis. Erkenntnis im Konstruktiven Realismus bedeutet, Gründe für wissenschaftliches Handeln zu verstehen. Erkenntnis bedeutet nicht, die Dinge oder die Objekte der Wissenschaft adäquat zu beschreiben."[186]

4.2.3 Verstehen unserer Konstruktionen, nicht Erkennen der Natur

Für Erkenntnis ist die Einsicht in die Art, wie wir in unseren Konstruktionen die Natur strukturieren, wesentlich, d.h. Erkenntnis besteht – neben dem techni-

---

182 Wallner 1994, 65 f.
183 vgl. ders., 22
184 vgl. Wallner 2005, 16
185 vgl. Wallner 1994, 23; 2002a, 126
186 Wallner 2002a, 28

schen Kontrollieren der Natur – im *Verstehen unserer Konstruktionen*.[187] Wobei es wichtig ist, dass es prinzipiell viele Möglichkeiten gibt, unsere Konstruktionen zu deuten.[188]

Erkenntnis ist keine Erkenntnis der Natur bzw. Wirklichkeit, denn die Natur kann man nicht erkennen. In unserem Wissen beziehen wir uns nicht auf die Wirklichkeit, sondern auf die von uns konstruierte Realität.

Allerdings versteht Wallner die Beziehung zwischen Wissen, konstruierter Realität und Wirklichkeit letztlich doch so, dass wir über das Verständnis unserer Konstruktionen auch in gewisser Hinsicht die Wirklichkeit verstehen:

> Without microworlds that don't describe environment we don't understand environment. But since there is no relation of description between microworlds and environment, but a relation of construction and reduction, the understanding of environment is established by microworld's interpretation.[189]

Somit wird im Konstruktiven Realismus die für das traditionelle Wissenschaftsverständnis grundlegende Auffassung, dass durch Erkenntnis ein Verständnis der Welt bzw. Natur erzielt wird, nicht aufgegeben, aber konstruktivistisch umgedeutet. Wesentlich ist, dass das so erzielte Verständnis der Natur nicht absolut ist (im Sinne der alten Idee des „Super-Beobachters"), sondern relativ, insofern es von der Kultur abhängt, in welcher der Wissenschafter lebt.[190]

4.2.4 Selbstreflexion als der prinzipielle Unterschied zwischen wissenschaftlichem und nicht-wissenschaftlichem Wissen

Man kann zwar nach Wallner keinen klaren Strich ziehen zwischen Wissenschaft und Nicht-Wissenschaft, das heißt aber nicht, dass man deswegen alles als Wissenschaft ausgeben kann.[191] Zunächst einmal muss sich wissenschaftliches Wissen auszeichnen durch Begründetheit und das Vorhandensein eines Argumentationszusammenhangs.[192]

Das wesentliche Kriterium der Abgrenzung von wissenschaftlichem Wissen gegenüber nicht-wissenschaftlichem Wissen, d.h. gegenüber dem alltäglichen Wissen sowie gegenüber dem instrumentalen, technischen Wissen, ist aber für Wallner die *Selbstreflexion*:

> Wissenschaft betreiben heißt, Zusammenhänge zwischen Informationen herzustellen, die sich selbst reflektieren oder zumindest selbst reflektiert werden können. […]

---

187 vgl. Wallner 2002a, 216; 1997a, 39
188 vgl. Wallner 2002a, 223
189 Wallner 2005, 67
190 vgl. ders., 74,
191 vgl. Wallner 2002a, 48
192 vgl. ders., 7

Wissenschaftliches Wissen wäre ein solches, das Beziehungen zwischen Informationen so herstellt, daß die Bezugnahme der Informationen aufeinander selbst reflektiert wird; die Beziehung wird also nicht automatisch hergestellt, sondern in ihrer Struktur als Beziehung reflektiert.[193]

So bleibt nach Wallner eine Beziehung zwischen Informationen immer hinterfragbar und die wissenschaftliche Weiterentwicklung ist gewährleistet.[194]

Ein instrumentales, technisches Wissen, das sich bloß auf funktionierende Zusammenhänge bezieht, ist nach Wallner kein wissenschaftliches Wissen, sondern nur ein einschränkendes Wissen, indem es uns Bedingungen angibt, über die wir uns nicht hinwegsetzen können. Wissenschaftliches Wissen sollte darüber hinausgehen und ein Wissen sein, bei dem es zu Selbstreflexion und Deutung kommt und das damit zusätzliche Freiheitsgrade des menschlichen Handelns ermöglicht.[195] Das Verfahren, über das diese Selbstreflexion erzielt werden kann, ist die Verfremdung.[196]

Alltägliches Wissen bedarf keiner Selbstreflexion, sie wäre für dieses Wissen sogar destruktiv. Denn wenn man über die Lebenswelt und damit über die eigene Kultur nachdenkt, traut man den Regeln dieser Kultur nicht mehr.[197]

Im Unterschied zum alltäglichen Wissen gibt es nach Wallner beim wissenschaftlichen Wissen außerdem die freie Wahl der Grundlagen und Methoden. Diese werden also nicht vorgefunden, sondern erdacht, während wir beim alltäglichen Wissen gebunden sind an die Vorgaben und Grenzen unserer Kultur.[198]

4.2.5 Trotz Relativität Verbindlichkeit durch Verbundenheit

Nach Wallner ist Wissen, da es ja auf Konstruktion beruht, frei gewählt[199] (d.h. es gibt prinzipiell alternative Strukturierungsmöglichkeiten für Wissen)[200], kultur-relativ[201], und nicht endgültig[202]. Doch diese Relativität des Wissens ist nicht mit einem Relativismus zu verwechseln.[203] Vielmehr kommt nach Wallner dem Wissen trotz seiner Relativität *Verbindlichkeit* zu.

---

193 Wallner 1990, 64
194 vgl. ebda.
195 vgl. Pietschmann 1995, 14 f.
196 vgl. ders., 35
197 vgl. Wallner 2002b, 73
198 vgl. Wallner 2002b, 115; 2002a, 246
199 vgl. Wallner 1990, 75
200 vgl. ders., 60
201 vgl. Wallner 2005, 48
202 vgl. Wallner 2002a, 66
203 vgl. Wallner 2005, 7

Bei einer relativistischen Auffassung würden sich wissenschaftliche Systeme eigentlich in keinem Punkt von Systemen der Mythologie, Religion oder Kunst unterscheiden. Man müsste dann mit Feyerabend sagen, dass indianische Regentänze einen genauso großen Erkenntniswert haben wie Meteorologie. So wäre dann eine beliebig große Anzahl an gleichwertigen Konstruktionen möglich, die jeweils nur intern beurteilt werden könnten, zwischen denen man sich aber letztlich nur demokratisch entscheiden könnte.[204]

Wenn man den Verbindlichkeitsanspruch von Wissen also nicht aufgeben will, wie ist denn Verbindlichkeit zu erzielen? Mit Wallner gefragt:

> Wie ist es möglich, wissenschaftliche Antworten als verbindlich, das heißt nicht als willkürlich aufzufassen, obwohl wir wissen, dass sie historisch bedingt sind, dass sie vielleicht in hundert Jahren auf diese Weise nicht mehr stimmen.[205]

Wallner schlägt für das Erreichen von Verbindlichkeit das Prinzip der *Verbundenheit durch Interdisziplinarität* vor:

> Doch es ist die Interdisziplinarität, die einer Wissenschaft oder einem wissenschaftlichen Satzsystem einen gewissen Anspruch auf Gültigkeit garantiert, weil es im Verband vieler wissenschaftlicher Satzsysteme steht. Anstelle von Wahrheit und Gewissheit steht das Prinzip der Verbundenheit. Die Verbindlichkeit wissenschaftlicher Sätze wird durch ihre Verbundenheit garantiert. [...] Interdisziplinarität verschafft den Wissenschaftlern eine Legitimation der Gegenseitigkeit und ersetzt die Unmöglichkeit, Wissenschaft als Wissenschaft zu legitimieren. Ein Wissenschaftler in diesem Sinn ist jemand, der mit anderen Wissenschaftlern zusammenarbeiten kann.[206]

Ebenso wichtig wie die Interdisziplinarität ist für Wallner die Interkulturalität. Ein wissenschaftliches Produkt wird durch eine Vielzahl von Interpretationen besser verstanden. Gerade auch verschiedene Kulturen ermöglichen verschiedene Interpretationen und spielen daher eine wichtige Rolle in der epistemologischen Reflexion.[207]

Zwar sind wir nach dem Konstruktiven Realismus in der Konstruktion von wissenschaftlichen Satzsystemen vollkommen ungebunden. Doch die Verbindlichkeit und damit der Erkenntnisanspruch kommt erst dadurch zustande, dass wir wissenschaftliche Satzsysteme reflektieren indem wir ihre Sätze den Kontexten anderer Satzsysteme aussetzen.[208]

---

204 vgl. Wallner 2002a, 24 ff., 76
205 ders., 65
206 ders., 91
207 vgl. Wallner 2011, 11
208 vgl. Wallner 2002a, 28

4.3 Vergleich und Kritik

4.3.1 Repräsentation oder Instrumentalität – eine falsche Alternative bei Glasersfeld

Für Glasersfeld fällt mit der Repräsentationstheorie des Wissens offenbar auch der über die Instrumentalität hinausgehende Charakter des Wissens. Die einzige Alternative der Repräsentationstheorie ist für ihn die instrumentale Auffassung des Wissens. Das ist eine falsche Folgerung. Das Ablehnen der Repräsentationstheorie hat nichts mit der Frage der Instrumentalität oder Nicht-Instrumentalität des Wissens zu tun. Dem Wissen kann durchaus - auch wenn es nicht als Repräsentation einer Realität an sich mit ihren Strukturen angesehen wird – mehr als bloß Werkzeugcharakter zugesprochen werden. Dies erscheint als sehr sinnvoll, da ja andernfalls – wie Wallner betont – unsere Vorstellung von Wissen verarmen würde.

Der traditionelle realistische Erkenntnis-Begriff war zu anspruchsvoll und kann nicht realisiert werden. Der radikal-konstruktivistische Erkenntis-Begriff ist zu wenig anspruchsvoll. Der Konstruktive Realismus geht einen vernünftigen Mittelweg, indem er die traditionelle Auffassung von Erkenntnis nicht ganz aufgibt, sie aber konstruktivistisch umdeutet.

4.3.2 Instrumentalismus verschieden interpretiert

Wallner kritisiert die instrumentalistische Auffassung von Wissenschaft und versteht dabei unter der instrumentalen Ebene der Wissenschaft die technische Anwendbarkeit, wie sie bei den Naturwissenschaften vorkommt. Zieht man diese Auffassung von Instrumentalität zur Kritik des Radikalen Konstruktivismus Glasersfelds heran, übersieht man jedoch, dass Glasersfelds Begriff der Instrumentalität ein weiterer ist. Für Glasersfeld ist zwar jedes Wissen letztlich instrumental, doch er unterscheidet zwei Arten der Instrumentalität: zum einen eine eher als utilitaristisch zu bezeichnende Instrumentalität, bei der es tatsächlich um Problemlösen, um die Erhaltung des Lebens und des Gleichgewichts von Handlungsschemata mit der Erfahrungswelt geht, zum anderen eine Instrumentalität zweiter Ordnung, bei der es nicht um ein praktisches Ziel geht, sondern um eine begriffliche Kohärenz, d.h. eine widerspruchslose Einpassung in ein größtmögliches begriffliches Netzwerk. So gesehen sind etwa auch Mythologie, Religion und Metaphysik als instrumental zu beurteilen, und nicht nur die Naturwissenschaft. Z.B hat eine metaphysische Weltanschauung für uns zwar keinen praktisch umsetzbaren Zweck, aber durchaus auch einen psychologischen Zweck, indem durch ein möglichst stimmiges Modell der Welt und des Lebens etwa ein Abbau von Ängsten vor den Gewalten der Welt erfolgen kann.

Der Radikale Konstruktivismus darf daher nicht einfach nur als instrumentalistisch beurteilt werden, ohne die Unterscheidung der zwei Arten von Instrumentalismus zu berücksichtigen.

Das ändert allerdings nichts an dem Vorwurf gegen Glasersfeld, dass er die Einsichts-Dimension des Wissens aufgibt.

4.3.3 Zu Wallners Überwindung des bloßen Instrumentalismus – eine funktionierende Konstruktion ist noch kein Wissen

Wallner geht mit seiner Unterscheidung zwischen instrumentalistischer Ebene und Deutungsebene über den Radikalen Konstruktivismus hinaus, der zwar zwei Arten der Instrumentalität unterscheidet, aber sich damit zufrieden gibt, dass jedes Wissen – auch das wissenschaftliche – bloß instrumental ist. Dadurch wird ein befriedigenderer Wissensbegriff vertreten, da Wissen wie in der traditionellen Auffassung auch mit Einsicht zu tun hat.

Damit wird sinnvollerweise nicht jede funktionierende Konstruktion als Wissen betrachtet, sondern nur eine solche, die auch hinsichtlich ihrer Voraussetzungen und Grenzen hinterfragt wird. Wissen wird nur dann als Wissen betrachtet, wenn es sich selbst reflektiert. Wissen verkommt somit nicht zu einer gleichgültigen, pragmatischen Orientierungshilfe, sondern bleibt etwas Anspruchvolleres, etwas, das nicht schon in allen Fällen des Funktionierens gegeben ist. Das ist ein entscheidender Vorteil gegenüber Glasersfelds Theorie des Wissens, da dieser Wissen letztlich nicht von anderen Produkten des Geistes unterscheiden kann. D.h. mit der Forderung nach Reflexion haben wir ein Kriterium bei der Hand, um Wissen von Nicht-Wissen oder besser gesagt wissenschaftliches Wissen von nicht-wissenschaftlichem Wissen unterscheiden zu können.

4.3.4 Wissenschaftstheorie wird bei Wallner zur Bedingung von Wissen

Man könnte Wallners konstruktiv-realistische Auffassung von Wissen auch so formulieren, dass man ohne wissenschaftstheoretische Überlegungen nicht von Wissen sprechen kann. Denn bei der Reflexion der Satzsysteme auf ihre Voraussetzungen und Grenzen hin wendet der Wissenschafter ja nicht mehr die Methoden seiner Einzelwissenschaft an, sondern die Methoden der Wissenschaftstheorie, er wird dabei zum Wissenschaftstheoretiker. Wissenschaftstheorie wird damit zur Bedingung von Wissen. Wo keine wissenschaftstheoretische Reflexion stattfindet, liegt kein Wissen vor.

4.3.5 Kritik an Glasersfelds Verbindlichkeitskriterium „Intersubjektivität"

Auch hier ist wieder auf die Schwierigkeiten hinzuweisen, die schon im Kapitel zur Wahrheit dargestellt wurden. Wenn Intersubjektivität als Viabilität zweiter Ordnung eingeführt wird, so ist dies eigentlich nichts anderes als die Überlegung, dass verbindliches Wissen durch Konsens zustande kommt. Glasersfeld vertritt zwar keine Konsensustheorie der Wahrheit, führt aber den Konsens immerhin als Kriterium der Verbindlichkeit von Wissen ein. Damit entsteht verbindliches Wissen quasi durch Abstimmung und es fragt sich, wer denn überhaupt bei dieser Abstimmung mitzureden hat und was bei einem nicht zustande kommenden Konsens zu tun ist. Ein idealer Konsens scheidet hierbei übrigens aus, da ein solcher für die Praxis keine Relevanz hat.

4.3.7 Zu Wallners Verbindlichkeit durch Verbundenheit in Form von Interdisziplinarität und Interkulturalität

Ein Satzsystem ist nach Wallner dann verbindlich, wenn es verbunden ist mit vielen anderen wissenschaftlichen Satzsystemen aus anderen Disziplinen oder gar Kulturen. Diese Verbundenheit ist aber nicht im Sinne einer vereinheitlichenden Kohärenz zu verstehen. Es wird nicht die inhaltliche Zusammenpassung verschiedener Satzsysteme gefordert im Sinne einer Kohärenz über die Grenzen verschiedener Mikrowelten hinaus. Wallner möchte nicht so etwas wie eine Einheitswissenschaft anpreisen.

Es geht vielmehr um eine Interdisziplinarität bzw. Interkulturalität, bei der eine Theorie mithilfe der anderen hinterfragt wird. Diese der Methode der Verfremdung zugrunde liegende Idee berücksichtigt die Einsicht, dass ein Metastandpunkt unmöglich ist, und die Beurteilung einer Theorie immer nur aus der Warte einer anderen möglich ist.

Die verschiedenen Disziplinen und Kulturen werden so zu Mitteln, einander gegenseitig zu überprüfen. Das ist der ganz neue Ansatz des Konstruktiven Realismus, der so der Gefahr des Relativismus durch Vielheit an Konstruktionsmöglichkeiten gerade dadurch entgeht, dass er diese Vielheit für eine vielseitige Interpretation nützt. Und eine vielseitige Interpretation ist eine bessere Interpretation. Die Vielheit an Konstruktionen selbst wird damit zur Bedingung von Verbindlichkeit. Verbindlichkeit kann nur dort entstehen, wo unterschiedliche Konstruktionen zugelassen und verbunden werden.

5 Methodologische Vorschläge für das Generieren von verbindlichem Wissen

5.1 Keine ernstlichen methodologischen Vorschläge im Radikalen Konstruktivismus

Nach Glasersfeld schlägt die konstruktivistische Denkweise ein Modell vor, „das die hartnäckigsten Probleme der herkömmlichen Erkenntnistheorie umgeht und somit eine vorteilhafte Basis sowohl für die wissenschaftliche Praxis als auch für das tägliche Leben liefern will".[209]

Allerdings scheint diese Basis nur zu bestehen in einer Interpretation von Wissen und Wissenschaft und deren Beziehung zur Realität. Was in der Theorie des Radikalen Konstruktivismus fehlt, ist ein methodologischer Vorschlag (keine Vorschrift), wie man am besten in der Praxis vorzugehen hat, um ein verbindliches Wissen zu erzielen, und nicht bloße Meinung. Zwar nennt Glasersfeld in diesem Zusammenhang die Kriterien „Wiederholung", „Kohärenz" und „Intersubjektivität", doch ist mit solchen Pauschalaussagen, die letzlich nicht über eine Kohärenz- und Konsenstheorie der Wahrheit hinausgehen, noch nichts für die Wissenspraxis gewonnen. Es bleibt somit die Frage offen, wie Glasersfelds ausführliche Theorie der Viabilität praktisch umgesetzt werden kann.

Glasersfelds Methodenreflexion beschränkt sich auf eine von Maturana übernommene Erörterung dessen, was Naturwissenschafter faktisch tun.[210] Was Wissenschafter (und zwar nicht nur Naturwissenschafter!) aber tun sollten, um ein möglichst viables Wissen zu erzeugen, erfährt man von ihm nicht.

Was die Beurteilung von einer vorliegenden Theorie angeht, gibt Glasersfeld etwa folgenden ungenauen Hinweis:

> Was finde ich da, an empirischen Daten, empirischen Befunden, die mir in die Theorie passen. Ob die Theorie dann brauchbar ist oder nicht, hängt letzten Endes davon ab, wie viele Punkte man findet, mit denen man sie in der eigenen Erfahrung verankern kann. Wie viele Punkte finde ich, die es mir möglich machen, mit dieser Theorie in der Erfahrung etwas zu erklären oder möglicherweise etwas vorherzusagen.[211]

---

209 von Glasersfeld 2000, 148
210 vgl. von Glasersfeld 1996a, 191 f.
211 von Glasersfeld 1996a, 358

5.2 Die vom Konstruktiven Realismus vorgeschlagene Methode der Verfremdung

5.2.1 Verfremdung als erkenntnisgenerierende Methode der Selbstreflexion

Wie oben dargestellt, ist im Konstruktiven Realismus das Verstehen der eigenen Konstrukte, d.h. ihrer Voraussetzungen, Methoden, möglichen Anwendungen, Grenzen und Folgen, eine Bedingung für das Vorliegen von (wissenschaftlicher) Erkenntnis. Die Idee eines Vergleichs der Konstrukte mit der Wirklichkeit sowie die Möglichkeit einer Reflexion der Konstrukte von einer Metaebene aus werden vom Konstruktiven Realismus als Fiktionen aufgegeben. Stattdessen wird eine Methode eingeführt, bei der die Verbindlichkeit des Wissens innerhalb der Sphäre des Wissens hergestellt werden kann und zwar durch das Zusammenspiel verschiedener Konstrukte.

Der Grundgedanke stammt von Wittgenstein und ist, dass ein Sprachspiel oder eben ein Konstrukt nicht von sich aus verstanden werden kann. Wenn ich ein Sprachspiel spiele bzw. nach den Regeln eines wissenschaftlichen Konstrukts arbeite, kann ich mir, ohne es zu verlassen, nicht klar machen, was ich tue.[212]

Da aber ein Metastandpunkt wie gesagt auch nicht möglich ist, können nach Wallner Konstrukte nur mittels anderer Konstrukte reflektiert werden und das leistet die Methode der Verfremdung. Die Idee ist, mit den Zeichen eines anderen Sprachspiels zu sehen, was im eigenen Sprachspiel implizit vorausgesetzt und ausgeklammert wird und was seine Grenzen sind, um es in Wittgensteinscher Terminologie auszudrücken.[213] Dazu nimmt man ein Satzsystem aus seinem Kontext heraus und stellt es in den Kontext eines anderen Konstrukts.

Die Methode der Verfremdung sorgt für die Verbindlichkeit eines Konstrukts, indem sie zeigt, unter welchen Voraussetzungen ein Satzsystem wahr genannt werden kann. Denn Wahrheit ist ja für Wallner keine absolute, sondern eine lokale Wahrheit, die relativ ist zu den Voraussetzungen. Und wenn wir die Voraussetzungen kennen, können wir sagen: Diese Sätze sind wahr unter den und den Voraussetzungen. Mithilfe der Verfremdung gewinnen wir also verbindliche Erkenntnis ohne den Bezug zu einer absoluten Wahrheit.[214]

Darüber hinaus macht Verfremdung auch eine rationale Wahl zwischen den diversen wissenschaftlichen Konstrukten möglich. Denn indem Verfremdung die Voraussetzungen, Grenzen und Folgen der Konstrukte erkennen lässt, führt

---

212 vgl. Wallner 1997b, 26
213 vgl. ders., 27
214 vgl. Wallner 2005, 121, 104

sie zu interpretierten Konstrukten. Und diese lassen sich nach Wallner beurteilen und auswählen.[215]

Mit der Methode der Verfremdung wird mit anderen Worten bei Annahme der Relativität der Konstrukte der Relativismus überwunden.

5.2.2 Das Verfahren der Verfremdung

Wallner beschreibt das Verfahren der Verfremdung folgendermaßen:

> Strangification means to take a system of propositions (e.g. scientific theories or cultural convictions) out of its context and put it into another context. In the other context usually this proposition system turns to be absurd and not understandable. By this loss the contextual necessity that makes a proposition system working and understandable becomes obvious. Because in the new context it is necessary to formulate explicitly what is usually given implicitly in the context. In short, the hidden and unconscious prerequisites of a proposition system are revealed by strangification. By this revelation the scope and the limits of a proposition system are uncovered as well.[216]

Die impliziten Vorannahmen und Grenzen eines Satzsystems kommen in der Verfremdung also dadurch zum Vorschein, dass dieses Satzsystem in einem fremden Kontext unverständlich oder gar absurd wird. Absurd wird das aus seinem Kontext entnommene Satzsystem, weil im fremden Kontext die impliziten Annahmen und Regeln des Herkunfts-Kontextes nicht vorausgesetzt werden bzw. nicht funktionieren. Dadurch erst können diese sichtbar werden und ein Verstehen des Satzsystems und seines Herkunfts-Kontextes einsetzen.[217]

Der springende Punkt in der Verfremdung ist also, dass das Satzsystem absurd wird. Solange es nicht absurd ist, kann man es nicht verstehen. Ein Verfremdungs-Kontext, der nicht oder nicht ausreichend fremd ist, wird diese Wirkung nicht erzielen. Je fremder der Verfremdungs-Kontext gegenüber dem Satzsystem ist, desto mehr werden die impliziten Voraussetzungen zutage treten.[218] Soll die Verfremdung Früchte tragen, ist daher bewusst ein sich unterscheidender Kontext aufzusuchen.

Es bleibt aber bei der Verfremdung nicht bei dem Ergebnis der Absurdität. Ziel ist es, dass das verfremdete Satzsystem in den fremdartigen Kontext eingepasst wird, so dass es in dieser neuen Umgebung mit ihren fremden Begriffen

---

215 vgl. ders., 75
216 vgl. ders., 81
217 vgl. ders., 95
218 vgl. Wallner 2005, 36

verständlich und diskutierbar wird. Erst auf dieser Ebene ist wissenschaftliches Wissen erlangt.[219]

Das Verfahren der Verfremdung kann natürlich niemals zu einer letztgültigen Interpretation führen, da jede Interpretation vorläufig ist, und kennt somit kein Ende.[220]

Will man nun z.B. eine physikalische Theorie verfremden, könnte man sie bspw. in einen psychologischen, soziologischen oder geschichtlichen Kontext stellen.[221]

Ein gutes Beispiel für die Verfremdung ist nach Wallner Thomas Kuhns Vorgehensweise in seinem Buch „Die Struktur wissenschaftlicher Revolutionen". Kuhn stellt darin die Physik in den Kontext der Geschichte und Soziologie und zeigt so viele Hintergründe der Physik, die davor nicht sichtbar waren.[222]

5.2.3 Arten der Verfremdung

Bisher war nur davon die Rede, dass bei der Verfremdung Satzsysteme, also wissenschaftliche Inhalte in einen fremden Kontext gestellt werden. Daneben können aber auch die Methoden einer Disziplin sowie die Wissenschafter mit ihrem sozialen und organisatorischen Hintergrund durch Verfremdung reflektiert werden. Somit gibt es, was das zu verfremdende Objekt angeht, (mindestens) drei Arten der Verfremdung.[223]

Mit Hinblick auf den Verfremdungs-Kontext können vier verschiedene Arten der Verfremdung unterschieden werden. Erstens kann sich Verfremdung innerhalb eines Wissenschaftsgebiets abspielen und etwa die Theorie im Gegensatz zur Anwendung untersuchen.[224] Zweitens kann eine Theorie in den lebensweltlichen Kontext gestellt werden. Drittens ist die interdisziplinäre Verfremdung möglich, bei der eine Theorie in den Kontext einer anderen Wissenschaftsdisziplin oder Teildisziplin gestellt wird. Und viertens kann auch eine interkulturelle Verfremdung vorgenommen werden, bei der eine Theorie in den Kontext einer fremden Kultur gebracht wird.[225]

Der Bezug einer Theorie zur Lebenswelt ist für Wallner wesentlich für das Vorliegen von Erkenntnis. Dabei betrachtet er das Verhältnis zwischen Theorie und Lebenswelt als wechselseitig. Die wissenschaftliche Theorie soll Phänome-

---

219 vgl. Wallner 1993, 25
220 vgl. Wallner 1990, 41
221 vgl. Wallner 1993, 25
222 vgl. Wallner 2002b, 104
223 vgl. Wallner 1997a, 44 f.
224 vgl. Wallner 2002a, 216 f.
225 vgl. Wallner 2005, 36

ne der Lebenswelt verständlich machen und soll dazu auch in der Alltagssprache der Lebenswelt verständlich sein:

> [...] eine wissenschaftliche Mikrowelt ist zur Erkenntnis geworden, sobald von ihr aus Momente der Lebenswelt verständlich geworden sind oder auch umgekehrt, sobald sie durch Koppelung mit Momenten der Lebenswelt verständlich geworden ist.[226]

Die interdisziplinäre Verfremdung ist wegen der ganz anderen Voraussetzungen und Methoden einer anderen Wissenschaftsdisziplin sehr wirksam, wenn es darum geht, seine eigenen Voraussetzungen oder Methoden zu beurteilen.

Es müssen bei dieser interdisziplinären Verfremdung aber nicht nur Wissenschaftsbereiche mit anderen Wissenschaftsbereichen verglichen werden, es können auch philosophische, künstlerische oder religiöse Kontexte herangezogen werden.[227]

Die interkulturelle Verfremdung ist nach Wallner so fruchtbar, weil man erst durch sie die kulturell bedingten Vorannahmen der Wissenschaft bemerken und verstehen kann. Erst wenn man sich in eine andere Kultur begibt, kann man ein Verständnis dessen erreichen, was man in der eigenen Kultur macht.[228]

5.3 Kritik und offene Fragen

5.3.1 Braucht der Radikale Konstruktivismus überhaupt eine eigene Methodologie?

Es stellt sich die Frage, ob man überhaupt eine spezifisch konstruktivistische Methodologie braucht. Denn es könnte ja sein (Glasersfeld behauptet das), dass in der Wissenschaft ohnedies konstruktivistisch verfahren wird.

Und Glasersfeld übernimmt von Popper die Methode der Falsifikation, bestreitet allerdings anders als dieser die Annäherung an die Realität. Ist damit nicht der Unterschied zwischen seinem Konstruktivismus und Kritischem Rationalismus nur ein Unterschied in der *Interpretation* der Methoden und Ergebnisse?[229]

Der Radikale Konstruktivismus liefert also eine genaue Theorie des Wissens, allerdings überhaupt keine Methodologie. Die Frage ist, ob er dies nicht braucht, weil er etwa mit der Methodologie eines Kritischen Rationalismus

---

226 Wallner 1995, 11
227 vgl. Greiner 2005, 116
228 vgl. Wallner 1997a, 60
229 vgl. von Glasersfeld 1996a, 360

übereinstimmt und nur eine andere Interpretation vorschlägt oder, ob er einfach nichts anzubieten weiß.

5.3.2 Ersetzt oder ergänzt Wallners Methode der Verfremdung die empirische Überprüfung von Theorien?

Wallner schlägt mit seiner Methode der Verfremdung einen Vergleich vor zwischen verschiedenen Theorien, die inhaltlich gar nichts miteinander zu tun haben müssen. So sollen Einsichten in die Struktur und Voraussetzungen der untersuchten Theorie möglich sein, was allererst Erkenntnis zur Folge habe.

Im Fall der Naturwissenschaften aber ist noch eine ganz andere Methode zur Überprüfung der Verbindlichkeit des Wissens relevant: die empirische Überprüfung von Sätzen der Theorie. Es wird nicht ganz klar, welchen Stellenwert diese im Konstruktiven Realismus hat. Für Wallner ist der in der empirischen Überprüfung angeblich vollzogene Vergleich von Theorie und Welt nichts anderes als der Vergleich eines Konstrukts mit einem anderen Konstrukt und gewissermaßen auch eine Art von Verfremdung.[230]

Dennoch scheint es sich bei einem solchen Vergleich um etwas anderes zu handeln als um eine herkömmliche Verfremdung zur Aufdeckung der impliziten Voraussetzungen und Strukturen, da ja die Wirklichkeit selbst in der empirischen Kontrolle ein negatives Feedback geben kann.

5.3.3 Ist die Methode der Verfremdung eine Weiterentwicklung des Vorgehens nach Kohärenz und Konsens?

Ein Einwand gegen Glasersfelds Theorie der Viabilität war, dass sie für die Wissenschaftspraxis letztlich keine anderen Vorgangsweisen als die nach den Kriterien Kohärenz und Konsens anzubieten hat und somit nichts Neues zur Methode in der Wissenschaftstheorie zu sagen hat.

Im Gegensatz dazu findet man im Konstruktiven Realismus Wallners eine ausgearbeitete Methode, die geeignet ist, Relativismus durch Verbindlichkeit zu ersetzen. Dennoch ist man in jeder konstruktivistischen Wissenschaftstheorie letztlich auf die Kriterien Kohärenz und Konsens verwiesen.

Die Kohärenz kommt folgendermaßen ins Spiel: Die Verfremdung soll die Voraussetzungen eines Satzsystems erkennbar machen, womit dann im Sinne des Konzepts der lokalen Wahrheit auch gezeigt wird, unter welchen Voraussetzungen das Satzsystem wahr ist. Die Wahrheit, von der hier die Rede ist, ist aber genau genommen eine kohärenztheoretische Wahrheit, die Wallner selbst an anderer Stelle kritisiert hat. Denn es geht dabei darum zu zeigen, dass die Sätze

---

230 vgl. Wallner 1997a, 47

widerspruchsfrei aus den Voraussetzungen – die nun bekannt sind – herzuleiten sind.

Auf den Konsens ist man aus folgendem Grund angewiesen: Wallner sieht in der Verfremdung auch ein Mittel, um eine rationale Wahl zwischen konkurrierenden Theorien zu treffen. Die Frage ist nur, was für die Wahl gewonnen ist, wenn man die verschiedenen Voraussetzungen und Strukturen der verschiedenen Theorien kennt. Denn nach welchem Kriterium wiederum soll man nun zwischen diesen verschiedenen Voraussetzungen und Strukturen entscheiden? Natürlich hat man erst nach vollzogener Verfremdung eine tiefere Einsicht in die Theorien erhalten, doch das Problem der Entscheidung verschiebt sich damit bloß. Letztlich ist man auch bei Wallner bei einer solchen Entscheidung auf den Konsens verwiesen.

Die Methode der Verfremdung ist eine Bedeutsame Entwicklung, aber – wie zwangsläufig jede konstruktivistische Vorgehensweise – auf die Kriterien Kohärenz und Konsens angewiesen und deren Problemen ausgesetzt.

6 Relativität von Wissen und Wissenschaft

6.1 Subjektrelativität von Wissen im Radikalen Konstruktivismus

Nach dem Radikalen Konstruktivismus ist unser Wissen letztlich immer (individuell-) subjektiv, d.h. es gibt strenggenommen keine Übereinstimmung der Vorstellungen verschiedener Subjekte, auch nicht durch die gemeinsame Sprache.

Der Radikale Konstruktivismus versteht sich zunächst als eine Wissenstheorie des einzelnen, insofern er versucht, ein Modell für die Entstehung des Wissens „im Kopf" des denkenden Menschen zu entwickeln. Das Individuum ist demnach der primäre Ort des Wissens, d.h. Wissen ist für den Radikalen Konstruktivismus etwas Subjektives, das jedes Individuum für sich aufbauen muss.[231]

Die Begriffe des einen können nicht eigentlich mit denen anderer verglichen werden. Dennoch können sie innerhalb einer Gesellschaft weitgehend miteinander vereinbar sein. Denn unsere Begriffe, d.h. die Bedeutungen, die wir Wörtern zuteilen, passen sich im Zuge der sozialen Interaktionen seit unserer Kindheit weitgehend an jene der anderen Sprecher an. Aber auf keinen Fall existieren

---

231 vgl. von Glasersfeld 1998, 37 f.

Begriffe außerhalb der einzelnen Menschen als Fertigware einer Gesellschaft, die sich nur jeder aneignen müsse.[232]

Obwohl also jeder seine Welt konstruiert, ist die Intersubjektivität beim Aufbau von Wissen im Radikalen Konstruktivismus wesentlich (vgl. Kap. 7). Zwar betont der Radikale Konstruktivismus die subjektive Seite des Wissens, es wird aber auch darauf hingewiesen, wie wichtig die Interaktion mit anderen Menschen für die Gewinnung eines sichereren Wissens ist:[233]

> Das Wissen, die Konstruktion, die Welt, die der einzelne sich aufbaut, ist ja subjektiv in dem Sinn, daß nur er oder nur sie diese Welt aufbauen konnte, aber dieser Aufbau ist weder frei noch beliebig. Er ist fast vom ersten Schritt an durch die Interaktion mit anderen bedingt, genau wie die Sprache. Die Wortbedeutungen, die Sie im Kopf haben für die Wörter Ihrer Sprache sind alle rein subjektive Bedeutungen. Aber in der Geschichte ihrer eigenen Entwicklungen, wo Sie diese Wörter benutzen mußten, um gewisse Ziele zu erreichen, haben Sie diese Bedeutungen angeglichen an die Bedeutungen, von denen Sie annahmen, daß sie für andere gelten. Dadurch bekommt man zwar keine Bedeutungsgleichheit, aber ein Anpassen der individuellen Bedeutungen so, daß sie sich weitgehend überdecken.[234]

Wortbedeutung wird bei Kindern (und auch später) aufgrund subjektiver Erfahrung aufgebaut. Die Eltern wiederholen ein Wort und zeigen dabei auf eine bestimmte Sache. Das Kind assoziiert die meist visuelle Wahrnehmung der Sache mit der auditiven Wahrnehmung des Wortes. Aber beide Wahrnehmungen sind Erlebnisse des Kindes und keinesfalls ein Abbild der Vorstellungen der Erwachsenen. Ob es sich nun um das Lernen von Wörtern und Begriffen von wahrnehmbaren Dingen handelt oder um abstrakte Begriffe, ist egal; die Begriffsbildung ist immer subjektiv. Das Kind verwendet in der Folge in der sozialen Interaktion die gelernten Worte. Besonders in Situationen, wo das Kind ein bestimmtes Ziel erreichen will, zeigt sich dann, ob ein Wort von den Erwachsenen so verstanden wird, dass das Ziel erreicht werden kann. Wenn das nicht funktioniert, muss das Kind seinen Wortgebrauch bzw. seine Wortbedeutungen modifizieren. Das heißt aber nicht, dass das Kind seine Wortbedeutungen an jene der Erwachsenen angleicht oder dass Wortbedeutungen verschiedener Sprecher übereinstimmen. Vielmehr werden die Wortbedeutungen nur so lange modifiziert, bis sie in den zielstrebigen Unternehmungen funktionieren.[235]

Im Laufe des Lebens werden so die Wortbedeutungen in Gesprächen mit anderen Mitgliedern der Sprachgemeinschaft abgeschliffen und angepasst. Die Wortbedeutungen bleiben aber trotz aller Anpassung subjektiv, da sie jeder auf-

---

232 vgl. ebda.
233 vgl. ders., 98 f.
234 ders., 99 f.
235 vgl. von Glasersfeld 1995, 37 f.

grund seiner eigenen, subjektiven Erfahrung bildet. Die Anpassung der Wortbedeutungen im gemeinsamen Gebrauch mit den Mitmenschen führt bestenfalls zu einer „relativen Kompatibilität" und niemals zu einer Identität. D.h. die subjektiven Bedeutungen passen so gut zusammen, dass keine Unstimmigkeiten auftreten:[236]

> Wenn ich behaupte, ich hätte verstanden, was jemand zu mir sagt, dann heißt das keineswegs, daß ich mir in meinem Kopf ein Begriffsnetz aufgebaut habe, das dem des Sprechers genau gleicht. Es heißt nichts anderes, als daß es mir gelungen ist, in der gegenwärtigen Situation ein Begriffsnetz zu konstruieren, das mit meiner Auffassung von dem Sprecher in eben dieser Situation vereinbar ist und nicht zu Schwierigkeiten führt. Es scheint mir in die Situation zu passen, und meine Reaktion führt nicht zu Reibungen oder Unstimmigkeiten seitens des anderen Sprechers.[237]

Diese ausbleibenden Unstimmigkeiten, bzw. diese weitgehende sprachliche Übereinstimmung führt nach Glasersfeld leicht dazu, dass geglaubt wird, dass sich die Wörter auf Gegenstände in der realen Welt beziehen und Sprache eine Beschreibung der Dinge jenseits der subjektiven Erfahrung ermöglicht.[238]

Auch eine Kulturrelativität wird im Radikalen Konstruktivismus im Zusammenhang mit der Sprache angedeutet. Abgesehen von den subjektiven Wortbedeutungen gibt es nach Glasersfeld auf der Ebene der verschiedenen Sprachgemeinschaften ebenfalls eine Relativität. Die Sprecher einer Sprache leben demnach in einer anderen Welt als die Sprecher einer anderen Sprache. Selbst vergleichbare Wörter von verschiedenen Sprachen sind mit durchaus unterschiedlichen Bedeutungen verbunden.[239]

6.2 Kulturrelativität von Wissen und Wissenschaft im Konstruktiven Realismus

Im Konstruktiven Realismus ist die Lebenswelt die Grundlage der Konstruktionen. Die Lebenswelt selbst aber ist kulturspezifisch. Somit sind auch Wissen und Wissenschaft kulturrelativ. D.h. verschiedene Kulturen bringen verschiedene Arten von Wissen und Wissenschaft hervor. Z.B. gibt es mindestens die folgenden medizinischen Systeme: die westliche Medizin, die traditionelle chinesische Medizin, die tibetische Medizin und Ayurveda. Sie alle arbeiten mit ganz unterschiedlichen Strukturierungen des menschlichen Körpers und sind alle auf

---

236 vgl. von Glasersfeld 1996a, 96; 1996b, 42
237 von Glasersfeld 1995, 38
238 vgl. von Glasersfeld 1996a, 92
239 vgl. von Glasersfeld 1998, 15 f.

ihre Art effektiv. Es ist somit Unsinn, eines dieser Systeme als wahr und die anderen als falsch zu bezeichnen.[240]

Die früher in der Wissenschaftstheorie herrschende Meinung, dass es nur eine Wissenschaft gebe, und zwar die europäische, wurde durch die wissenschaftshistorischen Untersuchungsergebnisse von Thomas Kuhn widerlegt, die zeigen, dass verschiedene Arten von Wissenschaft möglich sind, die nicht aufeinander reduziert werden können. Die Frage, welches wissenschaftliche System bzw. welche Kultur die wahre oder „wahrste" ist, ist deshalb unsinnig, da ihre Beantwortung eine über allen Systemen bzw. Kulturen stehende Metainstanz voraussetzt, die aber unmöglich ist. Daher müssen wir nach Wallner die Kulturrelativität von Wissen akzeptieren.[241]

Wallner wendet sich somit ausdrücklich gegen die traditionelle europäische Auffassung, dass Wissen nur eine Auffassung ohne Alternativen sein könne und man es andernfalls nur mit Fantasien zu tun habe.[242]

Gleichwohl ist eine grundlegende Idee des Konstruktiven Realismus, dass Kulturabhängigkeit von Wissenschaft und Verbindlichkeit von Wissenschaft zusammen bestehen.[243]

Da ja - wie wir gesehen haben - die interkulturelle Verfremdung benutzt wird, um die kulturellen Voraussetzungen eines wissenschaftlichen Systems herauszufinden, wird im Konstruktiven Realismus die Kulturrelativität nicht als Nachteil, sondern ganz im Gegenteil als Vorteil gesehen, da sie allererst ermöglicht, Einsichten in den eigenen kulturellen Kontext zu erhalten. Daher wendet sich der Konstruktive Realismus gegen Vereinheitlichungsversuche der Wissenschaft, weil wir so nichts verstehen würden, und tritt ein für Vielseitigkeit:

> [...] we must give up the idea of the necessity of ways of unification, unification of all the cultures of the world. We have to avoid the desire to make all cultures equal. We should stress and underline the differences between cultures. Because, when there is a world (or worlds) of a lot of different cultures, we are, to a high degree, able to strangify and so understand our own concepts and our own culture and world. *If one has only one culture, one is almost not able to understand what one does*. If, however, we have different cultures, then we will be able to understand our activities and structures.[244]

Nach Wallner reicht Interdisziplinarität bzw. die interdisziplinäre Verfremdung nicht aus für eine Einsicht in das eigene Wissenssystem, wenn die verschiedenen Wissenssysteme derselben Wissenschaftstradition – meist der europäischen –

---

240 vgl. Wallner 2005, 54 f.
241 vgl. ders., 101 ff.
242 vgl. Wallner 2002b, 68
243 vgl. Wallner 2005, 57
244 Wallner 1997a, 60

entstammen. Erst wenn man fremde Kulturen betrachtet, erzielt man nach Wallner ein Verständnis dessen, was man in der Wissenschaft tut.[245]

Die Kulturrelativität des Wissens selbst gibt uns also die Möglichkeit, einem Relativismus zu entgehen, der wissenschaftliche Erkenntnis für unmöglich und bloß für „Spiegelungen von sozialen Aktivitäten"[246] hält.

Die Relativität des Wissens und der Wissenschaft stellt somit für Wallner sogar die Bedingung dar für die Interpretation der wissenschaftlichen Satzsysteme.[247]

Wissen ist nach Wallner zwangsläufig relativ; durch Einsicht in die Voraussetzungen, zu denen es relativ ist, überwinden wir jedoch den Relativismus:

> Knowledge has always to be related to something. [...] Without relation you can not gain knowldege. If you believe that knowledge is possible without any relation then you don't know the meaning of knowledge. Therefore if you clearify the presuppositions of a system then you are able to overcome Relativism.[248]

6.3 Vergleich und Kritik

6.3.1 Glasersfeld betont die Subjektrelativität

Abgesehen von dem Hinweis auf die verschiedenen Konstruktionen verschiedener Sprachen geht Glasersfeld nicht weiter auf Kulturrelativität ein. Verschiedene kulturrelative Arten von Wissen und Wissenschaft kommen in Glasersfelds Theorie nicht explizit vor. Vermutlich würde er unter Wissenschaft ganz im Sinne der vorherrschenden Meinung nur die europäische Wissenschaft verstehen.

Es geht im Radikalen Konstruktivismus also nur kaum um die Kulturrelativität des Wissens, sondern vor allem um die Subjektrelativität. Hier versucht Glasersfeld ausführlich zu zeigen, wie Wissen in jedem Individuum aufgebaut wird. Der Radikale Konstruktivismus ist somit als eine Art erkenntnistheoretischer (nicht ontologischer) Solipsismus zu bezeichnen.

Die Radikalität dieses Ansatzes wird jedoch wieder relativiert durch Glasersfelds Überlegungen zur Intersubjektivität. Glasersfeld äußert sich jedoch nicht ausreichend deutlich zur viel wichtigeren Frage der Relativität von Wissenschaft.

---

245 vgl. ebda.
246 Wallner 1997b, 17
247 vgl. ders., 27
248 Wallner 2005, 121 f.

6.3.2 Wallner betont die Kulturrelativität

Wallner hingegen geht nicht auf die Subjektrelativität des Wissens ein. Ihm geht es aber auch von Anfang an um das wissenschaftliche Wissen, das ihm zufolge nicht einfach abhängig sein kann von subjektiven Aspekten, sondern kommunizierbar sein muss und prinzipiell von jedem nachvollzogen werden können muss.[249]

Dafür erörtert Wallner den Gedanken der Kulturrelativität von Wissen und Wissenschaft und vollzieht eine bahnbrechende Gleichstellung der Wissenschaften verschiedener Kulturen, was die traditionelle Wissenschaftstheorie verabsäumt. Es ist die besondere Leistung des Konstruktiven Realismus und die Pointe der Methode der interkulturellen Verfremdung, dass er die Kulturrelativität selbst zur Überwindung des Relativismus nützt.

Es stellt sich allerdings die Frage, ob nur mit der Einsicht in die jeweiligen Voraussetzungen eines Wissenssystems dessen Verbindlichkeit gewährleistet wird. Denn wenn man die Voraussetzungen der Sätze kennt, kann man prüfen, ob die Sätze richtig aus den Voraussetzungen folgen. Das aber ist im Grunde nicht mehr das Feststellen von Kohärenz. Was dabei auf der Strecke bleibt, ist die von Wallner selbst geforderte Einsichtsdimension im Sinne einer Einsicht in die Natur bzw. die Korrespondenz, die implizit im Konstruktiven Realismus wie auch im Radikalen Konstruktivismus als indirekte Beziehung des Scheiterns vorliegt.

7 Zusammenfassung der Gemeinsamkeiten und Unterschiede

7.1 Radikaler Konstruktivismus und Konstruktiver Realismus

Radikaler Konstruktivismus und Konstruktiver Realismus sind beide ein ontologischer Realismus, d.h. die Existenz einer vorgegebenen, von uns unabhängigen Welt wird angenommen, und ein erkenntnistheoretischer Anti-Realismus bzw. Idealismus, d.h. die Erkennbarkeit dieser gegebenen Welt wird nicht angenommen. Wissen wird daher nicht als eine Abbildung oder Repräsentation der Welt verstanden, sondern als ein Produkt des Erkenntnissubjekts. Die traditionelle

---

249 vgl. Wallner 2002b, 90

Idee der Wahrheit als Übereinstimmung zwischen Wissen und Welt wird aufgegeben.

Anders als in traditionellen Formen des Idealismus wird in beiden Formen des Konstruktivismus Wissen nicht als eine für alle Menschen gleiche und damit gewissermaßen absolute Konstitution von Vorstellungen verstanden, sondern als eine Vorstellungsbildung, die abhängig ist von individuellen bzw. kulturellen Faktoren. Wissen ist also eine relative Konstruktion und das heißt auch, dass es immer viele verschiedene Möglichkeiten des Wissens geben kann. Damit wird im Radikalen Konstruktivismus und Konstruktiven Realismus eine skeptisch-relativistische Auffassung integriert, aber gleichzeitig auch überwunden. Denn das Verfahren des Skeptizismus ist, die überanspruchsvolle realistische Bestimmung des Wissens als Widerspiegelung der Welt anzunehmen und zu zeigen, dass so Wissen unmöglich ist bzw. zumindest nicht nachgewiesen werden kann. Glasersfeld und Wallner aber ersetzen den realistischen Wissensbegriff von vornherein durch eine weniger anspruchsvolle Bestimmung von Wissen als funktionierendes Modell und möchten zeigen, wie Wissen relativ und verbindlich zugleich sein kann.

Der Realismus, den der Konstruktive Realismus vertritt, ist nicht im Sinn eines erkenntnistheoretischen Realismus zu verstehen, nach dem die Realität die vorgegebene und als solche erkennbare Welt ist. Mit der Bezeichnung „Realismus" soll vielmehr zum Ausdruck kommen, dass unsere Konstruktionen zwar von der Wirklichkeit, also der gegebenen Welt zu unterscheiden sind, aber keine bloßen Fiktionen sind, sondern unsere Realität ausmachen. Während für Glasersfeld unsere Wirklichkeit nichts weiter als unsere Konstruktionen sind, betont Wallner die andere Seite indem er sagt, dass unsere Konstruktionen unsere Realität bilden. Damit hebt der Konstruktive Realismus mehr als der Radikale Konstruktivismus die Verbindlichkeit unserer Konstruktionen hervor. Unsere Konstruktionen erhalten im Konstruktiven Realismus gewissermaßen einen höheren Stellenwert.

Radikaler Konstruktivismus und Konstruktiver Realismus sind Epistemologien mit unterschiedlicher Ausrichtung. Der Radikale Konstruktivismus ist in erster Linie eine genetische Wissenstheorie, d.h. eine Theorie über den Aufbau von Wissen, wobei er vom Individuum ausgeht. Er möchte zeigen, wie es zu einer relativ stabilen Erfahrungswelt kommt, obwohl es keinen Zugang zu einer vorgegebenen Welt gibt. Die wissenschaftstheoretischen Überlegungen sind eher nur ein Überbau dieser Wissenstheorie und bieten Wissenschaftern nur spärliche Hinweise für die Interpretation ihres Tuns und ihrer Produkte.

Der Konstruktive Realismus hingegen ist eine praxisorientierte Wissenschaftstheorie, die sich versteht als eine Anleitung für ein Selbstverständnis der

Wissenschafter. Ohne in die Falle der Normativität oder Deskriptivität zu fallen, möchte der Konstruktive Realismus den Wissenschaftern das Handwerkszeug geben für die Reflexion ihrer wissenschaftlichen Handlungen und Resultate. Das leistet er mit der eigenständigen Methode der Verfremdung.

Radikaler Konstruktivismus und Konstruktiver Realismus stimmen darin überein, keine philosophische Lehre formulieren zu wollen. Sie wollen vielmehr eine viable Interpretation von Wissen, der Beziehung von Wissen und Welt sowie Wissenschaft anbieten, die in der Praxis mehr taugt, als traditionelle wissenschaftstheoretische Vorschläge. Dabei ist der Radikale Konstruktivismus in erster Linie Interpretation, der Konstruktive Realismus auch eine Verfahrensweise.

Insofern es bei beiden Epistemologien darum geht, dass sie selber viabel sein sollen, sind sie auf sich selbst anwendbar, was sie gegenüber manch anderen Theorien auszeichnet.

Für Glasersfeld ist das Radikale im Radikalen Konstruktivismus, dass er Wissen nicht versteht als Entdeckung der objektiven bzw. ontischen Welt, sondern bloß als ein Mittel zur Organisation der Erfahrungswelt.[250] Auch nach dem Konstruktiven Realismus ist freilich Wissen keine Widerspiegelung der objektiven Welt. Das ist die Grundthese des Konstruktivismus und keine spezifische These des Radikalen Konstruktivismus. Doch Glasersfeld spricht auch davon, dass Wissen die objektive Welt nicht betrifft. Das ist ein Selbstmissverständnis, denn in seiner Theorie der Viabilität ist ja von einem indirekten Zusammenhang des Wissens zur Welt die Rede. Das Gemeinte kommt besser im zweiten Satz über den bloßen Instrumentcharakter des Wissens innerhalb der Erfahrungswelt zum Ausdruck. Die rein instrumentale Bestimmung des Wissens ist das Radikale am Radikalen Konstruktivismus. Im Konstruktiven Realismus wird Wissen zwar ebenfalls verstanden als Mittel zur Organisation der Erfahrungswelt, allerdings bleibt es dabei nicht, da Wallner den Einsichtsaspekt des Wissens nicht aufgibt. Wallner betrachtet die Einsicht in das eigene Konstrukt als Bedingung für das Vorliegen von Wissen.

Das gemeinsame Argument dafür, dass Wissen keine Widerspiegelung der objektiven Welt darstellt, ist das Argument der Unmöglichkeit der Überprüfung einer Übereinstimmung von Wissen und Welt. Während bei Glasersfeld vor allem immer wieder dieses Argument auftaucht, behandelt Wallner verschiedene Aspekte der Unmöglichkeit eines Sprungs von unserem Wissen zur Welt.

Wenn allerdings die Überprüfung einer Übereinstimmung von Wissen und Welt unmöglich ist, dürfte man nicht nur nicht sagen, dass Wissen und Welt übereinstimmen, sondern konsequenterweise auch nicht, dass sie nicht überein-

---

250 vgl. von Glasersfeld 1981, 23

stimmen. Argumente für die Unmöglichkeit der Übereinstimmung von Wissen und Welt widersprechen somit dem Argument von der Unmöglichkeit der Übereinstimmungsüberprüfung. Das Argument von der Unmöglichkeit der Übereinstimmungsüberprüfung ist strenggenommen für die Begründung der konstruktivistischen Auffassung problematisch. Dafür entgeht man so der Schwierigkeit des erkenntnistheoretischen Realismus, der ja die von ihm postulierte Übereinstimmung von Wissen und Welt niemals nachweisen kann. Wenn man daher eine Übereinstimmung von vornherein ausschließt, so gerät man nicht in die Verlegenheit, worin diese denn besteht.

Beide konstruktivistischen Theorien arbeiten ihre konstruktivistische Auffassung bevorzugt in Auseinandersetzung mit einem naiven Realismus heraus. Nicht jeder erkenntnistheoretische Realismus wird jedoch Wissen als plumpe Abbildung oder Widerspiegelung der Welt verstehen. Und insofern funktionierende Konstruktionen in die Welt passen müssen, d.h. nicht widerlegt werden dürfen, könnten sie durchaus auch als Repräsentationen der Welt verstanden werden und umgekehrt Repräsentationen als Konstruktionen.

Bei den ontologischen Annahmen werden im Radikalen Konstruktivismus nur zwei Weltbereiche unterschieden: die Realität als die nicht erkennbare Welt an sich, als die „Welt der objektiven Hindernisse"[251] und die Wirklichkeit als unsere Konstruktion, als die von uns konstruierte Welt des Erlebens und des Wissens. Für Glasersfeld ist alles, was wir erfahren und wissen gleichermaßen Konstruktion. Er deutet eine Unterscheidung innerhalb unserer Konstruktionswelt zwar an, indem er sagt, dass unser Wissen in unsere Erfahrungswelt passen muss, unterlässt aber eine explizite Differenzierung. Das ist verwirrend und unzureichend.

Im Konstruktiven Realismus gibt es eine solche Differenzierung; innerhalb der Welt der Konstruktionen wird zwischen Realität und Lebenswelt unterschieden. Die Lebenswelt ist dabei diejenige konstruierte Welt, die von unserer jeweiligen Kultur vorgegeben wird und die daher die fundamentalere und selbstverständliche Konstruktionswelt darstellt. Die Realität ist bei Wallner die Welt unserer wissenschaftlichen Erkenntnis und das ist „die Weise, sich die Wirklichkeit zum Gegenstand zu machen"[252]. Damit haben wir die bei Glasersfeld vermisste Differenzierung zwischen grundlegenderen, nicht bezweifelten Konstruktionen und wissenschaftlichen Konstruktionen, die auf die ersteren zurückbeziehbar sein müssen.

Und die Wirklichkeit bestimmt Wallner als die Welt, in und mit der wir leben, als die Welt, die unsere Lebensgrundlage ist. Diese nicht erkennbare, vor-

---

251 von Glasersfeld 1985, 19
252 Wallner 1990, 46

gegebene Welt ist dabei nicht wie bei Glasersfeld im Sinne des Kantischen Dings an sich zu verstehen, sondern als der Ort der Lebensvollzüge. Während Glasersfelds objektive Welt ein abstraktes Unding bleibt, zu dem wir keinen Kontakt haben (außer den indirekten der Passung), und über das man nichts sagen kann, geht Wallner sinnvollerweise davon aus, dass wir natürlich in dieser unerkennbaren Welt leben und nicht einfach nur in unserer Konstruktionswelt. In diesem Punkt geht Glasersfeld – ohne es eigentlich zu wollen - etwas zu weit in die Richtung eines Solipsismus.

Wichtig scheint mir der Gedanke, dass wir nicht schlechthin all unser Wissen selbst konstruieren. Es ist vielmehr durchaus sinnvoll, vorgegebene Bedingungen unseres Wissens anzunehmen, gegen die wir nichts unternehmen können und die unseren Konstruktionen zugrunde liegen. Das wird nur von Wallner berücksichtigt, der unter Konstruktionen nicht schon jegliche Orientierungsleistungen versteht, wie sie auch bei niederen Tieren vorliegen, sondern nur bewusste und hinterfragbare Vorstellungsgebilde.

In der Wahrheitsfrage überwinden beide konstruktivistischen Theorien die traditionelle korrespondenztheoretische Wahrheitstheorie. Die Beziehung zwischen Wissen und Welt wird dabei nicht zur Gänze aufgegeben, aber beschränkt auf die indirekte Beziehung. D.h. die Welt kann sich durch negatives Feedback, durch Widersprüche zu unseren Konstruktionen bemerkbar machen. Im Radikalen Konstruktivismus wird die Wahrheit ersetzt durch die Viabilität, also durch die Gangbarkeit bzw. das Funktionieren des Wissens für einen bestimmten Zweck. Im Konstruktiven Realismus findet sich mit der Idee der funktionierenden Zusammenhänge eine ganz ähnliche Auffassung. Während Glasersfeld die Bezeichnung „Wahrheit" jedoch ganz aufgibt, spricht Wallner in seinen späteren Schriften von einer lokalen, also relativen Wahrheit. Für Glasersfeld entfällt somit angesichts der verschiedensten Konstrukte die Wahrheitsfrage, für Wallner kann man nach wie vor von Wahrheit sprechen, aber nur in Bezug auf die jeweiligen Voraussetzungen eines Satzsystems. Die Rede von einer absoluten Wahrheit ist nach Wallner sinnlos, weil sie nicht überprüfbar ist.

Mit Viabilität ist zunächst einmal die Beziehung zwischen Wissen auf der einen Seite und Erfahrungs- bzw. Lebenswelt auf der anderen Seite gemeint. Unser Wissen muss funktionieren oder passen in Hinblick auf unsere Erfahrungswelt bzw. Lebenswelt. Doch darüber hinaus geht es in der Theorie der Viabilität ja um die Beziehung zwischen Wissen und ontischer Welt, also der Realität bei Glasersfeld und der Wirklichkeit bei Wallner. Denn es ist ja davon die Rede, dass sich die objektive Welt indirekt bemerkbar macht und unser Wissen zumindest vorläufig in sie passt. Wenn wir die Viabiliät unseres Wissens nicht auch auf die objektive Welt beziehen, geraten wir in eine unsinnige Zusammenhangslosigkeit von Wissen und Welt oder gar in einen Solipsismus.

Somit bleibt in beiden konstruktivistischen Theorien ein Rest von realistischer Korrespondenz erhalten. Nur überwindet die Theorie der Viabilität die realistische Naivität, indem sie eine auf den indirekten Zusammenhang eingeschränkte Theorie der Korrespondenz ist.

Die Theorie der Viabiliät ist eine sehr gute Lösung für die Bestimmung der Beziehung zwischen Wissen und Welt. Was allerdings ihre praktische Feststellbarkeit anlangt, sind wir wieder auf die altbekannten und nicht problemlosen Kriterien Kohärenz und Konsens angewiesen. Denn laut konstruktivistischer These können ja Vorstellungen nur mit Vorstellungen verglichen werden. Der Vergleich mit der Erfahrungswelt ist so eigentlich ein Vergleich einer Konstruktion mit einer anderen. Somit sind wir selbst bei Erfahrungswissen immer auf Kohärenz verwiesen. Und das Kriterium Konsens wird benötigt für die Entscheidung, welche von mehreren möglichen Konstrukten denn nun viabel ist, denn letztlich hängt diese Entscheidung immer von den Menschen ab.

In der Bestimmung des Wissens geht der Radikale Konstruktivismus ähnlich undifferenziert vor wie in den ontologischen Annahmen. Glasersfeld vertritt die Ansicht, dass jede funktionierende Konstruktion bereits Wissen darstellt. Wissen wird rein instrumental bestimmt als „ein Mittel, zu Zielen zu gelangen, die der Erlebende sich jeweils selber wählt"[253]. Und Wissenschaftliches Wissen unterscheidet sich nach Glasersfeld nur graduell von nicht-wissenschaftlichem Wissen.

Im Konstruktiven Realismus ist zwar jedes Wissen Konstruktion aber nicht jede funktionierende Konstruktion stellt schon Wissen dar. Damit man von verbindlichem bzw. wissenschaftlichem Wissen sprechen kann, muss nach Wallner zur Konstruktion noch die Interpretation hinzukommen. Eine Konstruktion muss funktionieren, aber darüber hinaus muss sie reflektiert werden hinsichtlich ihrer Voraussetzungen, Methoden, Grenzen und möglichen Folgen. D.h. das Selbstverständnis der Konstruktionen ist wesentlich für das Vorliegen von Wissen. Darin liegt für Wallner auch der Unterschied zwischen wissenschaftlichem und nicht-wissenschaftlichem Wissen.

Während für Glasersfeld durch die Verabschiedung des Repräsentationscharakters von Wissen irrtümlicherweise nur noch die instrumentale Dimension von Wissen zurückbleibt, behält Wallner den traditionellen Gedanken bei, dass Wissen eine Einsicht ermöglicht. Über die Interpretation unserer Konstruktionen erzielen wir ein Verständnis unseres instrumentellen Wissens. Damit geht der Konstruktive Realismus einen vernünftigen Mittelweg zwischen dem überan-

---

253 von Glasersfeld 1985, 6

spruchsvollen Wissens-Begriff der realistischen Auffassung und dem verarmten Wissens-Begriff des Radikalen Konstruktivismus.

Glasersfelds Epistemologie bietet nur eine Interpretation von Wissen und dessen Beziehung zur Welt, aber keine Methode für die wissenschaftliche Praxis. Wallners Konstruktiver Realismus hingegen versteht sich von Anfang an als praxisorientierte Epistemologie und enthält dementsprechend auch eine eigenständige Methode für die wissenschaftliche Forschung. Wallners Methode der Verfremdung ist es, die ein Satzsystem zu wissenschaftlichem Wissen machen soll und zwar durch die von ihr ermöglichte Einsicht in die Voraussetzungen, Methoden, Grenzen und denkbaren Folgen der Konstrukte.

Die der Methode der Verfremdung zugrundeliegende Idee ist, dass ein Satzsystem nicht von sich aus, sondern nur von außen untersucht und verstanden werden kann und dass es außerdem keinen Metastandpunkt für die Beurteilung gibt.

Der Radikale Konstruktivismus bietet keine echte Lösung für die mit der Vielfalt an möglichen Konstruktionen einhergehende Gefahr der Willkür bzw. Unverbindlichkeit. Der Konstruktive Realismus hingegen gibt eine Lösung dafür, indem er die Vielfalt der Konstruktionen gerade als die Voraussetzung dafür sieht, die Konstrukte reflektieren und damit Verbindlichkeit überhaupt erreichen zu können. Die Vielfalt der Konstrukte ist nicht das Hindernis für Verbindlichkeit, sondern ganz im Gegenteil die Bedingung von Verbindlichkeit. Denn nach dem der Verfremdung zugrundeliegenden Gedanken kann ja ein Konstrukt nur im Kontext eines fremden Konstrukts verstanden werden.

Auch bei der genialen Methode der Verfremdung sind wir jedoch letztlich angewiesen auf die Kriterien Kohärenz und Konsens. Denn mit der Verfremdung sollen die Voraussetzungen eines Wissenssystems offengelegt werden, damit man im Sinne des Konzepts der lokalen Wahrheit sehen kann, ob die Sätze in Bezug auf diese Voraussetzungen wahr sind. Das aber ist im Grunde nichts anderes als Kohärenz. Und Konsens ist erforderlich, weil auch die durch die Verfremdung erzielte Einsicht in die Voraussetzungen, Methoden, Grenzen und Folgen von Konstrukten nicht zu einer eindeutigen Beurteilung der Konstrukte führt, sondern letztlich eine Abstimmung benötigt wird.

In beiden konstruktivistischen Positionen wird Wissen als relativ aufgefasst. Der Radikale Konstruktivismus geht aus von der Subjektrelativität des Wissens und versucht zu zeigen, wie es dennoch zu einem verbindlichen Wissen durch Intersubjektivität kommen kann. Der Konstruktive Realismus betont die Kulturrelativität von Wissen, d.h. die Abhängigkeit des Wissens von den Voraussetzungen, die in der jeweiligen Kultur gemacht werden, in der das Wissen entsteht. Wallner geht aus von einer Vielfalt von Wissenschaften verschiedener Kulturen und sieht in dieser Verschiedenheit die Chance des besseren Verständnisses der eigenen Wissenskonstrukte durch Verfremdung in fremde Kulturkontexte. Für ihn ist daher gerade die Erhaltung der Vielfalt oberste Priorität. Darin liegt die große Neuerung und Pointe des Konstruktiven Realismus.

7.2 Gemeinsamkeiten und Unterschiede im Überblick

	Radikaler Konstruktivismus	Konstruktiver Realismus
ontologische und erkenntnistheoretische Grundausrichtung	ontologischer Realismus und erkenntnistheoretischer Anti-Realismus bzw. Idealismus	
Art der epistemologischen Theorie	genetische Wissenstheorie	praxisbezogene Wissenschaftstheorie
Bestimmung der Beziehung von Wissen und Welt	konstruktivistische Grundthese: Unser Wissen ist weder Abbild noch Repräsentation der Welt, sondern ein vom Erkenntnissubjekt konstruiertes Gebilde, das lediglich zur Welt passt.	
konstruktivistische Argumente	u.a. gemeinsames Argument der Unmöglichkeit der Überprüfung einer Übereinstimmung von Wissen und Welt	
Ontologische Grundannahmen	Zwei-Welten-Ontologie: Realität und Wirklichkeit	Drei-Welten-Ontologie: Wirklichkeit – Lebenswelt – Realität
Wahrheitstheorie	Korrespondenztheoretische Wahrheit wird ersetzt durch Viabilität. Die Rede von Wahrheit wird aufgegeben.	Korrespondenztheoretische Wahrheit wird ersetzt durch die Idee der funktionierenden Zusammenhänge. Konzept der lokalen/relativen Wahrheiten
Bestimmung von Wissen	rein instrumental	instrumental und darüber hinaus Einsichtsdimension: Einsicht in die Konstrukte durch Interpretation
Verbindlichkeit von Wissen	Wiederholbarkeit und Intersubjektivität	interdisziplinäre und interkulturelle Verbundenheit (nicht als Einheitswissenschaft, sondern für das Verständnis der eigenen Konstrukte)
Abgrenzung des wissenschaftlichen Wissens	nur graduell: verlässlicher als Alltagswissen	durch Selbstreflexion des Wissens
Relativität von Wissen	Subjektrelativität Ziel: Intersubjektivität	Kulturrelativität – Ziel: Erhaltung der Vielfalt für ein besseres Verständnis der Konstrukte
vorgeschlagene Methode	-	Verfremdung
Selbstreflexion und Selbstanwendbarkeit	Beide Epistemologien wollen keine philosophische Lehre sein, sondern eine viable Interpretation von Wissen und Wissenschaft, die gegenüber den traditionellen Auffassungen Vorteile in der Praxis hat. Damit sind sie auf sich selbst anwendbar.	

7.3 Fazit

In der vorliegenden Gegenüberstellung von Glasersfelds Radikalem Konstruktivismus und Wallners Konstruktivem Realismus waren die leitenden Fragen:
In welchen Aspekten stimmen Glasersfelds Radikaler Konstruktivismus und Wallners Konstruktiver Realismus überein?
In welcher Hinsicht ist der Radikale Konstruktivismus „radikaler" als der Konstruktive Realismus?
Und in welchen Punkten geht der Konstruktive Realismus über den Radikalen Konstruktivismus hinaus? D.h. welche Auffassungen des Radikalen Konstruktivismus sind aus konstruktiv-realistischer Perspektive ungenügend?

Eine *Übereinstimmung* liegt in folgenden Aspekten vor:

Beide Theorien sind ein *ontologischer Realismus*, da sie die Existenz einer gegebenen Welt annehmen, und ein *erkenntnistheoretischer Anti-Realismus*, da sie diese Welt für nicht erkennbar halten.

Als konstruktivistischen Theorien liegt ihnen beiden die These zugrunde, dass unser Wissen kein Abbild und keine Repräsentation der Welt darstellt, sondern ein vom Erkenntnissubjekt konstruiertes Gebilde, das lediglich zur Welt passt.

Diese konstruktivistische Grundthese begründen sie beide u.a. mit dem Argument der Unmöglichkeit einer Übereinstimmungs-Überprüfung von Wissen und Welt.

Außerdem stimmen die beiden Epistemologien in der Selbstreflexion überein, da sie beide nicht als philosophische Lehre verstanden werden wollen, sondern als eine Interpretation von Wissen und Wissenschaft, die besser funktioniert als die der traditionellen Epistemologien. Sie verstehen ihre Annahmen nicht als ontologische Thesen, sondern als heuristische Annahmen. Damit ist bei beiden eine Selbstanwendung, also eine Anwendung der Theorie auf sich selbst, möglich.

Die *Unterschiede* bestehen in folgenden Punkten:

Zunächst unterscheiden sich Radikaler Konstruktivismus und Konstruktiver Realismus schon in ihrer allgemeinen Art und Ausrichtung. Glasersfelds Radikaler Konstruktivismus ist eine vom Individuum ausgehende Wissenstheorie über den Aufbau von Wissen, also eine genetische Wissenstheorie, und bietet keine Methode an für das Vorgehen in der wissenschaftlichen Praxis. Wallners Konstruktiver Realismus hingegen ist eine praxisbezogene Wissenschaftstheorie, die sich als Serviceleistung für die Wissenschaft versteht. Mit der „Verfremdung" schlägt er eine wirksame Methode für das Erzielen von Verbindlichkeit des Wissens vor.

Der Radikale Konstruktivismus ist *radikaler* als der Konstruktive Realismus, da er Wissen rein instrumental bestimmt als ein bloßes Instrument zur Ordnung der Erfahrungen, das die Welt nicht betrifft und nichts zu verstehen gibt. Diese Auffassung ist aus konstruktiv-realistischer Perspektive ungenügend. Im Konstruktiven Realismus kommt bei der Bestimmung des Wissens zur instrumentalen Ebene noch die Einsichtsebene hinzu. Die traditionelle Idee, dass Wissen auch ein Verständnis vermittelt, wird somit nicht radikal aufgegeben, sondern konstruktivistisch umgedeutet.

Die Radikalität des Radikalen Konstruktivismus kommt auch in seiner Verabschiedung der Idee der Wahrheit zum Ausdruck. Glasersfeld ersetzt Wahrheit gänzlich durch Viabilität. Wallner hingegen betrachtet nur die Rede von einer absoluten Wahrheit als sinnlos, weil sie nicht nachprüfbar ist, und schlägt ein Konzept der lokalen bzw. relativen Wahrheiten vor.

Ein weiterer wichtiger Punkt, in dem der Konstruktive Realismus über den Radikalen Konstruktivismus hinausgeht ist, dass im Konstruktiven Realismus nicht einfach alles für Konstruktion gehalten wird wie im Radikalen Konstruktivismus, sondern mit der Lebenswelt und der Realität eine Differenzierung zweier Weltdimensionen innerhalb der konstruierten Welt vorgenommen wird.

Des Weiteren ist aus der Sicht des Konstruktiven Realismus die Charakterisierung von wissenschaftlichem Wissen im Radikalen Konstruktivismus unzureichend. Glasersfeld sieht nämlich keinen prinzipiellen Unterschied zwischen wissenschaftlichem und alltäglichem Wissen und hält wissenschaftliches Wissen lediglich für verlässlicher. Für Wallner ist diese Abgrenzung zu schwach. Freilich meint auch er, dass eine strikte Unterscheidung nicht möglich ist, fordert aber dennoch ein geeignetes Abgrenzungskriterium, damit die Wissenschaft nicht die Sonderstellung gegenüber Ideologien, Religionen und alltäglichen Meinungen verliert, und sieht dieses in der Selbstreflexion.

Außerdem stimmen zwar beide konstruktivistischen Positionen darin überein, dass Wissen relativ ist, heben aber verschiedene Aspekte der Relativität hervor. Da Glasersfeld vom Individuum ausgeht, betont er die Subjektrelativität des Wissens. Das wichtigste Kriterium für Verbindlichkeit des Wissens ist für ihn daher die Intersubjektivität. Wallner geht mit seinem Konzept der Lebenswelt von der Kultur als Basis der Konstruktionen aus, betrachtet Wissen also in erster Linie als kulturrelativ. Verbindlichkeit des Wissens entsteht für ihn durch interdisziplinäre und interkulturelle Verbundenheit. Der Konstruktive Realismus geht dabei über den Radikalen Konstruktivismus insofern hinaus, als er die Relativität des Wissens zur Herstellung von Verbindlichkeit des Wissens nutzbar macht. Die Relativität des Wissens wird damit nicht mehr als Gefahr für die Verbindlichkeit betrachtet, sondern gerade als Bedingung für Verbindlichkeit. Das ist eine wesentliche Pointe des Konstruktiven Realismus.

Literaturverzeichnis

Blaauw, Martijn/ Pritchard, Duncan (2005): Epistemology A-Z. Edinburgh: Edinburgh University Press
Collin, Finn (2008): Konstruktivismus für Einsteiger. Paderborn: W. Fink
Glasersfeld, Ernst von (1981): Einführung in den radikalen Konstruktivismus. In: Watzlawick, Paul (Hg.): Die erfundene Wirklichkeit. Wie wissen wir, was wir zu wissen glauben? Beiträge zum Konstruktivismus. München: Piper 16-38
Glasersfeld, Ernst von (1985): Konstruktion der Wirklichkeit und des Begriffs der Objektivität. In: Gumin, Heinz/ Mohler, Armin (Hg.): Einführung in den Konstruktivismus. München: Oldenbourg 1-26
Glasersfeld, Ernst von (1987): Wissen, Sprache und Wirklichkeit. Arbeiten zum radikalen Konstruktivismus. Braunschweig: Vieweg
Glasersfeld, Ernst von (1991): Abschied von der Objektivität. In: Watzlawick, Paul/ Krieg, Peter (Hg.): Das Auge des Betrachters. Beiträge zum Konstruktivismus. München: Piper 17-30
Glasersfeld, Ernst von (1992a): Aspekte des Konstruktivismus: Vico, Berkeley, Piaget. In: Rusch, Gebhard/ Schmidt, Siegfried J. (Hg.): Konstruktivismus. Geschichte und Anwendung. Frankfurt a M.: Suhrkamp 20-33
Glasersfeld, Ernst von (1992b): Das Ende einer großen Illusion. In: Fischer, Hans Rudi (Hg.): Das Ende der großen Entwürfe. Frankfurt a M.: Suhrkamp 85-98
Glasersfeld, Ernst von (1994): Die Struktur individuellen Wissens. In: Felixberger, Peter (Hg.): Aufbruch in neue Lernwelten. Wien: Passagen Verlag 33-40
Glasersfeld, Ernst von (1995): Die Wurzeln des „Radikalen" am Konstruktivismus. In: Fischer, Hans Rudi (Hg.): Die Wirklichkeit des Konstruktivismus. Zur Auseinandersetzung um ein neues Paradigma. Heidelberg: Carl-Auer-Systeme Verlag 35-46
Glasersfeld, Ernst von (1996a): Radikaler Konstruktivismus. Ideen, Ergebnisse, Probleme. Frankfurt a. M.: Suhrkamp
Glasersfeld, Ernst von (1996b): Über Grenzen des Begreifens. Bern: Benteli

Glasersfeld, Ernst von (1996c): Die Welt als „Black box". In: Braitenberg, Valentin/ Hosp, Inga (Hg.): Die Natur ist unser Modell von ihr. Reinbek bei Hamburg: Rowohlt 15-26

Glasersfeld, Ernst von (1997): Wege des Wissens. Konstruktivistische Erkundigungen durch unser Denken. Heidelberg: Carl-Auer-Systeme

Glasersfeld, Ernst von (1998): Konstruktivismus statt Erkenntnistheorie. Herausgegeben von Willibald Dörfler und Josef Mitterer. Klagenfurt: Drava

Glasersfeld, Ernst von (1999): Radikaler Konstruktivismus oder die Konstruktion des Wissens. In: Watzlawick, Paul/ Nardone, Giorgio (Hg.): Kurzzeittherapie und Wirklichkeit. Eine Einführung. München: Piper 43-58

Glasersfeld, Ernst von (2000): Wir machen was wir sehen – Lockere Einführung in den Konstruktivismus. In: Kunst- und Ausstellungshalle der Bundesrepublik Deutschland GmbH, Bonn: Heute ist Morgen. Über die Zukunft von Erfahrung und Konstruktion. Ostfildern-Ruit: Hatje Cantz Verlag 137-152

Glasersfeld, Ernst von (2001): Kleine Geschichte des Konstruktivismus. In: Müller, Albert/ Müller, Karl/ Stadler, Friedrich (Hg.): Konstruktivismus und Kognitions-wissenschaft. Kulturelle Wurzeln und Ergebnisse. Heinz von Foerster gewidmet. Wien: Springer 53-62

Greiner, Kurt (2005): Therapie der Wissenschaft. Eine Einführung in die Methodik des Konstruktiven Realismus. Frankfurt am Main: Peter Lang

Kutschera, Franz von (1981): Grundfragen der Erkenntnistheorie. Berlin: de Gruyter

Pietschmann, Herbert/ Wallner, Fritz (1995): Gespräche über den Konstruktiven Realismus. Herausgegeben und kommentiert von Joseph Schimmer. Wien: WUV-Universitätsverlag

Prechtl, Peter/ Burkard, Franz-Peter (Hg.) (2008): Metzler Lexikon Philosophie. Begriffe und Definitionen. Stuttgart: J. B. Metzler

Schaff, Adam (1984): Einführung in die Erkenntnistheorie. Wien: Europaverlag

Wallner, Fritz (1990): Acht Vorlesungen über den Konstruktiven Realismus. Wien: Universitätsverlag

Wallner, Fritz/ Schimmer, Josef/ Costazza, Markus (Hg.) (1993): Grenzziehungen zum Konstruktiven Realismus. Wien: WUV-Universitätsverlag

Wallner, Fritz (1994): Constructive Realism. Aspects of a New Epistemological Movement. Wien: Braumüller

Wallner, Fritz/ Schimmer, Joseph (Hg.) (1995): Wissenschaft und Alltag. Symposionsbeiträge zum Konstruktiven Realismus. Wien: Braumüller

Wallner, Fritz G. (1997a): How to Deal with Science If You Care for Other Cultures. Constructive Realism in the Intercultural World. Wien: Braumüller

Wallner, Fritz G. (1997b): Aspekte eines Kulturwandels. Der Bedarf nach einem neuen Begriff des Wissens. In: Wallner, Fritz/ Agnese, Barbara (Hg.):

Von der Einheit des Wissens zur Vielfalt der Wissensformen. Erkenntnis in der Philosophie, Wissenschaft und Kunst. Wien: Braumüller 11-28

Wallner, Fritz (2002a): Die Verwandlung der Wissenschaft. Vorlesungen zur Jahrtausendwende. Herausgegeben von Martin J. Jandl. Hamburg: Dr. Kovac

Wallner, Fritz (2002b): Culture and Science: A New Constructivistic Approach to Philosophy of Science. Wien: Braumüller

Wallner, Friedrich (2005): Structure and Relativity. Frankfurt am Main: Peter Lang

Wallner, Friedrich G. (2011): Systemanalyse als Wissenschaftstheorie III. Das Vorhaben einer kulturorientierten Wissenschaftstheorie in der Gegenwart. Frankfurt a. M.: Peter Lang

On the Authors / Über die Autoren

Franck, Michael, geboren 1986 in Wien, studierte Philosophie und Theater-, Film- und Medienwissenschaften an der Universität Wien. Sein Studienschwerpunkt liegt im Bereich Erkenntnistheorie und Wissenschaftstheorie. Im Rahmen seiner Diplomarbeit beschäftigte er sich intensiv mit dem Begriff der "Verfremdung".

Greiner, Kurt, geboren 1967, ist Universitäts-Dozent der Sigmund-Freud-Privatuniversität Wien/Paris/Berlin (SFU) im SFU-Fachbereich Philosophie der Psychotherapiewissenschaft mit dem Arbeitsschwerpunkt *Theorie und Methodologie der Innovativen Therapieschulenforschung*.

Holzenthal, Nicole, Dr. phil. europ. (summa), geboren 1970 in Mainz (Deutschland), ist freie Mitarbeiterin an der Universität Oviedo (Spanien). Zudem arbeitet sie als Übersetzerin (ES-DE) spezialisiert auf Philosophie, Interviews, Reportagen, deren Untertitelung und Urkundenübersetzung, Zusammenarbeit mit DocuReport (Filmproduktion).

Forschungsschwerpunkte Philosophie: Kulturphilosophie, Kulturanthropologie, Wissenschaftsphilosophie, Geschichte der spanischen Philosophie, Philosophischer Materialismus. Andere Forschungen: Übersetzungstheorie, Literaturwissenschaft. Habilitationsvorhaben über Wissenschaftsphilosophie an der Universität Wien (Prof. Wallner).
Lehre am Philosophischen Institut der Universität Oviedo seit 2010/2011 und an der Prinz-von-Asturien-Stiftung seit 2004. Forschungstätigkeit an der Fundación Gustavo Bueno seit 1998. Seit 2003 Vorsitzende von Intersophia (Internationales Netzwerk philosophischer Studien). Koordinatorin für die Gastprofessur von Prof. Dr. Wallner im Oktober 2011 in Oviedo; Koordinatorin der Vortragsreise von Prof. Dr. Buenos 2002 durch Österreich und Deutschland für das Instituto Cervantes. Übersetzung und Herausgeberschaft u.a. von Gustavo Bueno: *Der Mythos der Kultur* bei Peter Lang (2002). Seit 2005 Autorin für die *Brockhaus-Enzyklopädie* im Bereich der spanischen und lateinamerikanischen Philosophie. Beeidigte und öffentlich bestellte Urkundenübersetzerin der spanischen Sprache für Baden-Württemberg (Deutschland) seit 2011.

Lan, Fengli, Shanghai University of Traditional Chinese Medicine, born in 1972, studied Medicine, esp. Chinese Medicine (Bachelor in Medicine in 1995 at Hebei Medical University, Master in Medicine in 1998 and PhD in Discipline of Medicine in 2005 at Shanghai University of Traditional Chinese Medicine), English Language and Literature (B.A. in 2003 at Shanghai International Studies University), Applied Linguistics (Post-Doctoral Researcher in Applied Linguistics in 2008 at Shanghai Jiao Tong University). Currently associate professor for applied linguistics at Shanghai University of TCM since January 2008. She has published 14 books by national and international presses and over 40 papers in high-level refereed academic journals. Selected publications: Treatment of Anovulatory Menstruation with Therapy of Artificial Menstrual Cycle Achieved Through Selection of Acupoints (2002); The Influence of Translator Subjectivities on English Translation of *Huang Di Nei Jing Su Wen* (2005); Influence of *Huangdi's Inner Classic* on *The Origin of Chinese Characters* (2006); The Origin of Yin-Yang as Chinese Medical Terms and Their Translation (2007); Philosophical Reflections on Standardization of English Chinese Medical Terminology (2010); Constructive Realism and Its Enlightenments for Researching Chinese Medicine (2010); etc. Scientific Emphases (in the last two decades): Foundations, Acupuncture, Gynecology, History and Literature of Chinese Medicine; Trans-cultural and Translation Studies of Chinese Medicine, Applied Linguistics; English Language and Literature; and Philosophy of Science.

López Cerezo, José Antonio is Professor of Philosophy of Science at the University of Oviedo, Northern Spain, as well as co-ordinator of the STS network of the Ibero-American States Organisation. **Luján López, José Luis** is Professor of Philosophy of Science at the University of the Balearic Isles, Spain, and formerly a researcher at the Institute of Advanced Social Studies of the Spanish National Research Council (IESA-CSIC). Both have published a number of specialised books and articles in several Spanish and English-speaking journals. Among their books in common, they are authors of *El artefacto de la inteligencia* (The Artefact of Intelligence, Anthropos, 1989), *Ciencia, tecnología y sociedad: una introducción* (Science, Technology and Society: An Introduction, Tecnos, 1996 - with M. González) and *Ciencia y política del riesgo* (Science and Politics of Risk, Alianza, 2000.

Pan, Gui-juan, female, born in April 1953, MD, PhD, president of the Institute of Basic Theory of Traditional Chinese Medicine, China Academy of Chinese Medical Science, research fellow, Ph.D tutor. From OCT. 1990, Institute of Basic Theory of Traditional Chinese Medicine, China Academy of Chinese

Medical Science, research of the Basic Theory of Traditional Chinese Medicine, for associate research fellow (1990), research fellow (1995), vice-president (1994), president (2002). Major research in: the structure and connotation research of the TCM theory system; research of Phlegm syndrome in TCM. Present president of the Institute of Basic Theory of Traditional Chinese Medicine, China Academy of Chinese Medical Science; Science and Technology Committee, Institute of Basic Theory of Traditional Chinese Medicine, China Academy of Chinese Medical Science, Chairman; "China's TCM-basic medical journal", director and executive deputy editor; Chinese philosophy for the history of TCM Professional philosophy Committee, chairman, China Institute of Basic Theory of TCM Chinese Medicine Branch, Vice Chairman; Chinese Society of Biomedical Engineering in Pharmaceutical Engineering Branch, Chairman. She published two books and more than 60 articles in the recent years.

Qin, Jian-guo, male, doctor of medicine, deputy director of the physician. Dongfang Hospital, Beijing University of Chinese Medicine, Beijing. Author for correspondence: **Han, Lin**, female, medical doctor, associate professor. School of Preclinical Medicine, Beijing University of Chinese Medicine. Email: hanlinxf89@sohu.com.

Schulz, Andreas, geboren 1982, studierte Philosophie und Publizisitik- und Kommunikationswissenschaften an der Universität Wien. Sein Studienschwerpunkt liegt im Bereich Erkenntnistheorie und Wissenschaftstheorie. Im Rahmen seiner Diplomarbeit spezialisierte er sich auf die konstruktivistischen Wissenschaftstheorien "Radikaler Konstruktivismus" und "Konstruktiver Realismus".

Wallner, Friedrich G., born in 1945 in Weiten, Lower Austria/Austria, University Professor for Philosophy and Philosophy of Science at the University of Vienna since 1987 (studied Philosophy, Psychology, Education, German and Classic Literature, etc.). His areas of expertise include the Vienna Circle, Ludwig Wittgenstein, Karl Popper, the Philosophy of Science of Psychotherapy, the Philosophy of Science of Traditional Chinese Medicine, as well as Epistemology, Applied Philosophy of Science, and Intercultural Philosophy. Among professorships at the Institute of Theoretical Physics at the University of Vienna, Wallner worked on behalf of the Austrian Federal Ministry for Education, Arts and Culture in the field of pedagogy research. During 1985-95 he developed a new Philosophy of Science, i.e. Constructive Realism, which makes the manifold scientific approaches based on different cultures understandable. Since the 1990s, he has devoted his scientific and academic work especially to the research of TCM.

His research activities are particularly focused on the complex relationship between the field of scientific practice and the socio-cultural context of presuppositions. More specifically, his research intensively concentrates on structure-analytic studies of TCM and other local and indigenous systems of knowledge. Against the background of the cultural dependency of science, Wallner is intensively working on the argumentative structure of TCM with the aim to provide the scientific fundament for the research of TCM as well as to refine the scientific research on the basis of theoretical concepts of Philosophy of Science. Among numerous visiting professorships in 14 countries; scientific guidance and presidencies of famous international conferences, congresses, workshops and seminars; numerous guest lectures all over Europe, Asia, Australia, New Zealand, Africa, Latin America, USA and Canada, Wallner advocates international, intercultural and interdisciplinary research projects and cooperation. Scientific Emphases: Theory, Methodology and Structure of Chinese Medicine; Cultural Dependency of Science; How to Research and Modernize Chinese Medicine; Applications of Constructive Realism in Developing an Integrative Medicine; Intercultural Philosophy and Chinese Medicine; etc. Up to this day, he has published over 200 scientific essays, 20 monographs (*Die Verwandlung der Wissenschaft*, 2002; *What Practitioners of TCM should know*, 2006; *Traditionelle Chinesische Medizin – Eine Alternative Denkweise*, 2006; *Five Lectures on the Foundations of Chinese Medicine*, 2009; *Systemanalyse als Wissenschaftstheorie I-III*, 2008-11; etc.) and 40 omnibus volumes. Scince 2004, Wallner is chairman of the research unit "Interdisciplinarity and Interculturality" of the University of Vienna.

Culture and Knowledge

Edited by Friedrich G. Wallner

Vol. 1 Friedrich G. Wallner: Structure and Relativity. 2005.

Vol. 2 Kurt Greiner: Therapie der Wissenschaft. Eine Einführung in die Methodik des Konstruktiven Realismus. 2005.

Vol. 3 Daniël Francois Malherbe Strauss: Paradigmen in Mathematik, Physik und Biologie und ihre philosophischen Wurzeln. Ins Deutsche übertragen von Martin J. Jandl. 2005.

Vol. 4 Friedrich G. Wallner: What Practitioners of TCM Should Know. A Philosophical Introduction for Medical Doctors. With a Supplement by *Kelvin Chan*. 2006.

Vol. 5 Kurt Greiner / Friedrich G. Wallner / Martin Gostentschnig (Hrsg.): Verfremdung – Strangification. Multidisziplinäre Beispiele der Anwendung und Fruchtbarkeit einer epistemologischen Methode. 2006.

Vol. 6 Kurt Greiner: Psychoanalytik als Wissenschaft des 21. Jahrhunderts. Ein konstruktivistischer Blick auf Struktur und Reflexionspotential einer polymorphen Kontextualisations-Technik. 2007.

Vol. 7 Kambiz Badie / Maryam Tayefeh Mahmoudi: Strangification: A New Paradigm in Knowledge Processing and Creation. 2007.

Vol. 8 Friedrich G. Wallner: Systemanalyse als Wissenschaftstheorie I: Von der Sprachlichkeit zur Kulturalität. Redigiert von Florian Schmidsberger und Kurt Greiner. 2008.

Vol. 9 Friedrich G. Wallner: Five Lectures on the Foundations of Chinese Medicine. Copyedited by Florian Schmidsberger. 2009.

Vol. 10 Friedrich G. Wallner / Gertrude Kubiena / Martin J. Jandl (eds.): Understanding Traditional Chinese Medicine. Consultant: Lena Springer. 2009.

Vol. 11 Fritz G. Wallner / Florian Schmidsberger / Franz Martin Wimmer (eds.): Intercultural Philosophy. New Aspects and Methods. 2010.

Vol. 12 Friedrich G. Wallner: Systemanalyse als Wissenschaftstheorie II: Kulturalismus als Perspektive der Philosophie im 21. Jahrhundert. 2010.

Vol. 13 Friedrich G. Wallner / Fengli Lan / Martin J. Jandl (eds.): The Way of Thinking in Chinese Medicine. Theory, Methodology and Structure of Chinese Medicine. 2010.

Vol. 14 Kurt Greiner / Martin J. Jandl / Friedrich G. Wallner (eds.): Aus dem Umfeld des Konstruktiven Realismus. Studien zu Psychotherapiewissenschaft, Neurokritik und Philosophie. 2010.

Vol. 15 Martin J. Jandl: Praxeologische Funktionalontologie. Eine Theorie des Wissens als Synthese von H. Dooyeweerd und R.B. Brandon. 2010.

Vol. 16 Friedrich G. Wallner: Systemanalyse als Wissenschaftstheorie III: Das Vorhaben einer kulturorientierten Wissenschaftstheorie in der Gegenwart. 2011.

Vol. 17 Friedrich G. Wallner / Fengli Lan / Martin J. Jandl (eds.): Chinese Medicine and Intercultural Philosophy. Theory, Methodology and Structure of Chinese Medicine. 2011.

Vol. 18 Gerhard Klünger (Hrsg.): Wörterbuch des Konstruktiven Realismus. Aus Vorlesungen, Seminaren und Werken von Friedrich G. Wallner. 2011.

Vol. 19 Fengli Lan / Friedrich G. Wallner / Claudia Wobovnik (eds.): Shen, Psychotherapy, and Acupuncture. Theory, Methodology and Structure of Chinese Medicine. 2011.

Vol. 20 Gerhard Klünger: Freiheit im Kontext der Wissenschaftskritik. 2012.

Vol. 21   Friedrich G. Wallner / Fengli Lan / Andreas Schulz (Hrsg.): Aspekte des Konstruktiven Realismus. 2012.

Vol. 22   Fengli Lan: Culture, Philosophy, and Chinese Medicine. Viennese Lectures. 2012.

Vol. 23   Fengli Lan / Friedrich G. Wallner / Andreas Schulz (eds.): Concepts of a Culturally Guided Philosophy of Science. Contributions from Philosophy, Medicine and Science of Psychotherapy. 2013.

www.peterlang.de

www.ingramcontent.com/pod-product-compliance
Ingram Content Group UK Ltd.
Pitfield, Milton Keynes, MK11 3LW, UK
UKHW041902230426
12049UKWH00002B/20